现代建筑施工新技术

主　编　孟文清　阎西康
副主编　史三元　李彦苍　张亚鹏

黄河水利出版社
·郑州·

内 容 提 要

本书详细介绍了现代建筑施工中各种新型施工技术、工艺、材料、机具和新的施工管理方法,在内容设置和安排上突出了实用、创新和时代特色。全书共分12章,主要内容包括地基处理新技术、桩基础工程施工新技术、地下空间工程施工、深基坑支护技术、新型混凝土技术、预应力混凝土施工技术、新型模板及脚手架应用技术、钢结构施工新技术、建筑防水工程施工新技术、建筑装饰工程施工新技术、建筑节能与环保新技术、施工过程监测和控制等。

本书可作为高等院校土木工程及相关专业本科和研究生教材,也可作为建筑工程技术人员的培训教材。

图书在版编目(CIP)数据

现代建筑施工新技术/孟文清,阎西康主编.—郑州:黄河水利出版社,2010.6

ISBN 978-7-80734-846-7

Ⅰ.①现… Ⅱ.①孟… ②阎… Ⅲ.①建筑工程-工程施工-施工技术 Ⅳ.①TU74

中国版本图书馆CIP数据核字(2010)第119924号

策划组稿:马广州　　电话:13849108008　　E-mail:magz@yahoo.cn

出 版 社:黄河水利出版社

地址:河南省郑州市顺河路黄委会综合楼14层　　邮政编码:450003

发行单位:黄河水利出版社

发行部电话:0371-66026940、66020550、66028024、66022620(传真)

E-mail:hhslcbs@126.com

承印单位:黄河水利委员会印刷厂

开本:787 mm×1 092 mm　1/16

印张:20

字数:460千字　　印数:1—3 100

版次:2010年6月第1版　　印次:2010年6月第1次印刷

定价:39.00元

《现代建筑施工新技术》编辑委员会

前 言

科学技术是第一生产力,建筑业的技术进步是使基本建设投资取得良好经济效益的重要因素之一,作为企业的决策层和管理部门,必须将科技进步作为推动企业经营管理的指导原则。目前,我国正处于大规模建设高峰时期,经济建设发展十分迅速,现代工程技术复杂性越来越高,现代建筑施工新技术的发展,不仅解决了用传统的施工方法难以解决的很多复杂的技术问题,而且在提高工程质量、加快施工进度、提高生产效率、降低工程成本等方面均发挥了十分重要的作用。因此,了解和吸收这些新技术,并在工作中应用和创新,已成为广大建筑工程技术人员亟待解决的问题。

近年来,随着高层建筑、跨海大桥、城市地铁、隧道隧洞等工程的大量出现,涌现出了一批先进的施工新技术。我们在结合近几年建筑业最新技术的基础上编写了此书,以期使在校学生和现场工程技术人员对现代建筑施工新技术的最主要成果有所了解,对他们今后的工作提供帮助和指导。

全书共分 12 章,包括地基处理新技术、桩基础工程施工新技术、地下空间工程施工、深基坑支护技术、新型混凝土技术、预应力混凝土施工技术、新型模板及脚手架应用技术、钢结构施工新技术、建筑防水工程施工新技术、建筑装饰工程施工新技术、建筑节能与环保新技术、施工过程监测和控制等。本书在内容设置上以新技术为重点,全面介绍了各种施工新技术的基本原理、特点、施工工艺、适用范围及其技术指标等。编写过程中,尽可能做到图文并茂,以方便教学与自学。

全书由孟文清统纂定稿。其中第一章由阎西康、张宝魁编写,第二章由张宝魁编写,第三章由张宝魁、乔艳红编写,第四章由崔邯龙编写,第五章由张亚鹏编写,第六、七章由李彦苍编写,第八章由孟文清、吕军奇编写,第九章由石华旺编写,第十章由王苏芳编写,第十一章由史三元、吕军奇编写,第十二章由张宏洲编写。在本书编写过程中,张媛媛、丁艳维等为本书部分书稿的整理做了大量工作,同时得到了戎贤、王飞两位教授的大力帮助及相关单位的大力支持,在此一并表示衷心的感谢。

在本书编写过程中,参考和引用了有关专家、学者的论著,在此谨向他们表示衷心的感谢和深深的敬意。

真诚地希望本书能够对高等院校土木工程、工程管理等相关专业教学及从事建设工程施工及管理的技术人员有所裨益。由于现代建筑施工新技术的研究发展日新月异,本书难以全面概括,更由于我们实践经验不足,理论水平有限,书中不足之处在所难免,恳请读者批评指正。

编 者

2010 年 5 月

目　录

第一章　地基处理新技术

随着地基处理理论、地基处理材料、施工新机械和新工艺以及多种地基处理综合应用技术的发展,我国的地基处理技术水平也相应得到了快速发展与提高,并在工程建设实践中出现了许多新的地基处理方法技术,取得了良好的经济效益和社会效益。

本章重点介绍水泥粉煤灰碎石桩复合地基、夯实水泥土桩复合地基、真空预压法加固软基、强夯法处理大块石高填方地基、土工合成材料应用与施工技术以及地基检测技术等方面的施工新技术、新工艺。

第一节　水泥粉煤灰碎石桩(CFG)复合地基施工

CFG桩是水泥粉煤灰碎石桩的简称,是由水泥、粉煤灰、碎石、石屑或砂等混合料加水拌和形成的高黏结强度桩;CFG桩复合地基是由CFG桩、桩间土和褥垫层一起组成的复合地基,如图1-1所示。CFG桩是针对碎石桩承载特性的一些不足,加以改进而发展起来的,CFG桩复合地基试验研究是建设部“七五”计划课题,于1988年立题进行试验研究并运用于工程实践,1994年在全国推广,1997年被列为国家级工法。

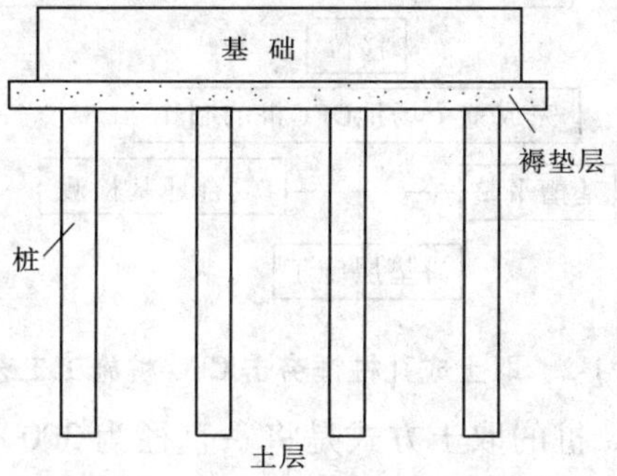

图1-1　CFG桩复合地基组成

CFG桩主要适用于处理黏性土、粉土、砂土和已自重固结的素填土等地基,对淤泥质土,应按地区经验或通过现场试验确定其适用性。同时,CFG桩复合地基属于刚性桩复合地基,具有承载力提高幅度大、地基变形小等优点,可适用于多种基础型式,如条形基础、独立基础、箱形基础和筏板基础等。

CFG桩按施工成孔工艺不同可分为取土成孔柱锤夯击CFG桩、振动沉管CFG桩、长螺旋钻管内泵压CFG桩、长螺旋钻孔灌注成桩、泥浆护壁钻孔灌注成桩、人工或机械洛阳铲成孔灌注成桩等多种类型。在实际工程中,除采用单一的CFG桩施工工艺外,有时还需要根据地质条件或地基处理的目的采用两种施工工艺组合或两种桩型的组合。总之,施工选用何种施工工艺和设备,需要考虑场地土质、地下水位、施工现场周边环境以及当地施工设备等具体情况综合分析确定。

一、取土成孔柱锤夯击 CFG 桩施工

(一)施工工艺

取土成孔柱锤夯击成桩的施工工艺为:确定桩位→取土器取土成孔至设计标高→孔底分层抛石并夯击形成夯扩载体→分层填料夯扩成桩。孔底分层抛石并夯击形成夯扩载体,再制作而成的 CFG 桩复合地基又称为夯扩载体 CFG 桩复合地基。成孔施工宜采用间隔法,一般先施工场地中央桩再施工外围桩,以避免对已成 CFG 桩的破坏。

取土成孔柱锤夯击 CFG 桩施工工艺如图 1-2 所示。

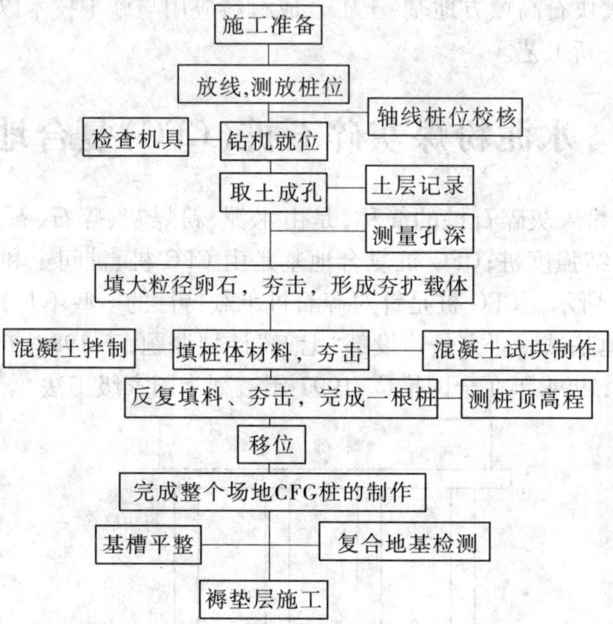

图 1-2　取土成孔柱锤夯击 CFG 桩施工工艺

取土成孔柱锤夯击 CFG 桩的取土方式是将一直径为 300 ~ 600 mm 的敞口取土器提升至一定高度,让其自由落下,将土贯入取土器,后提升至地面,将土从取土器中取出,当取土达到设计持力层后,灌注 CFG 桩桩身材料并进行夯击,至桩顶,完成一根桩的制作。

对于孔底有饱和粉土或其他相对软弱土层,可在孔中先填入粒径较大的卵石,在夯击能的作用下,使卵石向下及周围扩散,使下部及周围土体挤密,并形成一个较大的卵石、碎石载体,再在其上部夯填和灌注 CFG 桩桩身材料,最后形成夯扩载体 CFG 桩复合地基。

夯扩桩的施工方法可采用套管锤击扩桩和无套管锤击扩桩两种。套管锤击扩桩是采用外桩管与内桩筒(取土器),取土成孔后,将外桩管沉至孔底,或边成孔边跟管,再往孔内投入一定的大直径卵石并夯击,使之挤入下部土层。该方法适用于成孔效果不好,或孔壁易坍塌的场地。无套管锤击扩桩是成孔后,直接往孔内倒入一定的大直径卵石并夯击,使之挤入下部土层。

(二)施工机具及配套设施

施工机具及配套设施主要有:SH30 型冲孔机及取土器,电机功率约 8 kW;锤体直径约 300 mm,自重约 600 kg,架高 5.6 m;350 型搅拌机;运输斗车。

(三)施工参数确定

(1)在夯扩载体的施工中,控制每次投料量为 0.02 ~ 0.05 m^3,卵石粒径 80 ~ 150 mm,夯锤落距不小于 4.0 m,夯击 5 ~ 7 击,每次投料最后三次沉降量不大于 30 mm。

(2)在 CFG 桩桩体填料施工中,控制每次填料量为 0.08 ~ 0.1 m^3,夯锤落距约为 2.0 m,夯击 5 ~ 7 击,每次填料最后三次沉降量不大于 50 mm。

二、振动沉管 CFG 桩施工

振动沉管 CFG 桩施工主要适用于黏性土、粉土、淤泥质土、人工填土及松散砂土等地质条件,尤其适用于松散的粉土、粉细砂等土层,具有施工操作简便、施工费用低、对桩间土的挤密效应显著等优点。采用振动沉管 CFG 桩施工工艺施工的 CFG 桩复合地基可以提高地基承载力、减少地基变形以及消除地基液化。振动沉管 CFG 桩机如图 1-3 所示。

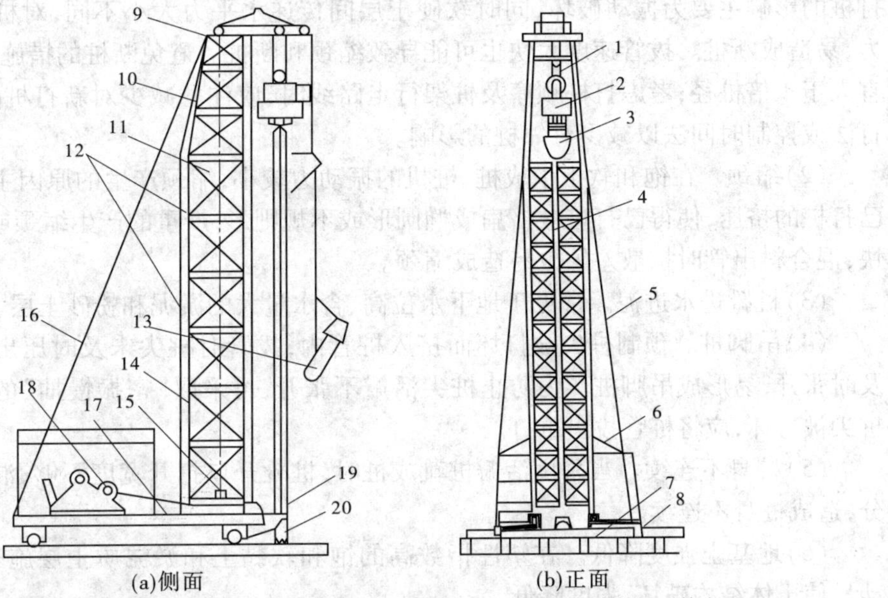

1—滑轮组;2—振动锤;3—漏斗口;4—桩管;5—前拉索;6—遮栅;7—滚筒;8—枕木;
9—顶架;10—架身顶段;11—钢丝绳;12—架身中段;13—吊斗;14—架身下段;
15—导向滑轮;16—后拉索;17—底架;18—卷扬机;19—加压滑轮;20—活瓣桩尖

图 1-3　振动沉管 CFG 桩机示意图

(一)施工工艺

振动沉管 CFG 桩施工工艺为:施工准备→桩机组装就位→沉管到预定标高→管内投料→拔管→成桩。

确定施打顺序时,主要考虑打桩对已打邻桩的影响。在软土中施工,可采用跳打法施工;对满堂布桩,宜采用从中间向四周打的方案,防止大面积土体隆起,以及断桩的发生。设计桩顶标高离地表的距离小于 1.5 m 时,保护桩长可取 500 ~ 700 mm;桩顶标高离地表的距离大于1.5 m时,保护桩长可取700～1 000 mm。

桩机进入现场,根据设计桩长、沉管入土深度确定机架高度和沉管长度,并进行设备组装。桩机就位后垂直度偏差不大于1%。

沉管过程中,每沉1 m记录电流一次,并记录土层变化。沉管到设计标高后,向管内投放混合料直至与进料口齐平。混合料拌和时间不少于1 min,粉煤灰用量较多时,搅拌时间还要适当延长,坍落度30～50 mm,成桩后浮浆厚度宜小于200 mm。

拔管前先振动5～10 s,拔管速率一般为1.2～1.5 m/min,如遇淤泥或淤泥质土,拔管速度还可放慢。拔管速度太快将造成桩径偏小或缩颈断桩,拔管速度太慢则桩端水泥含量较少,桩顶浮浆过多。拔管过程中不允许反插。必要时,拔管过程中需再次投料,以保证成桩后桩顶标高(应考虑保护桩长)达到设计要求。

CFG桩施工完毕3～7 d后,即可进行开槽剔除桩头。褥垫层所用材料可采用级配砂石,虚铺后采用静力压实或夯实。

(二)振动沉管CFG桩施工常遇问题分析

(1)断桩。在上部有较硬的土层或中间夹有硬土层中成桩,桩机的振动力较大,对已打桩的影响主要为振动破坏,同时软硬土层间传递水平力大小不同,对桩产生水平剪应力,易造成断桩。拔管速度太快也可能导致缩颈和断桩。避免断桩的措施有:桩的中心距宜大于4倍桩径;考虑打桩顺序及桩架行走路线时,应注意减少对新打桩的影响;采用跳打法或控制时间法以减少对邻桩的影响。

(2)缩颈。在饱和软土中成桩,桩机的振动力较小,缩颈产生的原因主要是新打桩对已打桩的挤压,使得已打桩被挤扁成椭圆形或不规则形,严重的产生缩颈或断桩。拔管过快,混合料出管时扩散差等也易造成缩颈。

(3)桩靴进水进泥。常见于地下水位高、含水量大的淤泥和粉砂土层。

(4)吊脚桩。预制桩尖被打坏而挤入桩管内,拔管时桩尖未及时压出或桩尖活瓣未及时张开,易形成吊脚桩。为防止桩尖活瓣不张开,可采取“密振慢抽”的方法。若发现桩尖被打坏,应将桩管拔出重打。

(5)桩身不连续。当采用活瓣桩靴成桩时,桩靴开口打开宽度不够,混合料下落不充分,造成桩身不连续。

(6)地基土强度降低。在塑性指数高的饱和软黏土和淤泥质土层施工,打拔管的振动易使土体结构破坏,强度降低。

(7)桩体强度不均匀。拔管太慢或留振时间过长,会导致桩端水泥含量较少,桩顶浮浆过多,而且混合料也容易产生离析,造成桩身强度不均匀。

(三)振动沉管CFG桩施工质量控制要点

1.施工前的工艺试验

施工前的工艺试验,主要是考查设计的施工顺序和桩距能否保证桩身质量。即试验新打桩对未结硬的及已结硬的已打桩的影响。

2.施工监测

施工过程中应监测:①施工场地标高;②桩顶标高;②对桩顶上升量较大的桩或怀疑发生质量事故的桩开挖检查。

3. 逐桩静压

对重要工程和通过施工监测发现桩顶上升量较大并且桩的数量较多的工程进行快速静压,以消除可能出现的断桩对复合地基承载力造成的不良影响。对桩进行静压的目的在于将可能发生的断桩连接起来,使之能正常传递竖向荷裁,静压荷重一般不小于1.2倍桩的设计荷载。这一技术对保证复合地基中的桩正常工作和发现桩的施工质量问题是很有意义的。通过严格的施工监测和施工质量控制,施工质量确有保证的,可以不进行逐桩静压。

4. 静压振拔技术

所谓静压振拔,是指沉管时不启动振机,借助振机自身的重量,将沉管沉至预定标高,填满料后再启动振机振动拔管。对饱和软土,特别是塑性指数较高的软土,扰动将引起土体孔隙水压力上升,土的强度降低。振动历时越长,对土和已打桩的不利影响越严重。在软土地区施工时,采用静压振拔技术对保证施工质量具有重要作用。

三、长螺旋钻管内泵压CFG桩施工

长螺旋钻管内泵压CFG桩施工工艺具有低噪音,无泥浆污染,成桩不产生振动,成孔穿透能力强,可穿进硬土层,施工效率高等优点。长螺旋钻管内泵压CFG桩施工主要设备是长螺旋钻机、混凝土泵和强制式混凝土搅拌机组成的完整的施工体系,如图1-4所示。长螺旋钻机是该工艺设备的核心部分。目前,长螺旋钻机根据其成孔深度分为12 m、16 m、18 m、24 m和30 m等机型,施工前根据设计桩长确定桩机型号。

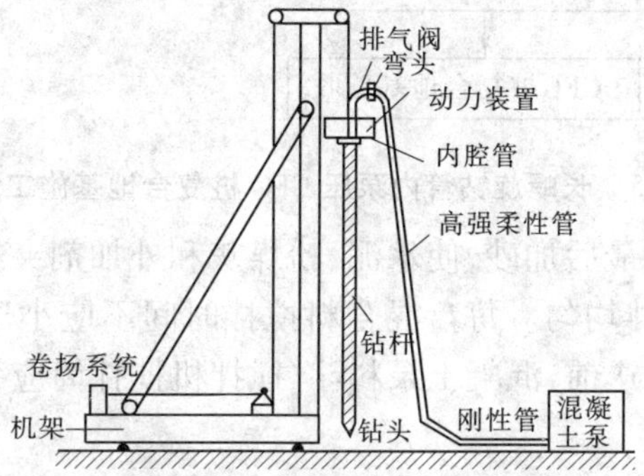

图1-4　长螺旋钻管内泵压CFG桩施工示意图

(一)施工工艺

长螺旋钻管内泵压CFG桩施工工艺为:施工准备→钻机就位→钻进成孔→灌注混合料→拔管→成桩移机。

长螺旋钻管内泵压CFG桩复合地基施工流程如图1-5所示。

1. 钻机就位

长螺旋钻管内泵压CFG桩施工时,钻机就位后,应用钻机塔身的前后和左右的垂直标杆检查塔身导杆,校正位置,使钻杆垂直对准桩位中心,确保CFG桩垂直度偏差不大于1%。

2. 混合料搅拌

混合料搅拌要求按配合比进行配料,计量要求准确,上料顺序为:先装碎石或卵石,再

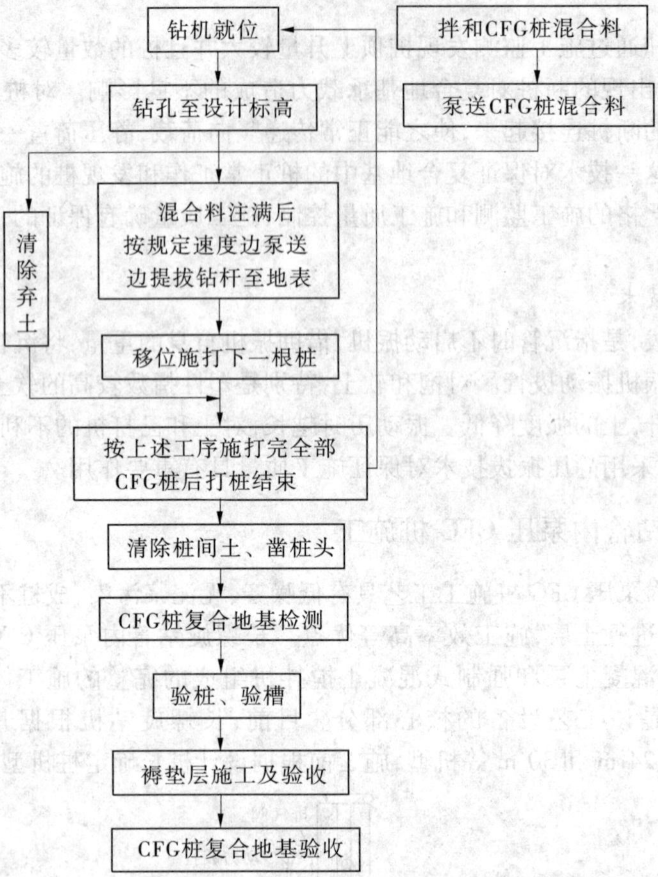

图 1-5　长螺旋钻管内泵压 CFG 桩复合地基施工流程

加水泥、粉煤灰和外加剂,最后加砂,使水泥、粉煤灰和外加剂夹在砂、石之间,不易飞扬和黏附在筒壁上,也易于搅拌均匀。每盘混合料搅拌时间不应小于 60 s。混合料坍落度控制在 160～200 mm。在泵送前,混凝土泵料斗、搅拌机搅拌筒应备好熟料。

3. 钻进成孔

钻孔开始时,关闭钻头阀门,向下移动钻杆至钻头触及地面时,启动钻机钻进。一般应先慢后快,这样既能减少钻杆摇晃,又容易检查钻孔的偏差,以便及时纠正。在成孔过程中,如发现钻杆摇晃或难以钻进,应放慢进尺,否则较易导致桩孔偏斜、移位,甚至使钻杆、钻具损坏。钻进的深度取决于设计桩长,当钻头到达设计桩长预定标高时,应在与动力头底面停留位置相应的钻机塔身处做标记,作为施工时控制桩长的依据。正式施工时,动力头底面到达标记处,桩长即满足设计要求。施工时还应该考虑施工工作面的标高差异,作相应增减。

在钻进过程中,当遇到圆砾层或卵石层时,会发现进尺明显变慢,机架出现轻微晃动。在有些工程中,可根据这些特征来判定钻杆进入圆砾层或卵石层的深度。

4. 灌注及拔管

长螺旋钻管内泵压 CFG 桩成孔到设计标高后,停止钻进,开始泵送混合料;当钻杆芯管充满混合料后开始拔管,严禁先拔管后泵料。成桩的提拔速度宜控制在 2 ~3 m/min,成桩过程宜连续进行,应避免因后台供料缓慢而导致停机待料。若施工中因其他原因不能连续灌注,必须根据勘察报告和已撑握的施工场地的地质情况避开饱和砂土和粉土层,不得在这些土层内停机。成桩后,用水泥袋遮盖好桩头进行保护。施工中每根桩的投料量不得少于设计灌注量。

5. 移机

当上一根桩施工完毕后,钻机移位,进行下一根桩的施工。施工时由于 CFG 桩排出的土较多,经常将邻近的桩位覆盖,有时还会因钻机支撑脚压在桩位旁使原标定的桩位发生移动。因此,下一根桩施工时,还应根据轴线或周围桩的位置对需施工的桩的位置进行复核,保证桩位准确。

(二)长螺旋钻管内泵压 CFG 桩施工中常见问题及处理

1. 堵管

堵管是长螺旋钻管内泵压 CFG 桩施工中经常遇到的主要问题之一。它直接影响 CFG 桩的施工效率,增加工人劳动强度,还会造成材料浪费。特别是故障排除不畅时,使已搅拌的 CFG 桩混合料失水或结硬,增加了再次堵管的几率,给施工带来很多困难。

堵管的原因主要有如下几种:

(1)混合料配合比不合理。主要是混合料中的粗骨料和粉煤灰用量较少,混合料的和易性不好,从而发生堵管。

(2)混合料搅拌质量有缺陷。坍落度太大的混合料,易产生泌水、离析。在管道内,水浮到上面,骨料下沉。在泵压作用下,水先流动,骨料与砂浆分离,摩擦力剧增,从而导致堵管。坍落度太小,混合料在管道内流动性差,也容易堵管。施工时合适的坍落度宜控制在 160 ~200 mm,若混合料可泵性差,可适量掺入泵送剂。

(3)设备缺陷。弯头是连接钻杆与高强柔性管的重要部件。若弯头的曲率半径不合理,会发生堵管;弯头与钻杆垂直连接,也将发生堵管。此外,管接头不牢固,垫圈破损,也会导致水泥砂浆的流失,造成堵管。

(4)冬季施工措施不当。冬季施工时,混合料输送管及弯头处均需做防冻保护,一旦保温效果不好,混合料常在输送管和弯头处冻结造成堵管。

(5)施工操作不当。钻杆进入土层预定标高后,开始泵送混合料,管内空气从排气阀排出,待钻杆芯管及输送管充满混合料、管内介质是连续体后,应及时提钻,保证混合料在一定压力下灌注成桩。若注满混合料后不及时提钻,混凝土泵一直泵送,在泵送压力下会使钻头处的水泥浆液挤出,同样可使钻头阀门处产生无水泥浆的干硬混合料塞体,使管道堵塞。

2. 窜孔

窜孔在饱和粉土和粉细砂层中常遇到。窜孔现象即为在施工完 A 桩后,接着施工相邻的 B 桩时,随着钻杆的钻进,发现已施工完且尚未结硬的 A 桩桩顶突然下落,有时下落甚至达 2 m 以上,当 B 桩泵入混合料时,能使 A 桩下降的桩顶开始回升,泵入 B 桩的混合料足够多时,A 桩桩顶恢复到原标高。

工程中常用的防止窜孔的方法有:

(1)对有窜孔可能的被加固地基尽量采用大桩距的设计方案。增大桩距的目的在于减少新打桩对已打桩的剪切扰动，避免不良影响。

(2)改进钻头，提高钻进速度。

(3)减少在窜孔区域打桩推进排数，如将一次打4排改为2排或1排。尽快离开已打桩，减少对已打桩扰动能量的积累。

(4)必要时采用隔桩、隔排跳打方案，但跳打要求及时清除成桩时排出的弃土，否则会影响施工进度。

发生窜孔后一般采用如下方法处理：当提钻灌注混合料到发生窜孔土层时，停止提钻，连续泵送混合料直到窜孔桩混合料表面上升至原位为止。采用这种方法处理的窜孔桩，需通过低应变检测或静载试验进一步确定其桩身完整性和承载力是否受到影响。

3. 钻头阀门打不开

施工过程中，发现有时钻孔到预定标高后，泵送混合料提钻时钻头阀门打不开，无法灌注成桩。

阀门打不开一般有两方面原因。一方面是钻头构造缺陷，如当钻头阀门盖板采用内嵌式时，有可能被砂粒、小卵石等卡住，导致阀门无法开启。另一方面是当桩端落在透水性好、水头高的砂土或卵石层中时，阀门外侧除受到土侧向压力外，受到的水的侧压力也很大，阀门内侧的混合料侧压力小于阀门外的侧压力，致使阀门打不开。当钻杆提升到某一高度后，管外侧压力逐渐减小，管内混合料侧压力不变，当管内侧压力大于管外侧压力时，阀门打开，混合料突然下落。这种情况在施工中经常发生。阀门打不开多为此种情况。对这一问题，可采取改进阀门的结构型式或调整桩长使桩端穿过砂土而进入黏性土层的措施来解决。

4. 桩体上部存气

截桩头时，发现个别桩顶部存有空间不大的空心，主要是施工过程中，排气阀不能正常工作所致。

众所周知，空气无孔不入，钻杆成孔钻进时，管内充满空气，钻孔到预定标高开始泵送混合料时，要求工作正常，能将管内空气排出。若排气阀被混合料浆液堵塞，不能正常工作，钻杆管内空气无法排出，就会导致桩体存气并形成空洞。

为杜绝桩体存气，必须保证排气阀正常工作。施工时要经常检查排气阀是否发生堵塞，若发生堵塞必须及时采取措施加以清洗。

5. 先提钻后泵料

有些施工单位施工时，当桩端达到设计标高后，为了便于打开阀门，泵送混合料前将钻杆提拔300 mm，这样操作，一是有可能使钻头上的土掉进桩孔，二是当桩端为饱和的砂卵石层时，提拔300 mm易使水迅速填充该空间，泵送混合料后，混合料不足以使水立即全部排走，这样桩端的混合料可能存在浆液与骨料分离现象。这两种情况均会影响CFG桩的桩端承载力的发挥。

四、桩头处理及褥垫层施工

(一)桩头处理

桩头处理即将桩顶设计标高以上桩头截断。截桩具体方法如下：

(1)找出桩顶标高位置,在同一水平面按同一角度对称放置2个或4个钢钎,用大锤同时击打,将桩头截断。严禁用钢钎向斜下方向击打或用一个钢钎单向击打桩身或虽双向击打但不同时,以致桩头承受一定的弯矩,造成桩身断裂。最好用截桩机截桩。

(2)桩头截断后,用钢钎、手锤将桩顶从四周向中间修平至桩顶设计标高。

(3)如果在基槽开挖和剔除桩头时造成桩体断至桩顶设计标高以下,则必须采取补救措施。假如断裂面距桩顶较近,可接桩至设计桩顶标高。方法如图1-6所示。注意在接桩头过程中保护好桩间土。

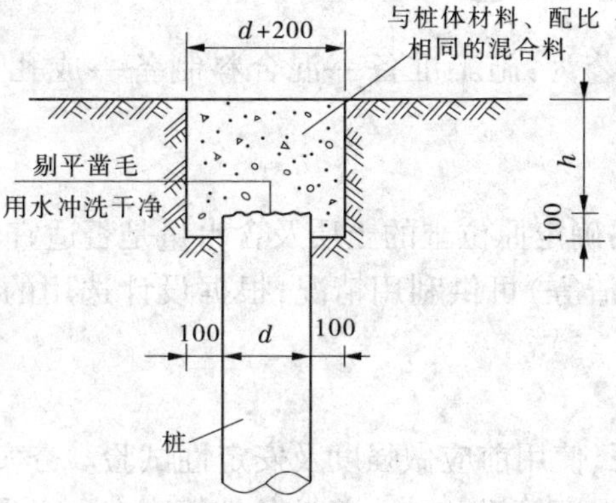

图1-6　接桩头示意图

(二)褥垫层施工

CFG桩复合地基承载力特征值不仅取决于桩及桩间土的各项参数,而且还取决于褥垫层厚度。褥垫层厚度影响着桩土荷载分担比,在褥垫层厚度过大时,不能充分发挥CFG桩承载力,从而导致复合地基承载力低。CFG桩复合地基的检测往往在褥垫层铺设之前进行,检测报告提供的承载力只考虑了桩及桩间土因素,忽略了褥垫层对复合地基承载力的影响。因此,施工时应对褥垫层的厚度及密实度高度重视,确保工程质量。

褥垫层所用材料多为级配砂石,限制最大粒径一般不超过30 mm,或粗砂、中砂等。褥垫层虚铺后多采用静力压实,当桩间土的含水量不大时亦可夯实。褥垫层厚度一般取100~300 mm,由于CFG桩施工后,基坑可能存在较大的高差,易使部分地段褥垫层厚度超过300 mm,从而留下安全隐患。可采取如下的步骤保证褥垫层质量满足要求:

(1)严格控制CFG桩桩顶标高,误差为±50 mm。

(2)褥垫层虚铺厚度按下式控制:

$$H = \frac{h}{\lambda} \tag{1-1}$$

式中　H——褥垫层虚铺厚度;

h——设计褥垫层厚度;

λ——夯填系数,一般取0.87~0.90。

(3)铺填垫层材料压实,严格控制标高在预计标高的±50 mm范围内。

第二节 夯实水泥土桩复合地基施工

夯实水泥土桩复合地基，是利用机械成孔（挤土或非挤土）或人工挖孔，然后将水泥和土按设计的比例拌和均匀，在孔内夯实至设计要求的密实度而形成的由桩体与桩间土组合而成的复合地基，具有施工周期短、造价低、施工文明、质量容易控制等优点。

一、夯实水泥土桩施工工艺

夯实水泥土桩施工工艺为：施工准备→混合料制备→成孔至设计深度→夯填混合料→成桩。

（一）施工准备

施工准备主要工作有：确定原位土的土质及含水量是否适宜作水泥土桩的混合料；调查工业废渣（如粉煤灰、炉渣等）可供利用情况；根据设计选用的成孔方法做现场成孔试验，确定成孔的可行性。

（二）混合料制备

一般采用32.5级水泥，使用前应做强度及安定性试验。夯实水泥土桩的强度主要由土的性质、水泥品种、水泥强度等级、龄期、养护条件等决定。必须采用现场土料和施工采用的水泥品种及标号进行混合料配合比设计。掺合料确定后，进行实验室配合比试验，一般工程可采用水泥∶混合料＝1∶6（体积比）的比例试配。

当采用原位土作为混合料时，宜用无污染、有机质含量不超过5%的黏性土、粉土或砂类土，混合料含水量应为土料的最佳含水量，允许偏差不大于±2%。混合料含水量是决定桩体夯实密度的重要因素，在现场实施时应严格控制。用机械夯实时，因锤较重，夯实功大，含水量应比土料最佳含水量降低1%～2%；人工夯实时，含水量应比土料最佳含水量增加1%～2%，均应由现场试验确定。使用黏性土时常有土团存在，使用前应过10～20 mm的筛，若土料含水量过大，需风干或另掺其他含水量较小的掺合料。在现场可按"一摄成团，一捏即散"的原则对土的含水量进行鉴别。采用工业废料粉煤灰等作混合料，拌和质量容易保证。

现场使用时，待成孔已经完成或接近完成，用强制式混凝土拌和机或人工进行拌和，拌和操作标准参照混凝土的拌和要求。若拌和时需要加水，则应边拌边加水，以免形成土团。

（三）成孔

根据地质条件，成孔可采用人工洛阳铲、螺旋钻机、沉管、冲击等方法。

夯实水泥土桩的施工，应按设计要求选用成孔工艺。挤土成孔可选用沉管、冲击等方法，非挤土成孔可选用洛阳铲、螺旋钻机等方法。

夯实水泥土桩按复合地基设计时，可采用特制的洛阳铲人工成孔。若持力层强度高，按大直径桩或深基础设计时，桩径可达800～1 000 mm，底部尚可扩径，可采用人工挖孔桩的办法成孔。

采用机械成孔时，分为挤土成孔和排土成孔。当被加固土体密度较大或挤密性差时，宜选用排土成孔，如螺旋钻机、长螺杆钻机、机动洛阳铲、大锅（蜗）锥等成孔方法。当土的挤密性较好时，宜选用挤土成孔工艺，如沉管法、干振法、“法兰克”法等。沉管法施工利用桩管反插压实；干振法投入水泥土后振实；“法兰克”法采用套管内击夯实。

（四）夯填

由于各种成孔工艺均可能使孔底存在部分扰动和虚土，因此夯填混合料前应将孔底土夯实，有利于发挥桩端阻力，提高复合地基承载力。为保证桩顶的桩体强度，现场施工时桩体夯填高度应大于桩顶设计标高 200～300 mm。在垫层施工时将多余桩体凿除，桩顶面应水平。

夯填桩孔时，宜选用机械分段夯实。夯锤的落距和填料厚度应根据现场试验确定，混合料的压实系数不应小于 0.93。相同水泥掺量下，桩体密实度是决定桩体强度的主要因素，当压实系数大于 0.93 时，桩体强度为最大密度下桩体强度的 50%～60%。若采用人工夯实，夯锤重 25 kg 左右，孔内水泥土每层虚铺 300 mm 左右，先用小落距轻夯 3～5 次，然后重夯不少于 8 次，夯锤落距不小于 600 mm。

施工过程中，应有专人监测成孔及回填夯实的质量，并做好施工记录。雨季或冬季施工时，应采取防雨防冻措施，防止土料和水泥受雨水淋湿或冻结。

二、质量检验

施工过程中，对夯实水泥土桩的成桩质量应及时进行抽样检验。对成桩质量的抽检数量不应少于总桩数的 2%。对一般工程，可检查桩的干密度和施工记录。干密度的检验方法可在 24 h 内采用取土样测定或采用轻型动力触探击数 N10 与现场试验确定的干密度进行对比，以判断桩身质量。

夯实水泥土桩地基竣工验收时，承载力检验应采用单桩复合地基载荷试验。对重要或大型工程，尚应进行多桩复合地基载荷试验。夯实水泥土桩地基检验数量应为总桩数的 0.5%～1%，且每个单体工程不应少于 3 点。

三、褥垫层施工

垫层材料应级配良好，不含植物残体、垃圾等杂质。垫层铺设时应压（夯）密实，夯填度（夯实后的褥垫层厚度与虚铺层厚度的比值）不得大于 0.9。为减少施工期地基的变形量，采用的施工方法应严禁使基底土层扰动。

第三节　真空预压法加固软基施工

一、概述

真空预压属于排水固结法的一种，真空预压法加固地基最早由瑞典皇家地质学院杰尔曼教授于 1952 年提出。我国在 20 世纪 50 年代末和 60 年代初开始对这一方法进行研究，1985 年该工法通过了国家技术鉴定。

真空预压系统由抽真空系统和排水排气系统两部分组成，施工时首先在原地基表面铺垫一定厚度(通常为400～500 mm)的砂垫层,再在土体中打入砂井、袋装砂井或塑料排水板作为竖直排水体,将不透气的薄膜铺设在砂垫层顶面上,薄膜四周埋入不透水土中,借埋设于砂垫层中的管道,将薄膜下砂垫层中的空气抽出,使其形成相对负压,由于砂井渗透性较大,该负压能够快速传递到砂井深部,从而在砂井和砂井周围土体之间形成孔压差,使土体中的孔隙水流入砂井并被排出,以达到固结的目的。

真空预压法适用于饱和均质黏性土及含薄层砂夹层的黏性土,特别适用于新吹填土、超软地基的加固,但不适用于在加固范围内有足够水源补给的透水土层,以及无法堆载的倾斜地面和施工场地狭窄等场合。

真空预压法加固地基时砂井、袋装砂井或塑料排水板等竖向排水系统的设置如图1-7所示。

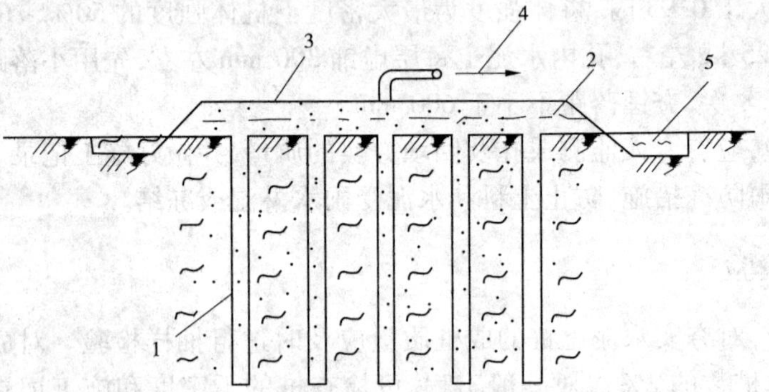

1—砂井;2—砂垫层;3—薄膜;4—抽水、气;5—黏土

图1-7　真空预压法加固地基

真空预压法的主要特点如下:

(1)不需堆载,节省费用。不需堆载,省去了加载和卸载工序,节省大量堆载材料、能源和运输费用,同时也缩短了加固施工工期。

(2)固结时间短,加固效果好。真空法所产生的负压使地基土的孔隙水加速排出,可缩短固结时间;同时由于孔隙水排出,渗流速度增大,地下水位降低,由渗流力和降低水位引起的附加应力也随之增大,提高了加固效果。

(3)孔隙渗流水的流向及渗流力引起的附加应力均指向被加固土体,土体在加固过程中的侧向变形很小,真空预压可一次加足,地基不会发生剪切破坏而引起地基失稳,可有效缩短总的排水固结时间。

(4)土质越软,加固效果愈明显。真空预压法适用于超软黏性土地基、边坡、码头岸坡等地基稳定性要求较高的工程地基加固,土质愈软,加固效果愈明显。

(5)所用设备和施工工艺比较简单。真空预压法无需大量的大型设备,便于大面积使用。

(6)做到文明施工。真空预压法无噪声、无振动、无污染。

二、真空预压法的设计计算

真空预压法加固软土地基符合有效应力原理。真空预压的设计内容主要包括密封膜内的真空度、加固土层平均固结度、竖向排水体的尺寸、加固后的沉降和工艺设计等。

(1)膜内真空度。真空预压效果和密封膜内真空度大小有关。根据工程经验,当采用合理的工艺和设备时,膜内最低设计真空度不应低于650 mmHg。

(2)加固土层平均固结度。设计要求达到的平均固结度一般不低于80%,若工期许可,可适当提高。

(3)竖向排水体。真空预压法的竖向排水系统可采用普通砂井、袋装砂井或塑料排水板。袋装砂井直径为70~120 mm,井距一般为砂井直径的15~30倍。设计时,可先假定井距,再计算地基固结度,若不能满足要求,则可缩小井距或延长工期。砂井深度主要根据土层的分布、地基中附加应力大小、施工期限和条件及地基稳定性等因素确定,一般为10~25 m。砂井平面布置如图1-8所示,其中 d_e 为砂井的有效直径,l 为砂井的间距。等边三角形排列较正方形排列效果好。砂井的布置范围一般可由基础的轮廓线向外延伸2~4 m。砂料宜选用中粗砂,其含泥量不能超过3%。抽真空所需时间长短与土质条件和竖向排水体的间距有关,具体所需时间可参考表1-1数据。

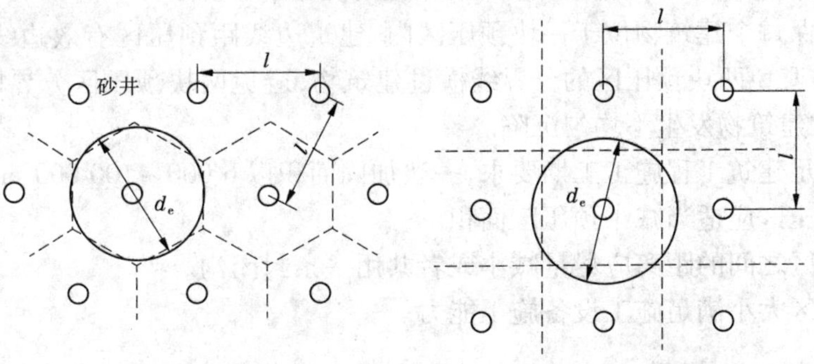

(a)等边三角形排列　　(b)正方形排列

图1-8　砂井平面布置

表1-1　袋装砂井间距与抽真空时间关系

袋装砂井间距(m)	固结度(%)	抽真空时间(d)
1.3	80	40~50
	90	60~70
1.5	80	60~70
	90	85~100
1.8	80	90~105
	90	120~130

(4)真空预压的面积。真空预压的效果与良好的气密性有关,预压面积越大,预压面积与周边长度之比也越大,气密性就越好,真空度就越高(见表1-2)。真空预压的面积不得小于基础外缘所包围的面积,一般真空的边缘应比建筑基础外缘超出不小于3 m。当

在预压区发现有透气层和透水层时，一般可在塑料薄膜周边采取另加水泥土搅拌桩的壁式密封措施。

表 1-2　真空度与预压面积关系

预压面积（m^2）	264	900	1 250	2 500	3 000	4 000	10 000	20 000
周边长度（m）	70	120	143	205	230	260	500	900
预压面积/周边长度	3. 77	7. 5	8. 74	12. 2	13. 04	15. 38	20	22. 2
真空度（mmHg/kPa）	515/68. 6	530/70. 6	600/80	610/81	630/84	650/87	680/91	730/97

三、施工预压区划分

每块真空预压面积越大越好，但如果受施工能力或场地条件限制，需要把场地划分成几个预压区域，分期预压时，施工预压区划分应考虑以下因素：

（1）应确保每个建筑物位于一块预压区内，建筑边线距预压区有效边线可取 2 ~ 4 m 或更大些。应避免两块预压区的分界线横过建筑物，避免两块预压区分界区域的加固效果差异而导致建筑物发生不均匀沉陷。

（2）应满足建筑工程施工工期要求，一般加固面积以 6 000 ~ 100 000 m^2 为宜。

（3）高风压区应适当减小预压区面积。

（4）预压区之间的距离应尽量减小或者共用一条封闭沟。

（5）预压区大小满足施工设备施工能力。

四、施工机具设备和材料要求

真空预压设备由真空泵和配套设备组成。真空泵一般宜用射流真空泵，真空泵的设置应根据预压面积大小、真空泵效率以及工程经验确定。一套抽真空装置在施工初期可负担 1 000 ~ 1 200 m^2 的加固面积，后期可负担 1 500 ~ 2 000 m^2 的加固面积。真空装置数量应以始终保持密封膜内高真空度为原则，且每块预压区宜设不少于两台真空泵。配套设备有集水罐、真空滤水管、真空管、止回阀、阀门、真空表、密封薄膜等。

真空滤水管采用钢管或塑料管材，应能承受足够的径向压力而不变形。滤水管上梅花形布置滤水孔，孔径一般为 8 ~ 10 mm，孔间距 50 mm；管上缠绕直径 3 mm 的铁丝，外包尼龙窗纱布一层，最外面再包一层渗透性好的编织布或土工纤维或棕皮，如图 1-9 所示。

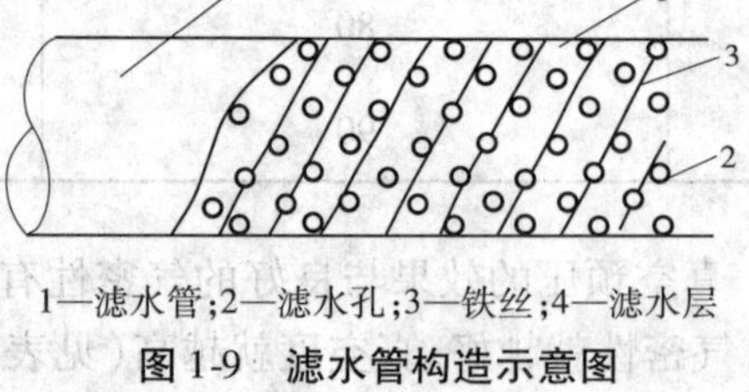

1—滤水管；2—滤水孔；3—铁丝；4—滤水层

图 1-9　滤水管构造示意图

密封膜应采用抗老化性能好、韧性好、抗穿刺能力强的不透气材料。常用聚氯乙烯薄膜作为密封膜。密封膜热合时宜用两条热合缝的平搭接，搭接长度应大于 1.5 mm。密封膜面积要大于预压场地面积，一般要求每边大于预压区相应边 2～4 m。为了保证整个预压过程中的密实性，塑料膜一般宜铺设 2～3 层，每层膜铺好后应检查和粘补漏处。

五、施工工艺

（一）工艺流程

真空预压法的工艺流程为：地质调查→排水设计→施工准备→排水砂垫层施工→打设竖向排水体→埋设真空分布管→铺设密封膜→安装真空泵、连接管路→抽真空→观测→卸载。

真空预压法设备及其布置如图 1-10 所示。

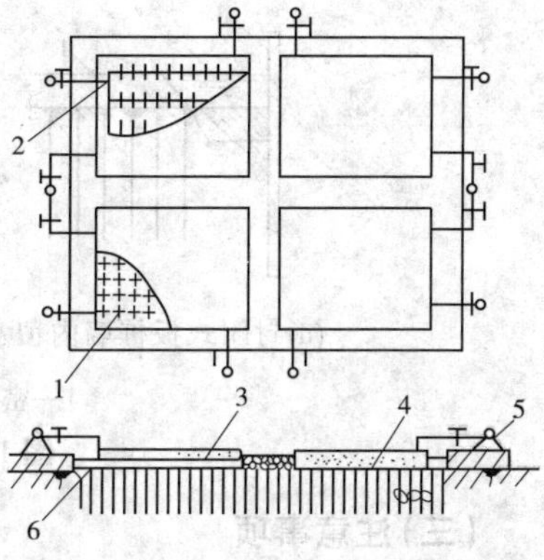

1—袋装砂井；2—膜下管道；3—封闭膜；4—砂垫层；5—真空装置；6—回填沟槽

图 1-10　真空预压法设备及其布置

（二）主要工艺

（1）埋设滤管。在砂垫层中埋设水平分布的滤管，滤管一般采用条形或鱼刺形布置（见图 1-11），铺设距离要适当，使真空度在整个预压区内分布均匀，在滤管上部应有 100～200 mm 厚的砂覆盖层，防止滤水管上尖利物体刺破密封膜。在铺设滤水管时，滤水管之间要连接牢固，选用合适的滤水层且包裹严实，避免抽气后进入射流装置。

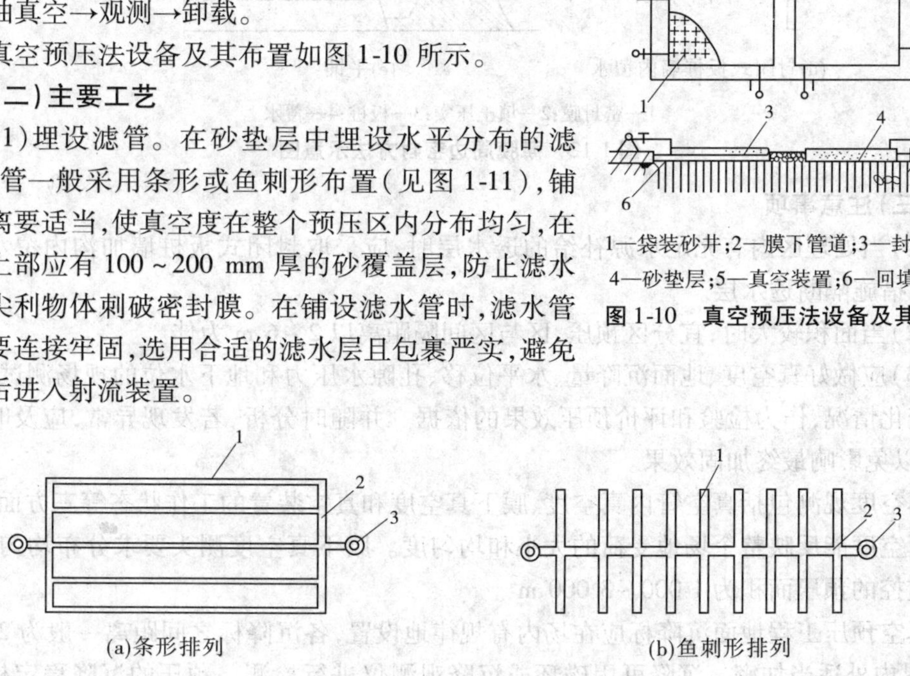

1—真空压力分布管；2—集水管；3—出膜口

图 1-11　真空分布管排列示意图

（2）铺设密封膜。在砂垫层上铺设密封薄膜，为确保薄膜的密封性，一般采用 3 层聚氯乙烯薄膜，按先后顺序同时铺设，并将膜的四周密封。膜的四周密封方法一般是在离基坑线外缘 2 m 开挖深 0.8～0.9 m 的沟槽，将薄膜的周边放入沟槽内，用黏土或粉质黏土回填压实，要求气密性好，密封不漏气，或采用板桩覆水封闭。经验证明，膜上全面覆水较好，既保证薄膜的密封性又减缓薄膜的老化。薄膜周边的几种密封方法如图 1-12 所示。平铺膜适用于地基土颗粒细密、含水量较大、地下水位浅的地区采用。膜上沟内同时覆水、封闭式板桩墙、封闭式板桩墙内覆水，一般适用于密封膜和密封沟发生漏气现象时，作为辅助密封措施采用。

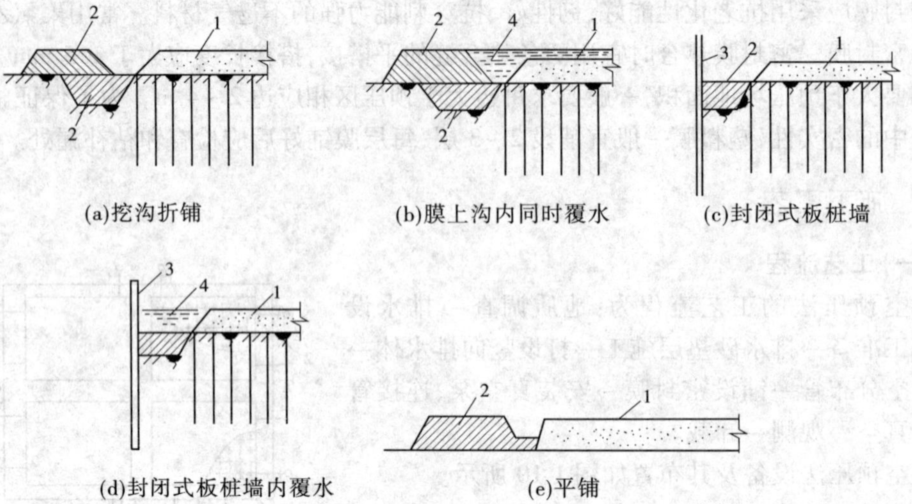

1—密封膜;2—填土压实;3—板桩;4—覆水

图1-12　薄膜周边密封方法示意图

(三)注意事项

(1)当处理区内有充足水源补给的透水层时,应采取封闭式板桩墙加沟内覆水或其他密封措施隔断透水层。

(2)当面积较大时,宜分区预压,区与区间隔距离以2~6 m为佳。

(3)应做好真空度、地面沉降量、水平位移、孔隙水压力和地下水位的现场测试工作,掌握变化情况,作为检验和评价预压效果的依据。并随时分析,若发现异常,应及时采取措施,以免影响最终加固效果。

真空度观测包括真空管内真空度、膜下真空度和真空装置的工作状态等三方面内容。膜下真空度能反映整个场地受荷的大小和均匀度。膜下真空度测头要求分布均匀,每个测头监控的预压面积为1 000~3 000 m^2。

真空预压工程地面沉降标应在场内有规律地设置,各沉降标之间距离一般为20~30 m,边界内外适当加密。沉降可用磁环或沉降观测仪进行检测。预压的沉降稳定标准为连续5 d,实测沉降速率不大于2 mm/d。

根据真空荷载下不同时间的固结度,可推算地基土强度的增长,并可以推算加荷预压期间地基的沉降量,以确定预压的期限。根据测点孔隙水压力—时间变化曲线,可计算土的固结系数,推算不同时间的固结度以及强度增长。目前常用钢弦式孔隙水压力计和双管式孔隙水压力计观测孔隙水压力。真空预压工程需在场内设置若干个测孔。测点布置应沿孔深每隔1~2 m设置一点,且不同土层应设置测点,测孔的深度应大于待加固地基的深度。

(4)真空预压结束后,应清除砂槽和腐殖土层,避免在地基内形成水平渗水通道。

(5)冬季施工时,应对薄膜、管道、水泵、阀门及真空表等采取常规保温措施。冬季抽气,应避免过长时间停泵,否则,膜内、外管路会发生冰冻而堵塞。

(6)铺膜前,应用砂料把砂井填充密实;密封膜破裂后,可用砂料把井孔填充密实至砂垫层顶面，然后分层把密封膜粘牢，以防止砂井孔处下沉密封膜破裂。

(7)塑料膜下料时，应根据不同季节预留塑料膜伸缩量；热合时，每幅塑料膜的应力应基本相同。高温季节，密封膜加工完毕后应堆放在阴凉通风处；堆放时，在塑料膜之间适当撒放滑石粉；堆放的时间不能过长，以防止互相粘连。

(8)膜上覆水一般应在抽气后膜内真空度达650 mmHg，确认密封系统不存在问题方可进行，时间一般为7～10 d。

(9)卸载。真空预压可根据沉降速率和地基平均固结度来确定卸载时机。

(10)经常检查各项记录，发现异常现象，应尽快分析原因并采取措施补救。

六、影响加固效果因素分析

运用真空排水预压法加固软基要想取得好的效果，首先是要尽可能加大预压荷载，即提高膜下真空度，这就需要做好加固区的密封；其次要提高土层深部的加固效果，也就是要减小垂直排水通道传递真空度的阻力。

（一）密封对加固效果的影响

加固区的密封包括加固区表面的密封和土层深部的密封两部分。

1. 加固区表面的密封

加固区密封的好坏是运用真空预压法能否取得加固效果的关键因素之一。表面密封不好，则膜下真空度难以形成。一般表层密封不好，首先是加固区周边的密封沟深度不够或沟未埋好压实；其次是密封膜在质量上存在问题，或膜的强度不够或膜的延伸率太小，以至于在抽气后膜被拉坏、开裂，造成漏气；还有在膜的铺设、埋置过程中要细致小心，尽量避免膜受损。

2. 土层深部的密封

土层深部的密封主要是指加固区内土层上部是否有强透水层，强透水层是否与垂直排水通道相通。若出现这种情况，则垂直排水通道内传递的真空度会沿着该透水层传递，造成加固区内外相通，从而大大地降低了加固效果。

（二）真空度的稳定性对加固效果的影响

真空度的高低以及是否稳定，也是取得良好加固效果的关键因素。通过对实测数据进行分析，一旦真空度出现波动，沉降也随着出现波动。当真空度较小时，沉降速度也开始减小，甚至出现停止并略有回升。若真空度波动较大，土体中有效应力也会随之波动，从而影响土体的固结及强度的增长。

（三）加固区的形状对加固效果的影响

从工程实际与研究中发现，用真空预压法加固软土地基，被加固区的形状对加固效果亦有一定的影响。

（四）垂直排水通道对加固效果的影响

在真空预压法中，垂直排水通道不仅起着垂直排水、减小土体排水距离、加速土体固结的作用，而且起着传递“真空度”的作用。但是，真空度从膜下到垂直排水通道，由于垂直排水通道的阻力影响，会有一定的损失。垂直排水通道的阻力包括真空度从砂垫层进入垂直排水通道时产生的局部阻力和垂直排水通道内的沿程阻力。由于真空度的减弱势必会影响地基的加固效果,因此垂直排水通道对加固效果,尤其是对深层软土的加固有着很重要的影响。

第四节 土工合成材料应用与施工技术

土工合成材料是岩土工程中以高分子聚合物如聚丙烯(PP)、聚乙烯(PE)、聚酯(PER)、聚酰胺(PA)、高密度聚乙烯(HDPE)和聚氯乙烯(PVC)等为原料制成的各种人工合成材料的总称,具备良好的物理化学特性以及水工性能。包括土工织物、土工膜、土工塑料板、土工网、土工格栅、土工垫、土工绳索制品以及由两种以上的土工合成材料或与其他有关材料复合(或组合)而成的复合型土工材料。例如,由土工织物与土工膜复合而成的复合土工膜及由塑料槽形板与土工织物组合而成的土工排水板等。土工合成材料在公路、铁路、建筑、港口、环保、采矿以及各种水下工程中应用非常广泛,是继钢材、木材、混凝土之后的第四大新型建筑材料。

在我国,土工合成材料在岩土工程等领域的应用历史较短。最早大约在20世纪60年代初期,应用土工膜进行渠道防渗;70年代中期,在长江护岸和长江堤防中首次使用织造型土工织物;80年代初期,非织造型土工织物开始应用于工程中;80年代末,土工膜袋首次引入工程应用;近年来,国内外开始采用土工合成材料结合植草进行边坡防护和绿化。目前,土木合成材料已广泛地运用到道路工程、建筑工程、海港工程、矿山工程、军事工程以及水利工程领域。

研究表明,土工合成材料不仅性能优越、应用范围广,而且成本低廉,在同等设计标准下,可降低20%~40%的工程造价,经济效益十分显著。但是,由于产品在品种、功能及宣传推广方面的不足,甚至有些施工单位只注重一次性投资而不考虑长远后果,因此我国土工合成材料与国外相比在应用的广度和深度等方面都存在较大的差距。

一、土工合成材料的分类

土工合成材料是一种新型的岩土工程材料。它是以人工合成的高分子聚合物(如塑料、化纤、合成橡胶等)为原料制成的各种类型的产品。《土工合成材料应用技术规范》(GB 50290—98)将土工合成材料分为四大类:土工织物、土工膜、土工复合材料和土工特种材料,详见表1-3。

二、土工合成材料的功能

土工合成材料的功能是多方面的,综合起来主要有以下八个方面:

(1)过滤作用。把土工织物置于土体表面或相邻土层之间,可以有效地阻止土颗粒通过,从而防止由于土颗粒的过量流失而造成土体的破坏;同时允许土中的水或气体穿过织物自由排出,以免由于孔隙水压力的升高而造成土体的失稳等不利后果。这方面的产品有无纺(非织造)土工布、有纺(织造)土工布。适用于排水盲沟外包过滤层、挡土墙回填土中排水系统的滤层和道路基层与地基之间的隔离层等。

表 1-3 土工合成材料分类

产品分类		制造工艺	产品名称
土工合成材料	土工织物（土工布）	织造（有纺）	机织（含编织）：裂膜丝、管膜丝、合股丝
			针织
		非织造（无纺）	机械黏结（针刺、缝编、水力针刺）
			热黏结
			化学黏结
	土工膜	沥青土工膜	
		聚合物（合成高聚物）土工膜	
	土工复合材料	复合土工膜：氯丁橡胶土工膜、经编土工膜	
		复合土工织物	
		复合防排水材料：排水带、排水管、排水防水材料等	
	土工特种材料	土工格栅、土工带、土工格室、土工网、土工膜袋、土工网垫（三维网）、土工织物膨润土垫（CCL）、聚苯乙烯板块（EPS）等	

（2）排水作用。有些土工合成材料可以在土体中形成排水通道，把土中的水分汇集起来，沿着材料的平面排至体外。这方面的产品有沥青土工膜、聚合物土工膜、复合土工膜、排水板、排水管等。适用于高填路堤内部的垂直排水或水平排水、软基处理中的垂直排水等。

（3）隔离作用。有些土工合成材料能够把两种不同粒径的土、砂、石料隔离开来，或把土、砂、石料与地基或其他建筑物隔离开来，以免相互混杂，失去各种材料和结构的完整性，或发生土粒流失现象。这方面的产品有无纺、有纺土工布，土工网、土工格栅等。适用于路基与软弱地基之间的隔离、路基与碎石基层之间的隔离等。

（4）加筋作用。土工合成材料埋在土体中，可以扩散土体的应力，增加土体的模量，传递拉应力，限制土体侧向位移；还可增加土体和其他材料之间的摩阻力，提高土体及有关建筑物的稳定性。这方面的产品有土工网、单（双）向土工格栅等。适用于加固软弱地基、加强高陡边坡的稳定性、加筋土挡土墙、包裹式挡墙等。

（5）防渗作用。土工合成材料可以防止液体渗漏、气体挥发，保护环境或建筑物的安全。用于防渗的土工合成材料可选用土工膜、复合土工膜、土工织物膨润土垫及复合防水材料。适用于沿河路堤边坡防止水进入路基土、渠道防渗等。

（6）防护作用。很多种土工合成材料对土体坡面可以起防护作用，可将土工布、混凝土膜袋、织物软体排等材料用于路基的边坡防护，防止路面反射裂缝等防护工程中。作防护用的土工合成材料很多，如土工布、土工格栅、土工网、土工三维网垫、土工格室、土工织物、土工膜、土工膜袋、聚苯乙烯板块等。

（7）减荷功能。例如，利用泡沫塑料质量轻、变形特大的特点，用以替代工程结构中某些部位的填土，可大幅度减小其荷载强度和填土产生的压力，这就是所谓的减荷功能。

（8）隔热、保温功能。有的土工合成材料具有很好的隔热、保温性能，在严寒地区修建的大型渠道和道路工程中，使用这种土工合成材料作为渠道保温衬砌和道路隔离层时，主要是利用其隔热、保温功能。

在实际应用中，土工合成材料通常同时发挥着数种功能，例如，排水和过滤、隔离和防冲经常是联系在一起的。

图 1-13 ~ 图 1-19 就是土工合成材料各种主要功能的应用示意。

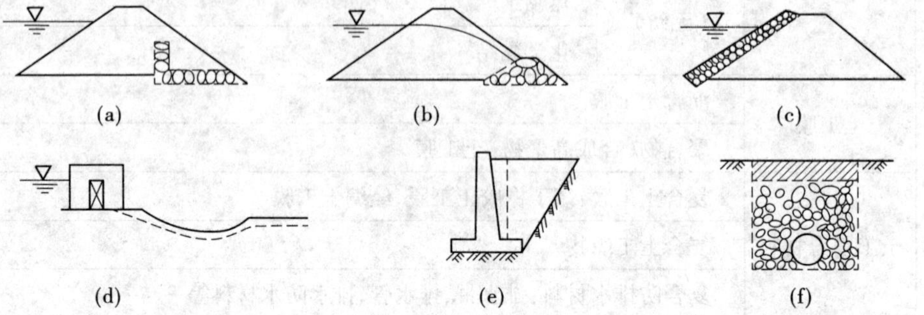

图 1-13　过滤作用

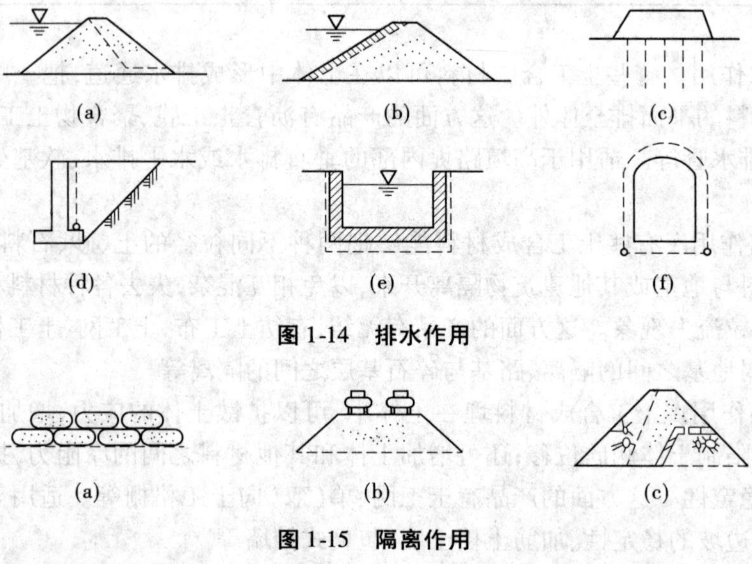

图 1-14　排水作用

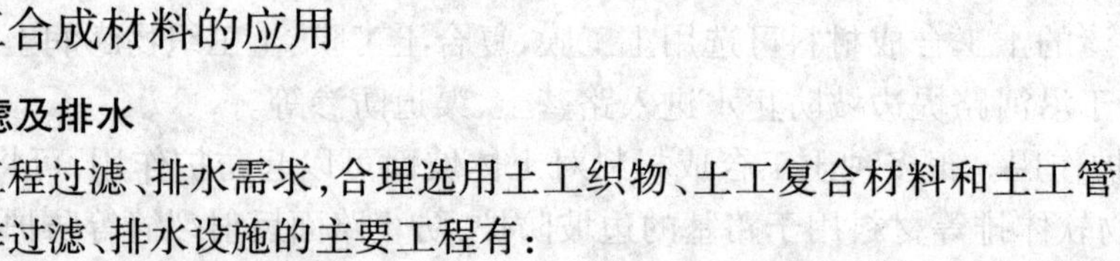

图 1-15　隔离作用

三、土工合成材料的应用

（一）过滤及排水

可根据工程过滤、排水需求，合理选用土工织物、土工复合材料和土工管等。采用土工合成材料作过滤、排水设施的主要工程有：

（1）铁路、公路过滤、排水设施。

（2）挡墙后排水系统。

（3）岸墙后填土排水系统。

（4）隧洞、隧道衬砌后排水系统。

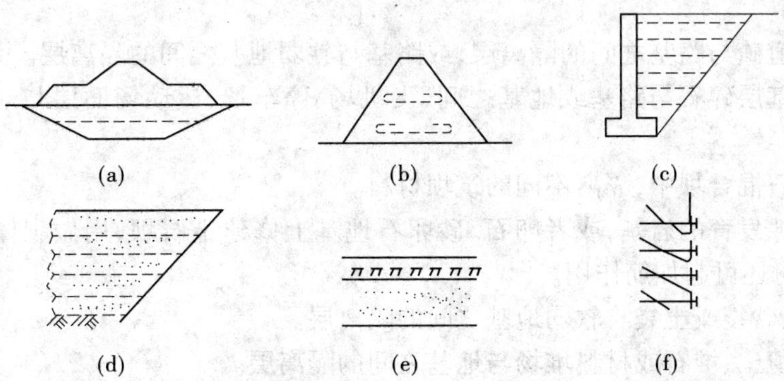

图 1-16　加筋作用

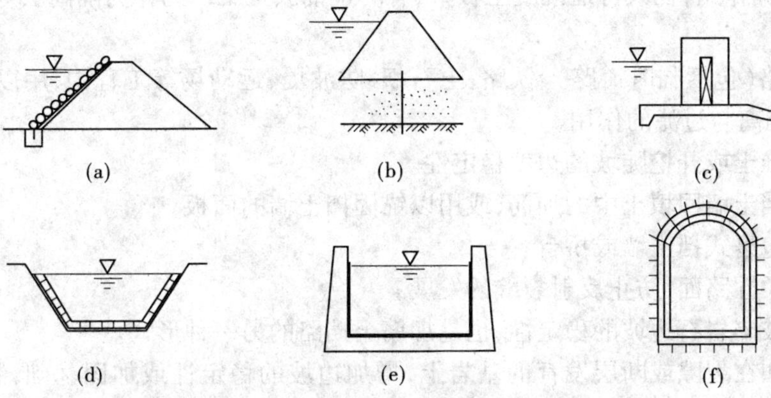

图 1-17　防渗作用

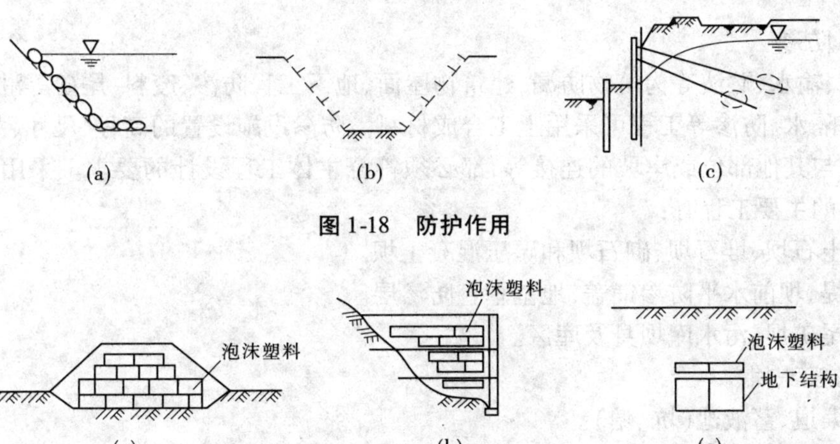

图 1-18　防护作用

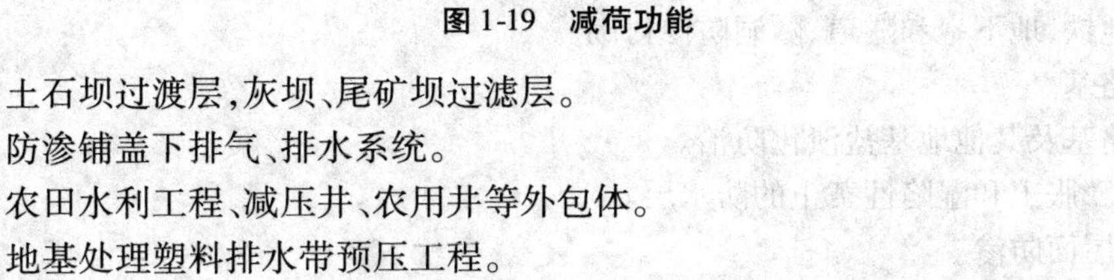

图 1-19　减荷功能

(5)土石坝过渡层，灰坝、尾矿坝过滤层。

(6)防渗铺盖下排气、排水系统。

(7)农田水利工程、减压井、农用井等外包体。

(8)地基处理塑料排水带预压工程。

(二)隔离

(1)铁路道碴与路基之间的隔离层,或路基与软弱地基之间的隔离层。

(2)公路基层碎石与路基或地基之间,飞机场、停车场、运动场面层与地基之间的隔离层。

(3)在土石混合坝中,隔离不同的筑坝材料。

(4)在裂隙发育的岩基,或者卵石、砂卵石地基上修建土石坝,用做坝体与地基之间的隔离层,有时还可起加筋作用。

(5)石笼、砂袋或土袋与软弱地基之间的隔离层。

(6)人工填土、堆石或材料堆场与地基之间的隔离层。

(7)其他如在水中(江、河、湖、海)抛填土石方,将土工织物铺放在水下,起隔离作用,也可起过滤加固作用;在人行道混凝土板下,有时也铺放土工织物作为隔离层等。

(三)加筋

(1)在公路(包括临时道路)、铁路、土石坝、防波堤、运动场等工程中,用以加强软弱地基,同时起隔离与过滤的作用。

(2)加强堆土或开挖陡坡的边坡稳定性。

(3)用做挡土墙回填土中的加筋,或用以锚固挡土墙的面板。

(4)修筑包裹式挡土墙或桥台。

(5)加固柔性路面,防止反射裂缝的发展。

(6)增加破碎岩石边坡的稳定性,也是加筋土挡路的另一种形式。

(7)其他如在裂隙或断层发育的基岩上,增加边坡的稳定性或加固基础,制造石笼、土砂石袋,在存货或施工场地的地基上铺放土工织物,既可起隔离、过滤作用,又可起加筋作用。

(四)防渗

挡水、输水、贮液等构筑物防漏,建筑物屋面、地下工程防渗,废料、尾矿等淋滤液防污染和路基隔水、防渗等工程可采用土工合成材料。防渗设施设置的高程、尺寸、范围、抗震要求以及与其他部位或岸坡的连接等,都必须符合主体工程设计的要求。采用土工合成材料防渗的主要工程有:

(1)土石坝、堆石坝、砌石坝和碾压混凝土坝。

(2)堤、坝前水平防渗铺盖,地基垂直防渗层。

(3)尾矿坝、污水库坝身及库区。

(4)施工围堰。

(5)渠道、蓄液池(坑、塘)。

(6)废料场。

(7)地铁、地下室和隧道、隧洞防渗衬砌。

(8)路基。

(9)路基及其他地基盐渍化防治。

(10)膨胀土和湿陷性黄土的防水层。

(11)屋面防渗。

(五)防护

防冲、防浪、防冻、防震、固沙、防止盐渍化及防泥石流等防护措施,可选用土工合成材料或其制品。作防护用的土工合成材料制品可采用土工织物充填袋和软体排等。土工织物充填袋应包括砂被、砂枕、土枕、土袋等。软体排应由编织土工织物结合压载物制成,可分为单片软体排和双片软体排。采用土工合成材料进行防护的主要工程有:

(1)江、河、湖、海和渠道、蓄液池护坡、护底。

(2)水下结构基础防冲。

(3)道路边坡防冲。

(4)涵洞工程护底。

(5)泥石流和悬崖侧建筑物障墙防冲。

(6)应急防汛措施。

(7)沙漠地区沙篱滞沙和固沙。

(8)军工弹药库防爆。

(9)严寒地区防冻措施。

(10)道路防止盐渍化措施。

(11)边坡土钉加固等。

四、土工合成材料施工技术

(一)土工合成材料的储存与保管

土工合成材料是以高分子聚合物为原料的化纤产品,在阳光照射下易老化,使强度降低。尽管在制造时采取了一些防止老化的措施,在地下或水下能正常使用几十年,但和其他物质一样老化是不可避免的,对永久性建筑物而言,当然寿命越长越好,因此在各个环节都应注意保护,使其老化速度尽可能地减慢。

1. 土工合成材料的采购、验收及运输

土工合成材料的采购,要严格按设计要求的各项技术指标选购,如物理性能指标、力学性能指标、水力特性指标、耐久性指标等都要达到设计要求的标准。送货时对产品要严格验收,产品应有标签,标明生产厂家、生产日期、产品规格、检测报告等,并应检验试验单位的检测试验报告。由用户进行抽样检查,抽查率应多于交货卷数的5%,最少不应少于1卷,内容可按合同规定。

运送时不得使土工合成材料直接受阳光的照射,应有篷盖或包装,并避免机械性伤害,如刺破、撕裂等。

2. 土工合成材料的储存与保管

对于防汛用土工合成材料,应提前备料,需要加工的,如各种型号尺寸的软体排、滤水软体排等,要在汛前加工完毕,存放在专门的仓库中备用,并要避免阳光的直接照射。因土工织物质地柔软,存放在仓库时,易被鼠咬,要注意防鼠;苇根等植物会穿破土工织物,因此仓库地坪要平整,注意清除杂草。

土工合成材料的种类繁多,用途不一,要分别存放,并按用途分别标明进货时间,有效期,材料的型号、性能特征及主要用途。发货时,每批货要有标签,注明进货时间,有效期限,材料的名称、型号、性能和主要用途等。取货时要按所需指标领取,并认真检查。保管人员要加强有关知识的学习,掌握基本用途,避免发货出错。所有土工合成材料的存放期不得超过产品的有效期限。

产品在工地存放时,一般应搭设临时存放遮棚,如果工期较长,或由于某种原因,土工合成材料较长时间受阳光照射,应用前要进行必要的物理性能指标测试,合格后才能使用。当土工合成材料的种类较多、用途不一时也应分别存放,并标明性能指标和用途等。存放时还要注意防火等。

(二)土工合成材料的施工要求

1. 防渗、过滤、排水、垫层等工程施工的一般要求

(1)施工前检查。土工合成材料在使用前要严格检查型号、规格是否符合要求,用做过滤、垫层、排水层铺设时,有扯裂、蠕变、老化的土工织物均不得使用。

(2)备料。根据工程部位、大小,按设计要求裁剪、拼接;防渗用土工膜尽量用宽幅,以减少拼接量,最好预先拼接成要求尺寸,卷在钢管上后运至工地。

(3)土工合成材料接触面的处理。试验表明,只要铺设面在施工前进行处理,清除表面一切可能损伤土工合成材料的带尖棱硬物,使地面平整,土工合成材料是不易被损坏的。所以,在进行土工织物施工时,铺设面要清除坚硬的物体,这是保证土工织物施工质量的关键。

(4)铺设松紧度控制。铺设时,土工合成材料不能过紧,以免施工过程中产生过大变形,需保持一定的松紧度。铺设时要自下游侧开始依次向上游侧进行,坡面上铺设一般应自下而上进行。坡顶、坡脚设锚固沟。过滤层及垫层施工,当坡度较陡时,应加钉固定。

(5)拼接与连接。铺设土工合成材料一定要保持其连续性、整体性,做好与其他结构物的连接,特别是土工膜防渗应与岸坡和其他一切防渗体密接,构成完全封闭体系;土工织物当幅宽和长度达不到工程要求时,做好接缝、接头。接缝的方法有搭接、缝接和粘接等。

搭接是将相邻两块织物重叠一部分,平地重叠搭接宽度可取 300 mm,不平地面或极软土应不小于 500 mm,水下铺设应适当加宽。流水中铺设,搭接处上游块应盖在下游块之上。用于过滤、排水、垫层等工程,如果过滤、排水、垫层织物上面铺有砂子,不宜采用搭接方法,因砂子易挤入两层之间而使织物分离,影响织物工作效能,甚至发生事故等。

缝接是应用尼龙线或涤纶线将两块织物缝合在一起,缝接形式见图 1-20,有平接、对接、J 字形接、蝶形接等四种。在现场缝合时,可用便携式缝包机缝合。

土工膜拼接是土工膜防渗设施施工的一道关键工序,拼接方法有热熔焊法和胶粘法两大类,可根据膜材种类、厚度和工具等情况优选采用。热熔焊法有专用焊接设备,接缝抗拉强度较高,焊接速度快,质量易于保证,应用普遍,当采用双条焊缝时,焊缝搭接长度应不小于 10 mm,两条焊缝之间应留有不小于 10 mm 的空腔。胶粘法仅用于局部修补和工程规模较小、拼接工程量不大、焊机租用困难的情况,两膜拼接长度一般为 8 ~ 10 mm,不小于 50 ~ 70 mm,为了保证粘接质量,应选用性能稳定、在水中不溶解的粘接料,并应进行拼接试验。

(6)铺设时施工人员应穿软底鞋,不得抽烟,以免损伤土工合成材料。

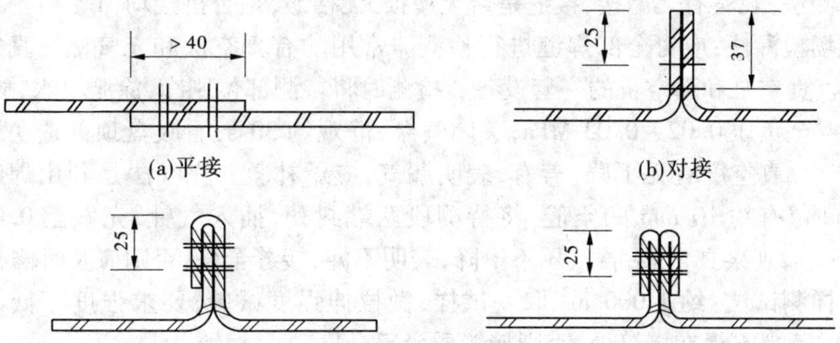

图 1-20　接缝形式　（单位:cm）

(7)铺设后要严格检查,发现有破损,应立即修补或更换。同时要注意施工时防止阳光的暴晒,铺设完后应及时铺保护层。

(8)回填料不得有损于土工合成材料,尽管铺设面清除杂物后土工织物不易损坏,但也要避免大块石等硬物的抛砸。土工膜保护土层厚一般为 300 ~ 400 mm,寒冷地区应适当加厚。

(9)观测仪器的安装等要根据施工情况及时进行,施工中要注意保护。

2. 护岸防冲、加筋加固工程的施工要求

这里重点介绍软体排、膜袋和加筋工程。

(1)施工前检查。检查所用材料及加工制作是否符合设计要求、有无损坏等。

(2)清理铺设面。清除有可能损坏土工合成材料的杂物。

(3)展开或沉放。膜袋水下施工要借助船或潜水员,水浅时可打桩定位,达到铺设到位;软体排可现场制作,在专用船上实施;加筋工程的铺设可用人工拉直筋材,保证筋材不褶皱,铺设人员应穿软底鞋。

(4)充填或压载。膜袋的充填要自上而下、从两侧向中间进行,充填的骨料及其坍落度,充填泵的压力、输送距离等要严格按设计控制,以免塞堵管道。充填压力一般不宜小于 200 kPa,泵送距离不宜超过 50 m。加筋工程的填土,在平面上填土由堤轴处向两坡侧推进时,填土不应太高;施工机械的大小与质量不得使车辙深于 70 ~ 80 mm,碾压不得过压。

(5)水下施工要注意安全。膜袋施工时,若水深超过 2 m,应有潜水员配合控制水下充填和铺设质量。

(6)充砂管袋沉排、软体排水上部分施工时要注意防老化,及时铺设保护层。

(7)观测仪器的安装等要根据施工情况及时进行,在施工中要注意保护。

五、土工合成材料工程施工质量控制

(一)土工膜防渗工程接缝检查

接缝粘合质量,与其他结构物结合的牢固性等的检查的方法有目测法、现场检漏法和抽样测试法。

(1)目测法:观察有无漏接,接缝是否无烫损、无褶皱,是否拼接均匀等。

(2)现场检漏法:应对全部焊缝进行检测。常用的有真空法和充气法。真空法是利用包括吸盘、真空泵和真空机的一套设备。检测时将待测部位刷净,涂肥皂水,放上吸盘,压紧,抽真空至负压0.02~0.03 MPa,关闭气泵,静观约30 s,看吸盘顶部透明罩内有无肥皂水泡产生、真空度有无下降,若有,表明漏气,应予补救。充气法是利用焊缝为两条时,两条之间留有约10 mm的空腔,将待测段两端封死,插入气针,充气至0.05~0.20 MPa,静观30 s,观察真空表,若气压不下降,表明不漏,接缝合格,否则应及时修补。

(3)抽样测试法:约1 000 m^2 取一试样,做拉伸强度试验,要求强度不低于母材的80%,且试样断裂不得在接缝处,否则接缝质量不合格。

(二)土工织物过滤层、垫层、排水层检查重点

检查所用土工织物的质量和规格是否合格,搭接宽度和缝合(或粘合)质量是否符合设计要求。

(三)土工织物防护工程检查重点

检查所用材料的品种、规格、性能是否符合设计要求;抽检施工所用土袋、土工织物软体排等物料的尺寸、重量、结构等是否与设计要求相符;检查施工方法是否符合规范,对土工合成材料有无损坏;完工后,检查水上、水下抛护体的范围、高程、厚度以及不同类型防护工程的施工质量是否与设计要求相符;检查植被防护工程的种类、草种是否符合设计要求,施工质量是否达到设计要求。

(四)土体加筋加固工程检查重点

检查碾压是否符合设计要求,是否引起筋材的变形;包裹是否达到设计要求等。

(五)观测仪器检查重点

检查观测仪器设备的类型、规格、数量是否符合设计要求,埋件编号和率定资料是否齐全;检查埋设位置是否符合设计要求,埋设安装质量是否符合有关规范规定;检查观测设施的外露部件是否已有防护措施等。

第二章　桩基础工程施工新技术

在土木工程建设中，桩基础是一种重要的基础型式。近年来，随着各种大型、超高型建筑物、构筑物的数量增多、规模变大，对桩基础的要求也越来越高，从而推动了桩基施工工艺的发展和施工技术水平的提高，并出现了一些新的成桩工艺，如预制桩方面有预应力混凝土管桩、钢管桩等，灌注桩方面有钻孔注浆成桩、挤扩支盘灌注桩、全套管成桩等。

本章重点介绍灌注桩后注浆施工、长螺旋钻孔压灌混凝土桩施工、挤扩支盘灌注桩施工和预应力混凝土管桩的施工新工艺。

第一节　灌注桩后注浆施工

泥浆护壁成孔灌注桩由于受施工工艺、施工方法、现场管理、施工操作及地层土质等因素影响，会出现孔底沉渣、桩侧泥皮等现象。孔底沉渣的存在使桩端持力层性质发生变化，形成可压缩的“软垫”，成为影响单桩承载力的重要因素之一。为此，国内外把地基处理灌浆技术引用到桩基，采取对桩端和桩侧实施压力注浆措施，即所谓的后注浆技术。钻孔灌注桩后注浆技术是指成桩过程中，在桩底或桩侧预先布置管路和注浆装置，待桩身混凝土达到一定强度后，通过注浆管路利用高压注浆泵压入以水泥为主的浆液（或其他化学浆液如硅酸盐），对孔底和桩侧泥皮进行固化，桩端阻力及桩侧阻力相应提高，从而消除传统灌注桩施工工艺所固有的缺陷，以达到提高单桩承载力、减少沉降量的一种科学先进的技术方法。

近年桩端注浆桩在工程中的应用不断拓展，按使用功能主要包括以下几个方面：用于工业民用建筑（高层建筑）、公共设施建筑的基础桩；用于边坡支护桩或基坑支护的帷幕桩；在基础托换工程中用注浆桩提高荷载增量下的地基承载力；用于桥基或旧桥改造加固工程。

一、灌注桩后注浆施工工艺的分类

注浆桩经过近二十几年的探索和发展，其施工工艺发展较为完备，出现了用于不同地质情况的各种施工工艺。

按施工机具和注浆先后顺序的不同分为两类：一类是前处理注浆桩，即借助于专用的钻机设备，在浇注混凝土桩体前，对桩端、孔壁进行压力注浆；另一类是后处理注浆桩，即采用常规的成孔设备，预埋注浆装置，在浇注桩身后，向桩端或桩侧土层注浆。

前处理注浆桩，其成桩的基本原理是：螺旋钻头钻至设计深度时，由设在钻头的喷嘴泵出细石混凝土或水泥浆，边灌注边拔钻，直至地面，从而形成桩体。随后置于钢筋笼顶部的振动器振动钢筋笼沉入素混凝土或水泥浆体。其工艺流程为：下钻→灌注水泥浆（混凝土）并提升螺旋外管→拔钻清土→振沉钢筋笼→成桩。后处理注浆桩，其成桩过程不需要专门的机具，按普通钻孔灌注桩造孔浇混凝土，然后待桩混凝土达到一定的强度后，利用预埋的注浆设施对灌注桩桩底和桩周土进行注浆处理。

按桩端预留压力注浆装置形式划分：①预留压力注浆室；②预留承压包；③预留注浆空腔；④预留注浆通道；⑤预留特殊注浆装置。

桩底注浆按施工工艺可以分为闭式注浆工艺和开式注浆工艺。

闭式注浆工艺是将预制的弹性良好的腔体（又称承压包、预承包、注浆胶囊等）或压力注浆室随钢筋笼放入孔底，成桩后在压力作用下，浆液注入腔体内；随注浆压力和注浆量的增加，弹性腔体逐渐膨胀、扩张，在桩端土层中形成浆泡，浆泡逐渐扩大，压密沉渣和桩端土体，并用浆体取代（置换）部分桩端土层，在压密的同时，桩端土体及沉渣排出部分孔隙水；再进一步增加注浆压力和注浆量，水泥浆土体扩大头逐渐形成，压密区范围也逐渐增大，直至达到设计要求为止。

开式注浆工艺是指浆液通过注浆管（单根、双根或多根），经桩端的预留注浆空腔、预留注浆通道或预留的特殊注浆装置等，直接注入桩端土、岩体中，浆液与桩端沉渣和周围土体呈混合状态，呈现出渗透、填充、置换、劈裂等效应，在桩端显示出复合地基的效果。

桩端闭式注浆，主要是达到了扩径的效果，并对桩起到一定的预加应力作用，对土层起到压密作用。而开式注浆，主要是对桩端土体进行加固，桩端土体由于挤密、加紧、充填等而得到加强，小部分水泥石固结于桩端，扩径效果很小。

根据注浆部位和方式的不同，后注浆技术可分为桩底注浆、桩侧注浆和桩底桩侧复式注浆，如图 2-1 所示。

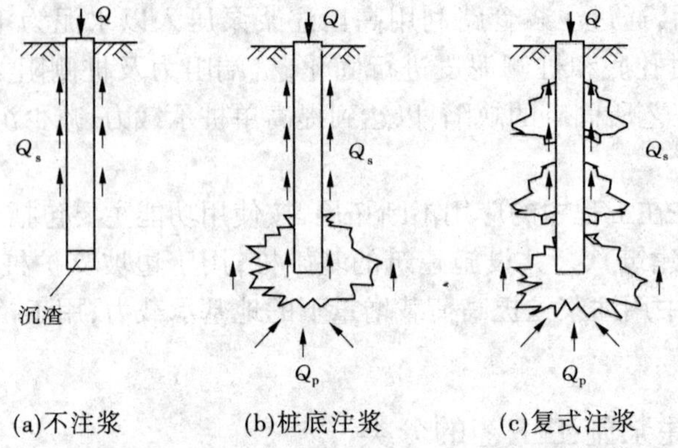

(a)不注浆　(b)桩底注浆　(c)复式注浆

Q—桩顶荷载；Q_p—桩端阻力；Q_s—桩侧摩阻力

图 2-1　注浆方式

二、桩底后注浆提高桩基承载力的机理

桩底压力注浆技术应用于灌注桩，改变了桩底、桩周土体的物理力学性质及桩—土界面的接触条件，从而改变了灌注桩的承载性能。浆液在压力作用下逐渐注入桩端土体，桩底土体性质、桩长、注浆压力、注浆时间、注浆量等因素的影响造成浆液在桩底及桩侧分布情况不同。常见的浆液作用形式有压密注浆、劈裂注浆和渗透注浆。后注浆加固机理如图 2-2 所示。

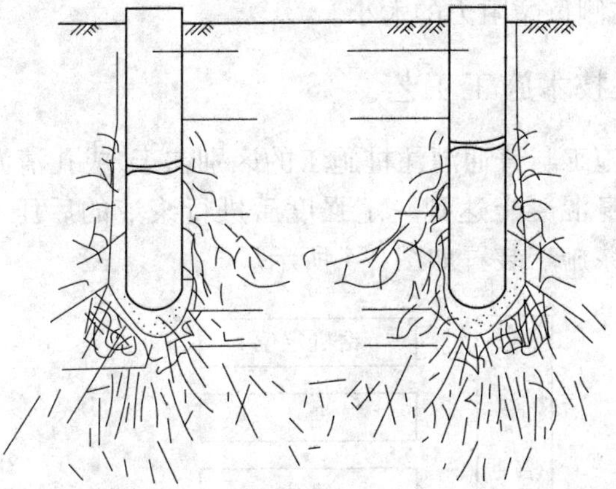

图 2-2　后注浆加固机理

桩底压力注浆不仅对桩端阻力有明显的提高作用,且通过影响桩侧土体对桩侧摩阻力也有较大影响。

桩底压力注浆对桩端阻力的提高,其主要原因是:

(1)桩端土体性质得以改善。不管桩底土性如何,注入桩底的浆液都会对桩底土体扰动、加固,从而使沉渣厚度减小,减小桩底沉渣对桩端阻力的削弱作用。同时,浆液使桩底土体产生压密效应、加筋效应以及固化效应,桩底土体的密实度、强度、刚度得到提高,从而提高桩底阻力。

(2)桩底扩大头的形成。桩底注浆加大了桩底的支承面积,从而提高桩底阻力。

(3)对桩底施加预应力。桩底进行压力注浆时,当桩底处的渗透能力受到限制时,形成的近似球形体内的浆液压力不断增高,该压力对桩底施加向上的作用力,使桩身微微上抬,桩体产生向下的负摩阻力,这相当于在桩底施加了一个预应力。对于桩底注浆桩,桩底阻力在零位移或较小位移下就可以发挥,而且在总荷载中所占的比例较大。

桩底压力注浆可提高桩侧摩阻力,其主要原因是:

(1)改善桩—土界面特征,消除桩周泥皮的影响。桩底注浆过程中,随着注浆量和注浆压力的增加,部分浆液沿桩侧薄弱部位上升,通过渗透、劈裂、充填、挤密和胶结作用,对桩周泥皮置换和空隙充填,改善桩周土层的物理力学性能,并在桩周形成脉状结石体,从而消除了泥皮厚度对桩侧摩阻力的影响,而且扩大了桩径,增加了桩—土接触面积,增加了桩侧摩阻力。

(2)增强了桩侧阻力的强化效应。灌注桩深入土体中,桩端土体和桩侧土体在桩底处联为一体。桩底土体强度得到加强后,桩侧土体的约束也相应增加,注浆前后,相同的桩侧土体位移下桩侧摩阻力明显提高。

(3)增加桩周法向应力。由于桩底压力注浆形成扩大头,挤压桩底土体使其密实,增加了桩底及周围土体的法向应力,法向应力的提高引起桩侧摩阻力的提高。

(4)产生桩侧负摩阻力。桩底进行压力注浆时,桩身微微上抬,桩体产生方向向下的负摩阻力。桩侧负摩阻力的出现,加大了桩侧达到极限摩阻力时的桩顶沉降,延迟了摩阻力的发挥,对灌注桩承载力发挥是一个不利因素。所以,在钻孔桩注浆时一定要控制桩身上抬量,减小注浆后桩侧负摩阻力的大小。

三、桩底后注浆技术施工工艺

桩底后注浆技术施工与普通灌注桩施工的区别在于,成孔清淤后,下放钢筋笼及注浆管,浇注混凝土,待桩身混凝土达到一定强度后进行浆液的后压力注浆。其工艺流程如图2-3所示,桩底后注浆施工装置如图2-4所示。

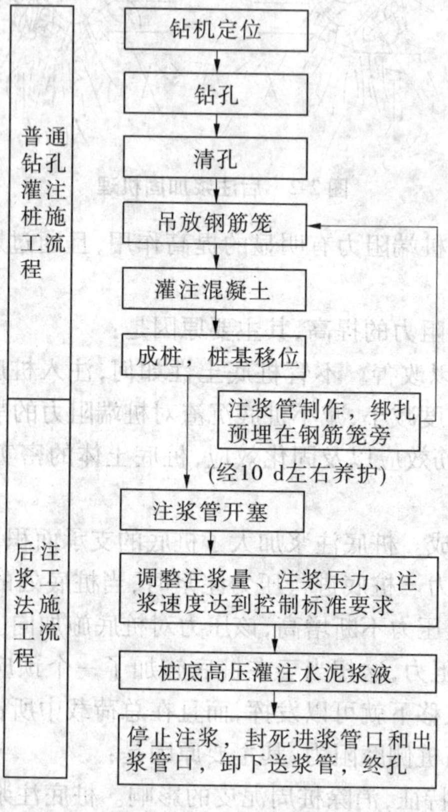

图2-3　灌注桩后注浆施工工艺流程

(一)后注浆施工机具

施工机具分为地面注浆装置和地下注浆装置两大部分。地面注浆装置由高压注浆泵、浆液搅拌机、储浆池、地面管路系统及观测仪表等组成;地下注浆装置由竖向导浆管、注浆管及桩端压力注浆装置等组成。

(二)主要施工过程

1. 埋设注浆管

注浆管宜用镀锌钢管或黑铁管,可采用ϕ25 mm或ϕ30 mm。对于超长桩,考虑到管内摩阻力对压力的影响,可考虑采用ϕ30 mm或ϕ38 mm。注浆阀以单向截流阀为佳。注浆管结构分为三部分:端部注浆管(多采用花管)、中部直管及上部带丝扣的接头。如采用花管,其侧壁一般按梅花形设置出浆小孔,孔径6 mm或7 mm。注浆形状有菱形、直筒形、内分叉形、外分叉形。

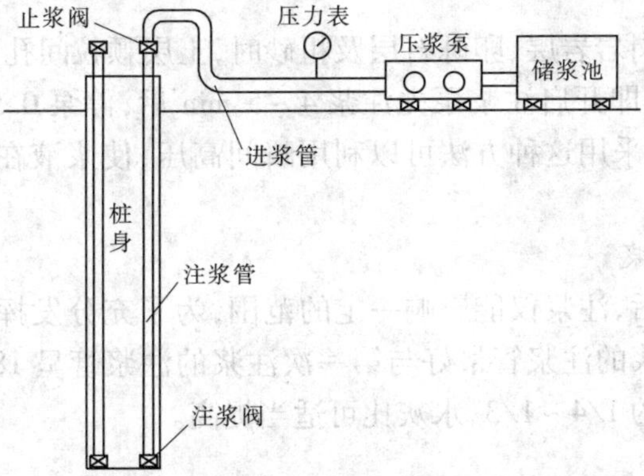

图2-4　桩底后注浆施工装置示意图

注浆管的长度要合理，注浆管过长，会给埋设带来困难，影响注浆效果；注浆管过短，达不到预定的位置，注浆效果无法满足要求。注浆管上端宜加工成可方便拆卸、装配有开关、端部入口有拆装灵活的丝扣封头的管节。注浆管分段埋设时，接头质量尤为重要。注浆管布设在钢筋笼上，且位于桩的外侧时，如果接头不严密，将有可能使浆液冲破桩身混凝土保护层，达不到预定的注浆深度。通常情况下在每段注浆管的丝扣连接处用生胶止水带连接，或用一般的胶管连接。注浆管的下端出浆口，用胶带或塑料膜包住。

为确保浆液注入桩端土体，注浆管底部插入桩尖土300~400 mm。注浆管埋设好后，要立即向管内注满清水并把两端密封，以减小管内外压力差，防止注浆管的变形影响注浆效果。

2. 浇注混凝土

浇注桩身混凝土前要向孔底投放0.5 m厚碎石。以碎石作注浆通道，在碎石重力作用下孔底沉积土翻起，减小桩底沉渣厚度，有利于注浆后形成桩端扩大头。

浇注桩身混凝土时，应注意保护注浆管在施工过程中不被压弯或破裂。在进行水下混凝土浇注时，当导管堵塞剪掉后，混凝土会迅速下落冲击孔底然后立即上翻，有可能引起注浆管的上浮。因此，从浇注混凝土开始就应观察注浆管有无上浮的情况，若发现注浆管上浮，应立即采取相应措施处理。

3. 注浆

1）注浆施工顺序

当场地地基土为软土时，桩距过近易造成施工桩中高压注浆液涌向邻近刚施工或即待施工的桩位，造成浆液串孔，影响工程质量。因此，在软土地区施工时，应采用间隔法等合理的施工顺序。

2）初次注浆（注浆前压水试验）

注浆前必须先进行压水试验，以确认注浆管是否重新堵塞，确定注浆初压力，并把细粒沉渣推至注浆范围之内。一般情况下，压水应按2~3级压力顺次逐级进行，并要求有一定的压水量及压水时间，压水压力以注浆管疏通为准。待压水试验结束之后，便可以将配置好的水泥浆液通过高压泵和预埋管注入到桩底。初注阶段注浆压力要小，浆液由稀到稠。初注时要密切注意压力、注浆量和注浆管的变化及注浆节奏，并监测注浆过程中桩的上抬量。

当桩端为风化花岗岩岩层、卵砾石层及粗砂时，土层颗粒间孔隙较大，在这种情况下，可采用间歇注浆方法，即开启注浆泵先注浆 4 ~ 5 min 后，停泵 0.5 ~ 1 min，然后再注浆，如此反复，直到结束。采用这种方法可以利用瞬间高压，使浆液在孔隙间进行充分扩散，取得理想的注浆效果。

3）二次（多次）注浆

第一次注浆结束后，注浆仅能影响一定的范围，为了充分发挥注浆的作用，可进行第二次注浆。第二次注浆的注浆管最好与第一次注浆的注浆管呈 180°分布，第二次注浆量一般为第一次注浆量的 1/4 ~ 1/3，水灰比可适当提高。

4）闭浆

注浆结束后，注浆管端部应采取机械封堵闭浆，闭浆时间一般至少应为 24 ~ 48 h，以防地下水对浆液的局部稀释，造成浆液固结强度的降低。

（三）后注浆质量控制措施

1. 注浆时机

注浆时机要适当。注浆过早，会因桩身混凝土强度过低而导致桩体破坏；注浆过晚，桩底沉渣凝固硬化影响注浆通道，从而影响注浆效果。一般桩身混凝土强度达到设计值的 75% 以上并大于 20 MPa 时，可进行压力注浆。从灌注桩浇注到开始注浆的时间间隔一般为 10 d 左右，夏季间隔时间可适当缩短，但不少于 7 d，冬季间隔时间要适当延长。

2. 浆液浓度控制

稀浆便于输送，渗透能力强；中等浓度的浆液起到填实、压密作用；浓浆对于已经注入的浆液有脱水作用。浆液如果采用水泥浆，水灰比应选择 0.4 ~ 0.6；采用水泥水玻璃浆液时，水灰比应为 0.6 ~ 1。实际注浆时，一般先用稀浆，然后再用中等浓度的浆液，最后用浓浆。必要时可添加适量的外加剂（如减水剂、膨胀剂等），以改善浆液的性能，提高注浆效果。工程实践表明，采用 0.5 ~ 0.55 水灰比的浓浆可以取得较佳的灌浆效果。

3. 注浆量控制

合理的注浆量取决于桩端和桩侧土层的类别、土体的渗透性能、桩径、桩长、承载力增幅要求、注浆压力、沉渣量等因素。在实际注浆中需根据压水试验及注浆过程中的反应适当调整注浆量。浆液浓度和注浆量愈大，注浆压力愈高，加固效果愈好。一般情况下，注浆量的计算，可根据桩端后注浆扩大头部分的体积先进行试算，确定一个基本值，然后通过试验结果进行调整。

注浆量可按下式计算：

$$Q = A\pi R^2 H\beta n \tag{2-1}$$

式中 Q——每根桩浆液注入量，m^3；

A——浆液损耗系数，取 1.1 ~ 1.3；

R——浆液有效扩散半径，m；

H——需要加固段高，一般取 0.5 ~ 1 m；

n——孔隙率或裂隙率；

β——浆液充填系数，取 0.4 ~ 0.9。

4. 注浆压力与速度控制

注浆压力是指在不会使地表产生隆起和基桩上抬量过大前提下，注浆时能采用的最大压力。从理论上讲，只要浆液能注入土中，易用低压、慢速注浆，这样可以让浆液在桩底或桩侧较均匀地渗透和缓慢刺入，以得到最佳加固效果。

注浆压力值与土层的密度、强度、初始应力以及钻孔深度、注浆位置、注浆次序、设计的浆液扩散半径、桩长、不同的注浆阶段等因素有关，宜通过现场试验确定。可灌性好的土层注浆压力一般在 4 MPa 以下，可灌性较差的土层注浆压力可达 4 ~ 8 MPa。

较高的注浆压力有助于提高可灌性，使软弱材料的密度、强度以及不透水性得到改善，有助于挤出浆液中的多余水分，使浆液胶结体的强度得到提高。但当注浆压力超过桩周土的上覆自重压力时，将有可能导致上覆土层的破坏，桩身上抬或使注浆管爆裂。因此，注浆压力一般以不使地层结构破坏或少量破坏为前提条件。

当桩身较长时，所需注浆压力大；当桩身较短时，所需注浆压力小。对于同一根桩，注浆初始阶段由于需克服较大的初始阻力，注浆压力较大；平稳注浆过程中，所需要的压力较小；注浆结束阶段，由于孔隙大为减少，所需要的压力较大。一般地层中，初始阶段和结束阶段的注浆压力为 2 ~ 3 MPa，中间阶段的注浆压力一般为 1 ~ 2 MPa。因此，通常可按现场注浆试验结果确定注浆压力，或以压水试验时疏通注浆管的压力作为注浆的初始压力，将初始压力的 2 ~ 3 倍作为注浆的压力。

5. 桩身上抬控制

一般情况下，桩周土层为黏土且休止期短时，桩身上抬一定数值而不会破坏桩周的土层，但是当桩周土层为砂土且休止期长时，桩身上抬一定数值则可能破坏桩周土层，故注浆施工时桩身应有必要的强度和休止期。休止期一般不应少于一周，黏土层中的桩应稍长。在满足上述条件的情况下，可将桩的容许上抬量控制在 3 ~ 5 mm，砂土层中的取小值，黏土层中的取大值。

6. 注浆终止标准确定

注浆压力和注浆量直接影响桩端压力注浆的效果。因此，注浆过程的终止标准可根据注浆压力、注浆量和桩的上抬量三个指标控制，当满足下列条件之一时可终止注浆：注浆总量和注浆压力均达到设计要求；注浆总量已达到设计要求的 70%，且注浆压力达到设计要求的 150% 并维持 5 min 以上；注浆总量已达到设计要求的 70%，且桩顶或地面出现明显的上抬。

四、灌注桩后注浆施工质量要求与检验

(1)成桩质量标准按现行桩基验收技术规范进行。

(2)后注浆施工操作及质量标准可执行中国建筑科学研究院企业标准《灌注桩后注浆技术规程》。

(3)施工过程中，应经常对后注浆的各项工艺参数进行检查。如对于注浆管，须检查其长度、材质、接口的质量等。发现异常及时整改。

(4)完成桩基工程后，按现行标准进行单桩竖向承载力及桩身完整性检验。承载力检验应在后注浆 20 d 后进行。浆液中掺入早强剂时可提前进行。

(5)后注浆施工完成后应提供下列资料:材质检验报告、试注浆记录、设计工艺参数、后注浆作业记录、后注浆桩检验及特殊情况处理记录。

第二节 长螺旋钻孔压灌混凝土桩施工

长螺旋钻孔压灌混凝土桩是在长螺旋干钻法的基础上发展的压灌混凝土桩成桩技术,其工艺原理为:采用长螺旋钻机钻至设计标高,利用混凝土泵将混凝土从钻头底部压出边灌注边提钻至成桩,然后利用专门震动装置将钢筋笼一次插入桩体,形成钢筋混凝土灌注桩。灌注桩直径一般为 400 ~ 800 mm,钻孔深度 30 m 以内,单桩承载力特征值 1 200 ~ 3 000 kN,与普通混凝土灌注桩施工相比具有以下优点:

(1)受地下水位和复杂地质情况影响较小,适用于黏性土、粉土、填土等各种土质,能在有软土、流砂层、砂卵石层,有地下水等复杂地质条件下成桩。

(2)机械投入少。钻机直接吊入钢筋笼,节省了吊车台班,减少了大型机械的投入量。

(3)低噪音,无振动,不需要设置泥浆池和沉淀池,减少了临时用地,没有泥浆污染,符合环境保护和绿色施工技术标准要求。

(4)由于混凝土是从钻杆中心压入孔中,成孔、成桩由长螺旋钻孔机一次完成。混凝土密实,并对桩孔周围土有渗透挤密作用。单桩承载力高,抗拔能力强,成桩速度快,质量好,工期短,施工过程安全,工程造价低,综合效益好,适应性强等。

一、设计方法

长螺旋钻孔压灌混凝土桩的设计计算理论与其他钻孔灌注桩相似,而后者早已为工程设计人员和施工单位所熟悉,这为长螺旋钻孔压灌混凝土桩施工法的推广提供了良好的基础。

(一)桩径及桩距

根据设备、地质条件及设计要求,桩径多为 400 mm、600 mm、800 mm,桩距为(3 ~ 6)d(d 为成桩桩径)。

(二)桩体材料及桩身强度

设计时应根据单桩承载力所需的桩身强度和泵送混凝土的需要来确定。骨料为 10 ~ 20 mm 的碎石或卵石,含砂率为 40% ~ 45%,坍落度为 160 ~ 200 mm,为便于泵的输送,可掺入一定比例的混凝土泵送剂。桩身强度一般为 C20 和 C25,当设计桩身强度较低时,可掺入一定量的粉煤灰,既降低造价,又增加了混凝土的可泵性。

(三)钢筋笼

钢筋笼的设计与其他钻孔灌注桩一致。

(四)单桩承载力

单桩承载力的设计值一般为 400 ~ 750 kN。

二、施工机械

施工机械主要为长螺旋钻孔机、混凝土输送泵和搅拌机。

(一)长螺旋钻孔机

目前,钻孔机普遍采用步履式和履带式,国内有河北新河和河南郑州两大生产厂家。钻具采用长螺旋钻具,其常规直径为400 mm、600 mm、800 mm三种。钻杆中心是一根直径为d的无缝钢管,螺旋叶片的外径D等于桩孔的直径,螺旋叶片的螺距一般为$(0.6 \sim 0.7)D$,钻头处装有两个可以上下翻动的闸门,保证钻杆中空部分同外界导通。长螺旋钻具与普通钻具相比有以下不同点:

(1)该钻具有中心管内灌注混凝土的功能,且其顶部设有泄气阀,中心管直径大于125 mm。因为一般混凝土输送软管内径为125 mm,为了使输送到钻顶中心管中的混凝土能自由下落,并冲开底部的活瓣,同时,保证自落后的混凝土将中心管内的空气排到顶部泄出,因此中心管直径需大于125 mm,一般为156 mm。

(2)中心管的底部(即钻头处)有混凝土出口,出口处有两片可开闭的活瓣。钻具开始钻削土体之前,应将活瓣闭合,以防止土、砂或水进入中心管内,泵输送混凝土时将活瓣打开。

(3)动力部分为双电机。采用双电机主要是为了预留输送混凝土的中心管,双电机功率一般分为2×37 kW、2×45 kW、2×55 kW、2×75 kW几种。电机功率的大小决定了钻具的成孔深度,2×37 kW钻机成孔深度为18 m,2×75 kW钻机成孔深度可达30 m。

长螺旋钻机可适用于黏性土、粉土、砂土、人工填土和淤泥质土等多种地层,但当遇到砖瓦、条石或砂卵石层时,则很难继续钻进。

(二)混凝土输送泵及输送管

混凝土输送泵一般为液压活塞式,按工作能力可分为HB-15、HB-30和HB-60等多种泵型,其最大泵送量依次为15 m^3/h、30 m^3/h和60 m^3/h等。输料管道直径主要有100 mm、125 mm、150 mm及200 mm等型号。与长螺旋钻具中心管相匹配,要求输料管道直径不超过钻杆内径d。目前较常用的输送泵为HB-30泵,有方园、中联和SANY等产品,工作泵压一般为4～6 MPa。混凝土输送管一般采用$\phi 125$ mm,输送软管与长螺旋钻具中心管相连,既可方便钻机移动,又可保持搅拌后台位置的相对稳定,无需多次移位,即可满足一个工程的需要。

(三)搅拌机

混凝土的搅拌可根据工程的实际情况采用现场搅拌或预拌混凝土。两者均通过混凝土泵料斗输送到钻机中心管提钻成桩,完成混凝土的灌注施工工作。搅拌机一般使用大容量强制式双卧轴搅拌机,如JS500型和JS1000型,以保证泵送的连续性。

三、长螺旋钻孔压灌混凝土桩施工工艺

长螺旋钻孔压灌混凝土桩施工工艺如图2-5所示。

(一)施工准备

现场具备"三通一平"条件,地段坡度较大的地方要推平,测放红线,建立永久控制点,测定自然地面标高,完成施工组织设计。

(二)测量复核桩位

常用的方法有轴线法和极坐标法两种,主要工作内容和特点见表2-1。

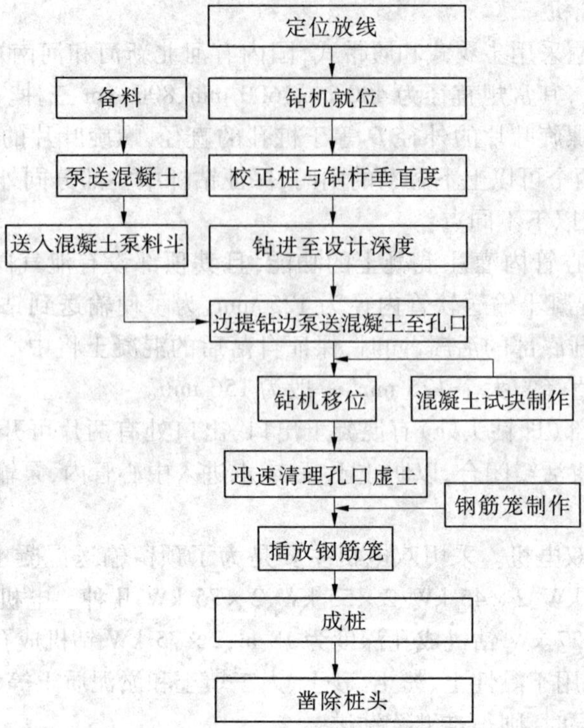

图 2-5　长螺旋钻孔压灌混凝土桩施工工艺

表 2-1　轴线法和极坐标法的主要工作内容和特点

方法	工作内容	特点
轴线法	轴线定位→沿轴线拉通线→确定桩位→标定桩位→复核桩位	速度快,边做边放,不易遗漏,但易沿线多桩偏位,累计误差大,应经常复核
极坐标法	定永久控制点→桩位内业计算及成果复核→确定桩位→标定桩位→复核桩位	内业计算量大,定位速度较快,但必须配合经纬仪使用,仅个别桩位有偏差且很小

(三)钻机对位

钻机就位时,液压支腿要落在实处,松软处可用枕木等物垫塞,利用液压支腿使钻机水平并调整钻机立柱与水平面垂直,垂直偏差不大于1%,对位偏差不超过20 mm。现场控制采用在钻架上挂锤球的方法测量成孔的垂直度,也可采用钻机自带垂直度调整器控制钻杆垂直度。每根桩施工前现场工程技术人员进行桩位对中及垂直度检查。满足要求后,方可开钻。

(四)钻进成孔

钻孔开始时,关闭钻头阀门,向下移动钻杆至钻头触地时,启动电机钻进,先慢后快,同时检查钻孔的偏差并及时纠正。在成孔过程中发现钻杆摇晃或难钻时,应放慢进尺,防止桩孔偏斜、位移和钻具损坏。根据钻机塔身上的进尺标记,成孔到达设计标高时,停止钻进。

钻进成孔中,对钻压、转速和钻进速度要根据地质变化与动力头工作电流显示值进行合理调整。当电流值大于正常钻进的电流值时,应迅速进行空钻,使紧抱钻杆叶片上的土块甩出,待电流值降到正常范围后方可继续钻进,钻进时应采用间歇钻进方法(即钻进—空钻—钻进),以利于被切削岩土及时排至地面。当钻至设计深度后空转 30 ~ 60 s,待电流稳定后停钻并发出信号,为泵送混凝土做好准备。

(五)泵压混凝土与提升钻杆

钻孔至设计标高后,停止钻进,开始泵送混凝土。泵送混凝土时,司泵工与司钻工要随时联系,保证输送、停止输送混凝土与提升、停止提升钻杆的工作密切配合。

当钻杆芯管充满混合料后开始拔管,严禁先提管后泵送料。钻杆提升要求为提升速度 1.5 ~ 3.5 m/min,钻头始终埋在混凝土下面 1.0 m 深处;钻杆内灌注混凝土的高度以 6 ~ 8 m 为宜,此高度混凝土的压强足以使混凝土由钻头闸门流出并沿钻杆与孔壁间上返 1 m 以上(见图 2-6),将积水挤至混凝土料顶部,使钻头被埋在混凝土料中,起到良好的隔水作用。混凝土泵工作压力值一般控制在 4.0 ~ 6.0 MPa,并保证提升钻头时要带压,达到桩顶标高后超灌 500 mm。成桩过程宜连续进行。施工中每根桩混凝土实际用量不得少于设计灌注量。

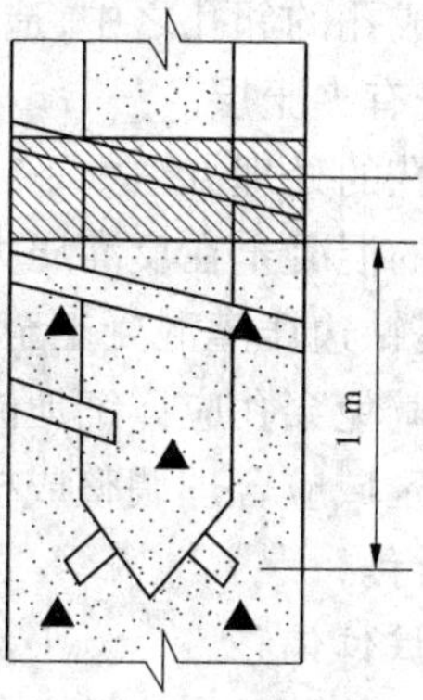

图 2-6　水下灌注成桩示意图

(六)钢筋笼制作安装

钢筋笼加工质量应符合设计与规范要求。在泵送混凝土结束后应迅速将钻具移位,清理孔口,在钢筋笼顶套上振动器,用吊车或副卷扬机将振动器和钢筋笼一起吊起,对准孔位慢慢入孔,开始可以靠钢筋笼的自重插入混凝土桩身内一定的深度,当靠自重无法下插时即可开动振动器,通过振动直至将钢筋笼下放至设计标高。

(七)填写记录表

记录表由司钻工、司泵工各自分别填写。记录分台班填写,班组负责人审核,经项目技术部门整理汇总。

四、施工质量控制

(一)质量控制要点

(1)应注意轴线或控制点的准确定位。

(2)施工技术要点的控制。根据设计桩长、自然地面标高、桩顶标高及钻机距地面高度,换算钻杆进孔尺寸,并在钻杆或机身上作明显标志,钢筋笼下放深度可在预定深度的基础上调高 300 ~ 500 mm,以免钢筋笼在孔内下沉,不能满足锚入承台的长度要求。制定合适的钻机开行路线,以免桩身被挤压破坏。

(3)注意司钻工和司泵工的协调配合。

(4)混凝土质量控制。包括对原材料的检测、配合比的确定、坍落度控制、计量每根桩混凝土的用量,随时算出每根桩的充盈系数(正常情况下充盈系数为 1.0 ~ 1.2)。

(5)机械设备状态控制。

(二)常见质量问题分析与处理

1. 穿孔

施工过程中,由于相邻桩之间的间隔小和土质软弱,孔壁之间的软弱土层易在邻桩成孔过程中,由于泵送混凝土的压力作用而穿孔,使已成桩但尚未凝结的混凝土快速下沉流入正在成孔的邻孔之中,造成桩体破坏。穿孔若处理不当会造成桩体破坏,钢筋笼位置失控,桩身有夹土层。

穿孔的处理方法如下:固定钢筋笼以防其随上下波动的混凝土而升降;反灌混凝土使已沉降的混凝土在反灌压力作用下被顶回原混凝土面;在保证原混凝土面不下降的前提下,边提钻边压灌混凝土至规定标高。

要避免穿孔应详细地阅读地质勘察报告,在有软弱土层且桩距小于 1.5 m 或 3.5 倍桩径的区域应合理调整成桩顺序,采取跳打或回头补打的方式,或待相邻桩内混凝土初凝后再进行。

2. 桩位偏移

桩位偏移是指桩轴心位置偏离设计位置而超出规范、规程所允许的范围。主要原因有:人为因素,如人员的疏忽大意、责任心不强造成测量放样的失误;设备因素,如机械移动过程中将测放的桩位点移动、测放点仪器不能满足要求等;地下有障碍物。

施工中主要人员应持证上岗,严格按照规范、规程和施工组织要求执行并做好验收工作;应根据地基土的情况选择机械设备,如地基土较软时可选择步履式钻机,地基土较硬时可选择履带式钻机或步履式钻机;地下有障碍物时应将其清除。此外,在成桩过程中应对桩位点互相校正,以免发生偏差。

3. 斜孔

斜孔产生的原因主要为螺旋钻杆的垂直度不能满足要求;其次,在软弱土层向较硬土层过渡时,若接触层面起伏较大,钻进过程中压力过大,钻头易沿软弱层面倾斜造成斜孔。

为了防止斜孔的发生,在对准桩位时使钻杆保持垂直,在钻进过程中可进行微调;在钻进过程中应保持匀速钻进,不允许猛加压力钻进;在软硬土层交替部位,应采取钻进—提钻—钻进的施工工艺。对已发生的倾斜孔可往复扫孔纠正,若纠正无效,可在原孔内回填黏性土重新钻进。

4. 堵管

堵管是灌注时混凝土阻塞于输料管或钻杆中不能连续灌注的现象。堵管在施工中经常出现,它既浪费材料又影响施工效率,有时可爆裂软管危及前台工作人员的人身安全。其主要原因有以下几个方面:

(1)混凝土搅拌与供应时间差而造成输送管内有空气,泵送混凝土时管内空气不能及时排出,受压产生阻力而堵管。

(2)材料原因。材料品位低,如粗骨料中碎石粒径过大,细骨料中砾石含量过多,水泥质量较差;管内残留有混凝土块;混凝土坍落度低等。

(3)设备原因。螺旋钻提拔速度低于泵送能力,混凝土泵泵送压力不足,管道漏气等。

(4)环境原因。如气温过高或过低。

堵管的预防措施主要有以下几个方面:

(1)在螺旋钻机上设置排气孔以解决管内或钻进过程中的气阻问题,此外,下钻时应及时检查钻头阀门的灵活度。

(2)严格控制进场材料的品位,粗骨料粒径以5~20 mm为宜,细骨料以中砂为宜,砂率控制在40%~50%;严禁使用结硬水泥;严格按材料的配合比施工,根据搅拌机性能控制好搅拌时间(如400~1 000 L自落式搅拌机以180 s为宜);混凝土中加入适量的泵送剂或粉煤灰,增加稳定性及和易性,使混凝土在泵送过程中不泌水、不离析。

(3)根据泵送能力确定合理的螺旋钻提升速度。可根据下列公式初步确定,再根据场地地层情况进行调整。

$$v = \frac{Q}{\partial A}$$

$$Q = \beta Q_0$$

$$Q = \theta / t \tag{2-2}$$

式中 v——混凝土无压力状态下螺旋钻机的提升速度,m/min;

Q——混凝土泵的实际输出量,m^3/min;

Q_0——混凝土泵的设定输出量,m^3/min;

θ——泵送混凝土量(根据搅拌机出料容量确定),m^3;

t——连续泵送状态下泵送 θ m^3 混凝土所需时间,min;

β——配管系数;

∂——桩体充盈系数,一般取1.0~1.2;

A——桩截面面积,m^2。

(4)在高温或低温环境下,管道应铺设隔离层,以防止水分的蒸发或冻结。

(5)应连续灌注,当机械出现故障不能及时修好时,应将管道内混凝土清除,并将管道清洗干净。

5. 缩径与扩径

1)缩径与扩径原因分析

缩径、扩径是在软土地层、松散砂土层、软硬对比强烈地层及有地下水影响的地层中常见的现象。轻则使桩体出现夹泥、空心、蜂窝、串桩,严重的可发生断桩,导致桩体承载力达不到设计要求。其原因有:

(1)在软土地层由于钻进压力大,钻速过快,钻头很快穿过软土层,软土扰动时易产生触变、流变,而成稀释状态。灌注时,孔内混凝土压力大于或小于土层侧压力而造成扩径或缩径。

(2)松散砂层中,孔内混凝土压力过大,易造成扩径,且在压力和自重压力下,混凝土的液体渗入地层中,使桩体出现蜂窝、桩体空心,同时挤压相邻未初凝的桩体,使其缩径,出现桩体加泥,严重的出现串桩、断桩。孔内混凝土压力过小,易造成缩径,致使桩身加泥,甚至断桩。

(3)在有地下水压力影响时,极易出现缩径,使桩身加泥、串桩,甚至断桩。

综合以上分析,导致缩径与扩径的主要原因是孔内混凝土压力大于或小于土层侧压力。灌注时,混凝土在泵压的作用下对周围土体产生压力,将桩周土体的受力过程视为圆孔扩张,根据 Vesic 圆孔扩张理论及王长科(1993)的弹塑性理论解,孔穴内极限压力为:

$$\sigma = 2c\cos\varphi/(1-\sin\varphi) + q(1+\sin\varphi)/(1-\sin\varphi) \tag{2-3}$$

式中　σ——孔穴内极限压力;

c、φ——土体的抗剪强度指标;

q——土体轴向应力。

当孔内混凝土压力 $p > \sigma/k$ 时(k 为安全系数),产生扩径;当 $p < \sigma/k$ 时,产生缩径。

同时孔内混凝土压力与泵的性能和提钻速度有密切的关系。将超流态的混凝土视为不可压缩的恒定流,根据能量守恒定律,可得下列二式:

$$p = (2-\lambda)p_0 - 2\rho v^2/(2-\xi) \tag{2-4}$$

$$p = (2-\lambda)\rho Q^2/(2A^2) - 2\rho v^2/(2-\xi) \tag{2-5}$$

式中　p——孔内混凝土压力,kPa;

p_0——泵送混凝土压力,kPa;

v——提钻速度,m/min;

Q——泵送混凝土输出量,m^3/min;

λ——混凝土的综合阻力系数,即局部及沿程水头损失系数;

ξ——扩大阻力系数;

ρ——混凝土密度,kg/m^3。

从式(2-4)、式(2-5)中可知,当泵的型号一定时,泵送压力 p_0 和泵送量 Q 是一定的,孔内混凝土压力 p 与螺旋钻提钻速度 v 的平方成反比。

2)缩径与扩径的预防措施

(1)应尽可能地加大桩间距,既能充分发挥桩周土的侧摩阻力,又能有效地防止灌注时对相邻桩体的影响。

(2)实行严格管理,钻机由有经验的机长专职负责,其他人不得随意操作。根据场地地质条件,在软弱土层应使钻机钻进压力减为零,让螺旋钻在无压的状态下钻进,钻速减慢。

(3)使孔内混凝土压力 $p=\sigma/k$,以此调整螺旋钻提升速度。

(4)有地下水影响时,孔内混凝土压力 $p=\sigma/k+H$,H 为地下水压力。

(5)现场技术人员和施工人员应做到信息化施工,对串桩区域跳打或隔排、隔孔成桩。

(6)对螺旋钻叶片外径应注意检查,达不到设计要求要及时修补或更换。

6. 桩顶标高不准

长螺旋钻孔、泵压混凝土施工中,若控制不当,不但造成材料的浪费,清槽工作量也相当大。施工前技术人员须了解场地条件及螺旋钻机的机械参数,做到泵送次数同钻杆内拌和物及桩体高度的优化控制。控制最后一次泵送是行之有效的方法,其控制理论公式按下式计算:

$$h = Q_1/A + Q_2/A \tag{2-6}$$

式中　h——桩顶标高离最后一次泵送时钻孔内混凝土的高度,m;

Q_1——泵送一次混凝土的体积，m^3；

Q_2——钻杆内混凝土的体积，m^3。

式(2-6)中的 h 包括桩顶浮渣层厚，混凝土面高度的测定应以见混凝土中粗骨料为宜。总之，准确地控制桩顶标高是不容易的，它随场地的条件、管路的长短、泵送能力的大小和材料的配合比而改变。在施工中应多记录、多观察，力求做到桩顶标高控制的准确性。

另外，桩身混凝土收缩也会影响桩顶标高。防止桩身回缩，一般通过外加剂和超灌予以解决，施工中保证充盈系数大于1.15～1.3，桩顶至少超灌0.5 m，并防止孔口土混入。

7. 钢筋笼沉入困难

素混凝土桩体中后植入钢筋笼的"到位率"，即满足将灌注桩的钢筋笼100%植入到设计深度要求是长螺旋钻孔压灌混凝土桩施工中常遇到的质量问题，原因多与混凝土的骨料粒径、和易性，特别是坍落度的大小有关，或是桩周土对桩身产生挤密作用造成。钢筋笼在桩孔混凝土内振动植入的过程中整体产生振动，易使混凝土粗骨料振动下沉，更易使混凝土振捣离析；遇到砂卵石层过厚、渗水性大的地层时，混凝土的坍落度损失较大，和易性变差，而在沉笼过程中恰恰不希望混凝土坍落度过早损失。另外，振动电机压在钢筋笼顶部使钢筋笼受压，易使其失稳产生弯曲，这些均对沉笼产生非常不利的影响，使沉笼施工达不到预想的效果。

主要控制方法有：

(1)尽量减小钢筋笼端阻面积，在中低频率前提下适度增加振动贯入能量，改进振动设备性能，优化设备技术参数。

(2)控制入泵坍落度的最低值不小于180 mm，做到一次泵入，立即植笼，减少坍落度的损失是改善振动沉入效果的有效工艺措施。

(3)改善混凝土配合比，保证粗骨料的粒径小于20 mm，级配满足要求，遇渗水性较大的土层时，不宜掺入粉煤灰，应选择合适的外加剂改善混凝土的和易性，尽量用早强型减水剂代替普通泵送剂。

(4)吊放钢筋笼时保证垂直和对位准确。

(5)在钢筋笼下沉不到位时迅速将钢筋笼拔出，待桩体内混凝土初凝后重复成桩作业，完成该桩位灌注桩的施工。

8. 断桩与夹层

断桩与夹层是提钻太快，泵送混凝土跟不上提钻速度或者是相邻桩太近串孔造成的。主要控制措施有：

(1)保持混凝土灌注的连续性，可以采取加大混凝土泵量、配备储料罐等措施。

(2)严格控制提速，确保中心钻杆内有0.2 m^3 以上的混凝土，若灌注过程中因意外原因造成灌注停滞时间大于混凝土的初凝时间，应重新成孔灌桩。

9. 桩身混凝土强度不足

压灌桩按泵送混凝土和后插钢筋的技术要求，坍落度一般不小于180～200 mm，因此要求和易性好。配比中一般加粉煤灰，这样混凝土前期强度低，加上粗骨料粒径小，如果不注意对用水量的控制，仍容易造成混凝土强度低。主要控制措施有：

(1)优化粗骨料级配。大坍落度混凝土一般用5～15 mm碎石,根据桩径和钢筋长度及地下水情况可以加入部分20～40 mm碎石,并尽量不要加大砂率。

(2)合理选择外加剂。尽量用早强型减水剂代替普通泵送剂。

(3)粉煤灰的选用要经过配比试验以确定掺量,粉煤灰至少应选用Ⅱ级灰。

第三节　挤扩支盘灌注桩施工

挤扩支盘灌注桩又称挤扩多分支承力盘灌注桩或挤扩多支盘灌注桩(简称支盘桩或挤扩支盘桩),是在直桩基础上通过在桩周适宜土层增设承力盘而形成的一种新型变截面桩。该桩具有端支承力强、侧摩阻力大、单桩长度短或群桩数量少、能承受较大弯矩、有效地降低工程造价、缩短工期、大幅度提高单桩的竖向承载力、对不同土质的适应性强、成孔工艺适用范围广、环保等优点。挤扩支盘桩比普通混凝土灌注桩可节约材料50%左右,工期缩短30%左右。但是也存在不适应深厚软土或淤泥土地层,与普通灌注桩相比,施工速度慢、施工程序复杂,两分支型的液压成型机不易对中,支盘直径受挤扩设备限制等缺点。

一、挤扩支盘桩构造

挤扩支盘桩是采用螺旋钻机成孔,通过专用液压分支机挤扩成支盘,属于部分挤土灌注桩。挤扩支盘桩由桩身、底盘、中盘、顶盘及数个分支组成。在同一标高处挤扩两次(转动90°)形成十字分支,挤扩3次(每次转动60°)形成岔分支,挤扩8次(每次转动22.5°)形成一个类似竹节状的承力支盘。

(一)桩身尺寸

桩身构造尺寸应符合《挤扩支盘灌注桩技术规程》(CECS 192:2005)的规定。

挤扩支盘灌注桩的桩径、桩长和支盘尺寸应根据工程地质条件、单桩承载力和施工机具的结构尺寸确定。目前,挤扩支盘机的主要型号有LZ系列和YZJ系列两种,当使用LZ系列挤扩支盘机时,挤扩支盘桩的主要构造尺寸可按表2-2的规定采用。

表2-2　挤扩支盘桩主要构造尺寸　(单位:mm)

桩干直径 d	单支临界宽度 b	承力盘直径 D	承力盘高度 h
400～500	200	900	500
600～700	280	1 400	700
800～1 100	380	1 900	900

注:水下施工时,最小桩干直径不应小于500 mm;表中桩干直径600～700 mm、800～1 100 mm应分别调整为620～700 mm、820～1 100 mm。

(二)桩的布置及分支和承力盘设置要求

挤扩支盘桩的布置,可采用单桩或多桩基础。桩的最小中心距不宜小于$3d$和$1.5D$(d为桩干直径,D为承力盘直径)。每根承压桩的盘数不宜多于4个,抗拔桩的盘数宜为

1～2个。桩竖向最小盘间距不应小于$2D$。桩的承力盘应设在土层结构稳定、压缩性较小、承载力较高、层厚较大的土层中；设置承力盘的承载土层厚度宜大于$2D$。承力盘底进入持力层的深度不宜小于$(0.5\sim1.0)h$，h为桩根长度，其值不宜小于$1d$。桩端以下持力层厚度不宜小于$1.5D$，当存在软弱下卧层时，桩端以下持力层厚度不宜小于$2D$。

（三）桩身混凝土

混凝土强度等级不得低于C25，水下灌注混凝土时不得低于C30。主筋的混凝土保护层厚度不应小于35 mm，水下灌注混凝土不得小于50 mm。

（四）桩身配筋

1. 配筋率

桩身配筋率宜采用0.3%～0.65%（小桩径取高值，大桩径取低值）；对荷载特别大的桩和抗拔桩宜根据计算确定配筋率。

2. 配筋长度

桩身配筋长度应符合下列要求：

（1）对以底承力盘为主受力的挤扩支盘桩，宜沿桩身通长配筋；短桩宜配筋；对不以底承力盘为主受力的长桩，配筋长度不宜小于2/3桩长，且钢筋端部宜延伸至相邻盘底面500 mm以下；对竖向承载力较高的单桩，宜沿深度分截面通长配筋；当桩身周围有淤泥质土和液化土层时，配筋长度应穿过该软层；对承受负摩阻力的桩和位于坡地岸边的桩应沿桩身通长配筋。

（2）抗拔挤扩支盘桩应通长配筋；因地震作用、冻胀或膨胀力作用而承力的挤扩支盘桩，应通长配筋。

3. 构造配筋

（1）符合下列条件的灌注桩，其桩身可按构造要求配筋。

①桩顶轴向压力应符合下式规定：

$$r_0N \leqslant f_cA \tag{2-7}$$

式中　r_0——建筑桩基重要性系数，对于一、二、三级分别取1.1、1.0、0.9，对于柱下单桩按提高一级考虑，对于柱下单桩的一级建筑桩基取$r_0=1.2$；

N——桩顶轴向压力设计值；

f_c——混凝土轴心抗压强度；

A——桩身截面面积。

②桩顶水平力应符合下式规定：

$$r_0H_1 \leqslant \alpha_h d^2[1+0.5N_G/(r_mf_tA)](1.5d^2+0.5d)^{0.2} \tag{2-8}$$

式中　H_1——桩顶水平力设计值；

α_h——综合系数，按表2-3采用；

d——桩身设计直径；

N_G——按基本组合计算的桩顶永久荷载产生的轴向力设计值；

f_t——混凝土轴心抗拉强度设计值；

r_m——桩身截面模量的塑性系数，圆截面$r_m=2$，矩形截面$r_m=1.75$；

A——桩身截面面积。

当验算桩基受地震作用时，式(2-7)、式(2-8)中 $r_0=1.0$。

表 2-3 综合系数 α_h

类别	上部土层名称性状［承台下 2(d+1)(m)深度范围内］	桩身混凝土强度等级		
		C15	C20	C25
Ⅰ	淤泥、淤泥质土、饱和湿陷性黄土	32～37	39～44	46～52
Ⅱ	流塑、软塑状黏性土，高压缩性粉土，松散粉细砂，松散填土	37～44	44～52	52～62
Ⅲ	可塑性黏性土，中压缩性粉土，稍密砂土，稍密、中密填土	44～53	52～64	62～76
Ⅳ	硬塑、坚硬性黏性土，低压缩性粉土，中密中、粗砂，密实老填土	53～65	64～79	76～94
Ⅴ	中密、密实砾砂，碎石类土	65～81	79～98	94～116

注：当桩基受长期或经常出现的水平荷载时，按表中土层分类顺序降低一类取值，如Ⅲ类按Ⅱ类取。

(2)符合(1)中条件的灌注桩，桩身构造配筋的要求如下：

①一级建筑桩基，应配置桩顶与承台的连接钢筋笼，其主筋采用 6～10 根Φ 12～Φ 14，配筋率不小于 0.3%，锚入承台 30 倍主筋直径，伸入桩身长度不小于 10 d，且不小于承台下软弱土层层底深度。

②二级建筑桩基，根据桩径大小配置 4～8 根Φ 10～Φ 12 的桩顶与承台连接钢筋，锚入承台至少 30 倍主筋直径且伸入桩身长度不小于 5 d。

③三级建筑桩基可不配构造钢筋。

(3)不符合(1)规定的灌注桩，应按下列规定配筋：

①配筋率。当桩身直径为 300～1 000 mm 时，截面配筋率可取 0.30%～0.65%（小桩径取高值，大桩径取低值），挤扩支盘桩常用配筋见表 2-4 和图 2-7。对受水平荷载特别大的桩、抗拔桩和嵌岩端承桩根据计算确定配筋率。

表 2-4 挤扩支盘桩主桩身截面配筋

桩直径(mm)	主桩身截面面积(cm^2)	配筋	钢筋面积(cm^2)	配筋率 ρ(%)
350	961.6	6 Φ 14	9.24	0.96
400	1 256	6 Φ 14	9.24	0.74
450	1 589.6	6 Φ 16	12.06	0.76
500	1 962.5	6 Φ 16	12.06	0.61
600	2 826	8 Φ 16	16.08	0.57
700	3 846.5	8 Φ 18	20.36	0.53
800	5 024	9 Φ 18	22.90	0.46
900	6 358.5	10 Φ 20	31.42	0.44
1 000	7 850	10 Φ 20	31.42	0.40
1 100	9 498.5	10 Φ 20	31.42	0.33

②配筋长度。端承桩宜沿桩身通长配筋；受水平荷载的摩擦桩（包括受地震作用的

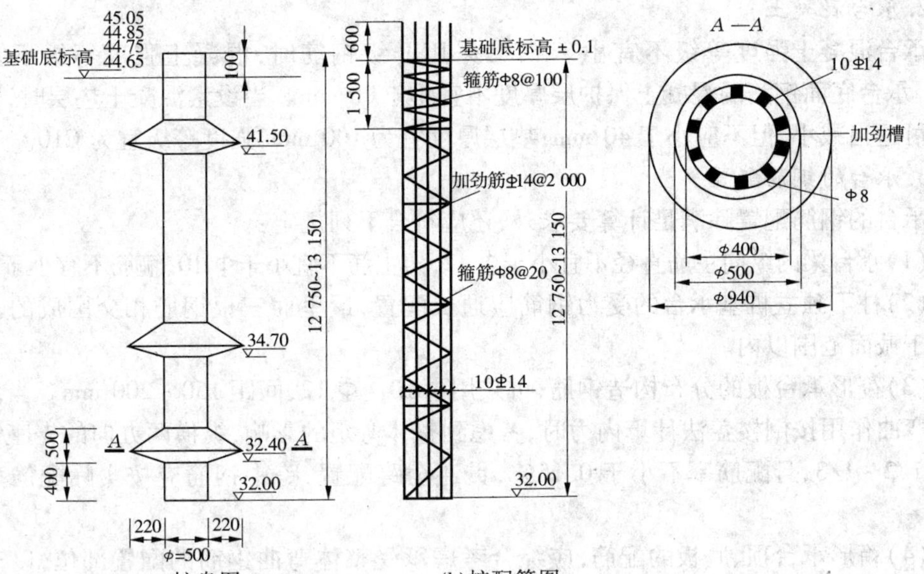

(a)桩身图 (b)桩配筋图

图 2-7 桩身配筋构造

桩基)，配筋长度宜采用 $4.0/\alpha$，α 为桩的水平变形系数；对于单桩竖向承载力较高的摩擦桩宜采用深度分段变截面配通长或局部长度筋；对承受负摩阻力和位于坡地岸边基桩应通长配筋；专用抗拔桩应通长配筋；因地震作用、冻胀或膨胀力作用而承受抗拔力的桩，按计算配置通长或局部长度的抗拉筋。

③主筋。对于受水平荷载的桩，主筋不宜小于 8 Φ 10，对于抗压桩和抗拔桩，主筋不少于 6 Φ 10，纵向主筋应沿桩身周边均匀布置，其净距不应小于 60 mm，并尽量减少钢筋接头。

④箍筋。箍筋采用中Φ 6 ~ Φ 8@ 200 ~ 300，宜采用螺旋式箍筋；受水平荷载较大的桩基和抗震桩基，桩顶(3 ~ 5)d 范围内箍筋应适当加密；当钢筋笼长度超过 4 m 时，每隔 2 m 左右设一道Φ 12 ~ Φ 18 焊接加劲箍筋。

(五)挤扩支盘桩承台

1. 桩基承台的构造尺寸

桩基承台的构造尺寸，除满足抗冲切、抗剪切、抗弯和上部结构需要外，尚需符合下列规定：

(1)承台最小宽度不应小于 500 mm，承台边缘至桩中心的距离不宜小于直径或边长，且边缘挑出部分不应小于 150 mm。对于条形承台梁边缘挑出部分不应小于 75 mm。

(2)条形承台和柱下独立桩基承台的厚度不应小于 300 mm。

(3)筏形、箱形承台板的厚度应满足整体刚度、施工条件及防水要求。对于布置于墙下或基础梁下的承台板厚度不宜小于 250 mm，且板厚度与计算区段最小跨度之比不宜小于 1/20。

(4)柱下单桩基础，宜按连接柱、连系梁的构造要求将连系梁高度范围内桩的圆形截面改变成方形截面。

2. 承台混凝土

承台混凝土强度等级不宜小于C20，采用Ⅱ级钢筋时，混凝土强度等级不宜小于C25。承台底面钢筋的混凝土保护层厚度不宜小于70 mm。当设素混凝土垫层时，保护层厚度可适当减小，但不应小于40 mm；垫层厚度宜为100 mm，强度等级宜为C10。

3. 承台的钢筋配置

承台的钢筋配置除满足计算要求外，还应符合下列规定：

(1)承台梁的纵向主筋直径不宜小于Φ12，架主筋不宜小于Φ10，箍筋不宜小于Φ6。

(2)柱下独立桩基承台的受力钢筋应通长配置，最里面三根钢筋相交围成的三角形应位于截面范围以内。

(3)筏形承台板的分布构造钢筋，可采用Φ10～Φ12，间距150～200 mm。当仅考虑局部弯曲作用按倒楼盖法计算内力时，考虑到整体弯矩的影响，纵横两方向的支座钢筋尚应有1/2～1/3，且配筋率不小于0.15%，贯通全跨配置；跨中钢筋应按实际配筋率全部连通。

(4)箱形承台顶、底板的配筋，应综合考虑承受整体弯曲钢筋的配置部位，以充分发挥各截面钢筋的作用。当仅按局部弯曲作用计算内力时，考虑到整体弯曲的影响，钢筋配置量除符合局部弯曲计算要求外，纵横两方向支座钢筋尚应有1/2～1/3，且配筋率分别不小于0.15%、0.10%，贯通全跨配置；跨中钢筋应按实际配筋率全部连通。

4. 桩与承台的连接

(1)桩顶嵌入承台的长度，对于大直径桩不宜小于100 mm，对于中等直径桩不宜小于50 mm。

(2)混凝土桩的桩顶主筋应伸入承台内，其锚固长度不宜小于30倍主筋直径，对于抗拔桩基不应小于40倍主筋直径。

5. 承台之间的连接

(1)柱下单桩宜在桩顶两个互相垂直方向上设置连系梁。当桩柱截面面积之比较大(一般大于2)且桩底剪力和弯矩较小时可不设连系梁。

(2)两桩桩基的承台，宜在其横向设置连系梁，当横向的柱底剪力和弯矩较小时可不设连系梁。

(3)有抗震要求的柱下独立桩基承台，纵横方向宜设置连系梁。

(4)连系梁顶面宜与承台顶位于同一标高。连系梁宽度不宜小于200 mm，其高度可取承台至桩中心距的1/10～1/15。

6. 其他

承台埋深不应小于600 mm。在季节性冻土及膨胀土地区，其承台埋深及处理措施应按现行《建筑地基基础设计规范》(GB 50007—2002)和《膨胀土地区建筑技术规范》(GBJ 112—1987)等有关规定执行。

二、挤扩支盘桩施工

(一)施工机械设备

挤扩支盘成型机由主机、液压缸、接长管、液压站和液压胶管等五部分组成，见图2-8。

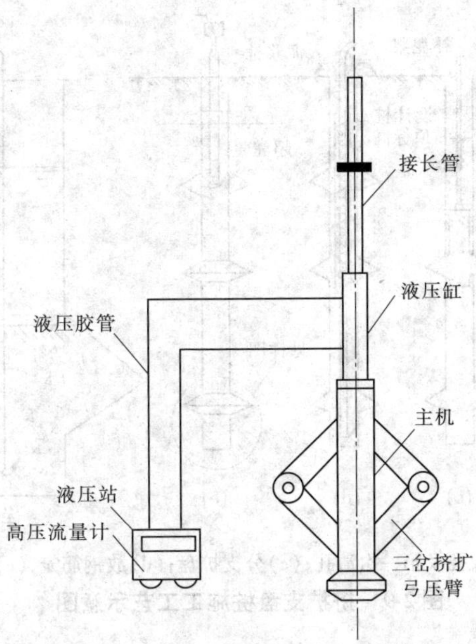

图 2-8　挤扩支盘成型机示意图

液压站提供液压动力，液压缸输出工作推力。当向液压缸工作腔供液时，活塞杆推出，使主机弓压臂沿主机径向伸出，挤扩孔臂直至达到最大行程。当液压缸反向供液时，活塞杆回缩，拖动主机弓压臂复位，直至原始位置，即完成一个分支盘的挤扩过程。通过旋转接长管将主机旋转相应角度，按设计要求的支盘数，重复上述挤扩过程，可在设定的位置上挤扩出若干分支或支盘，完成挤扩支盘桩的施工操作。

（二）挤扩支盘桩施工工艺

挤扩支盘桩施工工艺比普通灌注桩多了挤扩支盘和二次清孔两个施工过程，即由钻孔、清孔、挤扩支盘、二次清孔和灌注混凝土成桩几道工序组成。挤扩支盘桩的施工程序：桩定位放线→埋设护筒→钻机就位→钻孔至设计深度→钻机移位至下一桩位钻孔→第一次清孔→将分支器吊入已钻孔内→按设计位置挤扩分支、承力盘下钢筋笼→第二次清孔→下导管→水下灌注混凝土→清理桩头→拆除护筒。具体的工艺流程见图 2-9。

成孔可采用泥浆护壁或干作业成孔。成孔达到设计深度后清孔，用吊车将支盘成型器吊起，对准桩孔中心徐徐放入孔内（见图 2-10），由上而下，按多支盘桩设计要求深度在分支或成盘位置，通过高压油泵加压使支盘成型器下端弓压或挤扩臂向外舒张成伞状，对局部孔壁的土体实施挤压形成分支。挤扩完毕后，收回挤扩臂，再转动一个角度重复前面的动作。在同一个分支标高处，挤扩 2 次形成十字分支，挤扩 3 次形成岔分支，挤扩 8 次形成承力支盘。每完成一组对称分支，或一个承力盘，即可将支盘成型器下落至下一组分支或成盘部位继续挤扩分支或承力盘，一般每压一根三盘 18 分支桩需 30 ~ 40 min。压分支成盘时油压对一般黏性土应控制在 6 ~ 7 MPa，对密实粉土、砂土为 15 ~ 17 MPa，对坚硬密实砂土为 20 ~ 25 MPa。

每一承力盘挤扩完后，在不收回挤扩臂的情况下，应将成型器转动两周扫平渣土，以

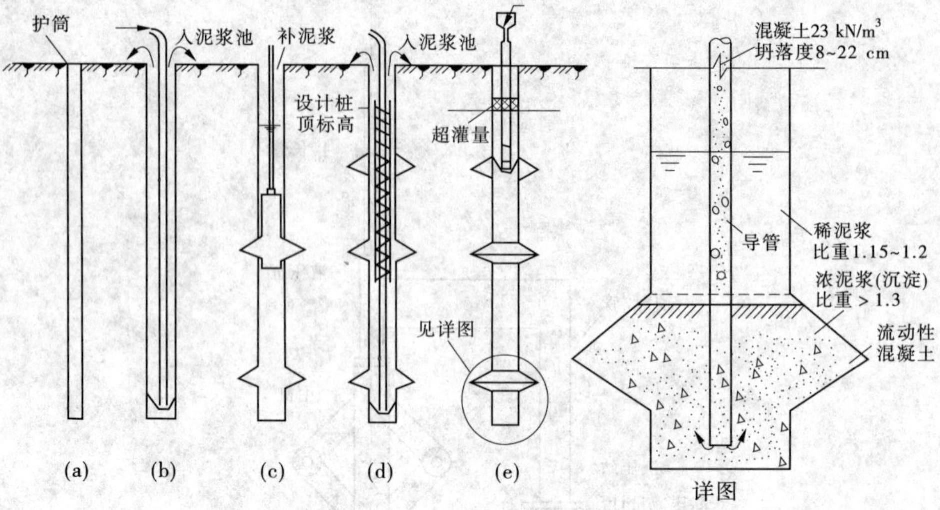

(a)泥浆护壁成孔;(b)成孔及第一次清孔;(c)分支扩盘;(d)放钢筋笼;(e)水下灌注混凝土成桩

图 2-9　挤扩支盘桩施工工艺示意图

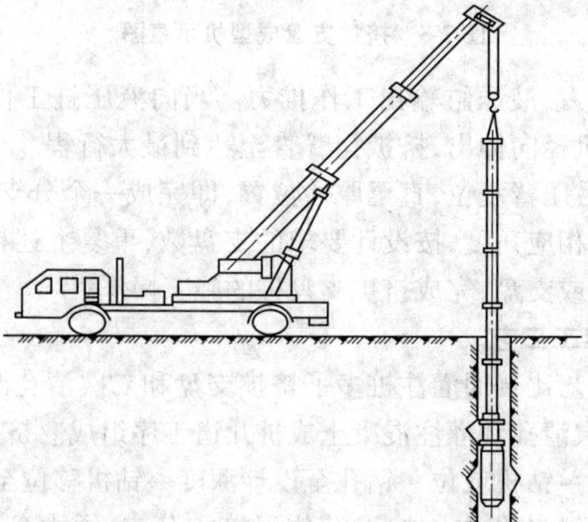

图 2-10　吊车将支盘成型器吊入桩孔

使扩盘均匀、对称。挤压完成后应对各处盘径进行测量。分支、成盘完成后,将支盘成型器吊出,即可将稀泥浆注入孔内置换浓泥浆。清孔后吊入钢筋笼,下导管浇注混凝土,在浇注至扩盘部位时,应集中多次冲捣上下窝动反插,使扩盘处混凝土密实。

第四节　预应力混凝土管桩

一、概述

预应力混凝土管桩具有成桩质量较可靠、植桩方便、施工进度快、桩身耐打、穿透力强、场地文明、桩基抗震性能好、单桩承载力高、桩质量检测随机性强、综合工程造价低等优点，被广泛应用于各类建筑物和构筑物的基础工程上。预应力混凝土管桩在国内外发展很快，广东省最早于1982年从日本引进该项技术，1993年预应力混凝土管桩被建设部列为全国重点推广产品。

（一）预应力混凝土管桩的分类

预应力混凝土管桩按混凝土强度等级分为预应力混凝土管桩（代号PC）和预应力高强混凝土管桩（代号PHC）。预应力混凝土管桩的离心混凝土强度等级不得低于C50；预应力高强混凝土管桩的离心混凝土强度等级不得低于C80。按外径分为300 mm、350 mm、400 mm、450 mm、500 mm、550 mm、600 mm、800 mm和1 000 mm等规格，长度7～15 m。按抗裂弯矩的大小分为A型、AB型、B型和C型，其含义是管体上混凝土有效预压应力大小，A型混凝土有效预压应力3.92 N/mm^2，AB型5.88 N/mm^2，B型7.85 N/mm^2，C型9.81 N/mm^2。

（二）预应力混凝土管桩适宜的地质条件

一般情况下，预应力混凝土管桩适宜在桩端持力层为强风化岩层、全风化岩层、坚硬黏性土层、密实卵石、碎石和圆砾、角砾土、砂土、粉土层等场地条件下采用。但对以下场地不宜应用或应慎用：

(1)孤石、老基础及地下障碍物多的地层。这种地基会造成管桩施工的困难，容易产生如下质量问题：

①管桩不能全部进入设计持力层，有的桩打到设计持力层，满足了设计承载力的要求，而有的桩打不下去，桩长相差较多，承载力也不能满足设计要求。

②桩尖接触到孤石或地下障碍物时，桩身会突然偏离原位产生大幅倾斜，甚至会折断桩身，造成断桩现象。

③管桩桩尖容易破损，桩头容易打烂。

(2)有坚硬夹层且该夹层又不能作为持力层的地基。场地存在有一层或多层次密实状态的砂砾层或卵石夹层时，桩基必须穿越此坚硬夹层到下部坚硬的持力层，较厚的硬夹层会给施工带来麻烦，要么穿不了，要么破损率很高，不能保证工程的质量。

(3)持力层太深。一般管桩的持力层超过40 m时，其经济效果将明显降低，并且其长径比部分也难以满足相关规范的要求。

(4)从软土层直接进入中风化或微风化基岩的地基。在上软下硬、软硬突变的地层中，采用锤击法进行预应力管桩施工时，由于缺少一层“缓冲层”，桩尖一接触硬岩层，贯入度就立即变小，甚至为零，使得管桩桩身容易破损。另外，由于桩端进入持力层深度浅，桩的稳定性差，当布桩较密时，先打的桩容易被后打的桩挤斜、挤动及上抬，桩基质量得不到保证。

(5)石灰岩地区。由于石灰岩地区岩溶较发育，造成的石芽和石沟使基岩岩面起伏变化极大，并发育浅部溶洞现象，加上石灰岩是水溶性岩石，不存在强风化层，基岩表面直接是新鲜的岩石，强度高。在这样的地质条件下进行管桩施工，桩长很难控制，容易发生断桩、斜桩、桩身跑位及桩身稳定性差等现象。

二、预应力混凝土管桩制作中常见质量问题及其防治

由于预应力混凝土管桩制作工艺复杂，混凝土强度、桩头钢件与桩身混凝土连接尺寸

要求高,因此常出现以下质量问题。

(一)端头板倾斜

端头板的倾斜造成打击时桩头混凝土应力集中。端头板倾斜应满足优等品不大于0.3*D*,一等品不大于0.4*D*,合格品不大于0.5*D*。造成端头板倾斜的原因如下:

(1)钢筋定长切断不准,使墩头后部受拉钢筋长度不一致。

(2)对于以拉头中心丝杆为张拉杆的工艺,丝杆容易偏斜,或丝杆与拉头本身平面并不垂直。

(3)端头板的沉头凹坑深浅不一等。

(二)桩身弯曲

管桩承受很大轴向垂直荷载的,外形弯曲就削弱了桩的承载能力。桩身弯曲变形应满足优等品偏差不大于*L*/1 500,一等品偏差不大于*L*/1 200,合格品偏差不大于*L*/1 000,其中*L*为桩长。

引起管桩弯曲的原因如下:

(1)主筋定长切断不准,主筋受力不均匀,使混凝土横截面受压不均匀,造成外观上弯曲。

(2)主筋在张拉过程、离心过程或蒸养过程中,由于墩头质量问题、钢筋质量问题,少量主筋断裂,使桩偏心受压,造成弯曲。

(3)管桩模具刚度不够或本身制造上偏心,平直度不好,造成管桩外形弯曲。

(三)管桩的环裂与纵裂

1.管桩环裂

管桩环裂在工厂生产、运输、沉桩过程中常见到,以A级桩较多。从规格上看,ϕ400 mm的管桩较多;长度上,主要是10 m、11 m、12 m的管桩较多。从环裂的位置和条数看,中部居多,条数1~5条不等。

防治措施:适当增加配筋,以增加混凝土预压应力;在起吊、堆放、运输过程中,减小动荷载。

2.管桩纵裂

纵裂有两种情况:一种是管桩内壁净水泥浆层发生纵裂,甚至伴随龟裂,这种裂缝较浅;另一种纵裂在外表面,纵向长度几十厘米至1~2 m。

内壁纵裂原因是,内壁水泥浆层收缩引起拉应力超过水泥浆体抗拉强度。这种纵裂是初始结构裂缝,不能愈合。防治措施:调整离心制度,增加内壁混凝土离心力,充分倒浆;在静停时,蒸养坑温度不宜过高,静停时间加长,环境湿度增大。

外表面纵裂主要是两次蒸养造成的,在降压、降温阶段,管桩外表面产生拉应力,内表面产生压应力,此阶段控制不好,管桩即会纵向开裂。外表面纵裂损害管桩耐久性,易造成施工时保护层破损脱落。防治措施:降压、降温速度应适当慢,且应均匀,降压以每小时0.20~0.25 MPa为宜,最终降温后管桩温度与大气温度之差应不大于80 ℃。为提高蒸压釜利用率,还可以在釜的旁边建一条保温“窑”,管桩可提早出釜并在“窑”内缓慢冷却。

三、管桩静压法施工

管桩的施工方法有锤击法、静压法、抱压法、预钻孔沉桩法等,但由于打桩机打入所产生的噪音和废气对环境污染严重,目前已很少使用。目前管桩施工工艺主要以静压法为主,抱压法和预钻孔法都是以静压法为基础,仅是施工机械稍有不同。

(一)施工准备

1. 现场及压桩机进场准备

施工前,必须按施工组织设计所规定的垂直和水平运输方案组织机械进场,并做好机械的组装调试工作;施工现场做好"三通一平",满足压桩机的使用尺寸。

排除桩基范围内的高空、地面和地下障碍物。场地已平整压实,能保证压桩机械在场地内正常运行。雨期施工已做好排水。

压桩机应根据工程的地质资料和设计的单桩承载力要求合理选择。压桩机吨位过小,可能出现桩压不下去的情况;吨位过大,对施工现场的要求将提高,特别在新填、耕植土及积水浸泡过的场地施工时容易发生陷机,造成桩位偏移大,桩身垂直度难以控制。压桩机的选型一般按 1.2 ~1.5 倍管桩极限承载力取值。桩机的压力仪表按规定送检,以确保夹桩及压力控制准确。送桩杆的长度根据压桩机和送桩长度确定,应考虑施工中有超深送桩,送桩一般宜按理论送桩长度加 3 m。制作允许偏差见表 2-5。

表 2-5　制作允许偏差

项次	项目	允许偏差(mm)
1	直径	±5
2	管壁厚度	-5
3	轴心圆孔中心线对桩中心线	5
4	桩尖中心线	10
5	上下节法兰对中心倾斜	2
6	中节桩两个法兰对中心线	2

现场运输方法,靠近桩机的管桩直接采用桩机上的卷扬机拖拉起吊就位。距离桩机远且数量多的管桩,可采用汽车吊和拖车运输到位。

选择和确定压桩机械进出路线和压桩顺序,并经监理、甲方及设计院同意。检查压桩机械设备及起重工具,铺设电力管线,进行设备架立组装,并做好试桩工作。

将合格桩按平面布置图堆放在压桩机附近。在预制桩运至施工现场前,堆桩场地要平整、压实。支点垫木的间距要与吊点位置相同,并保持在同一水平面上,堆桩层数不多于 4 层。不同规格的桩分别堆放,并做出明显标志,堆放位置及方法应根据打桩位置、现场实际情况、吊运方式、打桩顺序等确定。

选择桩尖。一般较好的地质选用十字形,且宜用尖底十字形桩尖,既节约又适应稍有倾斜的持力层;硬、软硬突变地质或有硬夹层地质选用锯齿十字形桩尖或 H 型钢桩尖;石灰岩地质选用 H 型钢或锯齿十字形桩尖;穿越砂砾层地质选用锥形或开口型桩尖。

2. 管桩准备

管桩植桩前应进行质量检验,检验内容包括发货有否搞错,以及运输、吊装过程中有无损坏。

(1)管桩的桩径、长度、类型、根数是否正确。

(2)管桩的外观质量,如桩头与桩纵轴垂直度,桩有否弯曲,内、外表面是否良好,合缝漏浆情况。

(3)管桩是否存在纵、环向裂缝。

3. 桩位控制

桩基轴线从主线控制网基准线引出,在桩基附近设置水准点,其位置不受打桩影响,数量不少于 2 个;桩基轴线沿控制桩,其位置不受压桩影响,施工时经常复检并加强保护;桩位允许偏差 ±10 mm。桩机在桩位上就位后,应重新复核桩位的准确性。

(二)主要施工工艺

施工工艺可参考图 2-11。

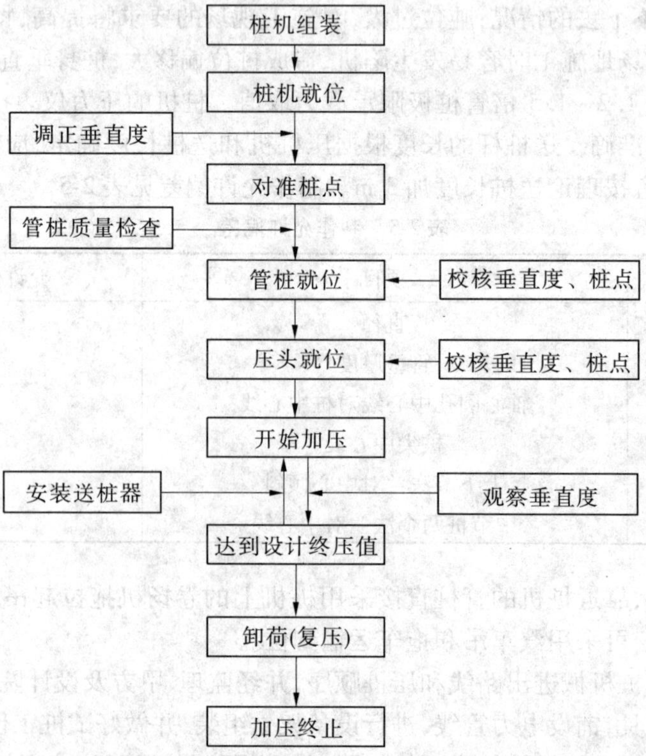

图 2-11　管桩静压法施工工艺

1. 起吊插桩

吊桩利用桩架上的卷扬机进行,单点起吊,速度应均匀。桩架水平钢梁表面做好缓冲垫,防止桩与钢梁碰撞造成损伤。桩下端超过水平钢梁后,将桩插入桩架送桩孔,垂直度偏差要符合设计要求。

2. 沉桩

沉桩前用两台经纬仪或线锤,在两个成 90°的侧面观察,调整好桩的垂直度(见图 2-12),然后开始压桩。沉桩顺序可采用从内向外,或从一侧推向另一侧施打;宜先深后浅、先大后小、先长后短压入。沉桩过程中必须保持桩处于轴心受压状态,即送桩器中心线与桩中心线在同一条直线上,特别是第一节桩的垂直度控制尤为重要,控制好桩身垂直度,确保沉桩过程中桩身处于轴向受压状态,并注意观测压力、桩身沉入速度及高度,做好记录。

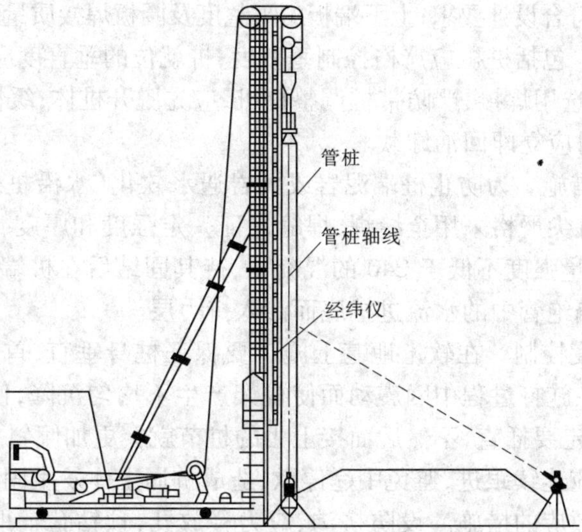

图 2-12 两台经纬仪检测桩机及管桩垂直度示意图

3. 接桩

接桩应保持上下节桩轴线一致。采用焊接接桩,焊接时,焊接铁件必须保持清洁,由两个电焊工在对称方向先对称地进行四面点焊,然后再连续施焊。焊缝必须连续饱满,并高出端板表面不小于2 mm。焊完后待焊缝冷却至常温后再继续沉桩(严禁用水冷却或焊好即压),防止高温的焊缝遇水变脆而被压坏。

沉桩控制以终压值为主、桩长为辅。终压值可根据试桩或经验数据确定。不满足桩长时,可适当提高终压值(桩自身强度允许)。压桩至终压值后,卸荷,静停1~2 min后复压至终压值,观察桩身沉降及反弹。

4. 复压

静压桩的复压是指在沉桩达到预定的压桩力后松开夹持,然后重新加力再压的操作。可以复压一次或若干次,并可在预定的压桩力作用下稳压一段时间。复压是静压桩特有的技术,也是静压桩的优势之一。静压桩施工时,一般都是用最终压桩力连续复压2~3次,经过复压的桩在静载试验时沉降显著减小,承载力增大。

压桩过程中应详细记录各种作业时间、压入力及其他指标,按规范要求整理成表并进行质量评价,必要时进行静载与动载试验。压桩过程中应详细观察周围建筑物沉降或上升情况,在建筑物上设置观察点,利用远处的固定水准点进行对比分析,从而确定沉降或上升情况。遇到异常现象及时通知有关方面共同解决现场问题。

5. 管桩与基础底板的连接

土方开挖至设计标高露出管桩后,清理管桩孔内的垃圾及污物,将桩顶部的1 000 mm高度内中空部分灌入强度不低于C40的混凝土,混凝土中微掺UEA膨胀剂(掺量10%)。待基础底板钢筋绑扎时,管桩锚筋与基础底板钢筋要焊牢,基础底板钢筋与管桩桩头也要焊牢。

(三)保证工程质量的技术措施

(1)进场管桩质量控制。管桩运至施工现场需有合格证;现场逐根按合格证检查验收;

混凝土桩身质量应符合设计要求;上下端板的平整度及圈板焊接质量应符合设计要求。

(2)操作要点。包括桩机应严格控制垂直度;桩就位的垂直度应符合设计要求;桩靴设计需要连接时应选用焊接;严防带桩调整桩机,应先脱开桩体;缓慢加油,严禁施以冲击载荷;到达终压值时应立即回油卸载。

(3)桩端防水措施。为防止桩端泥岩或页岩遇水软化(水沿桩身落至桩尖),可采用以下措施:桩端与桩尖严格采用全缝焊,焊缝保证一定强度和厚度,并不留缝隙。在桩中间空心处灌入一定量强度不低于C40的混凝土,待其固结后在桩端形成约1.0 m高的混凝土柱,成桩后可隔绝管中的水流进桩底而渗入持力层。

(4)桩身垂直度控制。在软土地基上施工要保证桩身垂直,首先要对场地进行认真的平整压实,避免在施打过程中因震动而使桩架产生不均匀沉降,使得桩机导杆不垂直,第一节桩即底柱一定要插直,不然后面接上去的桩节就会更加倾斜。

(5)沉桩过程应连续跟进,避免中途停歇,造成桩周土体发生固结,沉桩困难。

(6)减小挤土效应的措施。设防挤沟、应力释放孔,预钻孔辅助沉桩,合理安排压桩顺序、压桩进度等。

(7)成桩质量检查。沉桩后平面位置允许偏差可用经纬仪拉线或尺量检验。管桩植桩后质量检查主要是检查施工质量是否达到计要求,主要内容包括桩身垂直度、桩顶标高、桩身质量应符合下列规定:

①桩身垂直度允许偏差为1%。

②截桩后的桩顶标高允许偏差为±10 mm。

③桩顶平面位置的允许偏差应符合表2-6规定。

④配置封口型桩尖(十字形或锥形)的工程桩桩身质量检查,宜采用直观法检查,即在收锤后立即将低压电灯泡沉入管桩内腔内用灯光照射作检查;配置开口型桩尖的工程桩,桩身质量可用动测法检查。

表2-6　桩顶平面位置的允许偏差

项目	允许偏差(mm)
桩下单桩	80
单排桩或双排桩条形基础	
垂直于条形桩基纵向轴的桩	100
平行于条形桩基纵向轴的桩	150
承台桩数为2~4根的桩	100
承台桩数为5~16根的桩	
周边桩	100
中间桩	D/3或150两者中较大者
承台桩数多于16根	
周边桩	150
中间桩	D/2

注:D为管桩桩径。

第三章　地下空间工程施工

随着我国国民经济的持续发展,大规模的交通、铁道、电力、地铁、水利以及城市规划与建设迅猛发展,地面可用空间越来越少,所以如何合理开发与综合利用地下空间资源,已成为社会经济发展所面临的重要课题。近年来,地下空间工程施工技术发展较快,而且出现了一些社会经济效益极为良好的新技术,如非开挖铺设地下管线施工技术、顶管施工技术等。本章重点介绍逆作法施工、盾构法施工、岩石地下工程施工和地下工程特殊开挖方法等新工艺、新技术。

第一节　逆作法施工

一、概述

随着地下空间的发展,地下建筑越建越深,随着深基坑开挖工程的逐渐增多,新兴的深基坑支护技术有了很大的发展。同时,地下室逆作法施工技术也得到了较快的发展。

(一)地下室逆作法基本原理

地下室逆作法施工是利用地下室的楼盖结构(梁、板、柱)和外墙结构作为基坑围护结构的水平支撑体系和围护体系,逆作法基准层以下各层地下室由上而下施工,基准层以上各层自下而上施工。逆作法施工基坑土方开挖借助于地下结构自身的水平支撑能力对基坑产生支护作用来保证,利用地下各层的钢筋混凝土楼板的水平刚度和抗压强度使各层楼板成为基坑围护桩(墙)的水平支撑点,并利用基坑外不同方向的土压力(包括被动土压力)的自相平衡来抵消对坑壁围护桩(墙)的不利影响,因此在施工时一般先施工楼板再挖楼板下面的土方;而合理地选择竖向支撑结构还可在地下室施工的同时进行部分地上建筑的施工,待上部建筑施工若干层后,基础工程才全部完工。

逆作法由于楼盖的巨大水平刚度,其对围护桩(墙)的作用可视做水平方向的不动铰支座,因此在所有的基坑支护中,其效果是最好的一种。逆作法的工艺原理是:先沿建筑物地下室轴线(围护结构也可兼作地下室结构承重墙)或周围(围护结构只用做支护结构)施工地下连续墙或其他支护结构,同时在建筑物内部的有关位置(柱子或隔墙相交处等,根据需要计算确定)浇筑或打下中间支承桩和柱作为施工期间在底板封底之前承受上部结构自重和施工荷载的支撑,然后施工地面一层的梁板楼面结构作为地下连续墙刚度很大的水平支撑,随后逐层向下开挖土方和浇筑各层地下结构直至底板封底。与此同时,由于地面一层的楼面结构的完成为上部结构施工创造了条件,故可同时向上逐层进行地上结构的施工,如此,由地面上、下同时进行施工至工程结束(见图3-1),但是在地下室浇筑钢筋混凝土底板之前地面上的上部结构允许施工的层数要经计算确定。

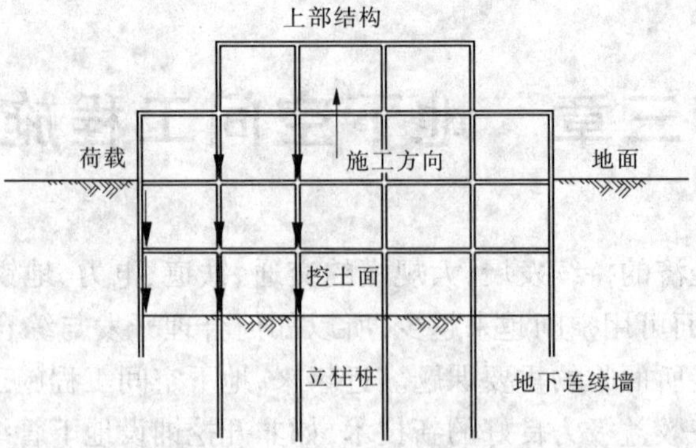

图 3-1　逆作法施工过程

(二)地下室逆作法的优缺点

对于深基坑支护施工,与常规的支护及地下室施工方法比较,用逆作法施工具有较明显的优势,主要有:

(1)地上地下同时施工,缩短工程施工的总工期。

(2)楼盖支撑刚度大,基坑变形小,相邻建筑物沉降小。

(3)支护结构挡土、挡水及承重三合一,可节省地下室外墙及外墙下工程桩费用。

(4)采用楼盖结构支撑,可节省支护结构的支撑。

(5)简化基坑的施工工序,有明显的经济效益。

(6)使底板设计趋向合理。逆作法施工比传统方法施工时底板的支点增多,跨度减小,较易满足抗浮要求,甚至可减少底板配筋,使底板的结构设计趋向合理。

虽然深基坑支护用逆作法施工具有较明显的优势,但由于逆作法施工的特殊工艺流程,也存在一些缺点,主要有:

(1)逆作法挖土及出土均为暗挖,下层楼盖施工受到上层楼盖的影响,土方运输、材料运输、装拆模板及混凝土浇筑等均存在不少的障碍。

(2)由于中间支承柱及上层楼盖先施工的要求,梁柱节点构造、墙柱及侧墙上下施工缝的构造及质量控制均需制定严格的要求。

(3)封闭式逆作法施工人员是在地下各层基本处于封闭状态的环境下进行施工的,作业条件较差。

因此,如何在现有地下室逆作法技术的基础上,结合建筑技术的发展,完善、提高及创新逆作法的理论、设计及工艺,提出新型的地下室逆作法集成技术,已成为逆作法技术发展的关键。

过去的二十几年,尽管地下室逆作法技术因具有安全度高及工期短等优点而得到较广泛的应用及良好的发展,但由于逆作法技术存在技术集成复杂、地下室施工难度大及造价偏高的缺点,同时目前国内亦缺乏对地下室逆作法技术具指导性及可操作性的规范文件,往往在技术应用中缺乏目的及方向,设计方法及技术应用未能形成标准化,造成设计及施工中考虑不周而造成很多不必要的浪费,种种因素阻碍了地下室逆作法技术的进一步推广。

二、地下室逆作法新技术

经过近十年的研究与实践，目前，在传统逆作法理论的基础上，结合工程实际情况，广东省建筑设计研究院与华南理工大学联合开发了柱支式地下连续墙地下室逆作法新技术和环形地下连续墙地下室逆作法新技术。

（一）柱支式地下连续墙地下室逆作法新技术

对于地下连续墙最主要的挡土作用，地下室逆作法下层土体开挖时刚度良好的地下连续墙浅墙段与上层楼盖结构已形成强大的水平支撑体系，竖向结构及上层结构已逐步形成刚性箱体，土体的受力状况较常规的支护体系中土体的受力状况有所改善。

根据以上情况，利用楼盖的支撑刚度，在控制好开挖深度的前提下，逆作法土体开挖过程可借鉴隧道施工原理，即地下连续墙不需嵌固至地下室底板以下的坚硬岩层，只需做到不透水层下土质较好的地层（如强风化层）；上面几层地下室施工完毕后，地下连续墙、楼盖结构及竖向支撑结构形成一个整体结构，整体结构对侧面土压力起到一个较强的固定水平支撑效果；在逆作法施工继续向下开挖时，到达较好的土（岩）层后，裸露出来的基坑侧壁由于土质较好，而且侧土体的上下支撑得到保证，基坑壁内的土层会形成一种土拱效应（见图3-2），只要结合常规的浅基坑支护技术则可达到下层土体自身稳定的效果。

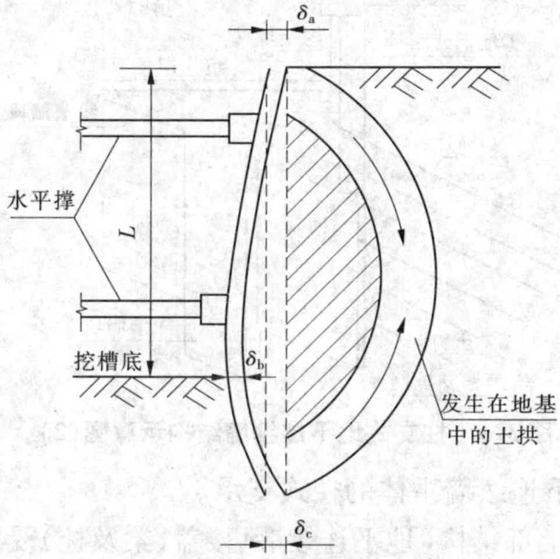

图3-2　有水平撑的地下墙的土压力

这个设想可合理地利用较好土层本身的土体性状达到围护效果，不仅可缩短施工工期，还可大量减少造价高的地下连续墙数量，特别是难度最大的入岩墙段数量，可取得较好的经济效益。

针对上述实际情况，通过进入不透水层的普通墙段（下称浅墙段）来解决抗渗问题，而通过连续墙下面以一定的间距设置柱支式嵌岩段（下称深墙段）来承重，可充分发挥地下连续墙在逆作法施工中起到挡土、挡水、承重的作用，形成新型的地下室连续墙结构型式即柱支式地下连续墙（见图3-3、图3-4）。

柱支式地下连续墙逆作法技术概念的提出基于以下几项假定：

（1）地下连续墙可分为深墙段和浅墙段，浅墙段用于挡水、挡土，覆盖全部不良土体；

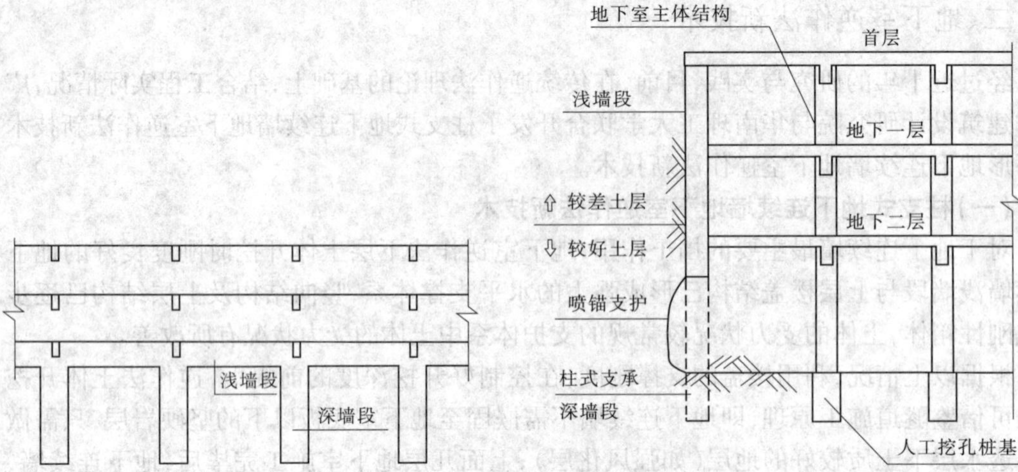

图 3-3 柱支式地下连续墙结构示意图(1)

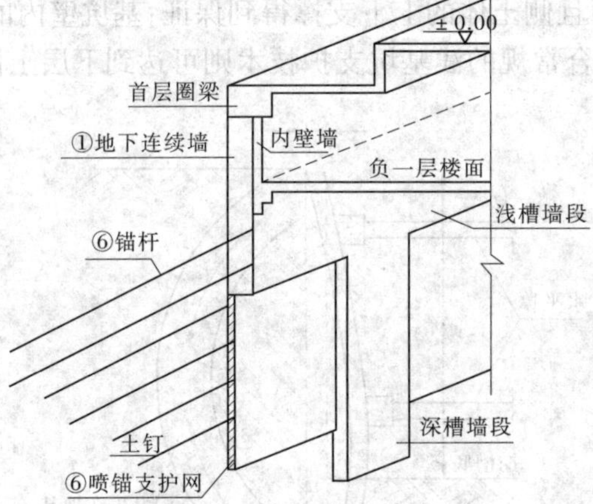

图 3-4 柱支式地下连续墙结构示意图(2)

深墙段下伸嵌岩,作为地下连续墙主体的柱式支承。

(2)已完成的地下室上部结构(地下连续墙、楼盖、梁及柱)受侧向土压力作用位移较小,可视做土体的固定水平支撑。

(3)浅墙段之下的侧壁土体,利用已完成地下室上部结构作为上支座,坑底坚硬土(岩)作为下支座,在侧向土压力的作用下,形成土拱效应从而自身稳定。

(4)良好的土拱作用以及上部的近似刚体的水平支撑作用的共同存在,设计时可以不考虑土体的滑移破坏和坑底隆起。

通过实际工程监测以及采用三种不同的大型有限元软件 ANSYS、MARC 和 ABAQUS 对柱支式地下连续墙逆作法技术进行了大量而充分的数值计算分析,证实了以上几点假设的合理性。

从数值仿真分析和实际工程的现场监测情况来看,柱支式地下连续墙逆作法技术存在一定的适用条件:

(1)对于常规的地下室结构而言,已施工完毕的地下室整体结构均具有相当大的刚度,在侧向土压力作用下其产生的位移和应力都非常小,能够为柱支式地下连续墙提供足够的上部支撑,使得土拱效应产生的前提条件能够得到保证。

(2)对于较好的地层条件(软塑土或以上),随着基坑的不断向下开挖,作用于围护结构左侧上的主动土压力不断减小,其中作用于上部围护结构左侧上的主动土压力减幅较小,而作用于下部围护结构上的主动土压力减幅较大,因此在基坑前墙段以下侧壁处的土层一般均可以形成明显的土拱效应。

(3)当存在地下裂隙水时,作用于基坑围护结构上的土压力比不考虑地下裂隙水时略微有所增大。因此,当土体暴露时间不长(15~20 d 以内)且地下裂隙水含量不会导致土体性状大幅下降时,土拱效应非常明显,仍然可以采用本技术。

(4)当基坑开挖达到一定深度且土层比较好时,应用太沙基垂直岸坡临界高度公式 $H_c=4c/\gamma$(c 为土的黏结力,γ 为土体容重),可以判断:当自稳高度大于分层开挖的高度时,无须采取任何支护措施,土体可以保持稳定,即使这种稳定保持的时间不一定很长,但对于结构施工已经足够了。当土体性质逐步变弱,可以考虑上述土拱效应。当自稳高度仅仅大于分层开挖高度,或略小于分层开挖高度时,考虑土拱效应,也是可行的。此外,形成土拱效应的条件是上部挡土结构有足够的刚度,开挖面比较坚硬,能起虚拟支撑的作用。

(5)当地层条件较好(软塑土以上)时,如果上部的近似刚体的水平支撑作用能够保证良好的土拱效应,柱支式地下连续墙地下室逆作法设计时可以不考虑土体的滑移破坏和坑底隆起。

(6)对于地层条件较差(软塑土以下)的情况,会形成较大范围的塑性区,导致作用于围护结构下部的土压力合力增幅较大。此时,建议谨慎采用本技术。

(7)采用本技术时,建议施工过程中应采取喷射混凝土等手段尽快封闭已开挖土体暴露面,并注意加强对开挖临空面喷混凝土的保护,避免土体强度大幅度降低。同时,加强施工过程及地下水位变化对基坑土体侧壁变形,柱、地下连续墙等的变形监控,确保施工安全。

(二)环形地下连续墙地下室逆作法新技术

环形地下连续墙是利用人工挖孔桩圆筒式护壁的实践理论,将地下连续墙做成一定直径的大型筒体,将水平土侧压力转化为完全闭合的围护结构及顶部加强扁梁的环向压力(见图 3-5)。在设计中参照逆作法的原理,利用地下室顶部的楼板作为围护结构的顶部加劲环,形成一个环形受力良好的结构体系,较以往单片承受水平土压力的地下连续墙有了较大的突破,其整体性能良好,不需要设置额外的内支撑或者其他诸如锚杆之类的组合支护结构。结合逆作法的思路,针对不同的工程实际情况,可以在此基础上采取有针对性的设计处理,获得良好的经济效益和时间效益。

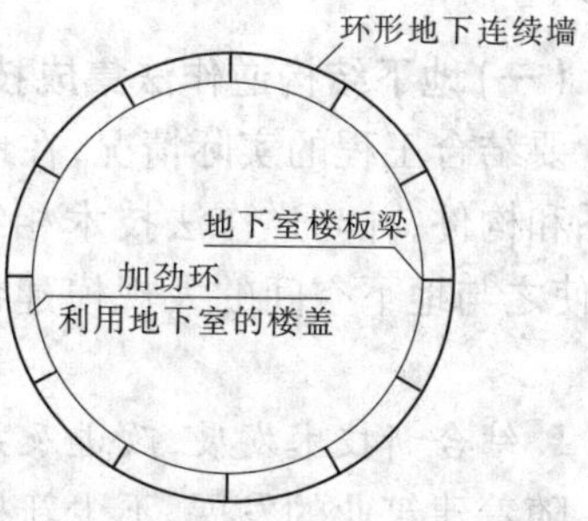

图 3-5　环形地下连续墙结构示意图

要把环形内力平衡理论的地下建筑结构环形地下连续墙运用到工程实际,通过对环形地下连续墙技术及其概念进行大量的有限元数值仿真分析验证和实际工程应用实践分析,论证了该技术的可行性,并给出相应的设计步骤和施工建议,为今后本项技术的应用与推广提供参考。

以某商厦为例,结合地下结构逆作法,环形地下连续墙结构施工顺序主要为以下几个步骤:

(1)首先施工环形连续墙,并按一定距离在墙体内埋置测斜管。然后施工外围预应力管桩,凿除地下连续墙顶300 mm厚的浮浆,浇筑预应力管桩承台。也可以同时施工主体结构工程桩。

(2)施工基坑外围一圈(即 -6.85 m)的地面梁板和地下连续墙顶压顶梁,连接连续墙与外圈桩台,形成支护结构顶部坚固的封闭圈结构。

(3)开挖基坑土体到负一层板面之下1.5 m(即 -14.75 m),接着完成已开挖段的内衬墙和负一层外环圈梁,从而形成内衬筒体。

(4)继续开挖土方至距离基坑底3 m时,以圆心为轴按环形对称朝四周下挖,确保环形连续墙对称受力,保证基坑内土层按环形保持在同一标高。下挖部分至基坑底,根据土层情况处理垫层下地基,随挖随清,若垫层底有淤泥,在淤泥层面放置碎石并平整好,再以分块施工的方法按正作法分步施工底板和桩台,并同时处理好底板层防水工程,依次施工至完成全部底板层结构。

(5)吊装钢管柱,按正作顺序逐层往上施工各层结构。

特别需要注意的是,由于受力需要,施工时必须全部完成地下连续墙后方可开挖基坑,且基坑开挖必须对称进行。

三、地下结构逆作法集成技术

逆作法集成技术灵活地集成运用了各种新型结构体系及结构构件、各种基坑支护技术及结构施工技术,由工序单一的施工技术改革为多技术、多路径、多工序可循环的集成技术;同时设计与施工一体化,运用先进的计算手段和施工、监测技术,针对不同工程采用不同的技术集成,量体裁衣式地提出实施方案,使逆作法技术更具适应性,以实现效益最大化。

(一)地下结构逆作法集成技术新概念

要结合工程的实际情况,在地下建筑结构的适当部分应用新型钢-混凝土组合结构体系和构件,并与逆作法技术相结合;要完善地下工程逆作法技术的配套设计及施工技术,使之与地下空间的大规模建设相适应,应有针对性地进行以下的技术创新及研究工作。

1.结合新技术发展,改进及完善传统技术

随着建筑业的发展,不少新技术已得到长足的发展,如钢结构及钢-混凝土组合结构等新技术已越来越多地应用在建筑上,而新型专用的挖土机械的应用及新的基坑支护技术的发展令地下结构建设得到有力的支持,应充分利用有利因素完善传统技术,以取得技术发展。

2. 以设计为主导，加强设计与施工一体化

由于逆作法技术的特点，地下建筑主体结构大部分构件均可作为深基坑支撑构件，设计应在逆作法应用中起主导作用，在影响逆作法工效及成本的关键技术设计中充分结合结构特点选择最优方案。同时通过设计计算及监测数据的归纳整理为结构理论及结构分析提供验证，从而提高设计分析水平，以利于推进逆作法技术的标准化。另外，在设计过程中应加强设计及施工的密切配合，对逆作法施工中墙、柱、梁、板节点等关键技术进行优化，使其应用创造最大的效益。

3. 配合项目策划，完善施工流程

以工程项目建设全过程为主线，着眼于房地产项目的全程营销策划，逐步推进房地产项目营销策划的层面。设计与施工应完善、优化技术、工艺与流程，配合项目策划，以实现效益最大化的目标。

4. 多路径、多技术、多工种的集成技术

常规逆作法通常以首层或负一层分界向上正作施工和向下逆作施工，对围护结构加以简单组合便进行施工，施工工序多，在节省时间、节省费用方面优化不足，未能有机组合，综合经济效益不明显。逆作法的技术应能根据实际情况来确定方案和工期，根据不同的场地来组合围护结构，正、逆作交叉实施，地面以下可以逆作法结合正作，地面以上也可以正作法结合逆作，传统逆作法的唯一性可转变为多面性和组合性，以在工期与造价方面获得良好的综合效益。

地下结构逆作法集成技术从上述思路出发，在逆作法技术基本原理的基础上，灵活地集成运用各种基坑支护技术及结构施工技术；充分利用逆作法施工可产生的社会效益及经济效益，结合工程具体情况，运用先进的计算手段及监测手段，形成有机的逆作法集成技术，使逆作法技术更具适应性，以实现效益最大化的目标。与以往单纯的施工技术或结构设计不同，集成技术由设计、施工、管理综合而成，从建设项目策划及地下室施工开始前进行综合效益研究分析，针对每个工程的特殊情况、工程的结构体系及建筑物的环境地点，再至项目投资背景及资金分配进行综合分析，选择科学、合理、经济的结构连接构造与施工步骤。

地下结构逆作法集成技术从设计阶段开始，针对各种技术进行组合，符合工程实际情况及有利于实现工程目标的技术均可进行组合，如利用地下连续墙、工程桩、地下室主体结构水平支撑和钢管混凝土柱竖向支撑组合的逆作法集成技术，或工程桩、钢管混凝土竖向支撑、地下室大开挖和周边喷锚支护组合，组合形式可以多种多样，每个具体工程都可以有其集成特点。

地下结构逆作法集成技术还可针对建筑功能及施工空间的要求进行施工的时间与空间的组合，建筑施工过程可在地面、地下单层或多层进行逆作法及正作法施工组合，通过空间的有机组合，常规的技术可得到更好的利用，更可产生新技术、新工艺，达到技术创新。

（二）地下结构逆作法集成技术的设计思路

地下结构逆作法集成技术结合各项新技术时要考虑环境因素的影响、交通因素的影响、安全因素的影响、成本因素的影响、时间因素的影响以及社会效应的影响等各个方面，

针对不同地区、不同工程实际以及各项主要矛盾进行实践应用。地下结构逆作法集成技术以逆作法为主线，在具体工程中按需要结合不同的新技术，完成相应的设计与施工理念，达到环境影响最小，社会、经济效益最大的目的。其技术集成的思路主要考虑关键技术环节的集成，设计中应着重考虑的关键环节有以下几方面。

1. 正、逆作法分界线的设置

正、逆作法分界线的设置包括竖向分界及水平分界。竖向分界根据不同的工程环境、条件，逆作法施工分界线可以是±0.00板、地下一层楼板、地下二层楼板等。从永久结构受力角度分析，在±0.00板处使用比较复杂，属结构加强层，设计中楼板承载力较强，可以作为逆作法的分界线，便于实施中灵活处理。目前的逆作法实施中首层也可以采用大开挖方式，即围护内侧留土坡，基坑内大开挖，既可以方便施工的挖土，提高施工的速度，又无须采用支撑，这种施工方式适用于用地场地较大、地下一层层高较高的工程。

水平分界主要根据工程平面的大小、剪力墙核心筒设置位置等平面因素确定，由于剪力墙逆作法存在一定的难度，剪力墙位置正作配合周边框架逆作可充分发挥两种方法的特点，非常适用在剪力墙核心筒居中设置且周边框架水平支撑刚度较大的情况。

2. 基坑支护形式的确定

逆作法的围护与其他正作法围护形式略有不同，主要有地下连续墙、钻孔灌注桩、土钉墙、排桩、钢板桩或利用土体内聚力分级筑墙等形式，从工程实施情况分析各有优点。常用的地下室逆作法基坑支护形式为地下连续墙，另外采用挖孔或钻孔成型的排桩也可应用于逆作法，而改良的半圆排桩构造连接及效果由于更接近于地下连续墙，也有一定应用。采用地下连续墙及排桩时还可配合锚杆、锚索，使其变形控制更理想。地下一层采用大开挖式的逆作法及在土层良好的多层地下室下层施工也可应用常规的浅基坑支护技术，如土钉墙及喷锚支护等，但需根据场地及土层的具体情况综合确定。

3. 支撑立柱及柱距的选择

支撑立柱是逆作法施工中主要的受力构件，一般分为永久立柱和临时立柱，由于永久立柱不需在后期拆卸，在逆作法中更适用。支撑立柱设计应综合考虑下列因素：永久结构体系的布置、荷载分布及大小，立柱桩的承载能力，地质条件，逆作法上下同时施工的要求和逆作法施工层数。

目前常用的中间支撑柱结构型式有：直接利用地下室的结构柱作为中间支撑柱；底端插入灌注桩的内设工字钢、H型钢的钢骨混凝土柱；钢管混凝土中间支撑柱；钻孔灌注桩作为中间支撑柱。支撑立柱在地下室开挖时作为临时承重柱，随后作为地下结构工程的一部分浇筑在工程柱内；同时支撑柱要与楼盖梁连接，由于柱先形成，梁与柱连接节点的施工有一定的难度。因此，在选择中间支撑柱的结构型式时，一方面要考虑使其有较高的承载能力，另一方面又要考虑与梁板的连接方便施工。为此，支撑立柱多采用底端插入灌注桩的H型钢柱或钢管混凝土柱，不仅与楼盖梁等钢筋的连接较方便，而且承载力较高，这其中钢管混凝土柱是首选的中间支撑柱。

另外，由于支撑立柱的布置与柱距大小直接影响地下室开挖及施工的难度，合理及大跨度的柱网可为挖土机械提供灵活的操作空间，但过大的柱距有时会造成结构经济性较差，一般8～10 m的柱距可较好地满足逆作法施工。

4. 立柱桩的施工方式

根据各地不同的条件,立柱桩的设计存在着较大的差别。立柱桩的设计应满足承载力和变形的要求,主要采用的立柱桩有挖孔灌注桩、钻孔灌注桩、采用连续墙施工方式的桩、沉管灌注桩。最常用的是挖孔灌注桩与钻孔灌注桩。

5. 楼盖形式的选择

常规的地下室楼盖为钢筋混凝土结构。钢筋混凝土楼盖具有水平刚度大的优点,但随着钢结构及钢－混凝土组合结构等新技术越来越多地在工程中应用,地下室逆作法施工中部分或全部采用钢结构可使材料运输量减少而加快施工速度,并避免上层楼盖模板拆除过程中的安全问题。

6. 连接节点的设计

由于逆作法施工与常规施工方法有较大的区别,施工时是在地下自上而下进行的,工作环境与施工条件有很大变化,所以各种地下室的结构节点施工与常规施工相比有较大的变化。

(1)逆作法施工的结构节点设计,根据工程实践需满足下述要求:

①既要满足结构永久受荷状态下的设计要求,又要满足施工状态下的受荷要求。

②构造必须在工艺上满足现有的工艺手段与施工能力,且愈简单愈好,同时不要影响建筑物的使用功能。

③节点构造必须满足抗渗防水要求。

(2)逆作法施工的几种主要连接节点以及其设计要点如下:

①地下连续墙与梁节点连接。地下室楼盖是地下连续墙围护墙的可靠支撑,在结构设计中楼盖梁与地下连续墙多按固接考虑,因此该节点的可靠性十分重要,必须设法确保梁端受力钢筋的锚固、梁截面的抗弯和抗剪强度等设计要求。在设计地下连续墙与主体结构接头时,可根据结构的实际情况,采用刚性接头、铰接接头和不完全刚性接头等形式,以满足不同的要求。

②地下连续墙与底板连接节点。连接应使地下室底板与地下连续墙连成整体,与设计假定的刚性节点一致,并达到防水的要求。为了保证连接质量,沿地下连续墙四周将底板进行加强处理,加配一些钢筋。在底板与地下连续墙接触面处设止水条,增强防水能力,也可在连接处设剪力键增强抗剪能力。当排桩支护作为围护结构时,可将主体结构的底板和楼板插入桩体内,在施工挖孔桩到底板或楼板标高时,将钢筋预先插入挖孔桩内并先浇灌一段底板混凝土。

③中间支撑柱与梁连接节点。梁柱节点的设计及构造主要取决于中间支撑柱的结构型式。H 型钢中间支撑柱与梁钢筋的连接,主要有钻孔钢筋连接法和传力钢板法。钢管混凝土柱与钢筋混凝土梁可通过管外节点连接,目前常用的梁柱节点方式有单梁环形节点、单梁穿心牛腿节点、加强钢环节点及双梁节点等,由于地下室的结构型式不同,墙、柱与梁、板的节点形式亦不同,要在满足施工和设计的原则下,灵活加以处理。

(三)地下结构逆作法集成技术的施工流程

传统地下结构逆作法通常以首层或地下一层分界向上正作施工和向下逆作施工,对围护结构加以简单组合,如内撑＋护壁墙(桩)组合等,而且常常围护结构必须先施工,工序仅是单向流程,不能交叉进行,其施工流程见图 3-6。可见,由于工序多,而且须逐个完成,在节省时间、节省费用方面优化不足,未能有机组合,综合经济效益不明显。

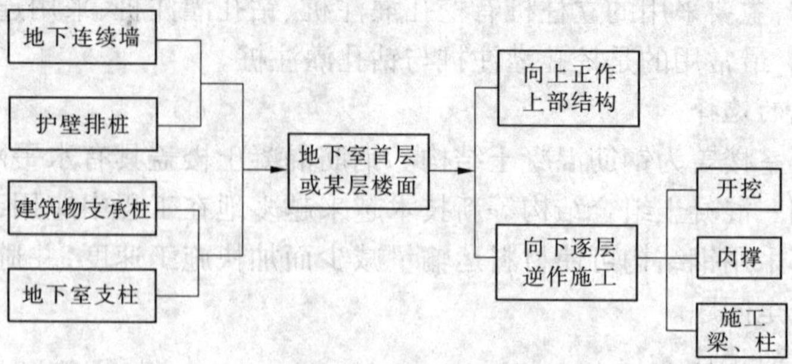

图 3-6 常规逆作法施工流程

逆作法集成技术实施的宗旨是在基坑围护结构安全的前提下,采取更加灵活的方法和可靠的技术组合,在施工工期与造价上获得可观的综合经济效益,并得到地面以上建筑的形象和增加施工场地、改善施工条件,这是首要的目的。优化的逆作法集成技术就从根本上解决了这个问题,其施工流程见图 3-7。

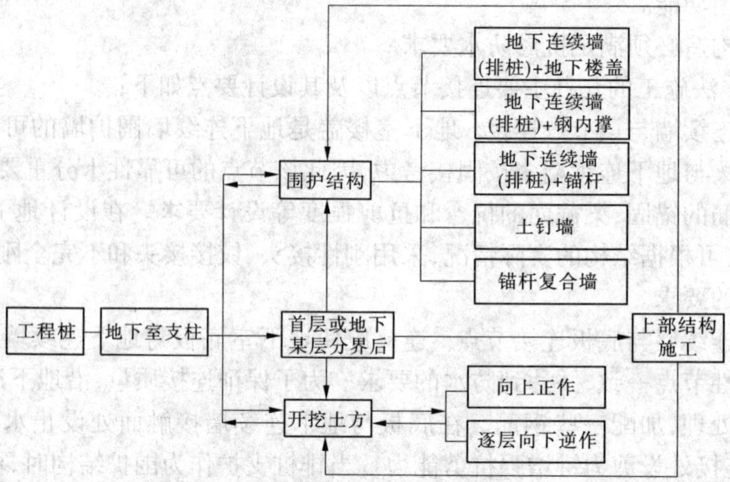

图 3-7 逆作法集成技术施工流程

逆作法集成技术最大的特点是在可靠的技术和安全保证的前提下,具有灵活的循环性,以最短路径来确定方案和工期,根据不同的场地来组合围护结构,正、逆作交叉实施,地面以下可以逆作法结合正作,地面以上可以正作法结合逆作。总之,逆作法集成技术是将传统逆作法的唯一性、单向性改为具有多面性和组合性的先进特点。

(四)逆作法集成技术的应用

目前,地下结构逆作法集成技术已成功地应用于名盛广场、名汇商业大厦、广东省中山市灯都大厦等多个工程,取得了良好的经济效益与社会效益。

第二节　盾构法施工

一、概述

盾构机是在地下进行破土、排土、推进、拼装衬砌，并保护地下施工环境条件的隧道施工设备。盾构法是隧道施工中常用方法之一，它是在工作竖井底部利用盾构机向前破土、推进，在盾构机尾部将预制弧形衬砌拼装成管形隧道的施工方法。

盾构法施工经过100多年的发展已日趋成熟，能应用于任何水文地质与工程地质条件下的施工，无论是松软的或硬的土层，有地下水或无地下水的地层，都可用盾构法施工。

(一)盾构法施工的优点

(1)在密集建筑物下施工，完全不影响其正常使用。

(2)施工不影响地上交通，在水底下施工不影响航道航行。

(3)隐蔽性好，由噪音、振动引起的公害很小。

(4)隧道距地面深度的增加，对施工费用的影响较小。

(5)能在富含水的松散、软弱土层中施工。

(6)盾构法与顶管法相比，顶管法只适宜直线隧道，盾构法不仅适宜直线隧道，也适宜有较大曲率半径的弯曲隧道(包括竖向的与横向的)。

(二)盾构法的分类

盾构法按所用盾构机的构造与开挖方法进行分类，所以盾构法的分类即为盾构机的分类。如表3-1所示。

表3-1　盾构法分类

类别	类型	开挖面形式	破土方式	正面支撑形式	一次排土方式
手掘式	手掘式	敞开式	手掘	千斤顶、气压	人工、传递带
半机械式	半机械式 半挤压式 挤压式 局部气压式 气压式	敞开式 或密闭式 或网格开闭式	转盘 切削头 铲头 水枪	网格 胸板 气压	铲斗 传递带
机械式	普通机械式	密闭式	大刀盘	大刀盘	传送带
	泥水式			大刀盘+泥水	泥浆泵
	土压式：加泥式 泥水式 气泡式			大刀盘+土压	螺旋机

盾构法隧道的外形从预制与拼装衬砌及盾构受力条件考虑，大多数为圆形，但亦有半圆形、矩形、马蹄形、眼睛形等。依盾构机结构特点，有提高灵敏度的铰接式盾构及对局部隧道断面可扩大的扩大型盾构。从开挖面挡土形式上，可分为敞开式、密闭式以及网格

式。由于网格常为可开闭的，故部分开启网格施工时，即为半挤压式；开口率很小时，即为挤压式；完全不出土时，即为全挤压式或盲式。

(三)盾构机的构造

盾构机的基本构造包括钢壳、推进系统、衬砌拼装系统三部分。盾构壳体一般由切口环、支承环和盾尾三部分组成。切口环部分位于盾构的最前端，施工时切入地层，并掩护作业，切口环前端制成刃口，以减小切口阻力和对地层的扰动。支承环位于切口环之后，是与后部的盾尾相连的中间部分，是盾构结构的主体，是具有较强刚性的圆环结构，作用在盾构上的地层土压力，千斤顶的顶力以及切口、盾尾、衬砌拼装时传来的施工荷载等，均由支承环承担，它的外沿布置盾构推进千斤顶。盾尾部分由盾构外壳钢板延长构成，主要用于掩护隧道衬砌的拼装工作，其末端设有密封装置，以防止地下水、外层土、衬砌背面压浆之浆液等流入隧道内。盾构的推进系统由液压设备和盾构千斤顶组成，盾构前进是靠千斤顶推进来实现的，因此要求千斤顶有足够力量，用以克服盾构推进过程中所遇到的各种阻力。衬砌拼装系统，拼装器是该系统的主要设备，它是把管片按照设计的形状，安全、迅速地进行拼装的机械设置，它必须具有夹钳，使管片位置伸缩、前后滑动、旋转等功能。常用的有杠杆式拼装机和环式拼装机两种形式。

此外，切削刀盘和螺旋输送机也是盾构机的主要设备。切削刀盘有的在切口环内，有的突出于切口环，有的与切口环几乎为同一位置，其正面形状如图 3-8 所示。螺旋输送机的主要功能是从切削密封仓内将切割下来的土运出。

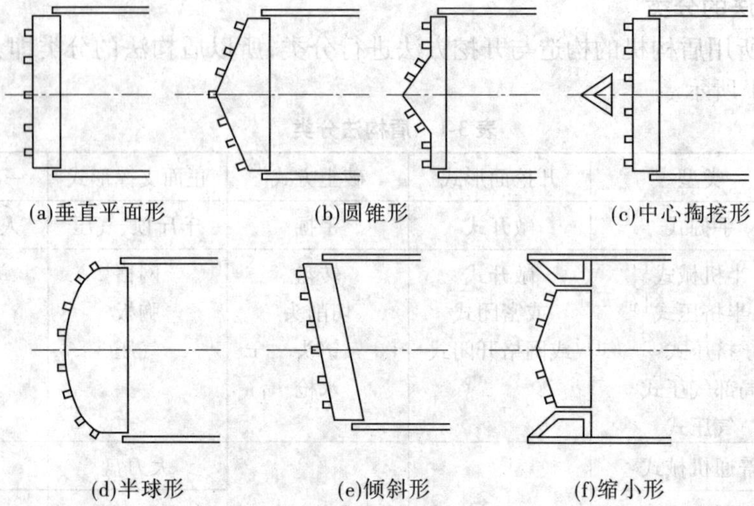

图 3-8　盾构机的切削刀盘正面形状

(四)盾构工法的选择

详尽地掌握好各种盾构机的特征是确定盾构工法的关键。其中，选择适合土质条件的、确保工作面稳定的盾构机及合理的辅助工法最重要。此外，盾构机的外径、覆土厚度、线形(曲线施工时的曲率半径等)、掘进距离，工期，竖井用地，路线附近的重要构筑物、障碍物等地域环境条件及安全性与成本的考虑也至关重要。对上述条件综合考虑，选定合适的盾构工法。

二、盾构掘进施工

(一)施工准备

盾构施工现场准备除一般工程施工要求的“三通一平”、标高基准点定位放线等外，还需要布置盾构基地和建造工作竖井。

盾构基地是建造工作竖井和盾构施工的地面辅助设施。一般包括管片接缝防水处理场、拌浆、配电、充电间、空压机、泵房、竖井提升运输设施、地面运输及通信设备，以及工作、生活设施等。

工作竖井按用途分为始发井、中间井、转向井、到达井等。始发井又是盾构拼装、就位的场所。到达井又是盾构拆卸或整体吊出之处。工作竖井在隧道竣工后，均可用做地下车站、通风井、地泵站或出入口等永久性结构。

始发井底部应有盾构基座、后座和盾构出井口。盾构基座用于盾构安装、就位与井内导向。基座上设置的两根重型导轨要有足够强度、刚度和精度(标高、水平、方位)。盾构后座设于盾构与后井壁之间，是盾构推进的后支撑，可采用上开口的临时衬砌或专用顶块(马蹄形)。

盾构出井口在建造始发井时预先留出，并设置密封圈和临时封板。出口处的土层应适当处理，使拆除封板时不涌水、土体不坍塌。处理方法可采用降水、深层搅拌、注浆、换土、冷冻等。

(二)盾构施工过程

先在隧道某段的一端建造竖井或基坑，以供盾构安装就位。盾构从竖井或基坑的墙壁开孔处出发，在地层中沿着设计轴线向另一竖井或基坑的设计空洞推进。盾构推进中所受到的地层阻力，通过千斤顶传到盾构尾部已拼装的预制隧道衬砌结构，再传到竖井或基坑的后靠壁上。盾构是一个能支承地层压力而又能在地层中推进的圆形或矩形或马蹄形等特殊形状的钢筒结构，在钢筒的前面设置各种类型的支撑和开挖土体的装置，在钢筒中段周圈内面安装顶进所需的千斤顶，钢筒尾部是具有一定空间的壳体，在盾尾内可以拼装一至二环预制的隧道衬砌环。盾构每推进一环距离，就在盾尾支护下拼装一环衬砌，并及时向紧靠盾尾后的开挖坑道周边与衬砌环外周之间的空隙中压注足够的浆体，以防止隧道及地面下沉。在盾构推进过程中不断从开挖面排出适量的土方。盾构施工过程如图3-9所示：当砌完一环砌块后，用已砌好的砌块作后背，由支承环内的千斤顶顶进盾构本身，然后在切削环内挖土，再砌砌块，再顶进盾构。如此循环，直至完工。

(三)盾构推进

安装好盾构及其车架(又称后方台车)，检查车架上设置的操纵台、液压设备、电气设备、出渣设备、压浆设备及吊运管片设备等；布置好井下运输，包括轨道铺设、车辆准备、运土空箱编组；连接好各种管道，如通风、压气、送排浆管，管壁后压浆管路及各种阀门、各种电缆、通信线路及信号设施等。

盾构推进通常分为连续推进和间隙推进。推进所用总推力要控制在一定范围内，防止管片顶裂，避免地表隆起或下沉超限值。每只千斤顶所用最大顶力应控制在衬砌允许强度范围内，尤其在盾构纠偏或弯道、变坡推进时须使用楔形管片，使盾构千斤顶轴线和

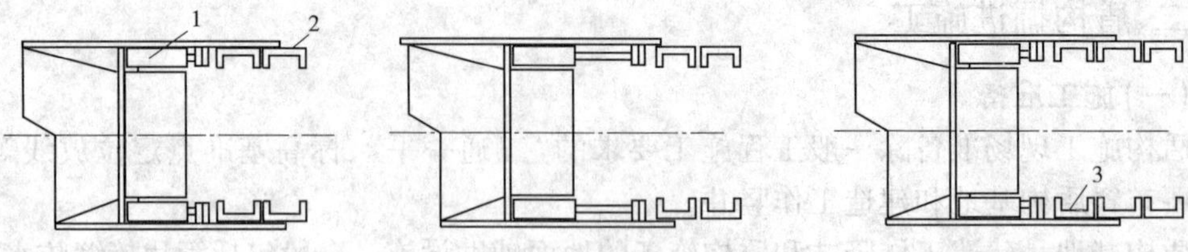

(a)砌砌块2　　(b)顶进盾构　　(c)砌砌块3

1—盾构千斤顶;2、3—砌块

图3-9　盾构施工过程示意图

衬砌圆环平面保持垂直正交状态。推进时要随时掌握盾构的位置和方向,不使偏离值超过允许范围,并防止盾构本身旋转。千斤顶要根据盾构现状测量数据和施工轴线进行编组,选定各组千斤顶的顶推力。

盾构开挖和支撑由地质条件、隧道断面大小及辅助施工设施等因素决定,并随盾构形式不同而异。手掘式是随推进切口的前格刃口切入土层,再自上向下开挖土体,用支撑千斤顶与撑板支护,然后再推进;网格式与局部挤压式则开挖与推进同时进行,土渣随提土转盘经刮板运输机运出开挖面;水力机械式以网格支撑开挖面和切割土体,经高压水枪破碎形成泥浆由管道输送排除;土压平衡式以刀盘开挖土体,填满泥土腔,以盾构推进量和排土量平衡,使土压平衡保持工作面稳定。应测量土压及开挖土量,控制螺旋输送转速和掘进速度,掌握刀盘扭矩、推力等,防止工作面松弛。

(四)衬砌拼装

盾构的衬砌砌块通常采用钢筋混凝土砌块。砌块形状有矩形、梯形、中缺形等。矩形砌块形状简单,容易砌筑,产生误差时容易纠正,但整体性差。为了提高砌块环的整体性,可采用中缺形砌块。

(1)衬砌的目的:砌块作为盾构千斤顶的后背,承受顶力;掘进施工过程中作为支撑;盾构施工结束后作为永久性承载结构。

(2)衬砌拼装准备工作:衬砌管片按拼装顺序在地面分块排列、编号,并作防水处理,连同连接螺栓及配件运至工作面,每次推进距离应大于管片宽度200~250 mm,清理盾尾及已成衬砌的圆环表面。

(3)衬砌拼装要点:

①按块缩回需拼装管片处的千斤顶,保持盾构不后退、不变坡、不转向。

②拼装顺序为自下而上、左右交替,最后封顶成环。

③第一块管片就位,应根据施工纠偏要求正确定位,其他各片均根据纠偏要求和已成环管片相对应位置定位。

④管片就位后,环向和纵向螺栓均按要求穿进,初步拧紧。

⑤拼装中保护防水材料不受损伤,尤其对纵向插入式封顶成环更应注意,一般应向外放宽封口尺寸,待封顶块就位后再收拢,确保防水材料完好。

⑥要注意扶正千斤顶顶块,防止顶块破坏或压裂管片。

衬砌管片拼装机有安装在盾构内的环式、中空轴式、齿轮齿条式等,还有与盾构分离

(安装在后方台车上)的形式。拼装机的能力应根据管片的种类、形状、质量和拼装顺序等确定。

(五)壁后压浆

盾构推进中,在管片和土体间会出现盾尾空隙。向这个空隙充填浆液称为壁后压浆。壁后压浆能有效防止地层变形和沉降,能改善衬砌结构的受力状态,增强衬砌圆环的防水性能,并有利于盾构纠偏。

向壁后压浆的方法是通过管片中预留的压浆孔,按一定顺序及时压浆,也可通过设在盾构外侧的压浆管,随盾构推进出现空隙时,控制压浆量与压力同步进行压浆。

对压浆材料性能的要求:①和易性好,易压送,不离析,不沉淀,不堵塞压浆管路,流动性好,能完全充填盾尾空隙;②凝结时间长,要在一段长时间内具有塑性,以免损坏盾尾密封装置;③初凝时间要短,使浆液不易流失,从而保证压浆质量;④浆液在凝固前能维持一定的浆体压力,而在凝固后,强度要略高于原状地层土强度;⑤浆体凝固时的体积收缩要小,以减少地表沉降变形。

三、地层沉降的防治

由于盾构法施工势必引起地面沉降,使地面建筑物、构筑物或地下管线受到不同程度的影响,尤其在松软土层中,若开挖的隧道与建筑物毗邻或在其正下方,乃至互相斜交,将会对建筑物的使用甚至安全构成威胁。因此,在施工过程中,应当从以下几方面做好对建筑物的保护。

(一)控制衬砌背后压浆

若要使衬砌背后的空隙达到良好的充填效果,则必须满足以下几点:

(1)盾尾脱出后及时压浆。这样能使衬砌与上层间的空隙迅速充填,起到减少地面沉降的目的,要做到及时压浆的最好方法是采用同步注浆。

(2)压浆量充足。出于浆液会产生收缩和失水及盾尾带泥等原因,使实际压浆量远大于理论压浆量。

(3)严格控制压浆压力。这是由于如果压浆压力过大,压出的浆液会在土层中产生劈裂效应,对地层产止额外扰动。另外,过高的压浆压力也会产生瞬间应力集中,使混凝土衬砌产生裂缝。一般要求压浆压力略大于该点的静水压力和土压力之和。在决定压浆的压力时,应考虑由于注浆管的压力损耗和管口的扩散效应所导致的压力减弱。

(4)采用两次以上的压浆。其目的是弥补一次压浆的不足,减少地面沉降。

(5)浆液选择、配比、拌制和储运必须合理。

(二)控制开挖面的土压力

保持开挖面的土压力的平衡可以减少开挖面土体的坍塌、变形、土体损失等。为维护开挖面的稳定,通常要在盾构前方形成一定压力,来平衡土体的水平侧向土压力。通常采用气压、泥水压力及土压来平衡,由此形成了盾构类型。

目前,地铁等许多工程均采用土压平衡盾构进行隧道施工,这种类型的盾构是将被切削下来的土体经强行搅拌后,在一定的推进速度下形成土压力来维护前方土体的平衡。在实际盾构掘进过程中,应对其作适当调整。

(三)优化其他施工参数

(1)加强推进速度控制,要尽量不使或少使前方土体受挤压。

(2)控制盾构推进中的“姿态”,推进轴线尽量与隧道保持一致,减少纠偏。

(3)控制衬砌拼装偏差,提高隧道质量,减少施工后期沉降。

第三节　岩石地下工程施工

一、掘进机法

(一)概述

掘进机法,简称 TBM (Tunnel Boring Machine)法,是用特制的大型切削设备,将岩石剪切挤压破碎,然后,通过配套的运输设备将碎石运出。TBM 施工是当今世界上隧道和地下工程快速、安全开挖的一种有效方法。它主要由主机和相应的后配套设备组成,形成一条移动式的隧道机械化施工作业线。其中,主机主要实施破岩和装渣,其余工作都要由后配套系统来完成。

1. 掘进机种类

掘进机的种类很多,其中全断面岩石隧道掘进机是开挖的岩石隧道断面基本能自稳,常压式、刀盘式机头的平洞掘进机,且是目前使用最为广泛的掘进机。在我国隧道施工工程中,已成功使用过的全断面岩石隧道掘进机有单 T 型支撑敞开式、双 X 型支撑敞开式、双护盾三种。单 T 型支撑结构的全断面岩石隧道掘进机是第一代产品,其头部较重,而且都由洞底承受,容易造成头部下陷的缺点。逐步改进发展的第二代产品是双 X 型支撑。在软岩地层中,无论单 T 型支撑或双 X 型支撑都无法在洞壁中撑牢,因而引入了盾构——靠支撑管片用以掘进的技术,即发展成第三代产品——双护盾掘进机。

目前在世界上正式运行的后配套系统大致包括三种基本类型,它们主要以出渣运输的方式不同可分为轨行门架型(有平台车和无平台车)、连续带式输送机型、无轨轮胎型。

2. 掘进机功能

全断面岩石隧道掘进机在掘进工况时,具有掘进、出渣、导向、支护四个基本功能,并配置完成这些功能的机构。四个基本功能中掘进、出渣、导向这三个功能贯穿在掘进机掘进全过程中,支护功能只是在必要时才使用。全断面岩石隧道掘进机适合于长隧道(洞)的施工。

3. 掘进机特点

1)全断面岩石隧道掘进机的施工优点

(1)快速。掘进机施工的核心优点是掘进速度快。掘进机可以实现连续掘进,能同时完成破岩、出渣、通风除尘、支护衬砌等作业,并一次成洞,掘进速度快,效率高。一般速率为常规钻爆法的 3 ~ 10 倍。目前全断面岩石掘进机设计的最高掘进速度已达 6 m/h,理论最高月进尺可达 4 320 m(作业率按 100% 计算)。

(2)优质。掘进机施工,由刀具挤压和切割洞壁岩石,避免了爆破作业,成洞周围岩层不受爆破震动而破坏;洞壁完整、光滑、美观。掘进机开挖隧道的洞壁糙率一般为

0.019,比钻爆法的光面爆破的糙率小17%;开挖的洞径尺寸精确,误差可以控制在±2 cm范围内;开挖隧道的洞线与预期洞线误差也小,可以控制在±5 cm范围内。

(3)安全。掘进机开挖隧道对洞壁外的围岩扰动小,容易保持原围岩的稳定性。掘进机自身带有局部或整体护盾,使人员可以在护盾下工作,有利于保护人员安全。掘进机配置有一系列的支护设备,在不良地质处可及时支护,以保安全。掘进机是机械能破岩,没有钻爆法的炸药等化学物质的爆炸和污染。采用电视监控和通信系统,操作自动化程度高,作业人员少,便于安全管理。

(4)经济。掘进机的经济性主要表现在成洞的综合成本上。采用掘进机施工,可以改变钻爆法长洞短打、直洞折打的费时费钱的施工方法,代之以聚短为长、裁弯取直,从而省时省钱,尤其是长度超过3 km时更为显著。

(5)环保。由于TBM施工对围岩的扰动较小,即使在隧道埋深很浅的情况下,采用TBM施工也能避免或减少地面沉陷,保证地面建筑物不受影响。同时避免了爆破飞石、噪声、炸药等化学物质对周围居民和建筑物的影响与污染。

(6)简单方便。TBM掘进时,司机在操作室只需根据屏幕上显示的掘进情况进行一系列的按钮操作,而且容易实现集中控制、远程控制、自动控制和无线电控制。因此,施工非常简单方便。

2)全断面岩石隧道掘进机的施工缺点

(1)掘进机设备的一次性投资成本较高。

(2)掘进机的设计制造周期长。

(3)掘进机一次施工只适用于同一个直径的隧道。

(4)全断面岩石隧道掘进机对地质比较敏感,不同的地质需要不同种类的掘进机并配置相应的设施。

(5)需要大型机械运输,组装、拆卸费时、费工、费钱。

(6)开挖的隧道断面为圆形,需要进行二次开挖,施工中消耗能量大。

4.掘进机与钻爆法技术经济比较

通过对两种施工方法的通用范围、掘进速度、人员配备、准备工作、支护衬砌、大修周期、安全、质量的技术比较可得出这样的结论:对于长度超过3 km以上的长隧道,掘进机是首选的方案。

成洞成本是开挖费用和衬砌费用的总和。在国内,尽管掘进机纯开挖成本比钻爆法高10%~25%,但由于掘进机的超挖量比钻爆法减少3%~10%,所以节约近50%的混凝土衬砌费用,所以总的成洞成本并不高于钻爆法。另外,掘进机在施工中裁弯取直、缩短洞线,从而减少支洞数量和沿线公路等;还由于掘进机施工速度快,可以缩短总工期而提早获得效益。因此,综合成本降低。

但地质条件不适合于TBM施工法时,即在破碎带、膨胀性围岩以及大涌水带等条件下,TBM的掘进就比较困难,即使是最高性能的机械有时也会延误工期,这时可用钻爆法辅助做好该区段开挖和通风,TBM再向硬岩掘进,所以钻爆法和TBM法可混合使用,互相取长补短。

(二)TBM 法施工

1. 开挖原理

在推力作用下,安装在刀盘上的盘形滚刀紧压岩面,随着刀盘的旋转,盘形滚刀绕刀盘中心轴公转的同时绕自身轴线自转,在刀盘强大的推力、扭矩作用下,滚刀在掌子面固定的同心圆切缝上滚动,当推力超过岩石的抗压强度时,盘形滚刀下的岩石直接破碎,盘形滚刀贯入岩石,掌子面被盘形滚刀挤压碎裂而形成多道同心圆沟槽,随着沟槽深度的增加,岩体表面裂纹加深扩大,当超过岩石的剪切强度和拉伸强度时,相邻同心圆沟槽间的岩石成片剥落。

在掘进时,支撑系统把 TBM 主机牢固地锁定在开挖的隧洞洞壁上,承受刀盘扭矩和推进的反力。推进油缸以支撑系统为支点,把推力施加给刀盘,推动刀盘破岩掘进。崩落在隧洞底部的岩渣被随刀盘旋转的均布在刀盘上的铲斗、刮板收集到主机内的皮带机上,通过主机皮带机转载至后配套皮带机,利用编组列车运送出洞。

2. TBM 施工前期准备工作

(1)洞外场地布置。TBM 施工主要的洞外配套设施有:混凝土拌和系统,仰拱预制厂,修理车间,各种配件、材料库,供水、电、风系统,运渣和翻渣系统,装卸调运系统,进场场区道路,掘进机的组装场地等。根据 TBM 掘进机不同阶段的施工需求和现场的实际情况,科学合理地统筹布置,是充分发挥掘进机的性能,确保掘进机顺利施工的前提。

(2)预备洞、出发洞开挖。由于一般隧道洞口处覆盖层薄(30 ~ 40 m),另有可能石质风化等原因,通常不适合敞开式 TBM 施工,为确保 TBM 早日投入正常掘进施工,一般采用人工开挖至围岩条件较好的洞段(此时 TBM 依靠自身步行装量进洞),称为预备洞。出发洞是指 TBM 步行至预备洞工作面开始掘进时,由于 TBM 本身要求应有撑靴撑紧洞壁以克服刀盘破岩的反扭矩及推进油缸的反推力而设计的用以 TBM 最早掘进的辅助洞室,施工长度根据 TBM 的自身结构尺寸而定,预备洞和出发洞连接处应留有足够的空间,用以拆卸 TBM 的步行装量。

(3)TBM 供电系统、TBM 供水系统、TBM 通风系统、仰拱预制块生产系统、机械修理车间、配件库、材料库、材料厂、施工运输和材料准备、翻车机室、生活设施等准备。

3. TBM 的掘进操作

TBM 控制室是完成各项工作的控制核心。TBM 主控室的操作主要分为 6 个步骤:启动准备、启动、掘进、停机、换步和调向,详细操作步骤如下:

(1)启动准备。隧道施工中电、水、风是三大主要因素,对于 TBM 也是如此,在试运转或经长期停机后,启动前要考虑电、水、风是否已安全正确地输送到机器上,首先核实洞外中压电源是否输送到机器的变压器上,变压器的一次侧断路器是否已经接通。电源接通后还要确认洞外的净水是否已经接通并送入洞内,同时确认洞外新鲜风机是否启动并把新鲜风送到机器尾部。

(2)启动。在确认控制电压接通后,启动净水泵(正常水压应在 0.7 MPa 左右),启动风机。风机有接力风机、除尘风机和空气冷却风机。启动时,可通过成组启动按钮成组启动,亦可单独启动。在风机启动完毕后启动液压动力站。与风机的启动方式相同,液压动力站可成组启动,亦可单独启动。空气压缩机的启动要到其配电柜处的操作面板启动。

这项工作也要在这个时间段完成。

(3)掘进。开始掘进前,确认以下工作:风机启动,泵站启动,电机启动,输送带启动,水系统正常,刀盘油润滑、脂润滑正常(以上工作在启动时完成);外机架已经前移并撑紧,后支承已经收起并前移,护盾夹紧缸已经夹紧,后配套系统已经拖拉完毕(以上工作在换步时完成)。条件具备后,开始掘进。

(4)停机。掘进一个循环后,PLC 系统根据传感器的信号自动停止推进。控制刀盘后退 3 ~5 mm,使刀圈离开岩面,并根据余渣量的大小令刀盘旋转若干时间。然后停止刀盘喷水,停止刀盘旋转,停止电机,待输送带上的渣基本出完之后,停止输送机,以上控制的相应按钮与启动时的按钮对应。与此同时,可以进行后配套的拖拉工作。

(5)换步与调向。TBM 通常配置激光导向系统,掘进过程中可以随时监测 TBM 的方向和位置,激光导向系统主要由激光发射器、激光接受靶以及控制和显示装置组成。通过激光束射在 TBM 激光靶面位置点,经过电脑模块精确计算,提供 TBM 在掘进过程中的准确位置。司机根据导向系统显示屏幕提供的当前位置数字显示,预置位置和导向角来调整 TBM 掘进方向。

调向时应注意以下事项:

①每次调向过程不能使边刀移动量过大,否则易造成边刀损坏。

②TBM 的导向角控制要精确,否则会造成仰拱块铺设困难,后配套难以通过。

③每次调向的导向角变化量控制在 2 mm/m 以内,遇硬岩地段,导向角变化量还应适当减小,以防造成边刀的损坏。

④正确导向状态下,洞壁表面规则(即看不到因为偏向造成的痕迹或标记)。导向正确时,洞壁上不产生屋脊状表面。台阶是过度调向的标志,如果出现,应校正调向作业的方式。

4. 掘进模式选择

TBM 主控室有三种工作模式可供选择,即自动控制推进模式、自动控制扭矩模式和手动控制模式。

(1)在均质硬岩条件下,应选择自动控制推进模式,此时,既不会过载,又能保证有最高的掘进速度。选择此种工作模式的判断依据是:如果在掘进时,推力先达到最大值,而扭矩未达到额定值,可判定为硬岩状态,则可选择自动控制推进模式。

(2)在均质软岩条件下,一般推力都不会太大,刀盘扭矩变化是主要的,此时,应选择自动控制扭矩模式。选择此种工作模式的判断依据是:如果在掘进时,扭矩先达到额定值,而推力未达到额定值或同时达到额定值,则可判定为软岩状态,加之地质较均匀,则可选择自动控制扭矩模式。

(3)如果不能肯定岩石状态,或岩石硬度变化不均匀或岩石节理发育,存在破碎带、断层或裂隙较多时,必须选择手动控制模式,靠操作者来判断岩石的属性。在手动控制模式作业过程中,若岩石较硬,推力先达到额定值,且岩石较完整,此时应根据推力模式操作,限制推进压力不超过额定值。如果岩石节理较发育,裂隙较多或存在破碎带、断层等,此时应依据扭矩模式操作,主要以扭矩变化并结合推力参数来选择掘进参数。无论在何种岩石条件下,手动控制模式都能适用。

5. 掘进参数选择

在不同地质条件下，TBM 的推力、刀盘转速和刀盘扭矩等掘进参数是不同的。虽然 TBM 配备自动推力和自动扭矩操作模式，但是由于岩石的均匀性相对较差，所以在 TBM 掘进作业中，通常是采用人工操作模式，根据不同的地质条件及时地调整 TBM 的掘进参数，以使 TBM 安全、高效地通过不同的地质地段。

TBM 从硬岩进入软弱破碎围岩时，相应的掘进主参数和胶带输送机的渣量、渣粒会出现明显的变化。据此变化可大致判断 TBM 刀盘工作面的围岩状况并采用人工手动调节操作模式，及时调整掘进参数。

(1)推进速度(贯入度)。在硬岩情况下贯入度一般为 9~12 mm，当进入软弱围岩过渡段时，贯入度有微小的上升趋势，出于 TBM 胶带输送机出渣能力的考虑，现场操作一般不允许有较长的贯入度上升时间，此时贯入度随给定推进速度的下降而降低，当完全进入软弱围岩时，贯入度相对稳定，一般在 3~6 mm。

(2)推力(推进压力)。在硬岩情况下推进速度一般为额定值的 75% 左右，推进压力也成相应比例。当进入软弱围岩过渡段时，推进压力呈反抛物线形态下降，下降时间与过渡段长度成正比，推进速度随推进压力的下降而适当调低，当完全进入软弱岩层时，压力趋于相对平稳，此时推进速度一般维持在额定值的 40% 左右。

(3)扭矩。在硬岩情况下扭矩一般为额定值的 50%，当进入软弱围岩过渡段时，扭矩有缓慢上升趋势，上升时间与过渡段长度成正比，当完全进入软弱围岩时，由于推进速度的下降扭矩相应降低，一般以额定值的 80% 左右为宜。

(4)刀盘转速。在硬岩情况下刀盘转速一般为 6.0 r/min 左右，当进入软弱围岩过渡段后期时，调整刀盘转速为 3~4 r/min，当完全进入软弱围岩时，刀盘转速维持在 2.0 r/min 左右。

(5)撑靴支撑力。在硬岩情况下撑靴支撑力一般为额定值，当撑靴进入软弱围岩过渡段时，一般调整为额定值的 90% 左右，当撑靴进入软弱围岩地段时(现场需要作相应处理)，撑靴支撑力一般调整为最低限定值，必要时需要改变 PLC 程序来设定限值，并根据刀盘前部围岩状况随时调整推进速度，以确保 TBM 有足够的稳定性。

6. 掘进隧道的运输系统

在掘进机掘进的隧道内，可以用的出渣运输系统有列车轨道运输系统、无轨车辆运输系统、带式输送机运输系统、压气输送系统和浆液输送系统。

隧道内石渣和材料最普通的运输办法是轨道运输，这种系统是用多组列车在有站线的单轨道或有渡线的双轨道上运行。无轨运输系统用于短隧道的开挖，因为在这种隧道内铺设轨道系统是不经济的。带式输送机的优点是可靠、维修费低和能力大，在适合掘进机开挖的好地层中，它是做到连续出渣的较好办法。压气输送系统已在矿山中采用，在隧道中则只是试验和有限使用。浆液输送系统适用于岩层能够浆液化的情况，其先决条件是石渣要碎成要求的尺寸，并具有悬浮在浆液中的适当性质。

7. 通风与除尘

通风对象是工作人员呼出的气体、TBM 主机动力发生的热量、岩层破碎时发生的粉尘和内燃机等发生的有害气体等。

TBM通风方式有:强制式,送入式,抽出式,送、抽并用式,巷道式,主风机局扇并用式,自然式等。以上通风方式,在选择时要在考虑了隧道的规模(断面、长度)、施工方式、周围环境的基础上,选择与作业环境、施工条件相符的通风方式。

8. 混凝土仰拱预制块铺设

混凝土仰拱预制块是隧道整体道床的一部分,也是TBM后配套承重轨道的基础,同时又是机车运输的路线铺设基础。TBM每掘进一个循环,需要铺设一块仰拱块,其铺设进度和质量直接制约着TBM掘进速度。仰拱预制块的施工顺序如下:

(1)仰拱预制块锚固。先用高压风将螺栓道钉孔吹净,然后往螺栓道钉孔内倒入锚固剂,插入螺栓道钉。用卡子将螺栓道钉卡住,固定时间不少于4 h,以确保螺栓道钉在凝固过程中不移位。

(2)洞外安装止水带。安装前,先用刷子、抹布将安放位置的油污、粉尘等清理干净,然后涂氯丁胶两次(间隔10 min),待胶达到开始收缩时(一般5~10 min),粘贴止水带,并用橡皮锤敲打使其全面嵌入。止水带安装要求贴合紧密,无脱落、错位现象。

(3)底部清理。刀盘后部:人工将开挖和打锚杆时滑落到底部的松渣、岩粉、沉渣清理到料斗中,由下部清理吊机运到底部清理装置中倒入刀盘随渣外运。刀盘与已铺好的仰拱块之间用填充密实的塑料袋设二至三层隔水围堰,仰拱块前部用高压水冲洗干净,污水采用自吸泵抽排至洞外。底部清理要求仰拱铺设位置做到无虚渣、无积水、无杂物、无油污。

(4)仰拱块运输。仰拱块用机车推入后配套系统后,在铺设区转正方向,用仰拱吊机起吊,移到已铺好的仰拱块前就位。

(5)仰拱块安放。要求测量精确,横向误差控制在±5 mm范围内,高程误差控制在±3 mm范围内。

(6)底部灌注。

(7)表面压浆。及时压注水泥砂浆充填,以确保预制块稳定。

(8)安放中心水沟止水带。

9. 防止围岩塌滑、坍塌的主要措施

减少、防止围岩塌滑、坍塌的主要措施有:加强超前探测及超前钻探,施作管棚注浆加固;选择科学的支护方案和支护参数;掘进参数的合理选择;加强围岩量测监控。

二、钻爆法

钻爆法施工是使用炸药或机械按隧道设计断面尺寸保留开挖空间的上部岩体,将岩石破碎、清理出渣运输的施工方法。作业中为了使开挖空间的岩体稳定以及保护施工人员的安全,需对其进行支护。同时,为了永久保持被开挖空间的稳定,以及发挥被开挖空间自身的承载能力,需要在开挖面的后方进行衬砌施工。当遇到地质条件恶劣的情况时,可采用分段分层开挖以及在开挖面进行超前支护,或采用其他辅助工法。

(一)钻爆法施工技术的优缺点

钻爆法是常规、传统的开挖方法。其优点表现在如下方面:

(1)比较灵活,可以很快地开始开挖施工。

(2)可以开挖各种形状、尺寸、大小的地下洞室。

(3)既可以采用比较简单便宜的施工设备,也可以采用先进、高效、比较贵的施工设备。

(4)可以适应坚硬完整的围岩,也可以适应较为软弱破碎的围岩。

钻爆法的局限性和缺点表现在如下方面:

(1)由于采用炸药爆破,造成有害气体,对通风要求较高。一般开挖隧洞时,独头推进长度不能超过 2 km,再长,通风就更困难了,不能及时散烟,就会影响工期。

(2)钻爆法由于采用爆炸,在城市人口密集地区不能采用,因为震动可能影响附近的建筑或居民生活,巨大的声响也是不允许的。

(3)一般短洞、地下大洞室、不是圆形的隧洞、地质条件变化大的地方都常用钻爆法;长洞,又没有条件布置施工支洞、施工斜井的,或者地质条件很差,特别软弱的地方,往往不宜采用钻爆法。

(二)钻爆法施工的基本工序与要求

钻爆法施工的基本工序为:钻孔、装药、放炮、散烟、清撬、出渣、支护、衬砌。它的辅助工作还有测量、放线、通风、排水,以及必要的监测、记录工作和后勤支持工作。以上各工序中,钻孔、出渣是开挖过程中需时最多的主要工序,支护是保证施工安全、顺利、快速进行的重要手段。开挖工作的机械化和先进与否,主要体现在这三个工序中。衬砌是与开挖工作相对应的另一施工程序,一般是指混凝土衬砌、钢板衬砌回填混凝土,也包括其他材料的承重式衬砌、装饰性或防水性衬砌等。

隧道钻爆法施工作业流程见图 3-10。

(1)钻孔。钻孔的方法较多,最早的方法是人工打钎,进一步的是风钻钻孔。钻具也是多种多样的,最简单的是手风钻,比较灵活,但操作起来劳动强度很大。目前一般工地用得较多的是气腿风钻,即用压缩空气支承与加力的风钻,比较灵活,且劳动强度大大减轻。

除风钻外,再进一步的是潜孔钻、钻车、钻机。钻车是现在常用的比较先进的机具,多半是液压电动轮式移动,小型的只有一把钻,大型的可以有三把钻,成为多臂台车。回转钻机有时在开挖工程中采用,它的开挖孔径较大,可达 50 ~ 200 mm,甚至更大。

(2)装药与放炮。隧洞开挖时,掏槽孔装药最多,周边孔装药较少,也就是掏槽孔药卷直径大些,连续装药;周边孔药卷直径小些,间隔装药;中间塌落孔在两者之间。

为了提高爆破效果,减少爆破对周围建筑及围岩的破坏,一个断面上把炸药分成许多组逐组起爆。中心掏槽孔附近各组之间可以相隔几毫秒起爆,即采用毫秒延迟雷管。靠外边几组可以各相隔 1 s 或 2 s 起爆,即采用秒延迟雷管。每一瞬间起爆的炸药总量要适当控制,例如不超过 10 kg 或 20 kg。

(3)清撬。清撬这一工序十分重要,它是爆破后将已完全松动,但尚未掉落下来的石块撬下来。以往是用人工举着长钢钎去撬,劳动强度大,也有危险。目前,设备较好的工地,或者用液压锤去敲打,或者用正反向挖土机的挖斗去抓、去刮,在远距离操作,比较安全。

一般开挖一个循环后,要清撬半小时,清撬过度,则形成不必要的超挖,浪费人力、物

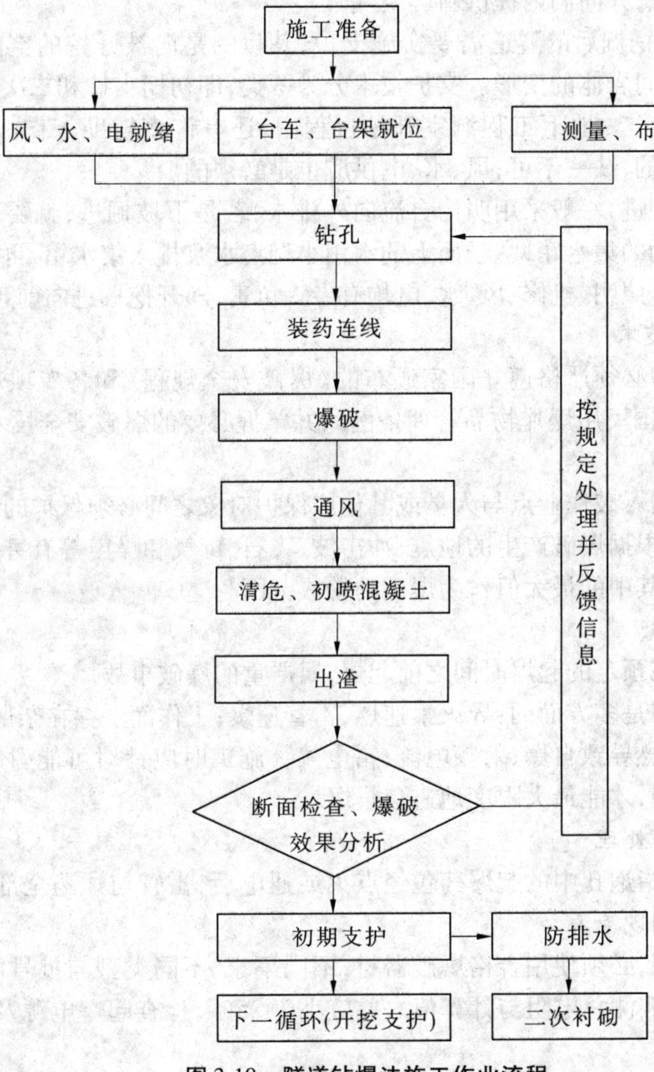

图 3-10 隧道钻爆法施工作业流程

力;清撬不够,造成局部掉块坍落,容易造成事故。因此,这个工作常由有经验的工人掌握。

(4)出渣。现代地下工程出渣设备各式各样,但从总体上看有两大类,一种是装卸设备,一种是运输设备。常用的装卸设备有侧卸式轮式装载机和蟹爪式扒料机或气动式翻斗装料机。常用的运输设备一类是无轨运输,即自卸卡车之类;另一类是有轨运输,最轻便的是轨距为 610 mm 的小斗车,每车装载 0.6 m^3,可以几个车连成一列,由电瓶车或小柴油车拖动。

近年来,隧道内出渣作业出现了自行伸长式皮带输送机。使用这类机械的最大优点是减少或消除了洞内空气的污染,减少了振动、噪声,保障了施工人员的安全,但增加了工程费用。

(5)通风。通风的目的是排走洞内因为爆破产生的废气,以及由于施工机械、人员等其他原因产生的废气，并向洞内提供新鲜空气。

(6)实施支护。挖掘后的隧道需要实施支护，其目的是向被开挖的空间的周边提供抗力，控制或减少空间岩体的变形。支护技术分为两类，即初期支护和二次支护。

(7)其他辅助工作。地下工程洞室开挖过程中，还有许多辅助工作。例如排水、照明、机修等都是必要的，缺一不可；风、水、电供应也是必须的。

隧洞若是上坡掘进，一般采用明沟自流向外排水，若是下坡掘进，就要用水泵向外排水。一般设一座移动的集水箱，掌子面上的水用小型潜水泵排入集水箱，再用集水箱上的排水管道排至洞外。照明、机修、风、水、电均有专人负责，随开挖掘进向前延伸。

(三)爆破安全技术

爆破作业过程中必须严格遵守国家颁布的《爆破安全规程》和各专项爆破安全规程以及《中华人民共和国民用爆炸物品管理条例》，并掌握必要的爆破安全技术。

1. 爆破安全距离

爆破安全距离指爆破作业点与人员或其他应保护对象之间必须保护的最小距离。在规定安全距离时，应根据爆破产生的地震、冲击波、飞石、毒气和噪声等有害效应分别核定其安全距离，然后取其中的最大值作为爆破的警戒范围。

2. 早爆及其预防

早爆就是炸药在预定的起爆时间之前起爆，属严重的爆破事故。

产生早爆的原因是多方面的：导火索速燃，雷管速爆；工作面上存在杂散电流；装药机的静电积累，炸药自燃导致自爆；射频电流；雷电等。施工时应针对可能引起早爆的因素采取相应的预防措施，才能最大限度地避免早爆。

3. 盲炮的预防与处理

盲炮又称瞎炮，指炮孔中的起爆药包经点火或通电后，雷管与炸药全部未爆，或只雷管爆炸而炸药未爆的现象。

为预防盲炮出现，必须使用合格爆破器材，不同厂家、不同类型与批号的雷管不得混合使用；电爆网路的实测总电阻与计算值之差应小于25%；检查起爆电源及其起爆能力；避免装药密度过大。

因线路连接问题出现的盲炮，可重新连线起爆；浅孔爆破中雷管和炸药全部未爆时，若非起爆网路问题，则在距盲炮口至少0.3 m处重新钻一平行炮孔装药爆破；对于非抗水炸药，可用水冲刷炮孔，使炸药失效。

一旦发生盲炮，必须进行安全警戒，及时上报情况，分析盲炮原因，严格遵照《爆破安全规程》的规定处理。

第四节　地下工程特殊开挖方法

一、冻结法

(一)概述

冻结法是利用人工制冷技术，将待施工的地下工程周围一定范围内的含水不稳定岩土层冻结,使之形成封闭冻结壁,隔绝地下水联系,改变岩土性质,增加其强度和稳定性,保证地下工程安全施工的一种特殊施工方法。

冻结法起源于建筑基础的土壤加固。1883 年,德国工程师伯波茨舒(F. H. Poetsch)在德国首次应用冻结法开凿井筒,并取得专利。目前,冻结法已被广泛应用于矿井建设、地下铁道、水利工程、河底隧道等工程。当地下水特多,难以施工时,也可采用冷冻法,用液氨注入地层中,将隧道周围的土壤全部冻结起来,然后进行开挖。我国冻结法施工技术已跨入世界先进行列。

目前,冻结技术已经被广泛应用于特殊地层凿井,基坑和挡土墙加固,盾构隧道盾构进出洞周围土体加固,地铁、公路隧道联络通道及泵站施工、两段隧道地下对接时土体加固和特殊地段工程事故处理或抢险修复等几个方面。

1. 冻结法原理

冻结法是利用传统的氨压缩循环制冷技术来完成的。为了形成冻结壁,首先在井筒周围由地面向地层钻一圈(或数圈)冻结孔。孔内安装冻结器。冻结站制出的低温盐水(－25～－30 ℃)在冻结器内循环流动,吸收周围地层之热量,形成冻土圆柱,冻土圆柱逐渐扩大并交圈形成封闭的冻结壁,直至达到设计的厚度和强度为止。通常把这个期间称为积极冻结期,而将掘进时维护冻结壁厚度期间称为消极冻结期,吸收了地层热量的盐水,在盐水箱内将热量传给蒸发器中的液氨,使液氨变为饱和蒸气氨,再被压缩机压缩成过热蒸气进入冷凝器冷却。将地热和压缩机作功产生的热量传给冷却水,最后这些热量传给大气。

2. 冻结法特点

作为开挖地下工程的临时支护方法,冻结法施工具有以下优点:

(1)冻结法施工的适用范围很广泛。人工冻结法可冻结含水量大于10%的任何不稳定土层和含水岩层,冻土壁可进入基岩不透水层。冻结法适用于复杂的地形条件,几乎不受地基土的地质条件影响,可以形成任意深度、任何形状的冻土壁,可以成为某些工程的唯一可用的辅助工法。

(2)冻结法施工的隔水性能好。冻土壁本身就是地下水的控制系统,交圈以后冻结壁连续性好、强度高,因而隔水性能非常好。

(3)冻结法施工的冻结壁强度高。土层在冻结前后强度相差非常大,且随着温度的降低,冻土体的强度和刚度都会进一步增加。如淤泥质黏土通常的单轴抗压强度只有0.12 MPa 左右,冻结到－10～－15 ℃时,其单轴抗压强度可达5～10 MPa,强度提高数百倍。

(4)应用冻结法对所处地层扰动较小,地面沉降控制得好。

(5)根据工程需要可灵活地布置冻结孔和调节冷冻液的温度,随时增加和控制冻土壁的厚度及强度;特殊情况下还可采用液氨进行快速冻结和应急。

(6)冻土墙的连续性和均匀性好。冻土壁围护结构厚度较均匀,整体性好,无强度薄弱点。

(7)对地层污染程度小。由于冻结法只是通过降低温度来提高原位土体的强度,并不改变地层成分,因而对地层污染程度很小。

应用冻结法施工也存在着一些缺点，如施工周期与其他支护方法相比比较长，设备多，造价高，同时冻胀融沉会造成地面的隆起，对工程产生不利影响。

（二）冻结技术分类

1. 竖向冻结技术

竖向冻结技术是指施工竖向（近似斜向）冻结孔，最终的冻结壁由多个垂直冻结柱（近似斜柱）交圈连接而成的一种冻结技术。其形式主要有圆形墙、重力式挡土墙、底部固定式挡土墙和锚拉式直挡土墙等。

由于冻结法造价比较高，冻土体积通常限制在 150 m^3 以内，所以目前在地下工程中竖向冻结技术主要用于地铁（公路）隧道盾构施工中盾构进出洞以及隧道施工完成后隧道底部泵站周围地层的加固。冻结壁的高强度和高抗渗性正是竖向冻结技术最为突出的两个优点。

2. 水平冻结技术

水平冻结技术是指施工水平向（近似水平向）冻结孔，最终的冻结壁由多个水平冻结柱（近似斜柱）交圈连接而成的一种冻结技术。其断面形状主要有圆形、城门洞形。

目前在地下工程中水平向冻结技术主要用于地铁（公路）隧道上下行线之间联络通道的施工中。联络通道形状是不规则的，这给加固帷幕的施工带来了一定的难度。而冻结法可以形成均匀、又能适应周围隧道的外观形状，并与其紧密联结成一个整体的不规则加固帷幕，这是其他加固方法所不可替代的。

3. 特殊工程冻结技术

人工冻结法还经常用于一些采用其他方法无法施工或者精度要求比较高的特殊工程中，例如在特殊地段进行建造隧道而盾构又无法施工时可采用冻结法。

（三）冻结法的施工工艺

冻结方案选择应全面分析隧道所穿过岩层（土层）的工程地质与水文地质特点，依据冻结深度、冷冻设备和施工队伍素质综合考虑确定。应以取得最佳的技术经济效果为出发点，选择技术先进、经济合理的冻结方案。例如冻结法凿井的冻结方案有一次冻全深方案、分期冻结方案、差异冻结方案、局部冻结方案等。冻结深度应按工程地质和水文地质条件确定，冻结壁厚度取决于地压大小、冻土强度、变形特征、冻结壁暴露时间、掘进段高以及冻土温度，冻结孔设置一般由井筒断面、冻结深度、钻孔允许偏差和冻结壁厚度确定，水文孔与测温孔根据工程特点设置。

冷冻站的主要设备有氨压缩机、冷凝器、蒸发器。辅助设备有氨油分离器、贮氨器、集油器、调节阀、液氨分离器和除尘器等。氨压缩机是冷冻站的主要设备，它的作用是把饱和蒸发氨压缩为过热蒸气氨，并达到冷凝压力，从而形成氨的卡诺循环。它是实现补偿功的机械。冷凝器是用来冷却氨，将氨由气态变为液态的装置。蒸发器是热交换系中一个不可缺的热交换设备。

冻结法的施工工艺主要包括以下几个阶段：

（1）安装冻结站。冻结站由压缩机、冷凝器、蒸发器、节流阀、中间冷却器、盐水循环系统设备等组成。

（2）冻结管施工。钻冻结孔，在冻结孔内设置冻结器，将不同冻结孔内的冻结器连成一个系统,并与冻结站连接。

(3)冻结期。冻结壁首先从每个冻结管向外扩展,在每个冻结管周围形成冻结圆柱,当各冻结管的冻结圆柱连成一片时,随着冻结时间的延长,地层的平均温度逐渐降低,冻土墙的强度也逐渐增大。当地层温度达到设计温度时,该阶段结束。

(4)维护冻结期。此阶段主要是补充地层的冷量损失,维持地层的温度稳定在设计温度。

(5)解冻期。当地层开挖和永久结构施工完成时,解冻,拔除冻结管。

二、其他地下工程特殊开挖方法

(一)气压室法

气压室法是将整个开挖洞段密封起来,在进出口段布置气密室,由洞外进入气密室再进入洞内,须经过两层密封门,洞内气压大于外压或大气压 1.2 bar(1 bar = 10^5 Pa)。用这个超压来减少渗入洞内的水,也用此压力来改善围岩自稳情况。当然,气压室法需额外的设备投资,而且施工的速度将降低,一般只是在不得已时采用,上海过江隧道即用此法。

(二)分部开挖、分部支护法

在软弱地层中开挖较大的洞室,目前常用的办法是先开挖一小部分,然后用喷锚支护做全断面保护,再逐步扩挖,逐步支护。最常用的是双侧导坑法,即挖好一个侧导坑,支护好,再挖另一个侧导坑,也支护好。最后再挖掉中间遗留下来的土柱,并支护形成封闭结构。开挖后再在其中做钢筋混凝土二次衬砌。北京地铁王府井—东单区间折返线,就是采用类似的方法施工的。根据折返线断面类型、地面沉降控制分析及工期、造价比较,同时兼顾前后断面施工的衔接,选定了正台阶法、中隔壁法、“眼镜”法、中洞法等分部开挖、分部支护形式。

(三)超前灌浆、超前锚杆法

在地下水很丰富的地方,如海底隧道、河底隧道,常采用超前灌浆法。即在开挖前事先在掌子面上钻孔深为 20 m、30 m 的深孔,进行压力固结灌浆,使将要开挖洞段的岩石缝尽量固结起来并减少漏水,然后开挖。挖到灌浆深度一半时,再作一圈深孔灌浆,如此不断循环,使开挖工作面始终在灌浆固结过的岩层中进行。

超前锚杆法也是常用的。在掌子面顶拱部位向前上方打入 4 ~ 5 m 长的锚杆,锚杆后端出露较长,用喷射混凝土或钢拱架支护好,然后向前开挖 1 ~ 2 m 支护好,再打下一轮锚杆,再往前挖,如此循环下去,使开挖始终在顶部锚杆的保护下进行。

第四章　深基坑支护技术

第一节　概　述

近年来,随着我国经济建设和城市建设的迅速发展,地下工程日益增多。高层建筑地下室、地铁车站、地下车库、地下商场、地下人防工程、桥墩等施工时都需要开挖较深的基坑。大量深基坑工程的出现,促进了设计计算理论的提高和施工工艺的发展,通过大量的工程实践和科学研究,逐步形成了基坑工程这一新的学科。深基础施工是大型和高层建筑施工中极其重要的环节,而深基坑支护结构技术无疑是保证深基础顺利施工的关键。

一、基坑工程发展现状

我国的基坑工程发展于20世纪70年代末,那时只有少量的大型工程项目有开挖深度达10 m以上的基坑工程,这些工程大多选址在较少或没有周边建筑物、地下构造物的地区,因此深基坑支护技术的研究并没有得到足够的重视。到20世纪80年代后期,尤其是90年代以来,我国的经济实力有了飞速的发展,充分利用地下空间建造地下车库、商场和人防设施来解决我国人多地少的矛盾已在城市建设中形成共识。同时,城市高层建筑越来越多,这些高层建筑大都有1~3层的地下室,基坑开挖深度通常达到6~20 m。一些大城市,如北京、上海、天津、广州的地铁工程的建设也需要进行大规模的地下开挖。

近十余年来,我国先后召开了若干关于深基坑工程的国内、国际学术交流会。国家先后颁布实施了行业标准《建筑基坑工程技术规范》(YBJ 9258—97)和《建筑基坑支护技术规程》(JGJ 120—99)。上海、深圳、武汉、广东、浙江、江苏等省市也陆续制定了基坑工程的地方标准。新颁布的国家标准《建筑地基基础设计规范》(GB 50007—2002)也增加了"基坑工程"一章。2005年建设部将深基坑工程列为今后10年我国建筑业十项重点研究发展的新技术之一。

总体来看,我国的基坑工程有以下特点:

(1)基坑越挖越深。随着城市人口的急剧增加,城市土地资源日益紧张,为了在有限的土地上创造最大限度的经济收益,建筑投资者们不得不向空间发展。20世纪80年代以前,即使是在大城市,高层建筑的数量也是屈指可数,1~2层的地下室也不普遍,在中等城市,更是少见。现在大城市,高层、超高层建筑鳞次栉比,地下室已发展至3~4层,所以,基坑深度有许多已大于10 m,个别的已达到30 m以上。

(2)工程地质条件和施工环境越来越差。由于经济的高速发展,高层、超高层建筑如雨后春笋,数量急剧增长,而且主要集中在市区繁华地段。建筑密度大,人口密集,交通拥挤,场地狭小,施工环境很差。城市建设往往要根据城市规划部门的安排,区域可选性越来越小,地质条件可选性差。在这种情况下,在深基坑施工过程中,不仅要保证本基坑的作业安全，而且更要保证周围其他建筑、道路、管线的正常运营。

(3)基坑支护方法多。随着支护技术和理论的日益成熟，以及支护经验的不断交流，新的支护方法层出不穷。诸如人工挖孔桩、预制桩、深层搅拌桩、地下连续墙、钢支撑、木支撑、抗滑桩、拉锚、注浆、喷锚挂网支护等，各种桩、板、墙、锚杆以及土钉墙的联合支护等，应有尽有，各显神通。

(4)基坑工程事故多。此问题在建筑界显得异常突出，基坑与边坡工程事故危及四邻安全；给周围群众的生产、生活带来很大的不便，影响居民的正常生活；造成市政交通堵塞。深基坑事故的屡屡发生，给国家和人民的生命财产造成了很大损失。

(5)对基坑工程的时空效应与环境效应重视不够。基坑的深度和平面形状对基坑围护体系的稳定性和变形有较大的影响，空间效应的存在使得支挡结构所受土压力与经典土压力有较大的不同，在基坑围护体系设计和施工中要注意工程的空间效应，并加以利用。此外，基坑工程的开挖势必引起周围地基中地下水位的变化和应力场的改变，导致周围地基土体的变形，对相邻建筑、构筑物及地下管线产生影响。目前，对这两点重视不够。因此，对基坑工程的空间效应与环境效应应予以重视。

(6)深基坑技术有待于尽快发展提高，以适应当前工程的需要。当前深基坑开挖支护工程已发展到以深、大、复杂为特点的新时期，特别是沿海地区，地下水位较高，深基坑工程施工工艺有待于进一步的研究和发展。

二、深基坑支护方法

尽管工程界流行深、浅基坑的说法，但目前并没有严格区分深、浅基坑的统一标准。Terzaghi 和 Peck 曾于 1967 年建议把深度超过 6 m 的基坑称为深基坑，但未得到普遍认可。国内也有人视深度超过 5 m 的基坑为深基坑。现一般认为，当开挖深度大于 6 ~ 7 m 时，便可以看做深基坑。

基坑支护是指为保证地下结构施工及基坑周边环境的安全，对基坑侧壁及周边环境采用的支挡、加固与保护措施。

支护结构主要承受侧向压力，包括水土压力及地面荷载、邻近建筑物基底压力、相邻场地施工荷载等引起的附加压力，以水土压力为主。土压力是基坑周围一定范围内的土体与支护结构之间相互作用的结果。传统的支护设计理论是把基坑周围土体当做荷载，作为支护结构的“对立面”，然后根据围护墙的位移情况，分别按静止土压力、主动土压力或被动土压力来进行支护设计，称此类支护为被动支护。事实上，基坑周围土体具有一定的自支撑能力，可以将它用做支护材料的一部分，源于这一观点的支护设计是设法充分发挥和提高基坑周围土体的自支撑能力并补强其不足部分，称此类支护为主动支护。

(一)被动支护

被动支护是一种被广泛应用的、传统的深基坑支护方法，其支护结构主要包括围护墙和撑锚体系，对排桩式围护墙通常还包括止水帷幕。

1. 围护墙

1)排桩式围护墙

为简便起见，并参照《建筑基坑支护技术规程》(JGJ 120—99)的规定，把采用钻孔灌注桩、人工挖孔桩、预制钢筋混凝土桩、钢板桩等桩型按队列式布置组成的墙体均归为排桩式围护墙。按布桩方式,排桩围护墙可分为柱列式排桩围护墙、连续排桩围护墙和双排桩围护墙等。对于开挖深度在 6 ~ 10 m 的各安全等级基坑均可采用排桩围护墙支护。

2)地下连续墙

地下连续墙是先在地面以下开挖一段狭长的深槽,其内充满泥浆以保护槽壁稳定,然后吊放钢筋笼,水下浇筑混凝土,筑成一段钢筋混凝土墙段,再将这些墙段连接起来形成的地下墙壁。它在施工时噪音和振害较少,除用做基坑施工时的围护墙外,一般还是地下结构的一部分。它适用于各种地质条件和安全等级的基坑,并可进行逆作法施工。

2. 撑锚体系

1)内支撑

内支撑是设置于基坑内部,承受围护墙传来的水土压力等外荷载的结构体系,由支撑、围檩(腰梁)和立柱等构件组成,排桩式围护墙顶部还设置帽梁(冠梁)。在软土地区,特别是建(构)筑物密集的城市中开挖深基坑,内支撑被广泛应用。目前采用的支撑材料主要有型钢、钢管和钢筋混凝土等。内支撑平面布置形式除惯用的井字形加角撑外,针对不同的基坑平面形状,巧妙地运用力学原理,还开发应用了圆形、椭圆形钢筋混凝土环梁封闭式桁架平面布置。为达到增大坑内挖土空间,而又能保证支撑体系刚度的目的,近年来采用了边桁架代替传统的围檩、受力性能良好的曲线形杆代替单一的直杆、桁架杆代替实腹杆等新技术。此外,还常将一些方便施工的栈桥和起重机架等与内支撑结构相结合,使之成为整体的支撑系统,以达到增加支撑刚度和方便施工的双重目的。

2)拉锚

当施工场地周围条件许可且工程地质较好时,可采用坑外拉锚形成对围护墙的支撑作用。拉锚形式有土层锚杆、锚碇拉锚和锚桩拉锚等。土层锚杆在深基坑支护中被广泛应用,它设置在围护墙背后,为挖土、地下结构施工创造了条件。土层锚杆的一端通过围檩与围护墙连接,另一端深入稳定的土层中。土层锚杆由锚固头、拉杆和锚固体组成,分自由段和锚固段两部分。拉杆可以是粗钢筋、钢筋束或钢绞线,以钢绞线较多用。传统土层锚杆的锚固体为水泥砂浆圆柱体,后又出现了带扩大头或通过多次高压注浆形成的葫芦串锚固体。为回收拉杆材料,近年还成功地设计和施工了可拆卸式土层锚杆。目前土层锚杆的设计理论还落后于工程实践,致使设计和施工不当而造成的浪费和工程事故不少。

(二)主动支护

主动支护是以充分发挥和提高基坑周围土体自支撑能力的新型支护方法,其发挥和提高土体自支撑能力可以从物理、化学和几何的途径着手,相应的支护形式主要有以下几种。

1. 水泥土墙支护

水泥土墙是在搅拌桩的基础上基于化学加固土体的机制,于 20 世纪 70 年代初在瑞典发展起来的一种主动支护形式。我国于 70 年代末开始研究和应用,90 年代初才开始大量应用于基坑工程实践中。它是利用水泥系材料作固化剂,通过特殊的拌和机械(如深层搅拌机或高压旋喷机)就地将原状土和固化剂(粉体或浆体)强制拌和,经过土与固化剂(或掺合料)产生一系列物理化学作用,形成具有一定强度、整体性和水稳性的重力式支护结构。

水泥土墙支护一般适用于开挖深度不大于6 m,基坑侧壁安全等级为二、三级,且水泥土桩施工范围内地基土承载力不大于150 kPa的情况。

在水泥搅拌桩内加劲性型钢,形成复合围护墙,这种在日本已经成熟应用的方法(SMW工法),早年由于我国经济条件不允许消耗大量造价高的型钢,而未能得到推广应用。近些年由于工字型钢拔出技术、钢管甚至竹木加劲部分地取代型钢加劲技术的研究成功,使SMW工法在我国得到推广应用并有所创新,特别是在上海、广州、深圳等沿海城市,当前正在广泛使用。

2. 土钉墙支护

土钉墙是在新奥法的基础上基于物理加固土体的机制,于20世纪70年代在德国、法国和美国发展起来的一种主动支护形式。我国于80年代初应用于矿山边坡支护,后在基坑支护中迅速推广应用。它由被加固土、放置于原位土体中的细长金属杆件(土钉)及附着于坡面的混凝土面板组成,形成一个类似于重力式的支护结构。土钉墙通过在土体内放置一定长度和密度的土钉,使土钉与土共同工作来大大提高原状土的强度和刚度。

土钉墙支护一般适用于开挖深度不大于12 m,侧壁安全等级为二、三级的非软土场地基坑。当地下水位高于坑底时,应采取降排水或截水措施。

3. 喷锚支护

喷锚支护是在新奥法的基础上基于物理加固土体的机制,于20世纪90年代在我国发展起来的一种主动支护形式。它与土钉墙支护在施工工艺上有相似之处,但在构造、作用机理和适用等方面有较大差别。在构造上,喷锚支护的锚杆较长,要伸入滑移线以外的稳定土层中,分自由段和锚固段;土钉则较短,大多位于滑移线以内或附近,无自由段、锚固段之分。此外,土钉设置间距比锚杆密得多。在工作机理方面,喷锚支护是利用锚杆逐次超前"缝合"优势滑移控制面的裂缝而使土体形成整体的自稳能力,土钉墙支护则利用土钉与土体的共同工作,以弥补土体自身强度和刚度的不足。在适用上,土钉墙支护一般不适于流砂、淤泥和淤泥质土等黏结力低的软弱土层,而喷锚支护则在这类土层中有较好的适应性。喷锚支护基坑最大开挖深度目前已达18 m,在淤泥地基,坑深也已超过10 m。

4. 冻结支护

冻结支护是基于物理加固土体的机制,应用人工制冷技术,使基坑周围土层中的水结冰形成一道具有一定强度、整体性的冻土墙,它既能挡土又能止水。冻结法施工在采矿工程中已经得到了广泛的应用,并进行了大量的研究,积累了较丰富的经验,用于深基坑支护则是近几年的事。冻结支护适用于各种复杂的地质条件,尤其在淤泥、淤泥质土及流砂层中更显示出优越性。采用冻结支护时,基坑工程的设计内容和要求将有非常大的变化,目前仅做了少量试验性工程。在某些地区,它是一种很有前途的深基坑支护新技术。

5. 拱形支护

拱形支护是出于围护墙的几何形状与受力特性方面的考虑,在我国于20世纪90年代发展起来的一种新型的主动支护形式。它是利用基坑有利的平面现状,把围护墙做成圆形、椭圆形、组合抛物线形或连拱式等形式,以充分发挥支护结构的空间效应、土体的结构强度和材料的力学性能。一方面,作用在闭合拱形围护墙上的水土压力大部分可自行平衡或得到调节;另一方面,利用土体自身的起拱作用,可减小作用于围护墙上的水土压力;再者,围护墙基本处于受压状态,可充分发挥混凝土材料的强度特性。围护墙可采用排桩、地下连续墙或现浇逆作拱墙等。根据受力情况,可设置围檩甚至内支撑或土层锚杆。其中逆作拱墙尤如人工挖孔桩的护壁施工,是一种无嵌固深度的围护墙,它一般适用于开挖深度不大于12 m,侧壁安全等级为二、三级的基坑,当地下水位高于坡脚时,应采取降水措施,对淤泥或淤泥质土不宜采用。排桩、地下连续墙拱形支护结构的适用条件与前述排桩、地下连续墙作为一般支护结构的适用条件相同。

三、深基坑支护技术应用前景

深基坑支护是岩土工程中一个新的领域,由于地质的复杂性、受力状态的多变性、结构型式的多样性,构成了其自身的特殊性,给深基础工程领域带来了新课题。相信随着科学技术的飞速发展和计算机的应用,依靠工程界、学术界的共同努力,在深基坑支护技术方面一定会出现新的突破,其应用前景体现在以下方面:

(1)改变传统的静态设计观念。对于深基坑支护结构的设计,国内外至今尚没有一种精确的计算方法,我国也没有统一的支护结构设计规范。深基坑支护结构的设计仍采用传统的"结构荷载法",计算结果与深基坑支护结构的实际受力有较大差距,既不安全也不经济。国内外岩土工作者对探讨和建立动态设计体系已形成共识,许多学者已开始从事这方面的研究。近十几年来,我国在深基坑支护技术上已经积累了很多实践经验,收集了施工过程中的一些技术数据,已初步摸索出岩土变化支护结构实际受力的规律,为建立深基坑支护结构设计的新理论打下了良好的基础。

(2)建立变形控制的新的工程设计方法。变形控制设计中变形控制量应根据基坑周围环境条件因地制宜确定,不是要求基坑围护变形愈小愈好,也不宜简单地规定一个变形允许值,应以基坑变形对周围市政道路、地下管线、建(构)筑物不会产生不良影响,不会影响其正常使用为标准。鉴于此,应建立新的变形控制设计方法,着重研究以下问题:支护结构变形控制的标准,这是关系支护结构成败的决定性数据,但至今仍没有一个具体标准;空间应变简化为平面应变,这是如何将开挖过程中的空间效应转化为设计中的平面应变问题;地面超载的确定及其对支护结构变形的影响。

(3)探讨新型支护结构的计算方法。随着大量高层、超高层建筑以及地下工程的不断涌现,对基坑工程的要求越来越高,随之出现的问题也越来越多,导致许多新的支护结构型式相继问世,如双排桩、土钉、组合拱帷幕、旋喷土锚、预应力钢筋混凝土多孔板等。但是,这些支护结构型式的计算模型如何建立、计算简图怎样选取、设计方法如何趋于正确,仍是当前新型支护结构设计中急需解决的问题。目前,深基坑支护结构正在向着综合性方向发展,即受力结构与止水结构相结合、临时支护结构与永久支护结构相结合、基坑开挖方式与支护结构型式相结合。这些结合必然使支护结构受力复杂,因此工程技术人员必须探讨新型支护结构的计算方法。

(4)开展支护结构的试验研究。理论来自于实践,我国至今在深基坑支护结构方面尚未进行系统的试验研究。在支护工程施工的过程中积累的技术资料很丰富,但缺少科学的测试数据,无法进行科学分析。一些支护结构工程成功了,也讲不出具体成功之处;一些支护结构工程失败了,也说不清失败的真实原因。因此,开展支护结构的试验研究是非常有必要的。需通过实验室模拟试验和工程现场试验,发现问题、总结规律,寻找解决问题的最佳途径,为其他工程提供经验和方法,减少工程事故的发生,为深基坑支护结构计算方法提供可靠的第一手资料。

(5)优化深基坑支护结构方案。深基坑支护结构的设计与施工不同于上部结构,除地基土类别的不同外,地下水位的高低、土的物理力学性质指标以及周围环境条件等,都直接与支护结构的选型有关。在深基坑工程中,支护结构方案的选择至关重要,支护结构型式选择合理,就能做到安全可靠、施工顺利、缩短工期,带来可观的经济效益与社会效益。反之,一个不合理的方案即使造价很高,也不一定能保证安全。可见,支护结构型式的优化选择是深基坑支护技术发展的必然趋势。

(6)发展信息监测与信息化施工技术。基坑工程力学参数的不确定性及施工过程的不可预见性,使基坑工程设计和施工中难免出现与实际地层条件不符合的情况,需要在施工过程中通过监测信息的反馈来修正设计,指导施工。因此,基坑工程监测是基坑工程施工中的一个重要的环节,组织良好的监测能够将施工中各方面信息及时反馈给基坑开挖组织者,根据预测判定施工对周围环境造成影响的程度,对基坑工程围护体系变形及稳定状态加以评价,并预测进一步挖土施工后将导致的变形及稳定状态的发展,制定进一步施工策略,实现所谓信息化施工。

本章着重介绍近几年来新的基坑支护工艺,如复合土钉墙支护技术、预应力锚杆支护技术、型钢水泥土复合搅拌桩支护结构技术、环梁支护结构技术等,其余不再赘述。

第二节 复合土钉墙支护技术

一、复合土钉墙支护技术的产生及应用

土钉支护技术自在山西省柳湾煤矿的边坡工程中应用以来,就以其工期短、施工便捷、经济节能、稳定可靠等诸多优点迅速得到发展,在诸如高层建筑多层地下室、地下停车库、地下铁道及车站等各种涉及深基坑支护工程的民用与工业设施的兴建过程中,得到广泛应用。

但是土钉支护也有其缺点和局限性,主要是:现场需有允许设置土钉的地下空间,若为永久性土钉,更需长期占用这些地下空间,当基坑附近有地下管线或建筑物基础时,则在施工时有相互干扰的可能;在松散砂土,软塑、流塑黏性土以及有丰富地下水源的情况下不能单独使用土钉支护,必须与其他加固支护法相结合,尤其在饱和黏性土及软土中设置土钉支护更需要谨慎,土钉在这些土中的抗拔力低,需要有很长很密的土钉,软土的徐变还可使支护位移显著增加;土钉支护如果作为永久性结构,需要专门考虑锈蚀等耐久性问题。

土钉支护的局限性从多个方面妨碍了该技术的应用与发展。而目前在我国,经济发展最快、建设最广泛的地区都是在东南沿海城市,如上海、广州、福州、深圳等,地下水丰

富,地下水位较高,承压水头高,地质条件差。即地层上部一般为疏松的杂填土、粉质或淤泥质土,下部为深厚的淤泥质黏土,土体强度值偏低,而且其中大多数深基坑工程位于城市中心,周边建筑物密集,环境复杂,支护边坡的变形对周边的影响很大。因此,土钉支护在这些地区的应用受到很大挑战。土钉支护在国内基坑支护工程中的应用是在20世纪90年代中期开始的,至今已经发生过很多起土钉支护边坡的坍塌事故,土钉支护边坡的变形、开裂和下陷等现象更是时有发生,由此对周边道路、建筑物、地下管线的影响所引起的投诉和纠纷,已经影响到该技术的进一步推广和应用。

因此,在土钉支护技术的基础上,一些学者和工程技术人员提出了复合土钉墙支护技术。复合土钉墙支护技术是以土钉墙支护为主,辅以其他补强措施以保持和提高土坡稳定性的复合支护方法。目前复合土钉墙支护技术的加固部分主要有土体超前加固法和结构加固法。它针对不同的场地条件和地质条件,采取因地制宜、灵活多变的组合支护结构,保持了传统土钉支护的优点,克服了传统土钉支护技术的固有缺陷。

在国外有记载的第一个复合土钉支护的工程是1985年在法国Montpellier Opera基坑开挖的临时支护中。基坑深21 m,采用土钉+预应力锚杆的组合结构,锚杆与面层腰梁连接。在国内有记载的第一个复合土钉支护工程是1993年广州065工程抢险加固中。基坑深18 m,采用土钉+预应力锚索的组合结构。

复合土钉墙支护技术凭借其适应性强、工程造价低、安全可靠、施工方便等特点在北京、上海、深圳、广州、浙江、南京、武汉等地基坑工程中得到越来越多的应用,仅深圳、上海每年应用复合土钉墙支护的基坑工程都在150~200个,典型的工程如深圳电视中心(深9.3~12.85 m)、深圳长城盛世家园一期(深11.65 m)、深圳长城盛世家园二期(14.2~21.7 m)、深圳凤凰大厦(深14.0 m)、深圳假日广场(深14.0~20.0 m)、上海西门广场等一批深5.0~7.0 m,并有深层软土的基坑,广州地铁新港站(深9~14.1 m)等。

虽然复合土钉墙支护技术在基坑工程中已经得到了广泛的应用,但目前的规范对复合土钉墙的设计基本是借鉴土钉墙的设计方法,在设计计算中未考虑超前支护和止水帷幕的作用。对复合土钉墙的研究目前尚未形成统一的规范。在现场监测手段与方案、加固机理、支护结构受力情况等方面的研究仍然存在不足的地方。

二、复合土钉墙的形式

复合土钉墙支护是把土钉与其他支护形式或施工措施联合应用,在保证支护体系安全稳定的同时满足某种特殊的工程需要,如限制基坑上部的变形、阻止边坡土体内水的渗出、解决开挖面的自立性或阻止基坑地面隆起等。主要有以下五种形式:

(1)土钉与止水帷幕(水泥土桩)配合使用。进行土钉-防渗墙联合支护,可有效解决传统土钉支护工艺无法在地下水位以下施工的难题,且利用搅拌桩与土钉共同作用,产生良好的抗渗性和一定强度,解决基坑开挖后存在临时无支撑条件下的自立稳定问题,避免了土钉支护无插入深度的问题。利用其挡土墙的作用,可适当减少土钉布置的数量和密度,以降低工程成本。根据工程具体情况,止水帷幕可采用深层搅拌桩、高压旋喷桩等水泥土桩形式,并应在基坑开挖前进行施工,然后再分层开挖进行土钉墙支护。支护时应先用水钻或麻花钻成孔,穿透帷幕桩,通常采用机械打入钢管作为土钉。

(2)土钉与预应力锚杆(锚索)配合使用。该形式可有效解决土钉支护变形大的问题。通过预应力锚杆将被加固区锚固于潜在滑移面以外的稳定岩土体中,锚杆的预应力通过锚下承载结构和支护面层传递给加固岩土体,其预应力在被加固岩土体中产生压应力区,大大减小了塑性区的范围,延缓了潜在滑移面的形成和岩土体的破坏,有效控制了基坑的变形,增加了基坑的稳定性。但是这种复合支护方式要求面层和自由段的土体应有足够的抗压强度,因此在软土、砂土等不良地质土层中,预应力往往难以达到设计值,故不宜使用该种支护方式。

(3)土钉与超前锚杆(预支护微型桩)配合使用。一般由超前垂直打入的注浆钢管做成,钢管直径较小,施工时较易打入土中,施工方便,速度快,其作用是解决基坑分层开挖后无支护条件下的自立问题。通常在基坑开挖前,在开挖线外垂直打入,在钢管内高压注入水泥浆,形成沿基坑开挖线以一定间距分布的一组微型桩。基坑分层开挖进行土钉支护,并与超前锚杆联成一个整体。当支护工程土质较好、安全性较高时也可采用木椽、槽钢或未注浆的钢管作为超前锚杆。

(4)土钉与混凝土灌注桩、加筋水泥土、内支撑等其他支护形式配合使用。在外部荷载大、基坑安全性低的某些基坑工程中,可采用此方法。比如在止水帷幕的水泥土桩上进行插筋,应用目前比较成熟的基坑支护 SMW 工法,可以有效提高水泥土的抗剪、抗弯强度,在止水的同时起到挡土作用,并结合土钉墙支护,大大提高了基坑的安全性。

(5)土钉与以上多种形式的复合土钉支护。在实际工程应用中,根据地质条件的复杂程度、周边荷载的影响情况等多方面的问题,为达到经济合理、安全可靠、施工便捷的目的,往往采用该方法,比如土钉 + 止水帷幕 + 预应力锚杆,土钉 + 预应力锚杆 + 超前锚杆,土钉 + 止水帷幕 + 预应力锚杆 + 超前锚杆等组合形式。

三、复合土钉墙支护结构及施工工艺

(一)土钉支护部分的构造及施工

土钉支护结构的基本构造除被加固的土体外,主要由土钉、面层及防排水系统三部分组成。

1. 土钉

土钉在整个复合结构中发挥着重要的作用,它有效地增大了土体的抗剪强度,使本来松散的土体变成整体性比较强的类似加筋土的复合体。当土钉置入土体后,由于钉土之间产生相对位移,从而在钉土之间产生摩擦力,土钉依靠钉土之间的摩擦力分担了超出原状土所能承受的过大的应力,这种应力转移和重分布可以大大推迟和延缓土体的塑性流动和滑塌。

土钉主要可分为钻孔注浆钉与击入钉两种,其中前者最为常见。

1)钻孔注浆钉

钻孔注浆钉首先在土中采用机械或人工成孔,置入钢筋,然后沿全长注浆填充形成钻孔注浆钉。土钉的成孔方法在很大程度上取决于土体的特点,常用的方法有洛阳铲、螺旋钻、轻型地质钻、冲击锤成孔等。为使土钉钢筋周围有足够的浆体保护层,一般需沿钉长每隔 1.5~2.0 m 设置对中支架(见图 4-1)。土钉墙宜采用Ⅱ、Ⅲ级钢筋,直径一般为

16～32 mm，置于直径 70～120 mm 的钻孔中。注浆材料可采用强度等级不低于 M10 的水泥浆或水泥砂浆，注浆方式一般采用低压（≤0.5 MPa）重力式注浆，也可采用一次高压注浆技术，以增加土钉与土层的黏结力。土钉与面层的连接一般宜做成由带螺纹的钢筋与螺母、钢垫板组成，待注浆体及面层硬结后用扳手拧紧螺母，也有在面层内设置加强筋，使土钉与加强筋焊接连接的形式。对于永久土钉，一般在钢筋外还需要加环氧树脂防腐涂料或用水泥浆填充密封的波纹塑料保护层，以提高钢筋防锈蚀能力。

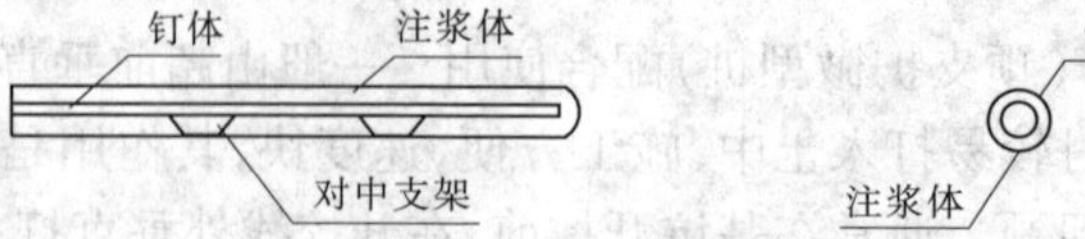

图 4-1　钻孔注浆钉构造

2）击入钉

击入钉一般采取震动、冲击、液压等措施将土钉（角钢、钢管、钢筋等）击（射）入土体中形成土钉。由于不需预钻孔，施工速度快，在工程中有一定的应用前景，但不宜用于密实胶结土及永久性支护工程中。

普通击入钉：即在土体中直接打入角钢、钢管或圆钢等，不再注浆，因此与土体的黏结强度较低，钉长又受限制，所以一般为短而密的布置，支挡土坡高度也受到限制。

注浆击入钉：即用周围带孔的钢管（工程中多称钢花管），通常在钢管周围凿孔作为注浆孔眼，并在孔眼边焊接倒刺制成，见图 4-2。击入土中后，从管内通过壁孔将注浆体渗到周围土体中，从而提高击入钉与周围土体的黏结力。注浆击入钉宜用于砂性土中。

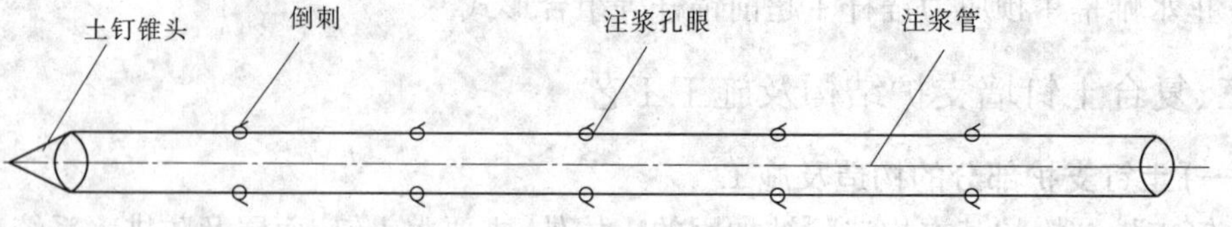

图 4-2　钢花管示意图

高压喷射注浆击入钉（见图 4-3）：是利用高频冲击震动锤将土钉击入土体，同时以高压（20 MPa）把水泥浆从土钉端部的小孔中或通过焊接于土钉上的薄壁管射出进入周围土中，从而提高与周围土体的黏结力。高压喷射注浆击入钉可适用于各类一般黏土层和砂性土层。

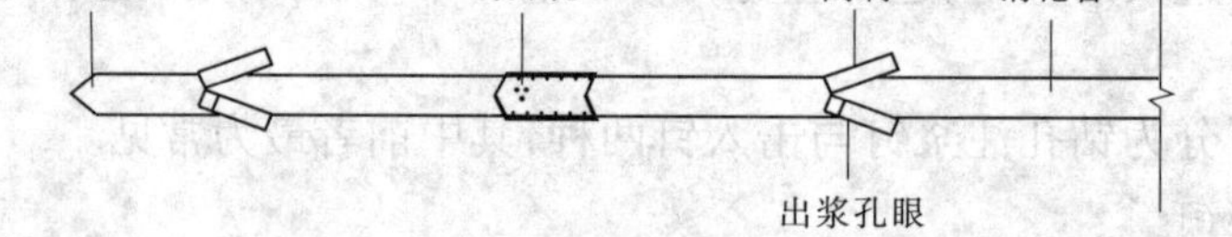

图 4-3　高压喷射注浆击入钉示意图

气动射入钉：用高压气体作动力，将土钉射入土中，一般钉径为 25～38 mm，长度不超过 6 m。

2. 喷射混凝土面层

喷射混凝土面层可以使分布在土体中的土钉协调工作，一旦局部一个或几个土钉达到极限状态，通过面层可以转移到其他土钉上去，限制了坡面的鼓胀和局部塌落，保持坡面的完整性，并有效防止了雨水的冲刷。

临时性土钉支护(见图4-4(a))施工面层一般由80～150 mm厚的网状加筋混凝土组成，钢筋网钢筋直径一般为6～10 mm，网格间距一般为150～300 mm。土钉端部与面层的连接可采用螺母、承载板方法，也可采用土钉与局部设加强筋的钢筋网焊接。钢筋混凝土面层一般采用干喷或湿喷工艺，直接将混凝土混合料喷射在钢筋网上，形成强度等级不低于C20的混凝土面层。对于永久性土钉支护(见图4-4(b))，面层厚度一般为150～250 mm，可分几次喷成。喷射混凝土面层宜插入基坑底部0.2 m以上，坑顶宜设置1～2 m厚的喷射混凝土护顶。

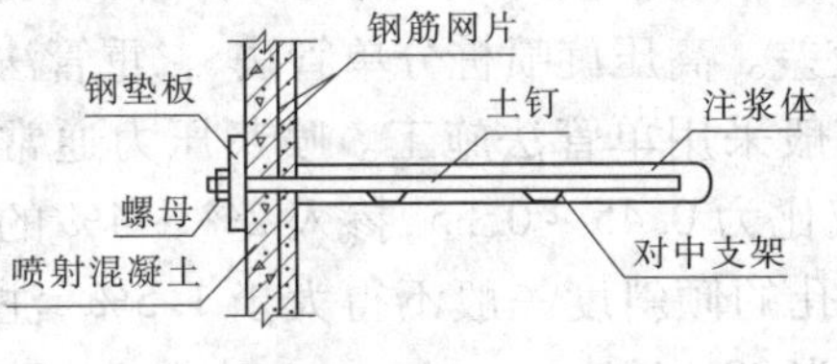

(a)临时性土钉构造

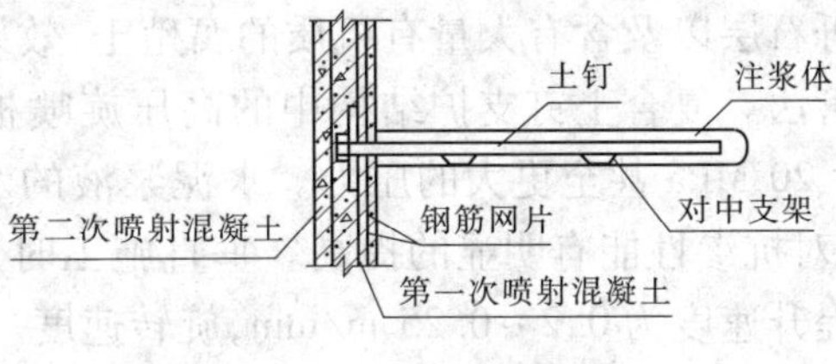

(b)永久性土钉构造

图4-4　土钉与面板连接形式

3. 排水系统

地下水对土钉墙施工及其耐久性是非常主要的。开挖面上的渗水量太大可诱发施工期间开挖面的稳定问题，增大对喷射混凝土面层的压力，同时还不能形成令人满意的喷射混凝土施工面层。土钉墙的排水措施包括土工织物面层排水、浅层聚氯乙烯(PVC)排水管和排水孔、表面集水和截水明沟，以及表面防水等。施工前在地面设置排水沟引走地表水，坡顶部位应进行硬化处理，以防止地表水向下渗透。随着向下开挖和支护的进行，在面层上可根据开挖土层含水情况设置必要的泄水孔，以便将喷射混凝土面层背后的水排走。基坑开挖到底后，在坡角附近应再设置一道排水沟和集水井，以保证坑内积水顺利排出。

(二)辅助加固部分的构造及施工

1. 止水帷幕

当对基坑有防渗要求时，为防止因基坑周围地下水位下降而引起地面沉降，工程中通常采用深层搅拌桩或高压旋喷桩做止水帷幕。止水帷幕作为临时挡墙和隔水帷幕，避免了土体开挖后由于土体渗水引起土体强度降低，以致不能临时直立而失稳以及基底隆起、管涌等问题。

复合土钉支护结构中将深层搅拌桩或高压旋喷桩在基坑开挖前沿基坑边线外侧布置(见图4-5)。根据基坑边坡的土质条件、基坑深度、坡顶荷载、变形控制要求和场地环境条件设置1～3排桩，使之相互叠合形成止水帷幕。桩长一般要求进入基坑底残积土层，或桩长足以阻止地下水和软土在基坑开挖后由基坑外向基坑内的渗流。当桩长小于 10 m 时,桩间搭接宽度取 100 ~ 150 mm;当桩长大于 10 m 时,桩间搭接宽度取 200 mm。

深层搅拌桩止水帷幕适用于黏土、淤泥质土和粉土地基。对于含有高岭石、蒙脱石等黏土矿物的土层,加固效果较好;而对含有伊利石、氯化物和水铝英石或有机质含量高、pH 值较低的土层,加固效果较差。

深层搅拌桩的施工一般采用喷浆工艺,施工程序一般为:桩机定位→预搅下沉→备浆→喷浆搅拌、提升→重复搅拌下沉→重复喷浆提升→结束。水泥浆液水灰比一般为 0.45 ~ 0.55,加入适量的外加剂(如木质素磺酸钙),水泥掺入量为 12% ~ 16%,搅拌钻杆的钻进下沉速度一般为 0.38 ~ 0.75 m/min,喷浆提升速度一般为 0.3 ~ 0.5 m/min,搅拌钻杆(轴)的转速为 60 r/min,根据场地的土质条件采用 2 ~ 4 次重复搅拌,其最大施工深度一般控制在 23 m 以内。

高压旋喷桩适用于砂类土、粉土、黄土及黏土等土层,对于含有较多的大粒径块石的卵砾石层以及含有大量有机质的腐殖土,效果较差。高压旋喷桩分单管法、二重管法和三重管法。复合土钉支护结构中的高压旋喷桩一般采用单管法施工。喷浆压力通常采用 10 ~ 20 MPa 甚至更大的压力。水泥浆液的水灰比为 0.45 ~ 0.55,掺入 2% ~ 4% 的水玻璃,对抗渗性能有明显的提高。垂直施工时,钻孔的倾斜度一般不得大于 1.5%,注浆管的提升速度为 0.2 ~ 0.25 m/min,旋转速度一般为 20 r/min。

另外,在深层搅拌桩和高压旋喷桩施工过程中,为了提高复合土钉支护结构的整体刚度,也常常在成桩后立即置入型钢(见图 4-6)。

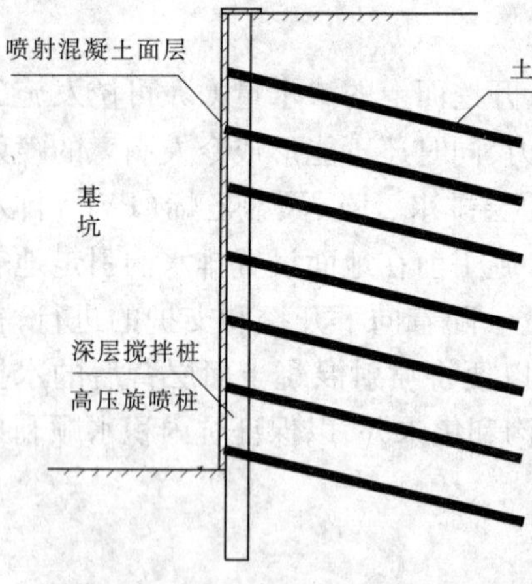

图 4-5 深层搅拌桩复合土钉支护

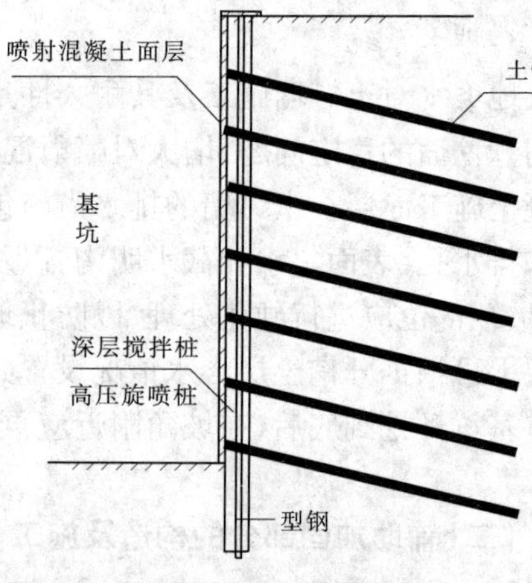

图 4-6 深层搅拌桩内插型钢复合土钉支护

2. 超前微型桩

土钉与微型桩结合的方式适用于土质松散、自立性较差、对基坑没有防渗止水要求或地下水位较低,不需要进行防渗处理的地层情况,对增强土体自立性、增加边坡稳定性以及防止坑底涌土十分有利(见图 4-7)。

基坑复合土钉支护结构中通常采用钢管桩或树根桩实施超前加固,桩端宜嵌入基坑底面以下 1 ~ 3 m。钢管桩一般采用直径 48 ~ 150 mm 的无缝钢管或焊接钢管,用 100 型或 200 型地质钻成孔,间距为 0.5 ~ 1.0 m,通过钢筋网和加强筋与之焊接连成整体。钢

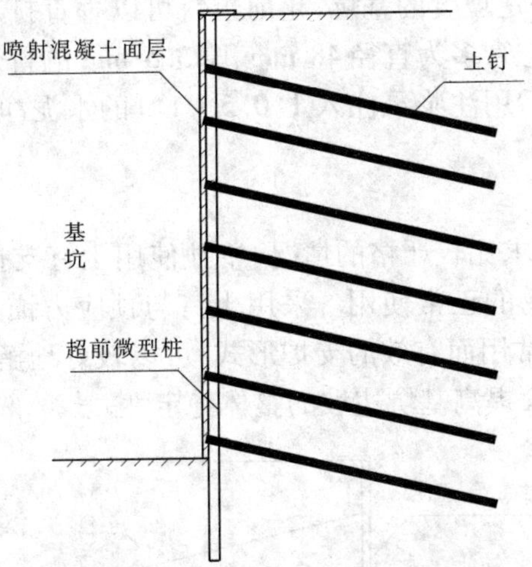

图 4-7 超前微型桩复合土钉支护

管内采用压密注浆，注浆前对钢管地面端 1 m 范围内与钻孔间隙用 M10 砂浆密封并设置排气管，浆液采用水灰比为 0.45 ~ 0.60 的水泥净浆或水灰比为 0.4 ~ 0.45 的水泥砂浆，注浆压力一般为 0.5 ~ 1.5 MPa。注浆时，注浆管插至距钢管底 250 ~ 500 mm，待注满浆后密封钢管口和排气管，保持压力 3 ~ 5 min。

树根桩一般采用直径为 100 ~ 250 mm 的小直径钻孔灌注桩，可视土质情况布置一排或双排，双排通常采用梅花式布置。树根桩间距 0.5 ~ 1.0 m，利用加强筋与面层连接成整体。钻孔通常采用地质钻，成孔后向孔内放入钢筋笼或型钢，并注入水泥净浆或水泥砂浆。树根桩地面端多采用钢筋混凝土冠梁将树根桩连成整体。

3. 预注浆处理

在基坑开挖前，沿开挖面超前竖向钻孔或打入注浆管把浆液均匀地注入基坑开挖边线外侧上部的松散土体中，浆液以填充、渗透、挤密等方式将原来松散的土粒或裂隙胶结成一个整体，从而改善土体的物理和力学性能，提高基坑开挖时该部分土体的自稳能力。

注浆管一般采用直径 48 ~ 60 mm、壁厚 3.5 mm 的钢管，钢管上环向梅花状钻眼，采用人工或机械静压方法打入被加固的土体中，注浆压力是以不会使地表产生明显隆起变形和邻近建筑物不受到影响的前提下可能采用的最大压力，使浆液通过钢管的小孔渗入周围土体。注浆孔间距以被加固土体的土质情况和采用的注浆压力而定，一般为 300 ~ 1 000 mm。注浆采用水泥净浆，水灰比 1∶0.5 ~ 1∶1，对于含水丰富的地层，加入适量的外加剂（如三乙醇胺、水玻璃等）可以加速浆液对土体的固化作用。

4. 超前土钉支护

对于较松散的土层或含水量较大的土层，当开挖后土层不能形成自稳的工作面时，需对开挖的工作面做超前支护。工程中通常采用超前土钉支护，即在开挖下一层工作面前通过人工的方法向下一支护层打入超前土钉，超前支护下一层，提高该层在土方开挖和土钉支护施工期间的自稳能力。超前土钉的材料可采用角钢、槽钢、钢管、螺纹钢筋、木桩、竹桩等，其上端通常与上一排土钉或加强筋连接。超前土钉的长度一般不小于被超前支护层开挖深度的两倍，间距 300 ~ 500 mm。对于垂直开挖的基坑，超前土钉与坑壁的夹角一般为5°~10°，对于有一定坡度的基坑，超前土钉可以垂直打入。工程中应用最多的是一种注浆花管超前土钉，花管多为直径48 mm、厚3.5 mm的普通钢管，钢管上环向钻眼，打入头制作成锥形，打入后用注浆泵注入1∶0.5~1∶1的水泥净浆，注浆压力一般控制在0.3~0.5 MPa。

5. 预应力锚索(杆)

对于基坑周边变形要求比较严格的情况，单独使用土钉支护往往造成基坑边坡侧向位移过大，影响周围建筑物的正常使用。采用土钉与预应力锚索(杆)组合支护技术(见图4-8)，是复合土钉支护常用而有效的支护形式，可以较好地解决此类基坑的支护问题，有效地控制基坑变形，大大提高基坑边坡的整体稳定性。

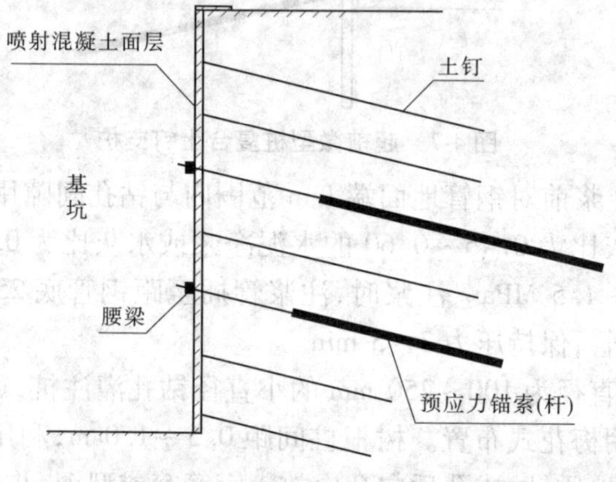

图4-8　预应力锚索(杆)复合土钉支护技术

预应力锚索(杆)的成孔通常采用锚杆钻机或100型、200型地质钻，孔径为100~150 mm，杆体一般采用高强钢绞线束，当锚杆的轴向荷载小于350 kN时，可以采用直径为25~32 mm的螺纹钢筋，头部设螺杆，用螺母拧紧实施张拉预应力。预应力锚杆的锚固段要求进入土体滑裂面1 m以外的稳定岩土层。

预应力锚索(杆)的注浆一般采用一次注浆工艺，浆液为水灰比为0.45~0.60的水泥净浆或水灰比为0.4~0.45的水泥砂浆，并加入适量的外加剂。注浆时设置止浆塞或止浆袋子和排气管，一次注浆压力控制在0.4~0.6 MPa，一次劈裂注浆的压力一般为2~3 MPa。预应力锚索(杆)端部与面层的连接一般采用腰梁或承压板。腰梁可以是现浇的混凝土梁或槽钢，锚索(杆)穿过腰梁并用专业锚具进行张拉锁定。

6. 桩锚支护

对于硬度较大的卵砾石地层，可钻性差，易坍塌，基坑支护若单纯采用桩锚支护，施工难度大，工效低，工程造价高。另外，对于开挖深度较大的基坑，若完全采用锚杆桩墙支护体系，则需要多层锚杆，且护壁桩所承受的水平力过大，为满足受弯要求需增加护壁桩的桩径和配筋量，工程造价也很高。采用土钉和桩锚联合的支护形式可大幅减少桩的数量，节省工程投资，提高工效，缩短施工工期。

常见的桩锚复合土钉支护形式有以下两种：一种为上部一定深度采用土钉支护，下部采用桩锚支护，桩顶设置冠梁(见图4-9)；另一种为沿基坑开挖线以一定间距设置桩锚支护,桩与桩之间再设置土钉(见图4-10)。

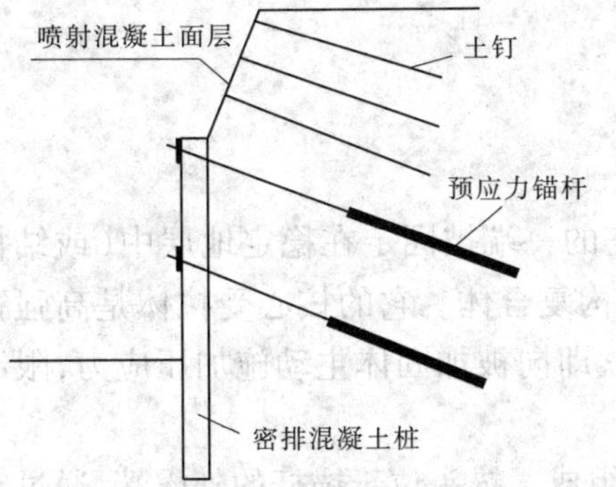

图4-9　桩锚式复合土钉支护

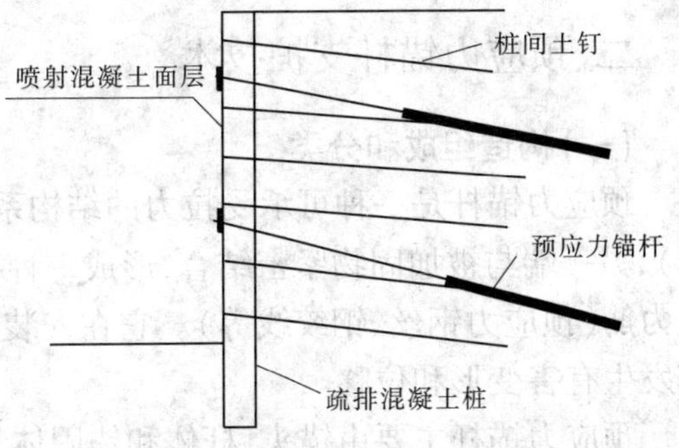

图4-10　疏排桩加预应力锚索(杆)复合土钉支护

第三节　预应力锚杆支护技术

一、概述

世界上大规模应用预应力锚杆并获得成功的典型实例为20世纪30年代阿尔及利亚舍尔法大坝的加固工程。该坝在改扩建时把坝体加高3 m,用37根预应力锚杆进行加固,使其稳定。每根锚杆由630根直径为5 mm的高强钢丝组成,单孔施加荷载达到10 MN,锚杆间距6 m,钢筋混凝土锚头设置在加高后的坝顶上。20年后预应力损失仅为9%。预应力锚杆加固公路边坡技术于20世纪90年代初由日本传入我国后,在我国土木工程中得到了日益广泛的应用。

预应力锚杆是一种高效经济和实用的工程技术,得到了岩土工程行业的高度重视,广泛应用于各类岩土体加固工程,如隧道与地下洞室加固,岩土边坡加固,深基坑支护,混凝土坝体加固,结构抗浮、抗倾覆,各种结构物稳定与锚固等。在国内的土建工程中,例如高层建筑深基础工程、水电工程、铁道工程、交通工程、矿山工程、军工工程等基础设施工程中逐渐得到广泛应用。比较典型的工程有北京京城大厦深基坑支护工程、三峡永久船闸高边坡预应力锚杆加固工程、首都机场扩建工程地下车库抗浮工程、小浪底水利枢纽地下厂房支护工程、京福高速公路边坡加固及滑坡整治工程。

近年来,还发展了一种新的用于基坑开挖和边坡稳定的支挡技术——预应力锚杆柔性支护技术。该技术是由预应力锚杆与喷射混凝土面层或木板面层结合而成的一种支护方法。贾金青于1993年在大连地区首次将该技术应用于大连胜利广场深基坑支护工程中,并取得了成功,有效地控制了基坑的水平位移与竖向地表沉降,确保了基坑及周围建筑物的稳定性。目前,此项技术已获得国家发明专利。

预应力锚杆柔性支护体系作为一种新型的支挡技术,具有诸多优点:工程造价低;施工方便,工期短;基坑变形小;施工简单,安全性好。由于强大的预应力的作用,改变了基坑的受力状态,减小了基坑坑壁位移,因此预应力锚杆柔性支护法特别适用于位移控制要求严格的基坑及超深基坑的支护。但是,其工作机理与设计方法的研究还不够深入,目前尚未有一个较为完整的计算模型能模拟其支护机理及力学性能，且其理论分析方法明显滞后于工程实践。

二、预应力锚杆支护技术

（一）构造组成和分类

预应力锚杆是一种可承受拉力的结构系统。它的一端被固定在稳定地层中（或结构中），另一端与被加固物紧密结合，形成一种新的结构复合体。它的核心受拉体是高强预应力筋（预应力钢丝、钢绞线等）。它在安装后，可立即向被加固体主动施加压应力，限制其发生有害变形和位移。

预应力锚杆主要由锚头、杆体和锚固体三部分组成。锚头位于锚杆的外露端，通过它与基坑围护结构的连接，最终实现对锚杆施加预应力，并将锚固力传给结构物。杆体连接锚头和锚固体，利用其弹性变形的特征，在锚固过程中对锚杆施加预应力。锚固体位于锚杆的根部，把拉力从杆体传给地层。

根据土层锚杆锚固体结构型式的不同，预应力锚杆可分为圆柱型、端部扩大头型和连续球体型三类锚杆；根据其传力机制的不同，预应力锚杆可分为普通拉力型、普通压力型锚杆和分散拉力型、分散压力型锚杆；根据其服务年限的不同，预应力锚杆可分为永久性锚杆和临时性锚杆。

（二）施工工艺

预应力锚杆施工程序为：定位→钻孔→杆体制作与安放→注浆（一次常压或二次高压）→外锚头制作→张拉锁定→外锚头防腐。

预应力锚杆施工工艺主要包括钻孔、杆体制作与安放、注浆及张拉与锁定等。

1. 钻孔

钻孔是锚杆施工的关健工作，其施工主要包括钻机就位、钻孔和清孔三个工序。锚杆钻孔直径一般为 110 ~ 180 mm。

1）钻孔方式

钻孔方式可根据岩土类型、钻孔直径和深度、地下水情况、接近锚固工作面的条件、所用洗孔介质的种类以及锚杆种类和要求的钻进速度进行选择。岩层中钻孔一般采用气动冲击钻及相配套的潜孔冲击器、钻头；土层中钻孔一般采用回转式、冲击回转式和回转冲击反循环式钻机；在不稳定地层（含水层、易塌孔地层、卵砾石层等）多采用套管护壁、常规球齿形潜孔锤冲击回转钻机进行钻孔。

2）钻孔作业

锚杆钻孔方式选定后，施工中要根据工程及地质条件的具体变化及时调整锚杆孔钻进施工工艺，以确保锚杆施工的顺利进行。

采用回转式旋转钻机时，如在地下水位以下钻进，对于土质松散的粉质黏土、粉细砂及软黏土等地层应用套管保护孔壁以避免塌孔。采用回转的螺旋钻杆时，根据不同的土质需选用不同的回转速度和扭矩，螺旋钻进时不需用水循环，不使用套管护壁，因此辅助作业时间减少，钻进速度快。一般螺旋钻效率为 15 ~ 16 m/h。

3）清孔

冲击钻机和旋转钻机经常选用气动法进行洗孔，在干燥岩层中使用效果较好，也可用于稍潮湿岩层；水洗方法适用于旋转式取芯钻孔和套管护壁钻孔，在城市密集区及地下洞室内由于气动冲击会产生较大噪声及粉尘，宜采用水洗循环钻进，但注意一定要有完备的给排水措施。另外，使用水洗时应慎重，因为水洗会降低岩土层的力学性能，影响锚杆锚固体与周围地层的黏结强度。

2. 杆体制作与安放

1）杆体制作

锚杆的结构型式与种类不同，其杆体材料与制作方式也不同。杆体材料可用高强钢丝和钢绞线、精轧螺纹钢筋、中空螺纹钢材以及普通钢筋等。

（1）钢筋杆体的制作。按照设计要求长度截取较为平直的钢筋并除油、除锈，若需接长，要按照有关规范进行焊接或采用专用连接器。杆体自由段一般采用隔离涂层、加套管等方法进行隔离，对防腐有特殊要求的锚固段钢筋应严格按照设计要求进行制作。为确保杆体保护层厚度，沿杆体轴线方向每隔1.5～2.0 m还要设置一个对中支架，支架高度不小于25 mm。最后将注浆管（常压、高压）、排气管等与锚杆杆体绑扎牢固。

（2）钢绞线、高强钢丝杆体的制作。其制作方法与钢筋杆体制作基本相同，需要注意的是，钢绞线出厂时一般为成盘方式包装，杆体加工抽线时应搭设放线装置，以免线盘扭弯、抽线困难或抽伤操作人员。另外，锚杆杆体一般由多股组成，所采用的对中支架常为塑料或钢材焊接成型的环状隔离架。此外，在自由段和锚固段对每股钢绞线均要按照设计要求进行相应的隔离与防腐处理。

（3）可重复高压注浆锚杆杆体的制作。其制作需安放可重复注浆套管，并在自由段与锚固段的分界处设置止浆密封装置。二次高压注浆套管一般采用直径较大的塑料管，管侧壁间隔1.0 m左右开有环形小孔，孔外用橡胶环圈盖住，使二次注浆浆液只能从管内流向管外，一根小直径的注浆钢管插入注浆套管，注浆钢管前后装有限定注浆区段的密封装置。此外，工程中还经常采用简易的二次高压注浆方法锚杆，二次高压注浆管在管末端及中部按一定间距开有环状小孔，并用橡胶环圈密封，注浆管前端连接有小直径钢管以便于与注浆泵的高压胶管相连。二次注浆管与杆体绑扎牢固，与锚杆杆体一并预埋。

（4）压力分散型锚杆或拉力分散型锚杆的制作。一般先采用无黏结钢绞线制作成单元锚杆，再由2个或2个以上单元锚杆组装成复合型锚杆。当单元锚杆的端部采用聚酯纤维承载体时，无黏结钢绞线应绕承载体弯曲成U形，并用钢带与承载体捆绑牢靠；当采用钢板承载体时，则挤压锚固件要与钢板连接可靠，绑扎时要注意不能损坏钢绞线的防腐油脂和外包PVC软管。同时，各单元锚杆的外露端要做好区分标记，以便于锚杆张拉或芯体拆除。

此外，锚杆杆体制作时还需要预留出一定杆体长度，以满足施工完毕后的预应力张拉要求，预留长度一般为600～1 000 mm。杆体需要切断时应采用切割机进行，禁止采取电气焊等方法切割，以防止影响并降低杆体强度。

2）杆体存储

杆体加工制作完成后存放要保持平顺、清洁、干燥，并确保杆体在使用前不被污染、锈蚀,存放时间较长的杆体在使用前应该进行检查,发现问题处理后方可使用。

3)杆体安放

锚杆杆体放入钻孔之前要对钻孔情况重新进行检查,并要检查杆体的加工质量,看其是否满足设计要求、防腐体系是否完备。杆体安放时,要与钻孔角度保待一致并保持平直,防止杆体扭压、弯曲。杆体插入孔内深度不应小于锚杆长度的98%,杆体安放后不宜随意扰动。

3. 注浆

1)注浆浆液

锚杆注浆通常是将水泥浆或水泥砂浆注入锚杆孔,使其硬化后形成坚硬的灌浆体,将锚杆与周围地层锚固在一起并保护锚杆预应力筋。注浆浆液通常选用灰砂比为1∶0.5～1∶1的水泥砂浆或水灰比为0.45～0.50的纯水泥浆,必要时,可加入一定量的外加剂或掺合料以保证浆液的可灌性。水泥砂浆浆液的配置一般采用强度不小于32.5级的普通硅酸盐水泥和干净的细砂与水,砂与水的质量比通常为1∶1～1∶3,水泥砂浆一般只用于一次灌浆。注浆浆液的强度控制一般7 d不低于20 MPa,28 d不低于30 MPa;压力型锚杆浆体的强度要求较高,一般7 d不低于25 MPa,28 d不低于35 MPa。

2)注浆作业要点

注浆作业采用注浆泵通过与高压胶管相连的锚杆注浆管进行,要点如下:

(1)注浆浆液要搅拌均匀、随搅随用,并要在初凝前使用,储浆池要有适当遮盖以防止杂物混入浆液。

(2)倾孔内注浆时,注浆管出浆口应插入距孔底300～500 mm处,浆液自下而上连续灌注,确保从孔内顺利排水与排气。

(3)向上倾斜的钻孔内注浆时,要在孔口设置密封装置,将排气管端口设于孔底,注浆管放置在离密封装置不远处。

(4)注浆设备要有足够的额定压力,注浆管要保证通畅顺滑,一般在1 h内要完成单根锚杆的连续注浆。

(5)注浆时,发现孔口溢出浆液或排气管停止排气时,可停止注浆。

(6)锚杆张拉后,应对锚头与锚杆自由段间的空隙进行补浆。

(7)注浆后,不要随意扰动杆体,也不能在杆体上悬挂重物。

4. 张拉与锁定

锚杆张拉就是通过张拉设备使预应力杆体的自由段产生弹性变形,在锚固结构上产生预应力。锚杆的张拉设备一般有扭力扳手、液压油泵、千斤顶、高压油管、油压表以及压力传感器和百分表等。

1)锚具

在预应力锚杆结构体系中,锚具是对结构物施加预应力、实现锚固的关键部分,通常根据不同的预应力杆体采用不同类型的锚具。锚具主要有锁定预应力钢丝的镦头锚具和锥形锚具、锁定钢绞线的挤压锚具、精轧螺纹钢筋锚具、锁定中空锚杆的螺纹锚具、普通钢筋螺纹锚具等。

2）张拉作业

锚杆的张拉方法取决于锚杆的种类、所选用的锚具类型和施加预应力的大小。张拉前，可采取在被锚固结构表面设置承载板等措施，以确保施加的预应力始终作用于锚杆轴线方向，使预应力杆体不产生任何弯曲。

对螺纹锚具采用千斤顶张拉至设计荷载之后，即可使用扳手拧紧螺母来保持施加的拉力，当千斤顶上的压力显示稍有下降时，就表示螺母已完全压紧作用于承压板之上，随后就可卸压，完成张拉作业。

对钢丝或钢绞线用的锚具一般采用千斤顶、工具锚板和夹片及限位板进行张拉。张拉时，首先将工具锚板套在预应力筋上并紧贴承载板，放入夹片固定；然后将限位板、千斤顶、工具锚依次顺序套在预应力筋上，在工具锚上放入工具锚夹片，预紧后再将高压油泵与高压油管与千斤顶相连，安装好位移测量装置后即可进行张拉。千斤顶的拉力按逐级加荷的要求增大至需要张拉荷载值时，记录锚头位移与张拉油压，千斤顶卸荷、工具锚夹片回缩就锁定了预应力筋，由此达到张拉预应力筋的目的。当采用前卡式千斤顶对单根预应力筋进行张拉时，则不需要工具锚板和夹片，是理想的卸锚千斤顶和二次补偿张拉千斤顶。

荷载分散型锚杆的张拉可按设计要求先对单元锚杆进行张拉，消除单元锚杆在相同荷载作用下因自由段长度不等引起的弹性伸长差后，再同时张拉各单元锚杆并锁定，也可按设计要求对各单元锚杆从远端开始顺序进行张拉锁定。

三、预应力锚杆柔性支护技术

（一）构造组成

预应力锚杆柔性支护体系由预应力锚杆（索）、面层、锚下承载结构和排水系统组成，如图 4-11 所示。其中，预应力锚杆作为承载体系，面层与锚下承载结构等构件组成构造体系，承载体系与构造体系共同组成预应力锚杆柔性支护体系。

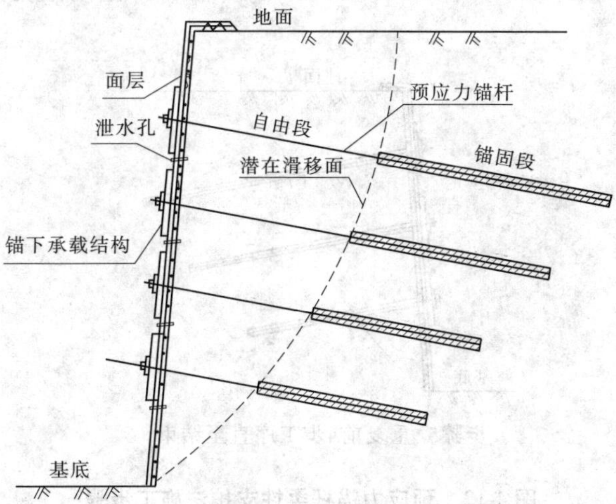

图 4-11 预应力锚杆柔性支护体系基本构成

预应力锚杆杆体可以采用钢筋、钢管、钢绞线等；注浆通常采用常压注浆，并且锚杆全长注浆，通过一定构造措施使锚杆在自由段内能自由伸缩，对抗拔力较低的地层，也可采用二次高压注浆。

面层是预应力锚杆柔性支护体系中必不可少的组成部分，常采用挂钢筋网片，或将木板与喷射混凝土结合共同作用。面层的主要作用在于承受土体压力及水压力，并将其传递至锚下承载结构，进而传递到预应力锚杆上；同时维护承载体系间土体的稳定，使其不至于塌落。由于面层厚度较薄，相对于传统的桩锚支护、地下连续墙等结构而言，其刚度要小得多，柔性大，这就是称之为预应力锚杆柔性支护体系的缘由。

锚下承载结构简称锚下结构，是预应力锚杆柔性支护体系的重要组成部分。在锚杆上施加的预应力通过锚下结构传递至需要锚固的岩土体上。锚下结构通常由型钢（工字钢、槽钢）、垫板、锚具组成。型钢可竖直分段放置，也可水平多跨连续放置或通长连续放置。

（二）施工工艺

预应力锚杆柔性支护体系采用从上到下、分层开挖、分层支护的施工方法，如图 4-12 所示。具体施工工艺如下。

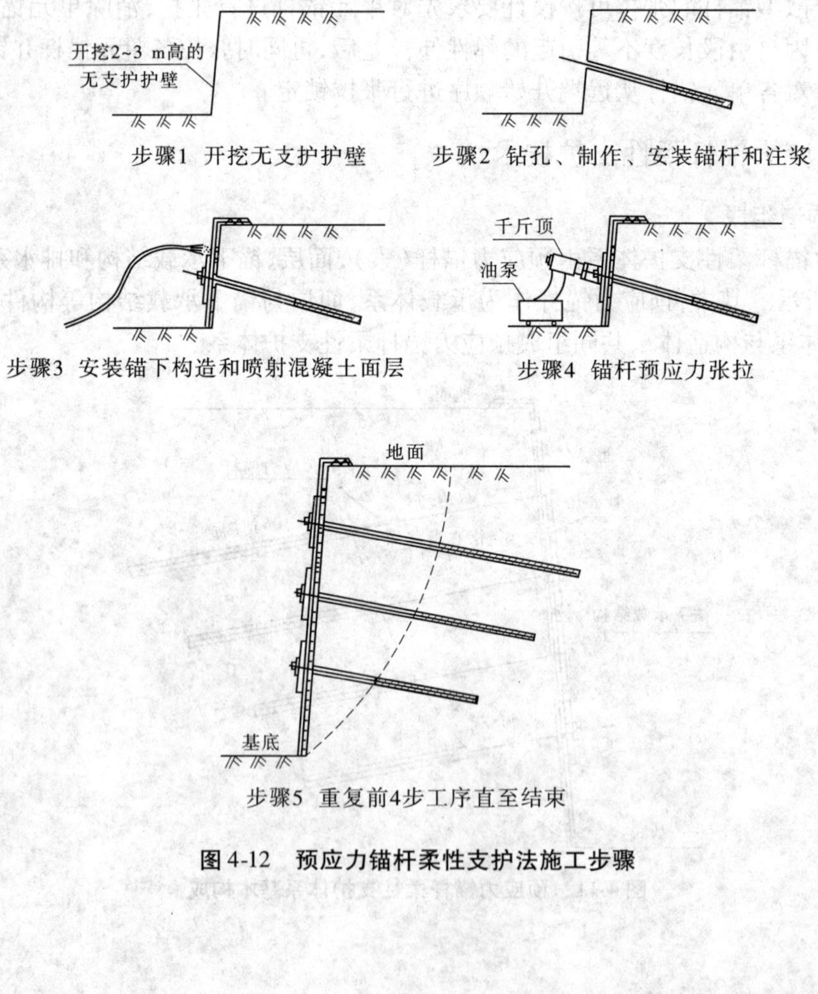

图 4-12　预应力锚杆柔性支护法施工步骤

1. 分层向下开挖一定深度

开挖深度根据锚杆的竖向间距、土体自稳高度、锚杆钻机类型及锚下结构确定。预应力锚杆的间距通常为2.0～3.0 m，开挖的深度一般为2.0～3.0 m，每层开挖位置在锚杆下0.5～1.0 m。

2. 设置预应力锚杆

在该层作业面上设置预应力锚杆，包括钻孔、制作安装锚杆、注浆等几个环节。钻孔需按设计的长度和角度，采用适用于岩土条件的钻进方法成孔。通过一定措施使自由段内的锚杆杆体与注浆体绝缘，以使锚杆在施加预应力时能自由伸缩。

3. 安装锚下承载结构和喷射混凝土

先布设钢筋网，然后安放锚下承载结构，锚下承载结构与坑壁应保持一定的间距，喷射混凝土应将型钢翼缘喷满，这样可以提高型钢局部稳定性和整体稳定性，同时增加锚下承载结构的刚度。

4. 锚杆预应力张拉

待注浆体强度和喷射混凝土的强度达到设计要求，方可进行预应力张拉。张拉时可适当地进行超张拉，以减小预应力损失。

5. 重复上述步骤至开挖设计深度

继续向下开挖一定深度，并重复上述步骤，直至设计开挖深度。若初始开挖无支护状态或完成一层锚杆支护后再行向下开挖而无支护状态，开挖面的稳定性存在问题时，可以通过下列途径予以解决：开挖完后立即喷射混凝土对土体予以封闭；开挖前设置竖向微型桩；采用跳挖“马口”的方法分段支护。

第四节　型钢水泥土复合搅拌桩支护结构技术

一、型钢水泥土复合搅拌桩支护结构技术的产生

型钢水泥土复合搅拌桩支护结构技术（也称为SMW工法），由日本成幸工业株式会社于1976年开发成功。它是一种劲性复合围护结构，该工法通过在各施工单元之间采取重叠搭接施工，然后在水泥土混合体未结硬前插入H型钢或钢板作为其应力补强材，至水泥结硬，形成一道具有一定强度和刚度、连续完整、无接缝的地下墙体。将承载与防渗挡水结合起来，使之成为同时具有受力和抗渗双重功能的支护挡墙。这种结构充分发挥了水泥土混合体和受拉材料的力学特性，同时具有经济、工期短、高止水性、对周围环境影响小等特点。作为基坑围护结构的一种施工方法，它在日本、美国、法国以及东南亚和台湾等许多地方得到了广泛应用。

1953年日本清水建设株式会社从美国引入就地搅拌桩（MIP）施工方法，1955年在大阪市安治川河畔进行MIP工法试验性施工，试验中发现水泥土搅拌桩成桩速度很快，且噪音小，于是尝试依次进行连续施工做成一道柱列式地下连续墙，这就是SMW工法的雏形。自1965年起，挡土墙工程中采用该施工方法的实例越来越多。

1987年，我国冶金部建筑设计研究院立项研究，1994年通过部级鉴定。上海隧道公

司进一步结合上海软土深基坑围护工程的特点，进行了型钢水泥土复合桩结构试验、型钢减摩擦剂研制、型钢起拔模拟试验、专用桩机及起拔型钢设备研制，取得了重要成果，1997年8月鉴定其成果达到国际先进水平。

SMW 挡土墙主要是把水泥土的止水性和芯材的高强度特性有效地组合而成的一种抗渗性好、刚度高、经济的围护结构。水泥土柱列墙与芯材所形成的 SMW 组合挡墙具有以下功能：止水墙的功能；承担抵抗侧压（水土压）的功能；承担拉锚或逆作法工程中荷载的垂直分量的功能。

该技术具有以下技术特点：施工时对邻近土体扰动较少，故不至于对周围建筑物、市政设施造成危害；可做到墙体全长无接缝施工，墙体水泥土渗透系数 k 可达 10^{-9} m/s，因而具有可靠的止水性；成墙厚度可低至 550 mm，故围护结构占地和施工占地大大减少；废土外运量少；施工时无振动、无噪声、无泥浆污染；工程造价较常用的钻孔灌注排桩的方法节省 20% ~30%。

型钢水泥土复合搅拌桩支护结构在许多基坑支护工程中得到了成功应用，例如：上海明珠线二期兰村路站（东风路口）SMW 工法围护开挖后暴露 2 个多月无渗漏水现象；上海东新大厦由于采用 SMW 法，节省围护桩用地，为大厦赢得了可贵的建筑面积约 7 200 m^2；南京珠江路地铁站桩长 30.5 m，创 SMW 工法国内最深的纪录。还有上海静安寺下沉式广场、上海国际会议中心、和田路下立交引道、丁香花园大厦、地铁陆家嘴车站出入口、地铁 2 号线龙东路延伸段、上海梅山大厦、上海怡沣丰基地等工程的基坑围护。

二、SMW 工法的分类

根据钻机轴数，SMW 挡墙分为单轴、双轴、三轴、五轴等。

根据施工排数，SMW 挡墙分为单排、双排、多排等。

根据芯材作用，SMW 挡墙分为无芯材、抗拉筋、刚性芯材等。无芯材形式主要用于防渗功能，用做防渗墙、防污墙等；抗拉筋形式是在 SMW 挡墙的受拉区布置抗拉筋（如竹筋、钢筋等）以提高墙体的抗拉性能，适于浅基坑工程；刚性芯材形式是在墙芯插入刚度较大的芯材作为主要的抗弯构件，这种 SMW 墙又可称为 RSW（Reinforced Soil Wall），芯材可为 H 型钢、U 型钢、钢管、预制钢筋混凝土等。大多数 SMW 挡墙工程中较多采用 H 型钢芯材，所以一般把这种形式的地下墙称为 SMW。

根据芯材的回收性，SMW 挡墙分为不可回收、可回收两种形式。

根据型钢布置形式有密插、插二跳一和插一跳一三种，如图 4-13 所示。

三、SMW 工法的施工工艺

（一）工艺流程

SMW 工法的施工工艺流程如图 4-14 所示。

（二）工艺要点

1. 开挖导沟、设置导向架及定位卡

为使搅拌机施工时的涌土不致冒出地面，桩机施工前沿 SMW 桩墙体位置开挖宽 1.0 m、深 1.5 m 左右的导沟。为确保搅拌桩及 H 型钢插入位置的准确，沿沟槽旁边间距 4 ~

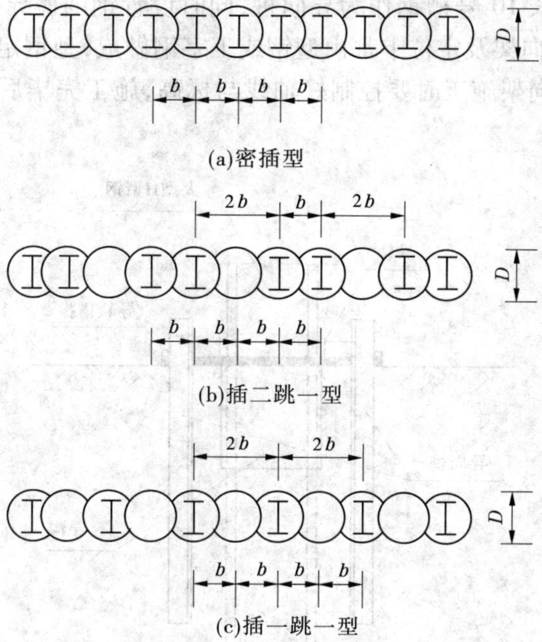

图 4-13　搅拌桩和内插型钢的平面布置

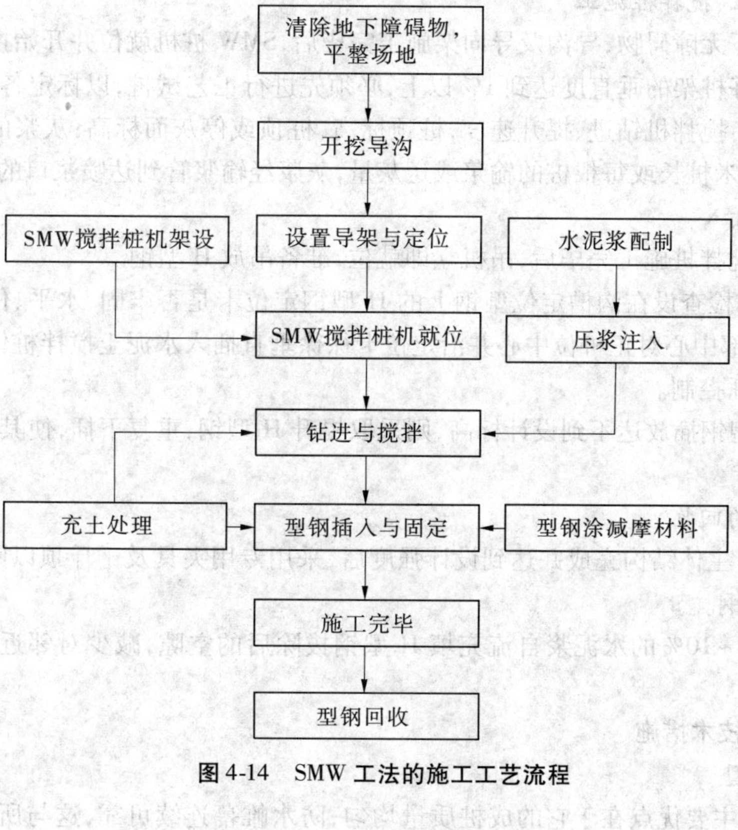

图 4-14　SMW 工法的施工工艺流程

6 m 埋设 4 根 2.5 m 长 10 号槽钢作为导向桩，同时设置钢围檩导向架及 H 型钢定位卡（见图 4-15）。围檩导向架及定位卡都由型钢或工字钢做成，型钢定位卡间距比型钢宽度增加 20 ~ 30 mm。导向架施工时要控制好轴线与标高，施工完毕后在导向架上标出桩位及插入型钢的位置。

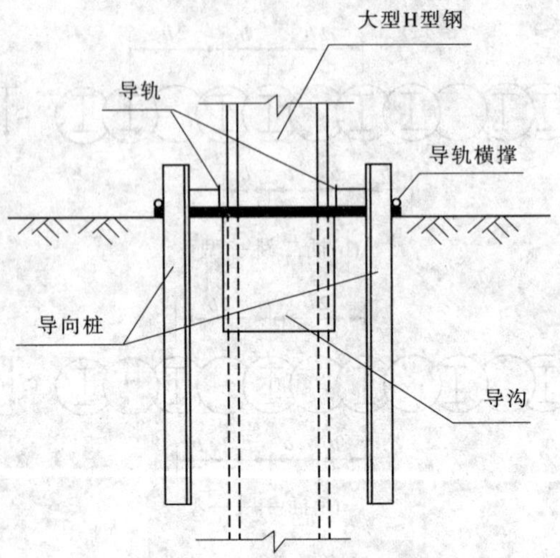

图 4-15　围檩导向架

2. 桩机就位、搅拌桩施工

在确定地下无障碍物，导沟及导向架施工完毕后，SMW 桩机就位并开始搅拌施工，施工前必须调整好桩架的垂直度达到 1% 以上，必须先进行工艺试桩，以标定各项施工技术参数，主要包括：搅拌机钻进、提升速度，桩顶标高，桩顶或停灰面标高；灰浆的水灰比；灰浆泵的压力；每米桩长或每根桩的输浆或送灰量，灰浆经输浆管到达喷浆口的时间等。

3. H 型钢插入

三轴水泥搅拌桩施工完毕后，吊机立即就位，准备吊放 H 型钢。

（1）起吊前检查设在沟槽定位型钢上的 H 型钢定位卡是否牢固、水平、位置准确，而后将 H 型钢底部中心对正桩位中心并沿定位卡徐徐垂直插入水泥土搅拌桩体内，垂直度用经纬仪或线锤控制。

（2）若 H 型钢插放达不到设计标高，则采取提升 H 型钢，重复下插，使其插到设计标高。

4. H 型钢的回收

（1）待地下主体结构完成并达到设计强度后，采用专用夹具及千斤顶以圈梁为反梁，起拔回收 H 型钢。

（2）用 6% ~ 10% 的水泥浆自流充填 H 型钢拔除后的空隙，减少对邻近建筑物及地下管线的影响。

（三）关键技术措施

1. 设备选型

SMW 法的主要优点在于它的成桩质量均匀，防水帷幕连续可靠，这与所选用的机械设备密切相关。选用日本引进的三轴搅拌机或江阴振冲器厂研制的 SJBD60 型搅拌桩机,都可以满足设计提出的技术和质量要求。

2. 搅拌注浆与成墙方式

钻机在钻孔和提升全过程中,应始终保持螺杆匀速转动、匀速下钻和匀速提升;根据下钻和提升两种不同的速度,注入不同掺量、搅拌均匀的水泥浆液,并采取高压喷气进行孔内水泥土翻搅,使水泥土搅拌桩在初凝前达到充分搅拌,确保搅拌桩的成孔质量。另外,配比准确、搅拌均匀是控制水泥土搅拌桩成桩质量的两大关键,施工中必须严格做到。

控制水灰比与用水量:按设计要求严格控制水灰比,水灰比一般为 1.5,水灰比确定后就可确定不同施工幅段中的用水量,用水量确定后,必须定时测定水泥浆液的比重,发现问题及时纠正,确保成桩质量。

控制搅拌速度与注浆量:

(1)严格控制注浆量和下沉钻进速度,防止出现夹心层和断浆情况。施工中出现意外中断注浆或提升过快现象时,立即暂停施工,重新下钻至停浆面或少浆桩段以下 1 m 的位置,重新注浆 10 ~20 s 后恢复提升,保证桩身完整,防止断桩。

(2)钻进搅拌速度与地质土层有关:对于黏性土一般为 0.5 ~1 m/min,对于砂土为 1 ~1.5 m/min。而提升搅拌速度一般为 1 ~2 m/min。钻进搅拌速度比提升搅拌速度慢 1 倍左右,可使水泥土充分搅拌混合均匀,有利于型钢的顺利插入。特别需注意的是,提升速度不宜过快,以免出现真空负压、孔壁塌方等现象。

(3)水泥浆搅拌时间不少于 2 ~3 min,滤浆后倒入集料池中,随后不断地搅拌,防止水泥离析,压浆也要连续进行,不可中断。按照 SMW 工法的施工工艺,三轴搅拌机下钻时,注浆的水泥用量占总数的 70% ~80%,而提升时为 20% ~30%。

在水泥浆液中适当掺入一定量的木质素磺酸钙或膨润土,利用其吸水性以提高水泥土的变形能力,提高 SMW 墙的抗渗抗裂性能。

采用跳槽式双孔复搅成墙:

采用跳槽式双孔复搅成墙确保搅拌桩的隔水帷幕及成型搅拌桩的垂直度,施工方法见图 4-16。

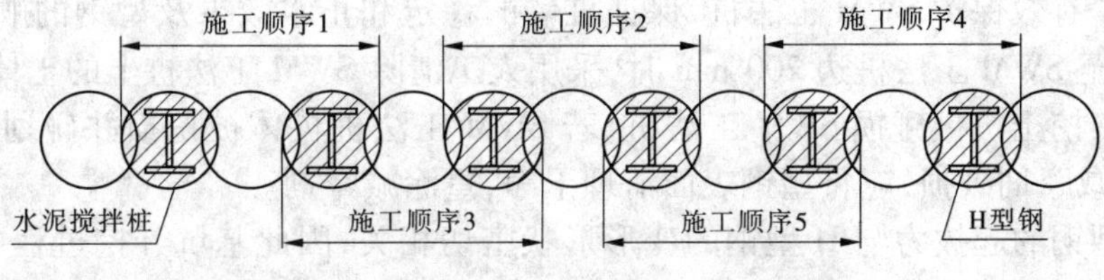

图 4-16　水泥搅拌桩跳槽式施工顺序示意图

3. 型钢起吊、插入与拔出

H 型钢应保证其平直、光滑,无弯曲,无扭曲,焊缝质量应达到要求。轧制型钢或工厂定型型钢在插入前应校正其平直度。

1)型钢起吊

由于插入的型钢一般都较长,为防止型钢在起吊过程中因不断转动而出现扭曲变形,在型钢起吊前于端部用铁块加以固定,使型钢端部与地面仅有一个角支撑点。

2)型钢插入

尽可能在搅拌桩施工完成后30 min内插入H型钢,当水灰比或水泥掺量较大时,H型钢的插入时间可相应增加。

H型钢插入前,在H型钢表面涂减摩隔离剂,涂刷隔离剂时严格按照操作规程作业,确保隔离剂的黏结质量符合要求。

H型钢插放达不到设计标高,则采取提升H型钢,反复下插使其达到设计标高;若不能靠自重下沉,可借助适当外力(柴油锤或振动锤)将H型钢插入到位,下插过程始终检查H型钢垂直度。

SMW桩完成后,凿除桩顶部水泥土,露出的H型钢表面用隔离材料包扎或粘贴,然后再施工压顶冠梁。

3)型钢的起拔回收

要确保型钢顺利回收,施工前要做好型钢抗拔验算。若不满足,可增加H型钢板厚度或提高型钢的强度,这同时也提高了墙体的刚度,对工程稳定有利。另外,H型钢可以涂抹减摩材料,减小拔出阻力,确保型钢顺利回收。

4.连续施工与冷缝处理

(1)SMW工法的最大特点是能不间断施工,确保防水帷幕的连续性和可靠性。因此,在施工中,应对机械维修和故障排除有专门的应急措施;对发生停电、停水和其他突发事件要早做准备,确保桩与桩的搭接时间不大于水泥土的凝结时间。

(2)若桩与桩的搭接时间过长,接近水泥土的凝结时间,则在第2根桩施工时增加注浆量20%,同时减慢下沉速度。

(3)施工中一旦出现意外情况,使第2根桩因相隔时间太长无法搭接,则按施工冷缝处理。冷缝处理一般在搅拌桩的外侧补搅素桩,素桩与围护桩搭接厚度约为100 mm,以此确保将来基坑开挖时不出现渗水现象。

(4)为防止意外事故发生产生施工冷缝,在SMW的施工中,根据不同的地质情况可在水泥土中掺入适量的缓凝剂。

(四)SMW工法桩和H型钢的保护

(1)为了有效保护SWM工法桩,保证桩墙的稳定和止水效果及型钢的顺利拔出,要求机械挖土至SWM工法桩边200 mm时,采用人工清除SWM工法桩上的土体。

(2)严禁挖土机械碰损SWM工法桩,若SWM工法桩桩体被挖损并碰划到H型钢,使型钢表面减摩剂破损,应将型钢表面清理干净,重涂减摩剂。

(3)H型钢的起拔力与H型钢的变形形状密切相关,因此基坑开挖过程中应根据土体变形的时空效应,及时架设支撑,尽可能缩短基坑开挖与支撑架设的时间间隔;施工中加强监控量测,并准确、及时反馈信息,指导现场及时采取相应对策,把基坑变形控制在最小范围以内。

(4)SWM工法围护结构变形受水位变化的影响比较大,在基坑开挖过程中,必须采取措施进行坑内降水,并及时封堵渗漏点,以达到减少基坑变形的目的。

(5)拆除钢支撑及围檩时,将型钢表面打磨光滑,补涂减摩剂,防止型钢锈蚀无法顺利拔出。

第五节　环梁支护结构技术

一、环梁支护结构的产生

环梁支护工艺始创于1987年,工艺用“钢筋混凝土预制桩”作竖向围护结构,在以基础底中心为圆心、直径为50 m的圆周上,每隔1 m设置一根预制混凝土方桩;沿桩身由上至下设置四道现浇混凝土环梁,支撑着竖向结构。该工艺于1988年应用于天津市国际大厦工程中(见图4-17)。该工艺节省投资、安全、稳定、变形小、施工方便、缩短工期。该技术被建设部列为重点推广新技术项目,此后在全国范围内得到广泛的推广应用。

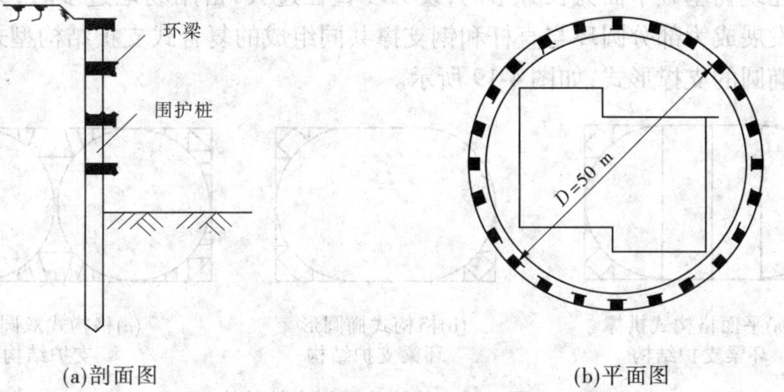

图4-17　天津市国际大厦工程基坑支护结构

实践证明,在软土地基深基坑工程中采用环形拱梁支护体系有很多优点,主要有结构受力合理、环形拱梁结构能够有效地利用施工空间、工作量小、适用范围广等,得到了越来越多的专家的青睐,特别是在超大体积的深基坑工程中采用大直径环梁支护体系的经济效益尤为显著。

十几年来,随着城市建设的加快,高层深基础工程越来越多,深基坑的面积愈加增大,平面形状也愈加复杂,不但有长方形、圆形,而且有三角形和任意多边形甚至奇异形状。不断变化的形势对基坑支护技术提出了更高的要求,迫使工程技术人员在原有基础上,进一步改进支护技术,包括支撑平面形式。从最早第一阶段的单环支护圆形基坑到支护正方形基坑,为了解决矩形基坑的支护问题,由单椭圆环支撑又发展为双圆环支撑、多圆环支撑、双椭圆环支撑和多椭圆环支撑,以及多圆格构环和椭圆环组合支撑,这样将圆环支撑系统的适用范围发展为任意形状多边形。

圆形环梁支护结构以圆环拱梁的良好受力状态为围护结构提供了可靠的内支撑条件,但是当建筑物基础平面不是接近圆形、方形或因圆环直径过大受场地限制时,又发展成杆系与圆环相结合的复合式支撑体系,如图4-18所示。

例如,天津送变电高层住宅工程,距交通要道和邻近建筑很近,该支护工程的竖向支

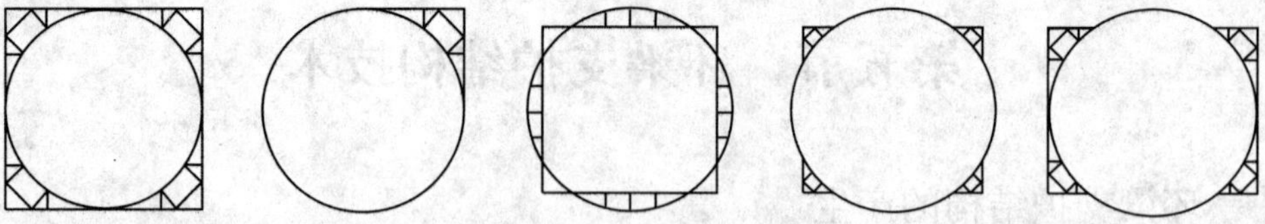

(a)内切式圆形环梁支护结构　　(b)交叉式圆形环梁支护结构

图 4-18　杆系与圆环梁相结合的支护结构

护结构为 ϕ500 mm 钢筋混凝土灌注桩，沿以基础平面中心为圆心、直径 $D=36$ m 的圆周布置，并设一道圆形钢筋混凝土环梁。实践结果表明，支护结构变形很小，经施工测试，主筋应力最大值低于设计值。

对于建筑物基础平面为长方形的，设圆环直径过大，占用场地过多时，又将圆形环梁支护结构发展成为部分圆环与直杆和钢支撑共同组成的复合式支护结构型式或坑内双圆环或坑内椭圆的支撑形式，如图 4-19 所示。

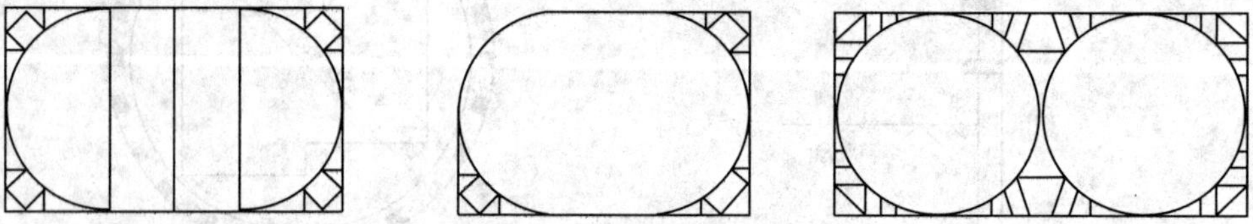

(a)平面格构式拱撑环梁支护结构　　(b)格构式椭圆形环梁支护结构　　(c)格构式双圆环梁支护结构

图 4-19　格构式环形支护结构

当建筑物基础平面尺寸过大，沿基础平面外缘采用圆形环梁支护结构困难时，可将圆环形拱梁设在坑内，周围做放射状支撑，使内圆环梁作为放射形支撑杆的中部平衡媒体，如天津市今晚报大厦工程（见图 4-20），这又进一步发展了圆形环梁支护结构。

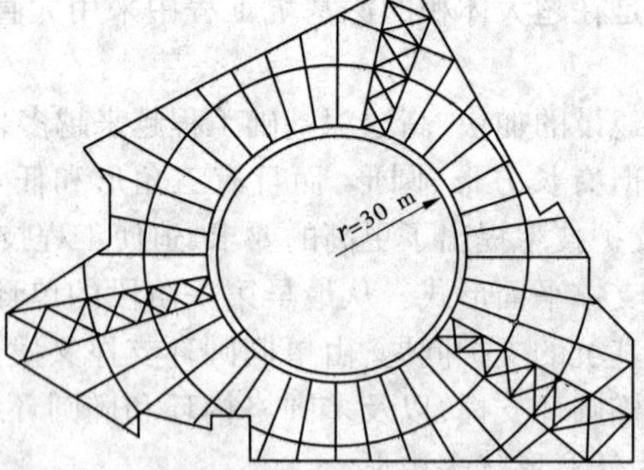

图 4-20　天津市今晚报大厦工程基坑支护结构

二、环梁支护结构的施工工艺

环梁支护结构的施工，无论采用哪种形式，一般均先做防水帷幕和挡土结构，然后边开挖土方边做环梁等支撑系统。对于防水帷幕和挡土结构等的施工技术在此不再赘述，重点介绍环梁等支撑系统的施工技术。

(一)平面格构式拱撑环梁支护结构的施工工艺

本工艺适用于一道支撑的深基坑施工,如图 4-21 所示。

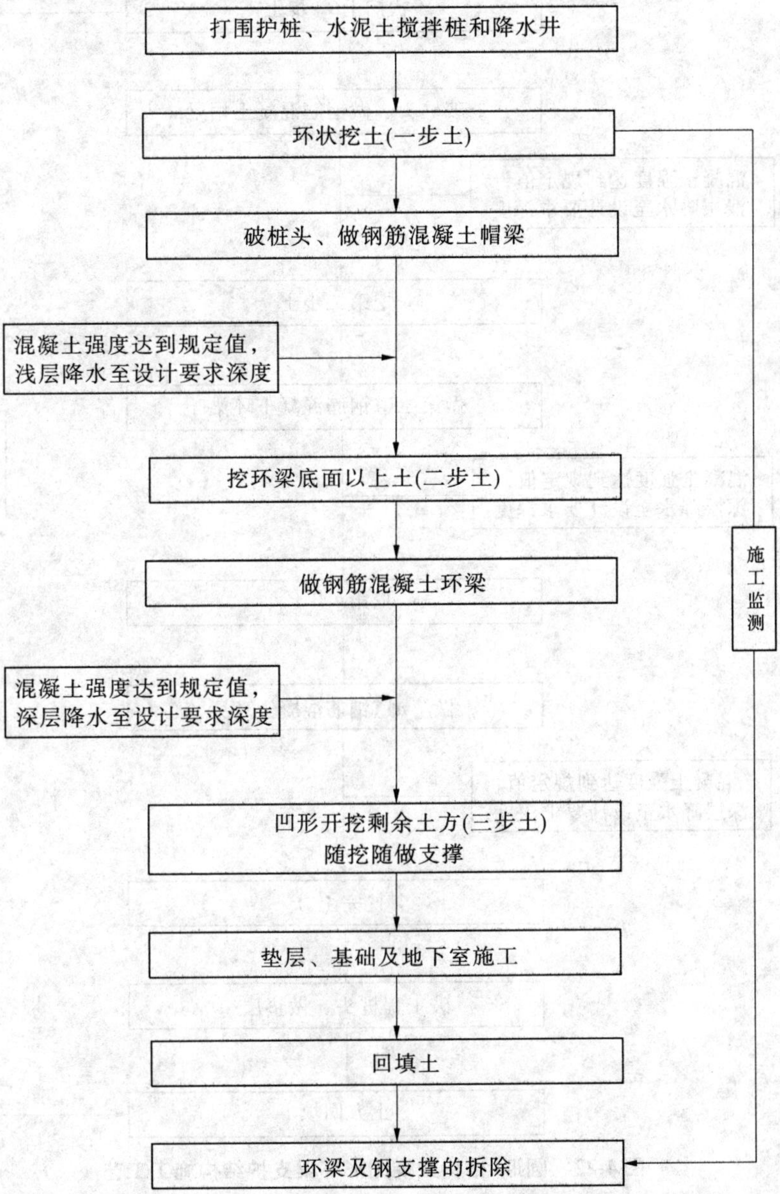

图 4-21　平面格构式拱撑环梁支护结构施工工艺

(二)圆形及格构式椭圆形环梁支护结构的施工工艺

这两种支护结构型式的施工工艺过程如图 4-22 所示。在格构式椭圆形环梁支护结构施工中做每道环梁的同时也应做好其下支柱、围护桩上连系梁以及环梁与连系梁之间的连接支撑。

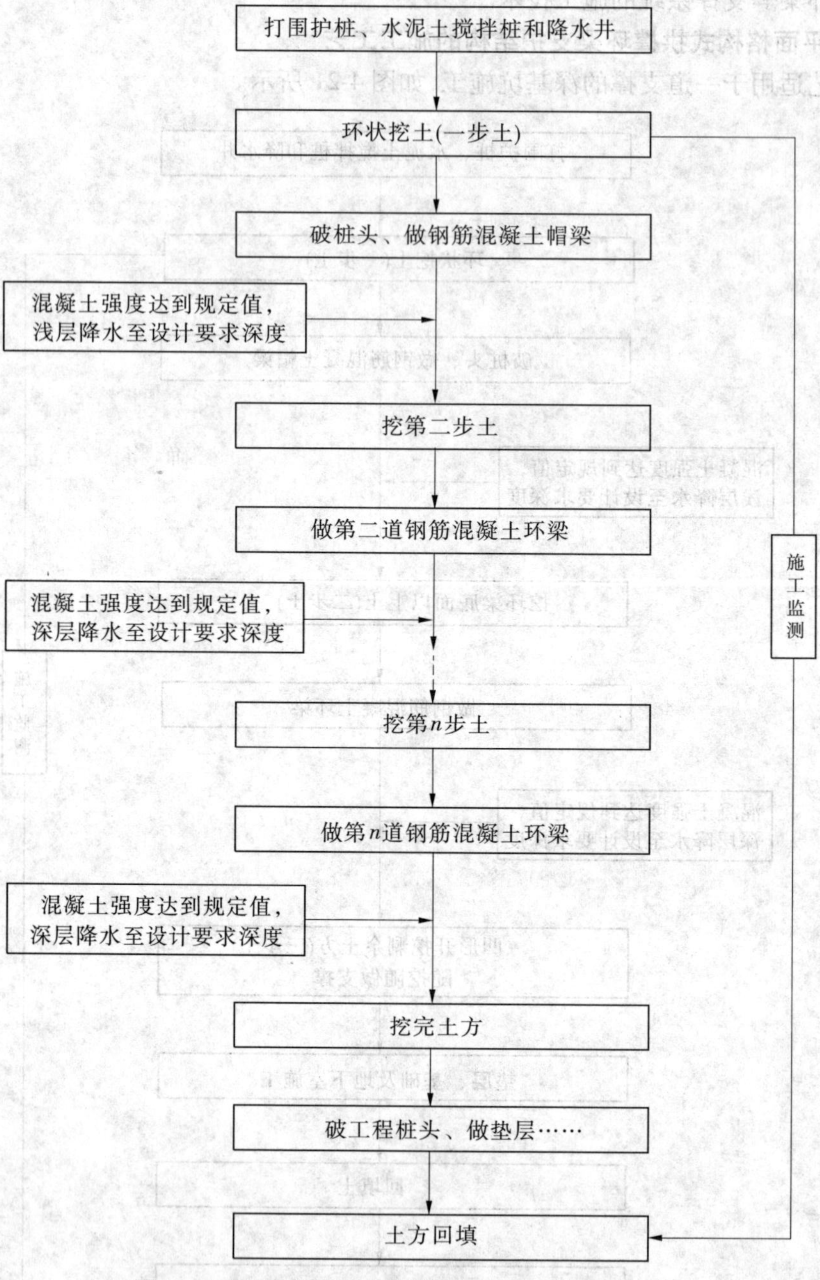

图 4-22 圆形、格构式椭圆形环梁支护结构施工工艺

(三)钢筋混凝土环梁及帽梁施工

钢筋混凝土环梁和帽梁的施工皆遵循一般现浇钢筋混凝土构件施工的有关程序和规定。本节仅就其施工中应特别注意的问题作一阐述。

1. 钢筋混凝土帽梁施工

围护桩在基坑开挖及地下结构施工过程中,各桩受力是不一致的,而且一般开挖面中部受侧压力最大,靠两边的则较小,在围护桩顶做帽梁将各独立桩连在一起可以调整各桩

所受压力值,使之接近一致。因此,桩顶帽梁在支护结构中起着重要的作用,施工应注意以下几点:

(1)帽梁与围护桩之间的混凝土连接。由于围护桩先行施工,待其强度达到设计要求时一般才破桩头做帽梁,桩头与帽梁之间势必存在一个薄弱连接。因此,破桩头时必须凿净浮浆层露出硬灰,将桩头凿毛并清理干净,以保证桩顶与帽梁混凝土连接可靠。另外,帽梁底边一般在桩顶以下 50 mm 以上,包裹住桩头(见图 4-23),保证帽梁与桩可靠地传递剪力。当帽梁作为第一道支撑的撑点时更应注意此处的施工质量。

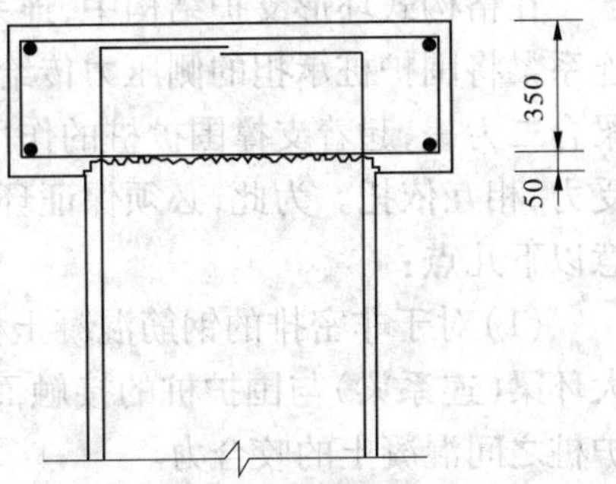

图 4-23　帽梁与桩顶节点构造

(2)帽梁的断面尺寸。施工时必须保证帽梁断面尺寸的正确,将混凝土振捣密实,确保帽梁具有足够的刚度,满足其协调桩体受力和变形的功能。

(3)围护桩顶纵向钢筋的锚固。围护桩顶纵向钢筋伸入帽梁内的长度,一般来说要满足规范要求的锚固长度,但对不作为首道支撑撑点的帽梁,一般将桩的纵筋伸至帽梁上层钢筋即可,当个别桩的钢筋长度不够伸入帽梁时,可将桩的纵筋隔一接一,锚入帽梁内。这已为许多成功的工程实践证实是可行的。

(4)浇筑帽梁混凝土时尽量少留设施工缝。需留设时也要避开支撑设置位置。在施工缝处继续浇筑混凝土时,按照施工缝的要求进行必要的处理。

(5)基坑的开挖一定要待帽梁混凝土强度达到规定的强度值后才可开挖下一步土方,以免发生事故。某市交通银行深基坑支护边坡滑移失稳事故中,桩顶未做帽梁即挖土且一次挖至坑底标高就是事故原因之一。

2. 钢筋混凝土环梁和连系梁施工

环梁在环形支护结构中是最主要的受力构件,为保证其能可靠地承载,施工时必须注意以下几点:

(1)环梁施工放线必须准确,否则将严重影响环梁及整个支护结构的受力,这是由圆拱构件受力特点决定的。

(2)为保证环梁可靠受力,在环梁与连系梁交叉处应先绑扎环梁钢筋,后绑扎连系梁内钢筋,连系梁钢筋插入绑扎。

(3)格构式环形支护结构中,环梁、连系梁及其之间的钢筋混凝土短撑一般应同时浇筑。

(4)环梁、连系梁的混凝土浇筑一般不留施工缝,需留设时必须避开环梁与连系梁的结节处、钢(钢筋混凝土)支撑端部的环梁附近及悬空部分的环梁段上。

(5)为保证环梁不出现平面外受力,改变其设计受力状态,环梁下支柱锚入环梁要可靠牢固,一般可做成图 4-24 所示形式,即支柱顶部设柱箍埋入环梁内,增强支柱的竖向抗剪力。

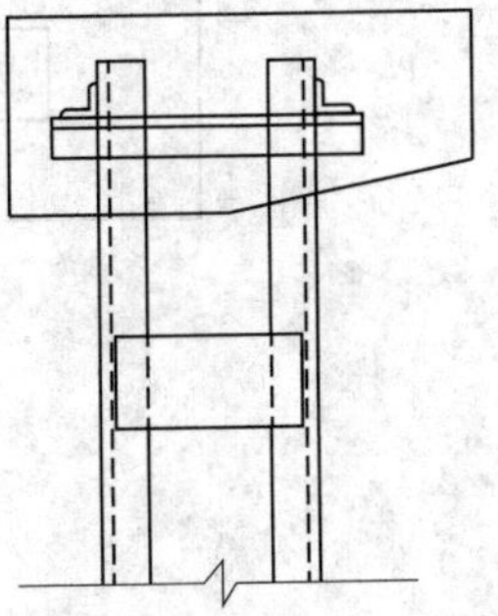
图 4-24　环梁支柱顶节点

(6)对于格构式环形支护结构,不得在环梁或支撑上搁置重物。如有施工荷载的在设计时必须考虑该荷载的作用。

在格构式环形支护结构中,连系梁是沿桩周将各桩连系在一起的钢筋混凝土梁,通过连系梁将围护桩承担的侧压力传给环梁或钢支撑。在圆形环梁支护结构中,环梁与连系梁合二为一,起着支撑围护桩的作用。环梁(连系梁)与围护桩分段约束,协调变形,共同受力,相互依托。为此,必须保证环梁(连系梁)与围护桩之间连接可靠。在施工时要注意以下几点:

(1)对于非密排的钢筋混凝土桩,应尽量将环梁(连系梁)高度范围内桩间土掏净,增大环梁(连系梁)与围护桩的接触面,剔凿该范围内的桩身混凝土保护层,增强环梁与围护桩之间混凝土的咬合力。

(2)对于钢筋混凝土预制桩或密排灌注桩,要认真清理预埋件表面,确保环梁(连系梁)与围护桩之间的连挂可靠。

(3)当环梁(连系梁)纵筋遇有异位桩不便绕行时可切断,但必须在该处桩外加强。

(四)水平钢支撑施工

在格构式拱撑环梁支护结构中,为控制基坑长边中间段的侧移,减小环梁内力,设有组合钢支撑,如图4-25所示。钢支撑可随挖土进程逐步架设,方便大型施工机械下坑作业,提高生产率。

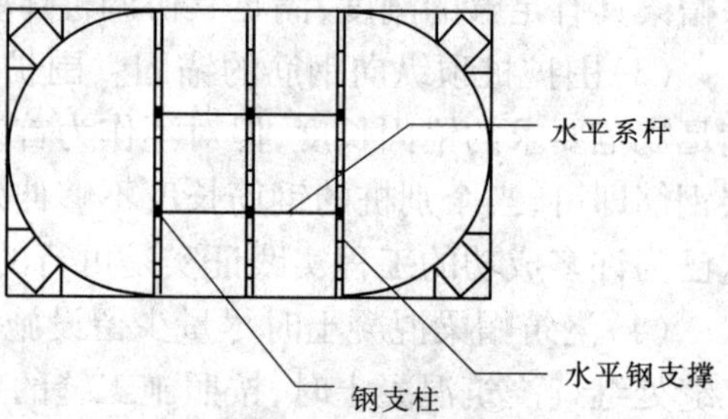

图4-25　钢支撑示意图

1. 钢支撑的施工程序

钢支撑的施工程序如图4-26所示。

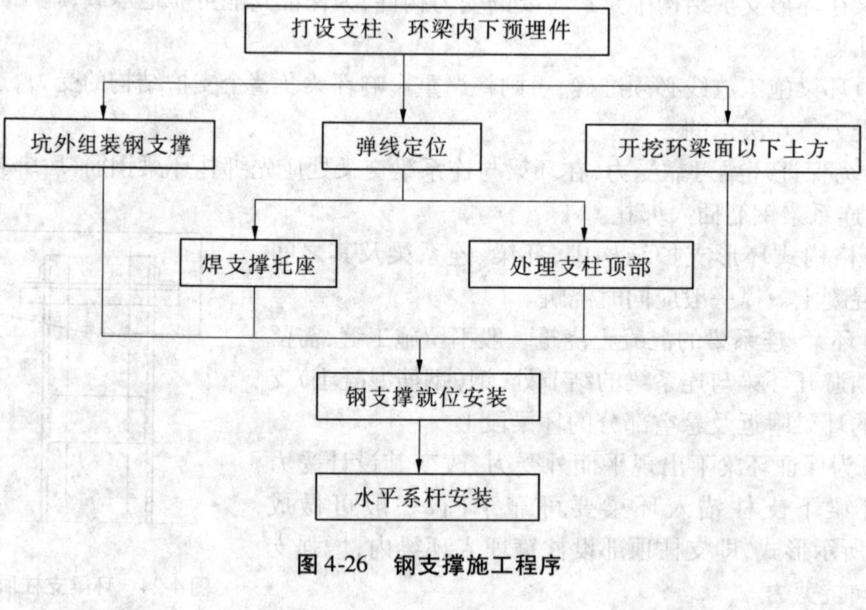

图4-26　钢支撑施工程序

2. 安装钢支撑的准备工作

安装水平钢支撑之前必须做好以下各项工作：

(1)钢支撑、钢支柱及预埋件等的制作均应按钢结构现行设计规范和施工规范等执行，严格按图施工。

(2)预埋件的埋设位置关系到钢支撑的安装，埋设位置偏差应符合规范规定数值。

(3)支柱的施工可随工程桩一起进行。利用工程桩支承支柱的，需经设计人员同意。支柱的承载往往比较复杂，不只是钢支撑的自重和施工荷载，往往还有其上拱力或下拱力，比如在澳东大厦基坑支护中，拆除支柱后钢支撑有的上拱达 50 mm，其下支柱肯定就处于受拉状态。因此，支柱下端支承在工程桩上时，要与工程桩的主筋焊牢，并要埋入桩顶设计标高以下足够长度，满足锚固要求。对单独设桩支承的支柱，也必须保证足够的埋入长度，使支柱既可承压又能受拉，确保水平钢支撑在竖向的约束可靠。对于支柱未能可靠锚入其下支承桩出现吊脚现象的，处理起来相当困难，因此在打支柱下的支承桩时必须严格控制灌灰面的高度，宁高勿低。

(4)支柱的上端也应留出余量，一般控制在 300 ~ 500 mm。一般地，为了缩短安装钢支撑所用时间，可在开挖土方的同时处理支柱顶端，即将支柱按所需标高切割，然后与连接板(连接板是用来固定钢支撑用的)焊牢。同一支撑下各支柱连接板顶面标高应严格控制保证与支撑托座在同一标高上。

(5)钢支撑端部托座的施工必须注意轴线位置及托座的标高符合设计要求，并保证托座与环梁内预埋件的焊接质量。

(6)钢支撑的拼接要保证各节在同一轴线上。在连接法兰螺栓时应对角和分等分顺序扳紧。

3. 钢支撑的就位安装

由于土方的开挖，支护结构已产生一定的变形，钢支撑就位前，需根据两边环梁支撑位置的实际距离用气割截平钢支撑的一个端头，然后吊装就位。吊装时注意吊点位置，就位时按轴线对中，然后在钢支撑和预埋件之间塞钢板垫块并焊牢固定。对先安装的第一根钢支撑要采取措施保证其水平面内的稳定。两根相邻钢支撑之间也应用水平系杆连接牢靠，控制钢支撑水平面内的侧向稳定。

4. 关于支柱的技术措施

支撑柱是用来架设混凝土环梁的主要构件。目前，钢筋混凝土环梁在工程中运用越来越多，环形支撑已经由一层发展到两层，甚至更多层。环梁直径也由最初的十几米发展到 50 m 甚至 100 多 m。大型的钢筋混凝土环梁除一部分可由围护桩承担支撑外，很大一部分需由架设在环梁底部的支撑柱支撑。有学者认为支护桩、内支撑、竖向支柱、工程桩已经连接为一整体，共同承担侧向土压力和内支撑的自重荷载，它们之间有相互作用和共同影响。

为保证支护结构的安全及地下结构的正常施工和各项功能不受损伤，施工时应采取如下措施：

(1)因支柱要穿过底板混凝土，须做好防水处理。在浇底板混凝土之前，在支柱上焊两道止水钢板，钢板与格构式支柱必须满焊，钢板开口处亦应焊严。

(2)支柱穿过地下结构顶板与钢筋位置发生矛盾时,应采取先补强支柱后切割的办法保证梁的钢筋通过及其位置的准确性。

(3)所有穿过混凝土板的支柱均埋于梁板混凝土内,待环梁及钢支撑拆除后分别自混凝土的上下皮切割。

在格构式拱撑环梁支护结构中,一般是先挖土至第一根钢支撑安装位置,然后安装支撑,该支撑安好后,接着挖下一个撑间土,安装下一根支撑。钢支撑安装工艺合理与否将直接影响到生产率的高低和支护结构位移的大小。如澳东大厦基坑支护工程中,钢支撑下的支柱是在其下的工程桩中下四根短钢管,待土方开挖刨出该桩时再用钢管和扣件接长,搭成格构式钢管支柱,此法费工费时,在一定程度上减缓了土方的开挖速度。该工程施工中钢支撑架设缓慢也是造成支护结构侧移较大的主要原因之一。另外,该工程因支撑尺寸较大,安装中存在误差,在钢支撑的轴力测试中,各撑存在不同程度的偏心受力,甚至个别撑端头环梁内预埋铁板已发生挠曲。由此看来,制定合理的钢支撑安装工艺是提高劳动生产率、增强支护结构安全性的有效途径。

第五章　新型混凝土技术

自1824年硅酸盐水泥发明以来,混凝土已经有180多年的应用历史。由于普通混凝土与其他材料相比,具有材料容易获得、较高的强度、良好的可塑性和耐久性等优点,因此得到了快速发展,被广泛应用于工业与民用建筑、交通设施、水利水电建筑及基础工程中。

随着世界经济和科技的迅猛发展,对水泥及混凝土的数量要求越来越大,性能要求也越来越高、越来越多。传统的混凝土技术因其自身性能的一些限制已无法满足发展的需要,为适应不同结构、不同建筑类型、不同用途的要求,各式各样的"特种混凝土"应运而生,如:适合于在水下浇筑的水下不分散混凝土,适合于化工工业要求的具有抗各种腐蚀介质耐蚀性(耐酸、耐碱、耐盐)混凝土,可以满足冶金建材工业要求的耐热(耐火)混凝土,为核工业的发展提供条件的防辐射混凝土,满足高等级公路要求的具有高耐磨性、抗冻性和低振动性的道路混凝土,可用于城市步行道路的具有良好的透水、排水性和城市绿化特点的绿色混凝土,特殊工业及试验场所要求的抗静电混凝土,建筑物美化所要求的具有装饰性的混凝土,还有喷射混凝土、防爆混凝土等。

另外,现代施工技术(如新型的模板,新型的混凝土泵,新型的施工工艺、施工方法等)的出现及发展,与之相适应的新型混凝土也在研制并应用,如免振自密实混凝土(流态混凝土)、超高泵送混凝土等。

新型混凝土技术的研究与开发应用,对传统混凝土的技术性能有了重大的突破,对节能、工程质量、工程经济、环境与劳动保护等方面都具有重大的意义。

第一节　高强混凝土

高强混凝土是采用常规的水泥、砂石为原料,使用一般的制作工艺,主要依靠添加高效减水剂或同时添加一定数量的活性矿物材料,使新拌混凝土拥有良好的工作性,并在硬化后具有高强高密实性能的水泥混凝土。中国土木工程学会高强与高性能混凝土委员会提出的《高强混凝土结构设计与施工指南》(CECS 98)中将强度在50 MPa以上的混凝土称为高强混凝土。

高强混凝土的抗压强度高,可使混凝土柱子、拱壳等受压构件大幅度增加承载能力,在相同荷载作用下则可减小构件截面。对于混凝土受弯构件,它能降低截面受压区的混凝土高度,允许有较高的配筋率,通过提高配筋率来增加受弯构件的抗弯能力或降低构件的截面高度。高强混凝土的变形小,可提高构件的刚度,这对由变形控制截面尺寸的梁板特别有利。对于预应力混凝土构件来说,可以施加更大的预应力,可以早施加预应力,可因徐变小而减少预应力损失。对于结构物减小截面尺寸意味着降低结构自重和减轻地基基础的负荷。减小截面尺寸还意味着增加使用面积或有效空间。

高强混凝土的抗渗、抗冻性能均优于普通混凝土,对于露天、受海水侵蚀、受高速流体冲刷的或易遭碰撞的工程构筑物，均宜采用高强混凝土。

高强混凝土也有其不足之处。首先在材料性能上，高强混凝土比普通强度混凝土差，素混凝土的延性都随着强度提高而降低。但是材料的延性不等同于构件或结构的延性，对高强混凝土构件可通过适当的配筋构造措施，来使其满足设计要求。此外，高强混凝土的抗拉、抗剪强度虽然也随着混凝土抗压强度的增长而提高，但抗拉、抗剪强度与抗压强度的比值都随之而降低。因此，对于高强混凝土的力学性能，不能利用其单轴抗压强度指标按低强混凝土的概念去进行推论。另外，高强混凝土对于原材料有严格的要求，对于生产、施工的各个环节有较高质量管理要求，其质量还特别容易受到生产、运输、浇筑和养护过程中环境因素的影响。这些都需要在混凝土施工全过程中加以密切的注意。

一、高强混凝土的配制

(一)原材料选择

高强混凝土的原材料主要包括胶凝材料、砂石骨料、化学外加剂、矿物掺合料和拌和水等。原料的选择是否正确，是配制高强混凝土的基础和关键，必须引起足够的重视。

1. 胶凝材料

配制高强混凝土时水泥用量不应超过 550 kg/m^3，水泥的细度一般为 3 500 ~ 4 000 cm^2/g 比较适宜，水泥的强度等级一般应高于相应混凝土的强度等级，宜选用强度等级为 52.5 MPa 或更高强度等级的硅酸盐水泥或普通硅酸盐水泥。当混凝土强度等级不超过 C60 时，也可以选用强度等级为 42.5 MPa 的硅酸盐水泥或普通硅酸盐水泥。无论何地产的水泥，必须达到强度满足、质量稳定、需水量低、流动性好、活性较高的要求。

2. 骨料

骨料是混凝土的重要组成材料，配制高强混凝土的骨料，应选用坚硬、高强、密实而无孔隙和无软质杂质的优良骨料。

配制高强混凝土，要优先采用抗压强度高的优质骨料(优质骨料是指高强度骨料和活性骨料)，如致密的花岗岩、大理石等；骨料粒型应坚实并带有棱角，应采用立方体的碎石，而不能用天然砾石；骨料级配宜连续且应在要求范围以内，骨料中异形颗粒(指针、片状颗粒)不宜超过 5%，各种杂质(主要包括黏土、云母、轻物质、硫化物及硫酸盐、活性氧化硅等)含量控制在 1% 以内。

配制高强混凝土最好用纯净的砂，含泥量(淤泥和黏土总量)不宜超过 2%；云母含量按质量计不宜大于 2%；轻物质含量按质量计不宜大于 1%；硫化物及硫酸盐(折算成 SO_3)含量按质量计不宜大于 1%；有机质含量按比色法评价，颜色不应深于标准色。细骨料的级配要符合要求，砂的细度模数应大于 2.4，最好控制在 2.7 ~ 3.1 范围内。

3. 外加剂

配制高强混凝土掺加一定量的高效减水剂，这是改善混凝土性能不可缺少的重要措施之一。大量的工程实践证明，高效减水剂已成为高强混凝土中重要的材料。

根据我国混凝土外加剂的质量标准，高效减水剂的减水率必须大于 12%。按化学成分不同，高效减水剂可分为萘系、多羧酸系、三聚氰胺系和氨基磺酸盐系四大类，目前最常用的是萘系和三聚氰胺系高效减水剂。

配制强度等级较高的高强混凝土时,应首先选用非引气型高效减水剂;配制强度等级不太高的高强混凝土时,同时混凝土有较高的抗冻性或较好的可泵性要求,可选用引气型高效减水剂,也可以采用高效减水剂和引气剂复合的方式。

4. 矿物掺合料

在高强混凝土的配制中,加入适量的活性掺合料,既可促进水泥水化产物的进一步转化,也可收到提高混凝土配制强度、降低工程造价、改善高强混凝土性能的效果。《高强混凝土结构设计与施工指南》(CECS 98)建议采用的活性掺合料有粉煤灰、沸石粉、硅粉等。

1)粉煤灰

粉煤灰是一种人工火山灰材料,是燃煤电厂煤粉炉烟道中收集的细颗粒粉末。掺加粉煤灰能够减少混凝土中的空隙,可以明显提高混凝土的强度。掺入粉煤灰后,早期强度发展较慢,后期强度发展快,最终强度都有增长,所以在工程设计和施工中能利用后期强度则特别有利。另外,粉煤灰其本身球形玻璃体的光滑表面能改善混凝土拌和物的和易性,因而能减少混凝土拌和物的用水量,减少泌水和离析。国产的粉煤灰分为Ⅰ、Ⅱ、Ⅲ三个等级。

2)沸石粉

天然沸石粉是一种特殊的火山灰质材料,也是一种含有很多微孔的骨架状硅酸盐结晶矿物。在混凝土中大量应用的是斜发沸石和丝光沸石,其化学成分与粉煤灰基本相同。天然沸石粉不仅具有很大的内表面积,而且还具有一定的水硬性,掺加一定量的沸石粉后,水泥水化产生的 $Ca(OH)_2$ 被其吸收,并且结晶状态由原来的片状变为 CSH 相,从而也提高了混凝土的强度。

3)硅粉

硅粉是电炉生产工业硅或硅铁合金的副产品,从炉子排出的废气中过滤收集而得。硅粉主要由 SiO_2、Al_2O_3、Fe_2O_3、MgO、CaO 组成,它的活性比水泥高 1 ~ 3 倍。配制强度等级大于 C80 的高强混凝土,掺加硅粉几乎成为唯一的手段。

5. 拌和水

配制高强混凝土的用水,一般来讲人能饮用的即可。水中不得含有影响水泥正常凝结与硬化的有害杂质,pH 值应大于 4。

普通水经磁场磁化,得到磁化拌和水。在用磁化水拌制混凝土时,由于水的“活性”得以提高,因此水与水泥进行水解水化作用时,就会使水分子比较容易地由水泥颗粒的表面进入颗粒内部,加快水泥的水化作用,从而提高混凝土的强度。据俄罗斯有关资料介绍,利用磁化水拌和混凝土,可增加强度 50%。我国现有资料表明,在不减少水泥用量的情况下,用磁化水可使混凝土强度提高 30% ~ 40%。有关磁化水的作用机理,尚处在深入研究阶段。

(二)高强混凝土配合比设计

高强混凝土配合比设计是根据工程对混凝土提出的强度要求、各种材料的技术性能及施工现场的条件,合理选择原材料和确定高强混凝土各组成材料用量之间的比例关系。由此看来,它与普通混凝土的配合比设计基本相同,只不过是对水泥及骨料提出了更高的要求。

1. 配合比设计的步骤

(1)确定水灰比。

高强混凝土水灰比的确定,可以根据普通混凝土的方法,计算混凝土的试配强度,然后再以试配强度计算水灰比。在乔英杰等编著的《特种水泥与新型混凝土》中,提供了计算法和查表法,比较简单易行。

①计算法。

由于原材料的性质不同,其关系式也不相同。同济大学提出的关系式如下:

对于用卵石配制的高强混凝土

$$f_{28} = 0.296 f_k (C/W + 0.71) \tag{5-1}$$

对于用碎石配制的高强混凝土

$$f_{28} = 0.304 f_k (C/W + 0.62) \tag{5-2}$$

式中 f_{28}——高强混凝土的设计强度,MPa;

f_k——水泥的强度等级,MPa;

C/W——混凝土的灰水比。

②查表法。

查表法是简捷、快速确定水灰比的方法,表 5-1 给出了配制不同强度等级的混凝土时水灰比参考值。对于一般的高强混凝土工程是完全可以的,但对于重要或大型高强混凝土工程仅供参考。

表 5-1　混凝土强度等级与水灰比参考值

水泥品种	水泥强度等级	混凝土强度等级	水灰比参考值	说明
高级水泥	82.5	C70	0.36	—
高级水泥	62.5	C60	0.33	—
普通水泥	52.5	C50	0.40	—
普通水泥	42.5	C70	0.30	干硬性
普通水泥		C60	0.35	干硬性
普通水泥		C50	0.40	

注:表中水灰比为不掺减水剂的参考值。

(2)选择单位用水量。

根据选用的骨料种类、最大粒径和混凝土拌和料设计的工作度,可查表 5-2 选择单位用水量。

(3)计算水泥用量。

水泥用量可按下式计算:

$$C = W \cdot C/W \tag{5-3}$$

表 5-2 高强混凝土用水量参考值

粗骨料		混凝土拌和料在下列工作度(s)时的用水量(kg/m^3)					
种类	最大粒径	30~50	60~80	90~120	150~200	250~300	400~600
卵石	$D=31.5$ mm	164	154	148	138	130	128
	$D=20.0$ mm	170	160	155	145	140	135
碎石	$D=31.5$ mm	174	164	154	144	138	134
	$D=20.0$ mm	180	170	160	150	145	140

(4)选择砂率。

根据工程实践经验和统计资料分析,高强混凝土的砂率一般宜控制在28%~34%,采用泵送工艺时可为32%~42%。从理论上讲,应该是强度等级越高,砂率越低。

(5)计算砂石用量。

(6)确定初步配合比。

(7)试配和调整。

上述步骤(5)~(7)与普通混凝土相同,在此不再赘述。

2. 配合比设计参考的原则

(1)混凝土的配合比设计必须满足混凝土的强度要求及施工要求,混凝土强度的保证率不得小于95%。若无统计数据,可按实际强度的平均值达到设计要求的1.15倍进行配合比设计。

(2)对于50~70 MPa的混凝土,水灰比宜小于0.35;对于80 MPa的混凝土,水灰比宜小于0.30;对于100 MPa的混凝土,水灰比宜小于0.26;对于大于100 MPa的混凝土,水灰比宜取0.22左右。

(3)高强混凝土必须选用高强度等级的优质水泥,每1 m^3 混凝土中的水泥用量应在400~500 kg范围内。对于80 MPa的混凝土可达500 kg/m^3,大于80 MPa的混凝土也不宜超过550 kg/m^3。

(4)配制高强混凝土时,应选择高强度、低吸水率的碎石,粗骨料的粒径不宜过大。C60及以上的混凝土最大粒径不宜超过15 mm,C60以下的混凝土最大粒径可放宽到25 mm。

(5)为提高混凝土的强度,改善混凝土拌和料的工作性,必须掺加适宜品种和适量的高效减水剂。

(6)除泵送高强混凝土外,配制高强混凝土的砂率尽量要低,一般以控制在24%~28%范围内为宜。

(7)若掺加粉煤灰等活性矿物材料,不能用等量取代水泥,而要采用超量取代法计算高强混凝土的配合比。

二、高强混凝土施工

加强高强混凝土的施工管理,提高高强混凝土的施工工艺,采取高强混凝土适宜的配制途径,是确保高强混凝土质量的重要措施。高强混凝土的施工工艺主要包括搅拌工艺、振动成型工艺和养护工艺。

(一)原材料计量

高强混凝土的配合比应经混凝土搅拌站技术负责人审定,且应在具有自动称量、电脑控制的混凝土搅拌站进行生产。其原材料应符合有关规定并经复验合格后方可使用。原材料计量应按质量计,计量允许偏差见表 5-3。复合胶凝材料中各组分应分别计量。

表 5-3　原材料计量允许偏差　(%)

计量	复合胶凝材料	骨料	水	外加剂
每盘计量	±2	±3	±2	±2
累计计量	±1	±2	±1	±1

注:累计计量允许偏差是指每一运输车中各盘混凝土的各种材料计量和偏差。仅适用于采用微机控制计量,且对每盘计量偏差自动修正的搅拌机。

在生产高强混凝土之前,应对计量设备进行校核。

(二)混凝土搅拌工艺

混凝土的施工工艺是保证高强混凝土质量的关键,在施工工艺中主要影响因素是混凝土的搅拌。混凝土搅拌的目的,除达到拌和物的均匀混合外,还要达到强化、塑化的作用。

拌制高强混凝土必须用强制式混凝土搅拌机。不得在同一时段内,使用同一台混凝土搅拌机拌制其他不同强度等级的混凝土。

高强混凝土由于复合胶凝材料颗粒细、用量多,为达到搅拌均匀,除适当延长搅拌时间外,还须采用分批投料、滞后加水等办法,以解决搅拌时可能发生的胶凝材料结团、砂结块、搅拌机电流过大等问题。

搅拌工艺应通过试验确定,亦可参照下述搅拌工艺执行:

工艺一:较适合立轴式强制搅拌机。

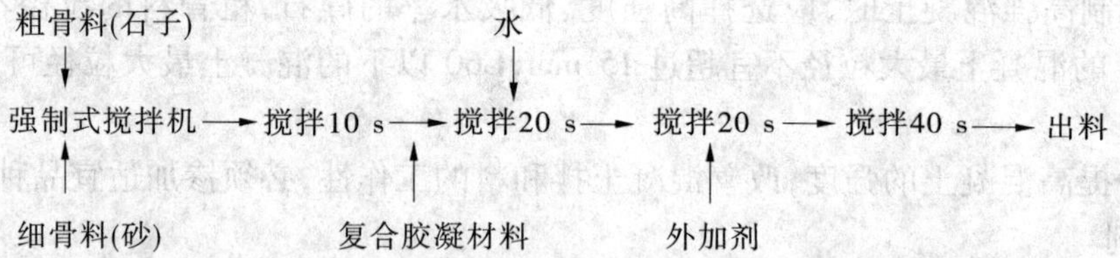

上述搅拌时间不包括骨料、胶凝材料下料时间,即粗、细骨料投入后搅拌 10 s,然后投入胶凝材料,投完胶凝材料搅拌 20 s,在第 10 s 后开始加水。外加剂的投入在加水搅拌的时间开始投入,外加剂投完后至少搅拌 40 s 方能出料。

工艺二:较适合卧轴式强制搅拌机。

外加剂应在水加到一半(10 s 后)时开始加入,外加剂加入待搅拌均匀后(一般在 20 s 左右)才可投入粗骨料。待全部材料投入搅拌机后至少搅拌 40 s 方能出料。

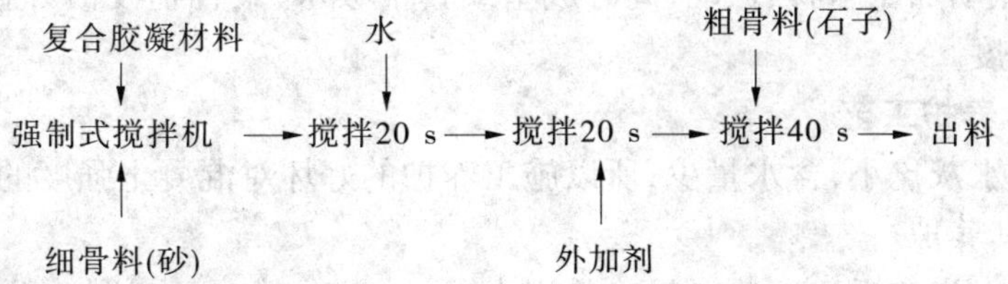

(三)混凝土拌和物检验

制备高强混凝土应加强目测检查,并按《预拌混凝土》(GB 14902—2003)规定,对出机混凝土进行坍落度测试和经时坍落度损失的测定,其值必须符合设计要求。混凝土拌和物质量检验包括以下几个方面:

(1)拌制混凝土所用原材料的品种、规格和质量。

(2)所用的配合比、搅拌工艺和搅拌时间。

(3)混凝土拌和物的和易性、黏聚性和保水性。

(4)出机坍落度、浇筑现场入泵坍落度。

(5)合同规定的其他内容。

(四)混凝土的运输

高强混凝土应采用混凝土搅拌运输车运输。在运输过程中,搅拌筒应保持一定转速,运至浇筑地点给混凝土泵喂料前,应使搅拌筒中高速旋转,使混凝土拌和均匀后卸料。在运输和卸料过程中不得往搅拌筒内注水。

高强混凝土坍落度的经时损失较普通混凝土大,因此施工中应尽量缩短运输时间,以保证混凝土拌和物有较好的工作度。对运抵现场的混凝土拌和物的性能应进行严格测定。

混凝土拌和物中的空气含量,在长时间的搅拌和运输过程中有可能增加,必要时应进行测试。对于水灰比大于0.35的60 MPa的混凝土,空气含量每增加1%,抗压强度约损失5%;对于水灰比低的高强混凝土,损失更多,如对100 MPa左右的高强混凝土,空气含量每增加1%,强度损失可达9%。所以,在运输过程中要尽力避免含气量的变化。

(五)混凝土成型工艺

混凝土自高处自由倾落高度一般不宜大于2 m,当高强混凝土拌和物的水胶比小且有较好稠度时,自由倾落高度可增加至3 m。

按不同强度等级设计的几个现浇构件相连接时,接缝应设置在低强度等级的构件中并应离开高强度等级构件一段距离。

在混凝土拌和物受到振动而紧密时,产生两个变化过程:一是骨料(特别是粗骨料)下沉,其空间相对位置紧密;二是水泥浆结构在水泥粒子凝聚过程中密实,即适宜的振动可以降低混凝土拌和物的黏度,使各粒子逼近,并使水粒子分散。

实际上,通常采用的振动设备(ω=50~200 Hz)只能振实骨料,而不能振实水泥水化物和其他小颗粒,无法达到水泥粒子振实的理想状态。所以,高强混凝土宜用高频振动器振捣。目前,我国已广泛地采用了高频电磁振动器,高频电磁振动器不仅能振实粗、细骨料,而且能振实水泥颗粒。

另外，采取振动加压、高频振动、离心成型或真空吸水、聚合物浸渍等技术措施，都可提高混凝土的强度。

（六）混凝土养护工艺

高强混凝土水灰比小，含水量少，所以施工养护的好坏对混凝土强度的影响比普通混凝土大，应重视其养护。

高强混凝土在浇筑后 8 h 内应覆盖并浇水养护，或在其表面喷刷养护液。养护时间应不少于 14 d。

高强混凝土由于水泥用量大，水泥水化热量多，水化热升温较多。除尽量压缩水泥用量（用活性矿物掺合物替代部分水泥）、降低原材料温度、避免在炎热条件下施工等外，加强养护也是避免产生温度裂缝的重要措施。

混凝土养护的方式很多，其中，蒸压养护是提高混凝土强度的重要途径之一。干－湿热养护是目前比较理想的一种工艺，其优点是混凝土的增强过程合理。在养护制度上，采用适合于水泥特征的养护参数，也将有利于混凝土强度的提高。

第二节　高性能混凝土

高性能混凝土（High Performan Concrete，简称 HPC）是 20 世纪 90 年代发展起来的新型高技术混凝土。1990 年在美国马里兰州由美国 NIST 和 ACI 主办的讨论会上首次提出“HPC”这一新型混凝土的名词。

何谓高性能混凝土？目前观点不完全一致，一般来说高性能混凝土具有下述特点：

（1）高强度。一般认为高性能混凝土首先必须是高强的，目前我国认为强度不应低于 50 MPa，随着技术的进步，该值还会不断提高。

（2）高耐久性。混凝土内部结构密实、缺陷少，硬化后体积稳定，则其抗渗、抗冻、抗碳化、抗介质侵蚀能力强，耐久性好。

（3）良好工作性。高性能混凝土的良好工作性表现为良好的流动性、可泵性和不离析、不泌水，甚至可以自流和免振。

（4）高体积稳定性。这方面表现为温度变形小、收缩和徐变小。对于大体积混凝土来说，良好的体积稳定性可以防止水化热温升及降温过程中的混凝土开裂。

大量研究表明，影响混凝土性能（尤其是强度和耐久性）的最主要因素有两个方面：一是混凝土中硬化水泥浆体的孔隙率、孔分布和孔特征，二是混凝土中硬化水泥浆体与骨料的界面的结合情况。要想提高混凝土的强度和耐久性，必须降低混凝土中水泥石的孔隙率，改善孔分布（即尽可能降低有害大孔），减少开口孔。法国路桥研究中心曾用 BJH 法测得高性能混凝土中水泥石的孔隙率为 18.8%，并且孔半径多小于 2.5 nm。而普通混凝土水泥石中大于 5 nm 的孔隙率就达 26.7%。为改善混凝土中硬化水泥浆体与骨料界面的结合情况，应设法减小在骨料—浆体界面上主要由 $Ca(OH)_2$ 晶体定向排列组成的过渡带的厚度，从而增强界面物理联结或化学联结的强度。

到目前为止，主要从以下几方面的技术措施实施上述途径：

（1）选用优质的、同时符合一定要求的水泥和粗细骨料。这是配制高质量混凝土的基本条件，更是配制高性能混凝土的必要条件。

(2)选用高效减水剂。在满足新拌混凝土大流动度的同时，降低 W/C，使混凝土中水泥石孔隙率降低。

(3)选用具有一定潜水硬性的活性超细粉，如硅灰、稻壳灰、超细沸石粉、超细矿渣粉、超细粉煤灰、超细石灰石粉等。通过掺用活性超细粉提高混凝土的性能是目前高性能混凝土研究中最活跃的课题。

(4)改善混凝土的施工工艺。具体内容见本节“高性能混凝土的施工”。

一、高性能混凝土的配制

对高性能混凝土的配合比设计方法已经进行了很多研究。高性能混凝土配制后要同时符合高性能混凝土的基本要求，即新拌混凝土良好的工作性、硬化混凝土的高强度以及高耐久性。

虽然采用了一些技术途径能够同时满足上述要求，但给配合比设计却带来了一定的困难，尤其是配合比设计中的一些参数的选择和确定。在普通混凝土配合比设计中，这些参数都有较成熟的经验公式和相应的参数进行计算和选择，但在利用这些经验公式和参数进行高性能混凝土配合比设计时，却往往会出现一些较大的偏差。

(一)原料选择

1. 水泥

1)水泥的强度等级

水泥的强度等级要高，以便减少水泥的用量。配制 C60 或更高强度的混凝土一般宜选用 52.5 强度等级或更高强度等级的水泥，配制 C50 的混凝土亦可选用 42.5 等级的水泥。

另外，水泥强度等级的选择还与所采用的减水剂和活性超细粉的种类、品质及施工工艺有一定关系。一般来说，如果采用较先进的施工工艺和选用减水率较大的减水剂及比表面积较高的活性超细粉，就可以适当选用强度低一些的水泥，但水泥的强度等级最低不得低于 42.5 MPa。

2)水泥的品种

原则上说，配制高性能混凝土应尽可能采用 C_3A 含量低、强度等级高的水泥。但考虑生产成本等因素，不同强度和性能要求的高性能混凝土可选用不同强度等级及不同品种的水泥。应优先考虑采用硅酸盐水泥或普通硅酸盐水泥。对于一些体积较大的混凝土工程，应注意因水化热温升过大引起的破坏，选用中低热水泥。

据有关资料，为了进一步提高高性能混凝土的强度等性能，国内外正在研究开发一些新型的水泥，如调粒水泥、球状水泥、活化水泥等。即通过调节水泥颗粒的尺寸分布和颗粒形状或通过物理、化学方法提高水泥的水化活性，使水泥水化后的水泥石结构更有利于强度的发展，从而提高水泥的强度。

3)水泥的用量

与配制普通混凝土一样，水泥用量不仅影响新拌混凝土的和易性，而且影响混凝土的强度、耐久性及收缩变形等一系列性能。水泥用量低，混凝土的强度降低，但水泥用量过高,又会出现水化热释放过高并引起混凝土化学收缩、干湿变形和蠕变性增加。大量资料表明,水泥用量一般以控制在 500 ~ 620 kg/m^3 为宜,具体用量视混凝土要求的强度等级及活性超细粉的性能、掺量而定。

2. 骨料

对于中、低强度等级的混凝土,通常胶凝材料与骨料间的界面强度是最薄弱环节;对于高强、高性能混凝土,尤其是 C80 及其以上强度等级的混凝土,骨料强度成为决定混凝土强度的控制因素。因此,骨料的强度和表面性能及骨料的级配对高性能混凝土性能的影响比较大。

1)粗骨料(石子)

最好选用质量致密坚硬、强度高的粗骨料,如花岗石、大理岩、石灰岩、辉绿岩等品种,并优先考虑采用碎石以改善与硬化水泥浆体的界面物理结合(如配制泵送或大流动度的高性能混凝土,也可考虑采用卵石)。针、片状骨料的含量愈少愈好,一般不宜大于 5%。

粗骨料的最大粒径应比普通混凝土的小一些。最大粒径的减小一方面能够减少骨料与硬化水泥浆体界面应力集中对界面强度的不利影响,另一方面可以增加浆体与骨料界面的黏结。同时,由于减小粗骨料的最大粒径增加了单位体积混凝土中粗骨料的比表面积,也就增加了硬化水泥浆体与粗骨料的界面面积,使混凝土承受载荷时受力更为均匀,有利于混凝土强度的提高。因此,大多数研究者的研究认为,粗骨料的最大粒径应控制在 10 ~ 20 mm。冯乃谦的研究还特别指出,粗骨料的最大粒径超过 20 mm 后,混凝土的断裂韧性随粒径的增大而降低。在粗骨料的级配上,宜采用连续级配,以利于增加混凝土结构的致密程度。

2)细骨料(砂)

细骨料宜选用石英含量高、颗粒形状浑圆、洁净、具有平滑筛分曲线的中粗砂,细度模数应控制在 2.6 ~ 3.7,对于要求混凝土强度等级在 C50 ~ C60 的高性能混凝土,可以在 2.2 ~ 2.6。

3. 掺合料

掺合料的加入,不仅提高了混凝土的强度,而且改善了混凝土的物理力学性能和耐久性。

目前,配制高性能混凝土最有效的活性超细粉是硅灰(也称微硅粉)。由于其 SiO_2 含量极高且颗粒极细,因而活性极高。目前,硅灰已经成为配制高性能混凝土特别是高强度等级(C90 以上)高性能混凝土的首选材料。由于其细度极高,表面积极大(一般介于 12 000 ~ 25 000 m^2/kg),因此为减少拌和用水,需要与高效减水剂联合使用。掺量一般为 5% ~ 15%,不应超过 20%。

近几年来,众多研究者对矿渣超细粉、粉煤灰超细粉、沸石超细粉等具有不同程度火山灰活性的天然、人工矿物的超细粉在高性能混凝土中的应用进行了研究。研究发现,只要将这些物质加工到一定细度,就可以作为配制高性能混凝土的活性超细粉应用。一般认为,上述物质的细度按比表面积,至少应大于 600 m^2/kg,且比表面积越大,对混凝土性能改善的作用也越大。目前矿渣超细粉、粉煤灰超细粉已经大量使用,并已商品化。

4. 高效减水剂

配制高性能混凝土的高效减水剂首先要与所使用的水泥具有较好的相容性，为保证拌和物具有较大的流动性，高效减水剂的减水率应大于20%，特别是配制泵送高性能混凝土，减水率应大于25%，并且新拌混凝土的坍落度经时损失要小。

减水剂对新拌混凝土工作性的影响除与减水率等本身的性能有关外，还与减水剂的掺量、掺入时间、水灰比、水泥种类、骨料种类和数量及砂率等因素有关。因此，具体减水剂的选用应经试验确定。

（二）配合比设计

传统的普通混凝土的配合比，以满足强度及工作性能为主，配合比设计相对简单，也比较成熟，多利用保罗米公式算出水灰比，再确定用水量、砂率，最后得出配合比。而高性能混凝土不仅需要考虑混凝土的强度，还要考虑混凝土的耐久性、体积稳定性、工作性和经济性等因素，再加上原材料的选择和组合的范围宽，因此其配合比设计较复杂。尤其是目前对高性能混凝土的理解尚有差异，所以对高性能混凝土的配合比设计尚无统一的成熟方法，主要还是以试验和实践经验为主。

1. 配合比设计原则

在进行高性能混凝土配合比设计时宜考虑以下原则：

（1）根据设计要求正确选用原材料。

（2）根据耐久性要求选用掺合料，可选用一种或几种复合使用，一般复合使用效果较好。可能时，多使用掺合料，以降低水泥用量。

（3）在满足设计强度前提下，尽可能降低水泥用量和胶凝材料浆体体积，以提高混凝土的体积稳定性（收缩、徐变等）。

（4）必须选用高效减水剂，需要时可掺加复合型外加剂，以满足对工作性能的要求。

（5）采用尽可能低的水胶比和最优的砂率。

2. 配合比参数选择

国内常用的C60～C80和中、大流动度的高性能混凝土，可参考的配合比参数如下：

（1）水泥用量。配制C60及以上强度等级的高性能混凝土宜用52.5级的普通硅酸盐水泥，水泥用量不宜达到和超过500 kg/m^3，最好不超过450 kg/m^3。

（2）砂率。砂率对混凝土强度和工作性能、可泵性等都有明显影响。砂的级配和细度模数、胶凝材料用量、粗骨料粒径等都影响砂率。一般要求可泵性好一些，则需要稍增大砂率，但砂率过高又使强度上不去。当粗骨料为碎石时，配制高性能混凝土的砂率宜为34%～40%。

（3）掺合料。配制高性能混凝土应掺加掺合料，常用的掺量为：粉煤灰（Ⅰ级）15%～30%，磨细矿渣20%～30%，F矿粉5%～10%，硅粉5%～15%。需要时可复合掺用。当混凝土强度等级不高时，粉煤灰和磨细矿渣的掺量还可加大。

（4）用水量。高性能混凝土的最大用水量取决于对混凝土拌和物流动度的要求，在流动度满足施工要求的前提下，应尽可能减小用水量，多在100～160 kg/m^3。

（5）水胶比。水胶比为$W/(C+M)$（M为矿物掺合料），高性能混凝土都掺有掺合料，一般其抗压强度与水胶比基本呈线性关系。由于高性能混凝土都掺有高效减水剂，因此水胶比较低,常用的为0.25~0.35。

二、高性能混凝土的施工

由于高性能混凝土的组分多,影响混凝土性能的因素较复杂,所以施工工艺对混凝土质量的影响较大。

(一)生产方式

高性能混凝土应采用商品化的生产方式,不宜在施工现场小规模生产。预拌混凝土生产工厂拥有自动精确的计量器具,计算机控制的生产系统,有利于保证混凝土的质量。

对原材料的计量要精确,对制备高性能混凝土,原材料的计量精度不应超过下列规定:

水泥、矿物掺合料 ±2%
水、外加剂 ±1%
粗、细骨料 ±3%

(二)搅拌

搅拌的目的是使混凝土的各组分相互分散而且均匀混合。由于高性能混凝土的胶结料多,混凝土拌和物的黏度大,若搅拌不好会影响混凝土拌和物的流变性能、微观结构和均质性等。为此,对于高性能混凝土,搅拌机械宜采用双锥式混凝土搅拌机,也可用强制式混凝土搅拌机,搅拌时间宜适当延长,以保证搅拌质量,特别是掺入硅灰时,搅拌时间应比普通混凝土增加25%~30%。

理想的投料顺序如下:

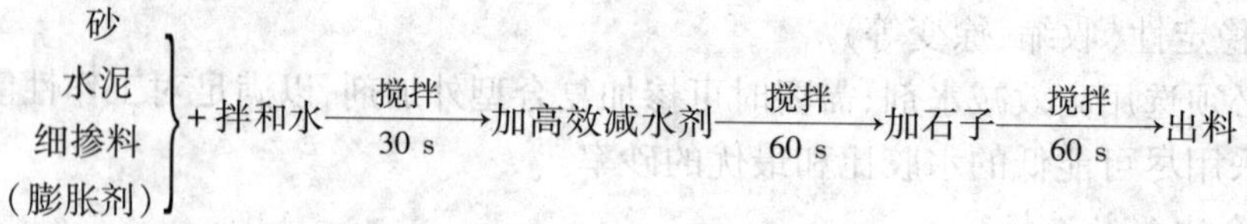

中国土木工程学会高强混凝土委员会在《高强混凝土结构设计与施工指南》(CECS 98)中建议的高强混凝土搅拌流程如下:

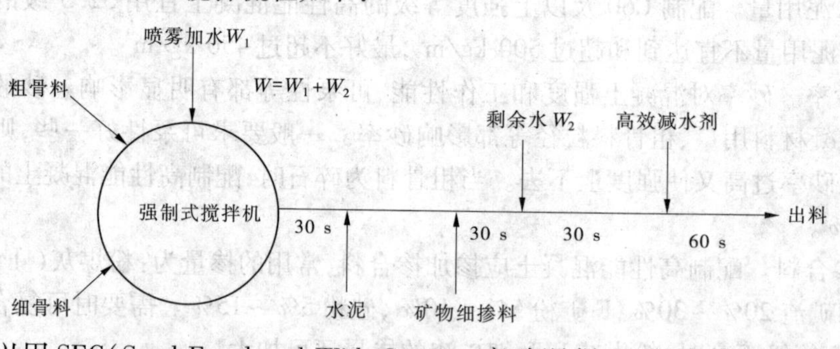

也可以用SEC(Sand Enveloped With Cement,裹砂混凝土)的方法进行搅拌。裹砂混凝土搅拌工艺是20世纪80年代日本首先应用的一种混凝土搅拌工艺。目前,此法已成为制备高强混凝土和高性能混凝土的常用搅拌方法。用这种搅拌工艺在相同原料和配合比条件下,强度可以比普通方法制备的混凝土高20%左右,耐久性、抗渗性也可以大幅度提高。

裹砂混凝土搅拌工艺与普通混凝土搅拌工艺的主要区别是搅拌时原料的投料顺序不同。普通混凝土搅拌工艺是水泥、砂、石一次配好加入搅拌机后，加上应配的水量拌和，而裹砂混凝土搅拌工艺的投料方法如下：

投入砂子 ——→ 加一次水 —搅拌1 min→ 加水泥 —搅拌2 min→ 加入石子 —搅拌2~3 min→

加两次水和外加剂 —搅拌2~3 min→ 出料

这种方法之所以能改善混凝土的性能，是因为一次搅拌时，砂子颗粒表面黏结了一层水泥，形成了薄薄的“水泥外壳”。在二次加水后再搅拌时，砂子周围的水泥外壳与二次水混合形成分散性良好的水泥浆填充在骨料之间的空隙。这样，一方面大大减少了水泥浆的泌水现象，另一方面改善了砂子与水泥浆体的界面，从而改善混凝土的一系列性能。

（三）高性能混凝土的运输及浇筑

1. 运输

高性能混凝土是工厂化生产的预拌混凝土，宜用混凝土搅拌运输车由生产工厂运往浇筑地点。在运输过程中尽量减少坍落度损失。

2. 振捣

混凝土浇筑时对新拌混凝土进行振捣，是使混凝土密实的重要步骤。传统的方法是用平板振动器或插入式振动器，利用机械振动产生的振动波使混凝土拌和物填满模板，同时使搅拌和浇筑过程中产生的一些气泡破裂，使一些气体排出，使得混凝土孔隙率降低而变得密实。

法国 Romet 的研究发现，振动波破坏新拌混凝土中的气泡时，被破坏的气泡直径与振动频率有关。从试验研究中他得到了振动频率与其能破坏的气泡直径的关系为：

$$d = \frac{14 \times 10^6}{\omega^2} \tag{5-4}$$

式中 ω——振动频率，次/min；

d——所能破坏的气泡的最小直径，mm。

一般机械振动的频率为 5 000 ~ 12 000 次/min。由式(5-4)计算，在这样的振动频率下所能破坏的气泡的直径为 0.9 ~ 0.07 mm。而对混凝土强度及耐久性能明显有害作用的孔直径一般为 0.01 mm，要破坏 0.01 mm 及更小的孔，必须加大振动频率。因此，对于高性能混凝土的振捣宜采用超声波振动器或高频振动器（振动频率≥20 000 次/min）。

3. 真空吸水密实

真空吸水密实在配制高性能混凝土中发挥了重要作用。目前真空吸水的作业方式分为表面真空吸水作业与内部真空吸水作业两种，分别如图 5-1(a)和图 5-1(b)所示。

表面真空吸水作业适合于楼面工程、屋面工程、道路工程、预制混凝土板工程等厚度较小、面积较大的混凝土工程的施工；内部真空吸水作业适合于混凝土基础工程中体积较大的梁柱等混凝土工程的施工。真空吸水作业的施工程序如图 5-2 所示。

真空吸水机包括 3 个主要组成部分，即真空泵、抽吸管道、真空吸盘（或真空腔），抽吸管道一般用金属软管，真空吸盘有刚性吸盘和柔性吸盘两种，如图 5-3(a)和图 5-3(b)所示。

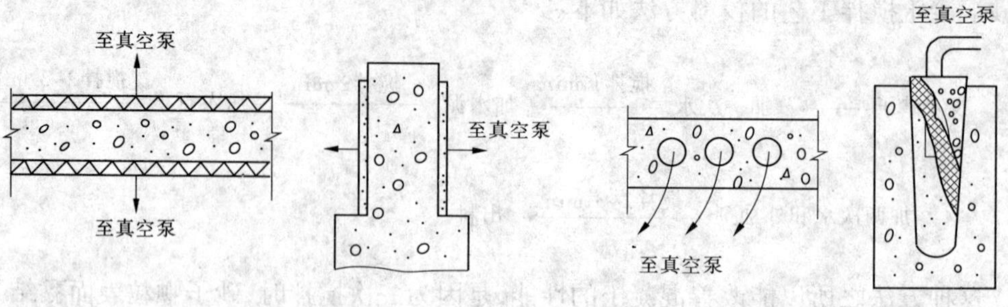

(a)表面真空吸水　　(b)内部真空吸水

图 5-1　真空吸水

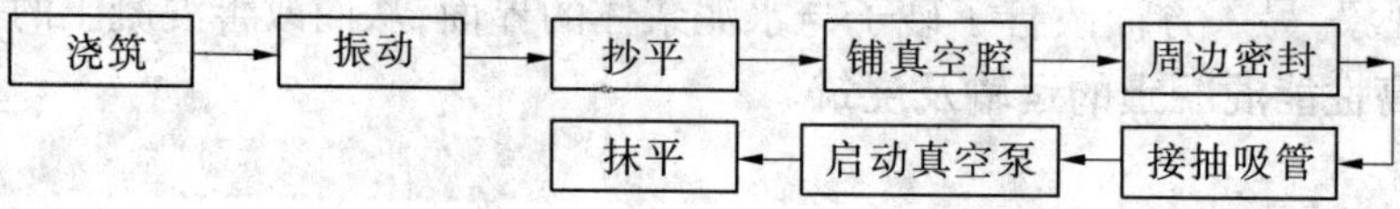

图 5-2　混凝土真空吸水作业流程

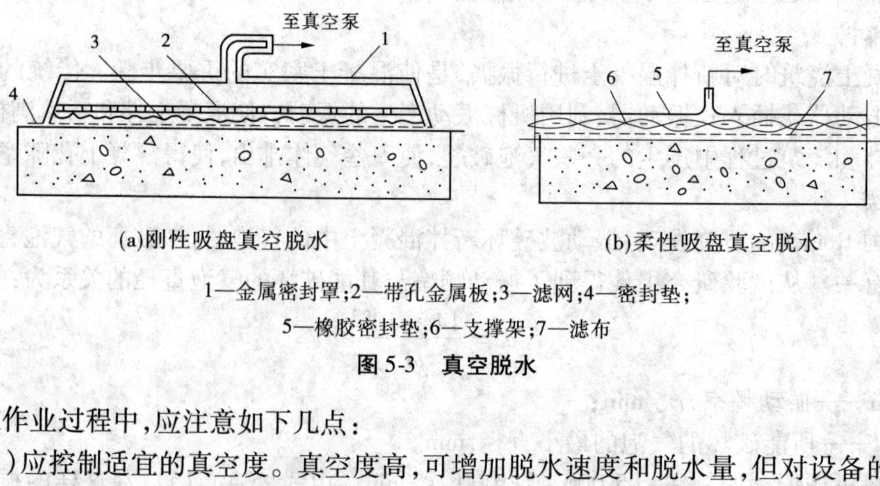

(a)刚性吸盘真空脱水　　(b)柔性吸盘真空脱水

1—金属密封罩;2—带孔金属板;3—滤网;4—密封垫;
5—橡胶密封垫;6—支撑架;7—滤布

图 5-3　真空脱水

在作业过程中，应注意如下几点：

(1)应控制适宜的真空度。真空度高，可增加脱水速度和脱水量，但对设备的要求也提高，而且密封性要求也高，因此采用过高的真空度是不经济的。真空度过低，产生的负压不足以克服新拌混凝土内的剪应力，使吸水和排除空气的能力降低，作业时间加长。一般来说，真空度可控制在 0.05 ~ 0.07 MPa。新浇筑混凝土的厚度越大，选择的真空度也应适当增加。

(2)切实做好吸盘四周的密封，以保证达到足够的真空度。

(3)真空作业时，开始应采用较低的真空度，以防止开始的高真空度导致新拌混凝土表层的过早先密实，而使混凝土表层的排水通道不畅，影响整体混凝土的脱水。

(4)真空吸水作业时间与采用的真空度、环境温度、混凝土的配合比及要求的脱水量有关。另外，由于不同品种水泥及不同水泥用量拌制的混凝土保水性不同，因此在一定程度上因影响排水速度而影响真空吸水时间。新拌混凝土保水性越好，在同一真空度下所需的脱水时间越长。

(5)在真空吸水的同时,最好采用适当的机械振动,从而促使新拌混凝土的“液化”而降低脱水阻力,有利于同相颗粒位置的调整,同时也有利于气泡的排出。振动的方向最好与真空吸水的方向垂直,这样可以减小真空产生的压力与自重对振动效应的削弱。另外,振动应采用低振幅,因为过高的振幅容易引起新拌混凝土的分层离析,造成脱水效率的降低。

(四)养护

高性能混凝土由于水胶比小、水化反应迅速,所以早期养护十分重要。尤其对于掺加硅粉的高性能混凝土,为避免产生表面的塑性裂缝,早期养护更为重要。试验也证明,对高性能混凝土不同的养护条件,其强度增长和最终强度是不同的。

养护过程要注意更严格的保温和保湿。因为高性能混凝土水泥用量较大,且水泥中 C_3S 含量较高,因此水化热相对较高。如果混凝土构件较大且环境温度较低,很容易使混凝土构件内外温差过大,导致内外变形不均匀而引起应力破坏作用。因此,采取适当的保温措施使内外温差降低是十分必要的。另外,如果构件体积很大,还应采用中热水泥或加入缓凝剂。由于高性能混凝土水灰比较小,为保证在水化硬化时有充分的水,应尽量保证环境的湿度($RH \geqslant 90\%$),或采取有效措施防止混凝土水分的蒸发(如薄膜保湿或表面喷洒养护剂等)。

第三节 泵送混凝土

对于大型钢筋混凝土构筑物和高层建筑,如何正确选择混凝土的运输工具和浇筑方法尤为重要,它往往能决定施工工期的长短和劳动量消耗的大小。最近几年,在建筑工程推广应用的泵送混凝土技术,以其效率高、费用低、节省劳力、水平和垂直运输可一次连续完成、适用狭窄施工现场等优点,愈来愈受到人们的重视。

混凝土泵是一种用于输送和浇筑混凝土的施工设备,它能一次连续地完成水平和垂直运输,尤其对于一些工地狭窄和有障碍物的施工现场,用其他运输工具难以直接靠近施工工程,混凝土泵更能有效地发挥作用。用混凝土泵沿管道输送和浇筑的混凝土拌和物,称为泵送混凝土。一般泵送高度超过 200 m 时称为超高泵送混凝土技术。

德国为混凝土泵的创始国,是世界上第一个取得混凝土泵专利的国家,也是欧洲混凝土泵发展最快的国家。美国是继德国之后混凝土泵发展较早的国家。20 世纪 50 年代中叶,德国的托克里特(Torkret)公司首先发明了用水作为工作液体的液压泵,使混凝土泵进入了一个新的发展阶段。20 世纪 60 年代中期,为了提高混凝土泵的机动性,研制成功了混凝土泵车,使混凝土泵由固定式发展成为车载式,同时,为了使混凝土浇筑更加方便,又在混凝土泵车上加装了可以回转伸缩的布料杆,可以将混凝土拌和物直接入仓,大大提高了混凝土的浇筑速度。

混凝土泵的不断发展,推动着泵送混凝土技术的发展。进入 20 世纪 90 年代,我国高层建筑如雨后春笋般出现。其中大多数是用混凝土泵输送混凝土拌和物的,创造了一个又一个的泵送高度。如 2002 年,三一重工的 HBT90CH2122D 超高压泵在香港国际金融中心主楼施工现场，创造了单泵垂直泵送 406 m 的世界纪录；2007 年，三一重工的 HBT90CH2135D 又在上海环球金融中心施工现场，创造了单泵垂直泵送混凝土 492 m 的新高度。

一、泵送混凝土的原材料及配合比

（一）泵送混凝土的原材料

泵送混凝土除具有一定的强度和耐久性要求外，还要求混凝土拌和物具有较好的可泵性。所谓混凝土的可泵性，即指混凝土拌和物在泵送压力作用下，具有能顺利通过管道、摩阻力小、不离析、不堵塞和黏塑性良好的性能。

1. 水泥

水泥品种对混凝土拌和物的可泵性有一定影响。一般情况下，保水性好、泌水性小的水泥都宜用于泵送混凝土。根据北京、上海、广州等地的大量工程实践经验，一般采用硅酸盐水泥、普通硅酸盐水泥、矿渣硅酸盐水泥及粉煤灰硅酸盐水泥均可，但必须符合相应标准的规定。矿渣硅酸盐水泥由于保水性较差、泌水性较大，国外一般不采用。但我国大量的工程实践证明，对矿渣硅酸盐水泥，采取适当提高砂率、降低坍落度、掺加粉煤灰、掺入混凝土泵送剂、提高保水性等技术措施，也可以用于泵送混凝土。

2. 粗骨料

粗骨料的级配、粒径大小和颗粒形状对混凝土拌和物的可泵性都有较大的影响。配制泵送混凝土的粗骨料应选用符合《普通混凝土用碎石及卵石质量标准及检验方法》（JGJ 53—93）标准的规定。

配制泵送混凝土的粗骨料最大粒径与输送管径之比，一般建筑混凝土用碎石不宜大于 1∶3，卵石不宜大于 1∶2.5，高层建筑宜控制在 1∶3 ~ 1∶4，超高层建筑宜控制在 1∶4 ~ 1∶5。

针、片状颗料形状的粗骨料，对混凝土可泵性的影响很大，它不仅降低混凝土的稳定性，而且容易卡在泵管中造成堵塞。因此，针、片状颗粒的含量不宜大于 10%。

级配良好的粗骨料，其空隙率小，对节约砂浆和增加混凝土的密实度都起着很大作用。在我国行业标准《混凝土泵送施工技术规程》（JGJ/T 10—95）中，对 5 ~ 20 mm、5 ~ 25 mm、5 ~ 31.5 mm 和 5 ~ 40 mm 的粗骨料，分别推荐了最佳级配曲线，图 5-4 中的粗实线为最佳级配线，两条虚线之间的区域为适宜泵送区，在选择粗骨料最佳级配区时宜尽可能接近两条虚线之间范围的中间区域。由于我国的骨料级配曲线不完全符合泵送混凝土的要求，所以仅作为参考，必要时可进一步试验，把不同粒径的骨料加以合理掺合，以得到理想的可泵性。

由于我国目前的粗骨料生产，有时未严格符合泵送混凝土施工要求的级配曲线规定的要求，因而有时影响泵送性能。在进行混凝土泵送施工时，要严格检查进场的粗骨料的级配，若发现有不符合之处，则测定级配后按规程要求的级配曲线进行配制。粗骨料应采用连续级配。

3. 细骨料

细骨料对混凝土拌和物可泵性的影响要比粗骨料大得多，这就要求细骨料不仅要含

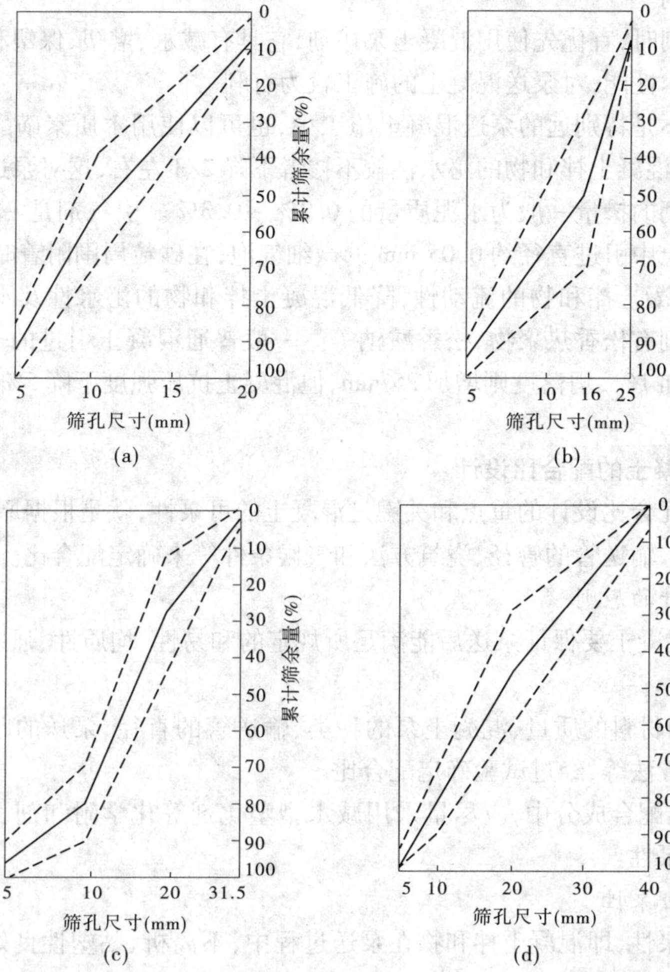

(a)粗骨料 5～20 mm 最佳级配曲线;(b)粗骨料 5～25 mm 最佳级配曲线;

(c)粗骨料 5～31.5 mm 最佳级配曲线;(d)粗骨料 5～40 mm 最佳级配曲线

图 5-4　粗骨料最佳级配曲线

量丰富,而且级配良好。我国多数工程实践证明,采用中砂适宜泵送,国内工程实践亦证明,砂中通过 0.315 mm 筛孔的颗粒含量应不小于 15%,最好能达到 20%。

4. *矿物掺合料*

掺入粉煤灰等硅质矿物掺合料,可显著降低混凝土拌和物的屈服剪切应力,大大提高混凝土拌和物的坍落度,从而提高混凝土拌和物的流动性和稳定性。粉煤灰颗粒在泵送过程中起着“滚珠”的作用,不仅能使混凝土拌和物的流动性增加,大大减小混凝土拌和物与管壁的摩阻力,而且能减轻混凝土拌和物的泌水和干缩程度。当泵送混凝土中水泥用量较少或细骨料中粒径小于 0.315 mm 者含量较少时,掺加粉煤灰是最适宜的。

5. 外加剂

目前,国内外所使用的泵送混凝土一般都掺加各类外加剂。用于泵送混凝土的外加剂,主要有泵送剂、减水剂和引气剂三大类。对于大体积混凝土,为防止收缩裂缝,有时还掺加适量的膨胀剂。

在选用外加剂时，宜优先使用混凝土泵送剂，它具有减水、增塑、保塑和提高混凝土拌和物稳定性等技术性能，对泵送混凝土的施工较为有利。

在输送距离不是特别远的泵送混凝土施工中，也可以使用木质素磺酸钙减水剂。掺入此种减水剂后，混凝土拌和物的泌水性较不掺者下降2/3左右，这对泵送混凝土十分重要。木质素磺酸钙的掺量一般为水泥质量的0.2%～0.3%。引气剂是一种表面活性剂，掺入后能在混凝土中引进直径约0.05 mm的微细气泡，在砂粒周围附着时起到“滚珠”的作用，显著增加混凝土拌和物的流动性，降低混凝土拌和物的泌水性及水泥浆的离析现象。常用的引气剂有松香热聚物、松香酸钠等。一般普通混凝土引进的空气量为3%～6%，空气量每增加1%，坍落度则增加25 mm，但混凝土抗压强度下降5%，这是应当引起重视的问题。

（二）泵送混凝土的配合比设计

泵送混凝土配合比设计的重点和关键是混凝土的可泵性，就是根据原材料的质量、泵送距离、泵的种类、输送管的管径、浇筑方法和气候条件等来确定配合比。

1.配合比设计的原则

（1）配制的混凝土要保证泵送后能满足所规定的和易性、均质性、强度和耐久性等方面的质量要求。

（2）根据所用材料的质量、混凝土泵的种类、输送管的直径、泵送的距离、气候条件、浇筑部位及浇筑方法等，经过试验确定配合比。

（3）在混凝土配合成分中，应尽量采用减水型塑化剂等化学附和剂，以降低水灰比，改善混凝土的可泵性。

2.混凝土的可泵性

混凝土的可泵性，即混凝土拌和物在泵送过程中，不离析、黏塑性良好、摩阻力小、不堵塞、能顺利沿管道输送的性能。

目前，可泵性尚没有确切的表示方法，一般可用压力泌水仪试验确定。一般10 s时的相对泌水率S_{10}不超过40%的混凝土拌和物是可以泵送的。相对泌水率S_{10}可按式（5-5）计算：

$$S_{10} = \frac{V_{10}}{V_{140}} \tag{5-5}$$

式中　S_{10}——混凝土拌和物加压至10 s时的相对泌水率（%），S_{10}取三次试验结果的平均值，精确到1%；

V_{10}、V_{140}——混凝土拌和物加压至10 s和140 s时的泌水量，mL，均取三次试验结果的平均值，精确到整数位。

压力泌水试验是检验混凝土拌和物可泵性好坏的有效方法。对于任何坍落度的混凝土拌和物，开始10 s内的出水速度很快，140 s以后泌出水的体积很小。因此，V_{10}/V_{140}可以代表混凝土拌和物的保水性能，即反映阻止拌和水在压力作用下渗透流动的内阻力。V_{10}/V_{140}的值愈小，表明混凝土拌和物的可泵性愈好；反之，则表明可泵性不良。

3. 坍落度的选择

泵送混凝土坍落度是指混凝土在施工现场入泵前的坍落度。它的确定除要考虑振捣方式外，还要考虑其可泵性，也就是要求泵送效率高、不堵塞、混凝土泵机件的磨损小。

坍落度过小的混凝土拌和物，泵送时吸入混凝土缸较困难，即活塞后退汲吸混凝土时，进入缸内的拌和料数量少，也就使得充盈系数小，影响泵送效率。这种混凝土拌和物进行泵送时摩阻力大，要求用较大的泵送压力，从而使分配阀、输送管、液压系统等的磨损增加，若处理不当，还会产生堵塞。坍落度过大的混凝土拌和物，在管道中滞留时间长，则泌水就多，容易因产生离析而形成阻塞。我国规定的泵送混凝土入泵压送前的坍落度选择范围可参考表 5-4。

表 5-4 泵送混凝土的坍落度

泵送高度(m)	<30	30~60	60~100	>100
坍落度(mm)	100~140	140~160	160~180	180~200

当采用预拌混凝土时，混凝土拌和物经过运输坍落度会有一定损失，为了能准确达到入泵时规定的坍落度，在确定预拌混凝土生产出料的坍落度时，必须考虑上述运输时的坍落度损失。根据规程规定，混凝土拌和物的经时坍落度损失值可参考表 5-5。

表 5-5 混凝土拌和物经时坍落度损失值

大气温度(℃)	10~20	20~30	30~35
经时损失值(掺粉煤灰和木钙，经过 1 h)(mm)	5~25	25~35	35~50

注：掺粉煤灰与其他外加剂时，坍落度经时损失值可根据施工经验确定，无施工经验时，应通过试验确定。

4. 最小水泥用量的限制

泵送混凝土中的水泥砂浆在输送管道里起到润滑和传递压力的作用，适宜的水泥用量对混凝土的可泵性起着重要作用。即在保证混凝土设计强度的前提下，能使混凝土顺利泵送的最小水泥用量。《混凝土结构工程施工及验收规范》(GBJ 204—92)中规定：泵送混凝土的最小水泥用量为 300 kg/m^3。有关试验结果表明：强度等级为 42.5 MPa 的水泥配制 C30 泵送混凝土，适宜的水泥用量为 380~420 kg/m^3；强度等级为 52.5 MPa 的水泥配制 C30 泵送混凝土，适宜的水泥用量为 350~380 kg/m^3。

5. 水灰比的选择

一般来说，水灰比大有利于混凝土拌和物的泵送，但是拌和水使用过多，会影响混凝土硬化后的强度和耐久性。因此，泵送混凝土水灰比的选择，既要考虑到混凝土拌和物的可泵性，又要满足混凝土强度和耐久性的要求。

水灰比与泵送混凝土在输送管中的流动阻力有关。混凝土拌和物的流动阻力随着水灰比的减小而增大，其临界水灰比约为 0.45。当水灰比低于 0.45 时，流动阻力显著增大；当水灰比大于 0.60 时，流动阻力虽然急剧减小，但混凝土拌和物易于离析，反而使混凝土拌和物的可泵性恶化。我国在《混凝土泵送施工技术规程》(JGJ/T 10—95)中规定，泵送混凝土的水灰比宜为 0.40~0.60。但是，对于高强泵送混凝土，水灰比应适当减小。

6. 砂率的选择

砂率对于泵送混凝土的泵送性能非常重要。由于泵送混凝土拌和物经过输送管道的锥形管、弯管和软管等部位时，混凝土颗粒间的相对位置将会发生一定变化，如果水泥砂浆体量不足（砂率过小），就会很容易产生堵塞。适量增大砂率是改善混凝土可泵性的有效方法，但砂率过大不仅会使混凝土的用水量增加，而且还将影响硬化混凝土的技术性能。因此，在保证混凝土强度、耐久性和可泵性的前提下，应尽量选择水泥用量最小的砂率，即最佳砂率。

影响砂率的因素很多，主要有骨料的粒径（粒径增大，砂率降低）、粗骨料的种类（碎石比卵石的砂率大）、细骨料的粗细（细砂比粗砂的砂率大）和水泥用量（水泥用量大，砂率则低）等。一般来说，泵送混凝土的砂率比非泵送混凝土的砂率要高2%～5%。

《混凝土泵送施工技术规程》（JGJ/T 10—95）规定砂率宜为38%～45%。根据近年来一些工程的施工经验，一般泵送混凝土，其砂率控制在37%～46%范围内；C60及其以上的高强混凝土，其砂率多控制在38%以下，如武汉世界贸易大厦，砂率为34%～36%，青岛中银大厦，砂率为34%，南京邮电大楼，砂率为33%。

二、泵送混凝土施工

（一）混凝土泵送计算

混凝土泵是泵送混凝土施工的核心设备，至今已有近百年的历史。根据驱动方式不同，混凝土泵分为活塞式（亦称柱塞式）和挤压式两类。目前我国主要应用的是液压驱动的活塞式混凝土泵，它结构紧凑、传动平稳，又易于安装在汽车底盘上成为混凝土泵车。

1. 实际输出量的计算

混凝土泵的主要技术参数是其压送能力，它是以单位时间内最大输出量（m^3/h）和最大输送距离来表示的。在实际施工中，混凝土泵或泵车的输出量与输送距离有关，输送距离增大，实际的输出量就要降低，也就是最大输出量和最大输送距离不可能同时达到。施工中必须计算混凝土泵的实际平均输出量 Q_A，并应以此来组织泵送施工。计算如下：

$$Q_A = Q_{max}\alpha\eta \tag{5-6}$$

式中 Q_A——混凝土的实际平均输出量，m^3/h；

Q_{max}——混凝土的最大输出量，m^3/h；

α——配管条件系数，取0.8～0.9；

η——作业系数，根据混凝土运输车与混凝土泵供料的间断时间，拆装输送管和布料停歇等情况，一般取0.5～0.7。

2. 水平运输距离的计算

混凝土泵和泵车的最大水平运输距离取决于泵的类型、泵送压力、输送管径和混凝土性质等。其确定方法可以根据产品技术性能表上提供的数据或曲线，也可以试验确定，或者根据经验公式计算。

泵送混凝土的输送不可能全部是水平直管，因此在进行混凝土泵选型、验算其输送距离时，必须把向上垂直管、锥形管、弯管、软管等换算成水平直管长度，具体换算可按表5-6进行。

表 5-6　混凝土输送管的水平换算长度

类别	单位	规格	水平换算长度(m)
向上垂直管	每米	100 mm	3
		125 mm	4
		150 mm	5
锥形管	每根	175→150 mm	4
		150→125 mm	8
		125→100 mm	16
弯管	每根	90°　$R=0.5$ m	12
		90°　$R=1.0$ m	9
软管		每 5～8 m 长的 1 根	20

(二)泵送混凝土的供应

泵送混凝土的供应包括泵送混凝土的拌制和运输两项内容。泵送施工前周密地组织泵送混凝土的供应,对混凝土泵送施工是极其重要的。

泵送混凝土宜采用预拌混凝土,即在商品混凝土工厂制备,用混凝土搅拌运输车运送至施工现场,这样制备的泵送混凝土容易保证质量。运输工具一般为搅拌运输车,运输途中搅拌筒应不断转动,以保证混凝土拌和物不产生离析。当施工现场距离搅拌站较远时,可在搅拌站将称量好的干料装入搅拌筒,待车临近现场时,由搅拌车所带的水箱供水搅拌。

(三)混凝土泵及输送管准备

1. 混凝土泵的布置

混凝土泵或泵车在现场的布置要根据工程实际情况而定。具体布置时,应考虑以下因素:混凝土泵尽量靠近浇筑地点,既便于配管,又方便运输;每台泵的料斗周围最好能同时停放两辆混凝土搅拌运输车,或者能使其快速交替,以保证混凝土泵连续工作;多台泵同时浇筑时,各泵选定的位置要使其各自承担的浇筑量相近;当泵送距离超过最大泵送距离时,可以考虑设置中继泵;混凝土泵的位置宜靠近供水管道和排水设施,以便清洗;在混凝土泵和泵车的作业范围内,不得有高压线等障碍物;要考虑到供电、交通等方面问题。

2. 输送管及配管设计

1)输送管设计

混凝土输送管有直管、弯管、锥形管和软管。除软管外,目前建筑工程施工中应用的混凝土输送管多为壁厚 2 mm 的电焊钢管,使用寿命为 15 000～20 000 m^3(输送混凝土量),以及少量壁厚 4.5 mm、5.0 mm 的高压无缝钢管。

直管常用的管径规格为 100 mm、125 mm 和 150 mm,长度系列有 0.5 m、1.0 m、2.0 m、3.0 m、4.0 m 几种。弯管多用拉拔钢管制成,常用管径规格亦为 100 mm、125 mm 和 150 mm,弯曲角度有 90°、45°及 15°,常用曲率半径为 1.0 m 和 0.5 m。锥形管亦多用拉拔钢管制成。在混凝土输送管路中用锥形管来过渡。软管多为橡胶软管,是用螺旋状钢丝加固,外包橡胶用高温压制而成的,具有质软的特性。软管多设置在混凝土输送管路末端,利用其柔性好的特点作为一种混凝土拌和物浇筑工具,用其将混凝土拌和物直接浇筑入模。常用的软管管径为100 mm和125 mm,长度一般为5 m,使用寿命一般为混凝土浇筑量3 000 ~5 000 m^3。

选择输送管,关键在于输送管直径的选择,它取决于粗骨料的最大粒径、要求的混凝土输送量和输送距离、泵送的难易程度、混凝土泵的型号。在满足使用要求的前提下,选用小管径的输送管有以下优点:

(1)末端用软管布料时,小直径输送管质量轻,搬运比较方便。

(2)泵送混凝土拌和物产生泌水时,在小直径管中产生离析的可能性较小。

(3)在正式泵送前,润滑管壁所用的材料较少。

(4)输送管的购置费用低,可以降低工程造价。

2)配管设计

混凝土输送管应根据工程特点、施工现场情况和制订的混凝土浇筑方案进行配管。原则上要满足工程要求,便于混凝土浇筑和管段装拆,尽量缩短管线长度,少用弯管和软管。

配管设计应绘制布管简图,列出各种管件、管连接环和弯管、软管的规格和数量,提出备件清单。

垂直向上配管时,需在垂直向上配管下端与混凝土泵之间配置一定长度的水平管,《混凝土泵送施工技术规程》(JGJ/T 10—95)规定:垂直自上配管时,地面水平管长度不宜小于垂直管长度的1/4,且不宜小于15 m;或遵守产品说明书中的规定。当垂直向上配管的高度很高时,应在混凝土泵Y形管出料口3 ~6 m处的输送管根部设置截止阀,以防混凝土拌和物反流。

向下倾斜配管设计和泵送过程中,要防止混凝土拌和物因自重产生自流现象,应在倾斜管的上端设排气阀,当下倾斜管段内有空气段时,先将排气阀打开,压送排气,在下倾斜管段内充满混凝土拌和物,待从排气阀排出砂浆时,再关闭排气阀进行正常压送。当高差 h 大于20 m时,还应在倾斜管下端设 $l=5h$ 长度的水平管,依靠水平管段的混凝土摩阻力来抵抗混凝土拌和物的自重下滑力,防止在倾斜管段内因自重产生自流。

为了不使管路支设在新浇筑的混凝土上面,进行管路布置时,要使混凝土浇筑移动方向与泵送方向相反。在混凝土浇筑过程中,只需拆除管段,而不需增设管段。当混凝土输送高度超过混凝土泵的最大输送高度时,可用接力泵(后继泵)进行泵送。

(四)混凝土泵送施工

混凝土泵或泵车启动后,应先泵送适量的水以湿润混凝土泵的料斗、混凝土缸及输送管内壁等直接与混凝土拌和物接触部位。经泵水检查,确认混凝土泵和输送管中无异物后,进行混凝土泵和输送管内壁润滑,润滑材料可以选择泵送水泥浆、泵送1∶2水泥砂浆,或者泵送与混凝土内除粗骨料外的其他成分相同配合比的水泥砂浆。

开始泵送时,混凝土泵应处于慢速、匀速并随时可反泵的状态。待各方面情况都正常后再转入正常泵送。

正常泵送时,泵送要连续进行,尽量不使停顿,遇有运转不正常的情况,可放慢泵送速度。当混凝土供应不及时时，宁可降低泵送速度，也要保持连续泵送，但慢速泵送的时间不能超过从搅拌到浇筑的允许延续时间。

短时间停泵，再运转时要注意观察压力表，逐渐地过渡到正常泵送。长时间停泵时，应每隔 4 ~ 5 min 开泵一次，使泵正转和反转各两个冲程。同时开动料斗中的搅拌器，使之搅拌 3 ~ 4 转，以防止混凝土离析。若为混凝土泵车，可使浇筑软管对准料斗，使混凝土进行循环。若停泵时间超过 30 ~ 45 min（视气温、坍落度而定），宜将混凝土从泵和输送管中清除。对于小坍落度的混凝土，更要严加注意。

三、超高泵送混凝土

泵送高度超过 200 m 的泵送混凝土的配制生产、运输、泵送、布料等全过程形成的成套技术称为超高泵送混凝土技术。

超高泵送混凝土对混凝土原材料的选择、配合比的设计、掺合料的合理使用、混凝土的可泵性（流动性与稳定性）均有着特殊的要求，根据工程性质及特点、工程量的大小、泵送高度等要求而对机具配备、布管工艺、布料、浇筑入模直至养护等亦有着严格的技术要求。

此外，新拌混凝土从出机到施工现场入模期间混凝土的坍落度有一定的损失，坍落度损失的量因所使用的外加剂及配合比的不同以及泵送距离的不同而有所不同。一般泵送前后坍落度随着泵送距离的增加损失量相应增加。另外，泵送过程中如果提高泵压可能会出现脱水而使混凝土与管壁的摩擦增大，混凝土的料温有可能上升而影响其坍落度；泵送前后含气量的变化也不可忽视，一般泵送前后含气量的变化在 -0.2% ~ -1.5%。以上这些影响因素对新拌混凝土以及硬化后的混凝土都产生一定的影响，如何保持泵送前后混凝土的匀质性，使匀质性的变化尽可能小是超高泵送混凝土的一个重要问题。

（一）原材料选择

配制超高泵送混凝土，其原材料较一般泵送混凝土有很大的区别。作为最基本的胶结材料——水泥，除用量外，还应充分考虑其流变性，即水泥与高性能减水剂的相容性问题，两者相容性好才可获得低用水量、大流动性、坍落度经时损失小的效果；对于细骨料，其品质除应符合我国现行《普通混凝土用砂质量标准及检验方法》（JGJ/T 52—1992）外，对于不同强度等级的混凝土应选用不同细度模数的中砂；而掺合料作为高性能超高泵送混凝土的重要组成材料，必须从活性、颗粒组成、减水效果、水化热、泵送性能等诸方面加以平衡选择；对于外加剂，单一成分的外加剂已不能很好发挥其作用，而单纯以减水为目的的外加剂也不能达到超高泵送混凝土的使用目的，外加剂的多组分复合，以及针对具体工程配制特定要求的外加剂已成为外加剂发展的趋势和超高泵送混凝土发展的必然要求。

（二）泵送混凝土的配制

超高泵送混凝土的配制要研究新拌混凝土的整体性、流动性与泵送性的相互关系。由于高层建筑部分结构配筋稠密，环境不容许振捣，即混凝土必须具有自密实能力，既能达到泵送、密实的目的，又不沉降分层，而硬化后的混凝土具有理想的力学性能和变形性能，包括抗压强度、弹性模量、收缩、徐变等耐久性能。

通常，超高泵送混凝土的坍落度值宜为 180 ~ 200 mm，水灰比宜为 0.4 ~ 0.6，砂率宜为 38% ~45%，最少水泥用量宜为 300 kg/m³。

（三）泵送设备

泵送混凝土离不开高压力、大排量、耐磨损、适应性强的混凝土输送泵。输送泵的选型应根据混凝土工程特点要求的最大输送距离、最大输出量及混凝土浇筑计划确定。

混凝土输送管应根据粗骨料最大粒径、混凝土输送泵型号、混凝土输出量和输送距离以及输送难易程度等进行选择。输送管应使用无龟裂、无凹凸损伤和无弯折的管段，且应具有与泵送条件相适应的强度，其接头应严密、有足够强度并能快速装拆。混凝土输送管的配管应根据工程和施工场地特点、混凝土浇筑方案等进行，其铺设应保证安全施工，便于清洗管道、排除故障和装拆维修。

超高泵送混凝土的施工应按照我国行业标准《混凝土泵送施工技术规程》（JCJ/T 10—1995）的相关规定进行。

第四节　轻骨料混凝土

轻骨料混凝土是由轻粗骨料、轻细骨料（或普通砂）、水泥和水配制而成的混凝土，其表观密度不大于 1 900 kg/m³。由于轻骨料混凝土具有轻质、高强、保温、抗震性能好、耐火性能高、易于施工等优点，所以是一种具有发展前途的新型混凝土。

轻骨料混凝土的种类很多，一般分类如下：

（1）按用途不同分类，轻骨料混凝土分为保温轻骨料混凝土、结构保温轻骨料混凝土和结构轻骨料混凝土三种。

（2）按细骨料不同分类，轻骨料混凝土可分为全轻混凝土（用轻砂）与砂轻混凝土（普通砂）两种。

（3）按轻骨料不同分类，轻骨料混凝土可分为天然轻骨料混凝土、工业废料轻骨料混凝土、人造轻骨料混凝土三种。

一、轻骨料混凝土的配合比设计

（一）配合比设计的原则

由于轻骨料混凝土配合比设计既要满足设计强度等级的要求，又要满足表观密度等级的标准，所以提高轻骨料混凝土的强度和降低其表观密度等级，是轻骨料混凝土配合比设计的主要原则。

1. 提高轻骨料混凝土强度的措施

（1）采用较高强度等级的水泥，工程实践证明，一般应先用 42.5 MPa 以上的水泥。

（2）选用圆球形的、颗粒级配良好的、筒压强度较高的陶粒，作为配制轻骨料混凝土的粗骨料。

（3）采用普通中砂作为细骨料，或者在轻砂中掺入一定比例的普通砂（以占细骨料总量的 20% ~30% 为宜）。

（4）选用最大粒径不大于 20 mm 的轻粗骨料。

（5）正确选择混凝土的水灰比，使之具有符合施工所要求的和易性指标的最小水灰比。

(6)选择与轻骨料混凝土拌和物和易性相适应的浇筑成型与养护制度。

(7)掺入适量的提高混凝土密实性的化学外加剂,或掺入适量的火山灰质的磨细矿物掺合料。

2. 降低轻骨料混凝土表观密度等级的措施

(1)选用圆球形的、表面孔隙少的、空隙率低的轻粗骨料。

(2)在满足强度等性能指标的前提下,尽可能减少普通砂和水泥的用量。

(3)在满足设计强度等级的前提下,选用较大粒径的轻粗骨料,但最大粒径不得大于40 mm。

(4)尽量采用堆积密度较小的轻砂和轻粗骨料,用于保温轻骨料混凝土的轻砂,其堆积密度以200~300 kg/m^3 为宜,轻粗骨料以不大于500 kg/m^3 为宜。

(5)在轻骨料混凝土中掺入适量的引气剂或泡沫剂,以减小混凝土的表观密度。

(6)在结构和使用允许的前提下,采用无砂大孔混凝土。

(7)限制混凝土拌和物的搅拌时间和成型振捣的时间。

(二)配合比设计步骤

轻骨料混凝土配合比的设计方法,砂轻混凝土宜采用绝对体积法,全轻混凝土宜采用松散体积法。配合比计算中粗细骨料用量的计算以干燥状态为准。

一般来说,适用于砂轻混凝土的绝对体积法较严密,科学性较强;适用于全轻混凝土的松散体积法则更带有经验性。砂轻混凝土也可采用松散体积法设计,但全轻混凝土则不宜采用绝对体积法。

1. 试配强度

轻骨料混凝土的试配强度按式(5-7)确定:

$$f_{cu,0} = f_{cu,k} + 1.645\sigma \tag{5-7}$$

式中 $f_{cu,0}$——轻骨料混凝土的试配抗压强度,MPa;

$f_{cu,k}$——轻骨料混凝土强度标准值,即强度等级,MPa;

σ——轻骨料混凝土强度的总体标准差,MPa,当生产单位无强度资料时,可按表5-7取用。

表5-7　强度标准差 σ

混凝土强度等级	低于LC20	LC20~LC35	高于LC35
σ	4.0	5.0	6.0

2. 确定水泥用量

不同试配强度的轻骨料混凝土的水泥用量见表5-8。

3. 确定净用水量

轻骨料混凝土的水灰比以净水灰比表示,所谓净水灰比,是指不包括轻骨料1 h吸水量在内的净用水量与水泥用量之比。配制全轻混凝土时,允许以总水灰比表示,但应加以说明。所谓总水灰比,是指包括轻骨料1 h吸水量在内的总用水量与水泥用量之比。轻骨料混凝土可根据施工要求的和易性按表 5-9 选用净用水量。

表 5-8　轻骨料混凝土水泥用量　（单位：kg/m^3）

混凝土试配强度（MPa）	轻骨料密度等级						
	400	500	600	700	800	900	1 000
<5.0	260～320	250～300	230～260				
5.0～7.5	280～360	260～340	240～320	220～300			
7.5～10		280～370	260～350	240～320			
10～15			280～350	260～340	240～330		
15～20			300～400	280～380	270～370	260～360	250～350
20～25				330～400	320～390	310～380	300～370
25～30				380～450	370～440	360～430	350～420
30～40				420～500	390～490	380～480	370～470
40～50					430～530	420～520	410～510
50～60					450～550	440～540	430～530

注：1. 表中横线以上为采用 32.5 级水泥时的水泥用量值，横线以下为采用 42.5 级水泥时的水泥用量值。

2. 表中下限值适用于圆球型和普通型轻粗骨料混凝土，上限值适用于碎石型轻粗骨料及全轻混凝土。

3. 水泥最高用量不超过 550 kg/m^3。

表 5-9　轻骨料混凝土的净用水量

序号	轻骨料混凝土用途	和易性		净用水量（kg/m^3）
		维勃稠度（s）	坍落度（mm）	
1	预制混凝土构件及制品			
	（1）振动加压成型	10～20	—	45～140
	（2）振动台成型	5～10	0～10	140～180
	（3）振捣棒或平板振捣器	—	30～80	165～215
2	现浇混凝土构件			
	（1）机械振捣	—	50～100	180～225
	（2）人工振捣或钢筋密集	—	≥80	200～230

4. 确定砂率

拌制轻骨料混凝土时，有相当一部分的水泥砂浆被吸入开口的表面孔隙中，这些水泥砂浆不再对和易性有利，因此配制轻骨料混凝土所用的砂率要比普通混凝土大。

轻骨料混凝土的砂率主要根据粗骨料粒形和空隙率来确定，配合比设计时可参照表 5-10 选用。

5. 计算细骨料或砂的用量

轻骨料混凝土细骨料的用量，可按下式计算，式中各参数参照表 5-10 选取。

表 5-10　轻骨料混凝土的适宜砂率

混凝土用途	细骨料类型	砂率(%)
预制构件用	轻砂	35~50
	普通砂	30~40
现浇混凝土用	轻砂	—
	普通砂	35~45

注:1. 当混合使用普通砂和轻砂作细骨料时,砂率宜取中间值,宜按普通砂和轻砂的混合比例进行插入计算。

2. 当采用圆球型轻粗骨料时,砂率宜取表中下限值;当采用碎石型轻粗骨料时,则宜取表中上限值。

$$S = [1 - (C/\rho_c + W/\rho_w)]S_p\rho_s \tag{5-8}$$

式中　S——每立方米轻骨料混凝土中的细骨料(或砂)的用量,kg;

C——每立方米轻骨料混凝土中的水泥用量,kg;

W——每立方米轻骨料混凝土中的净用水量,kg;

S_p——密实体积砂率(%);

ρ_c——水泥的密度,kg/m³;

ρ_w——水的密度,kg/m³;

ρ_s——轻骨料或砂的密度,普通砂取 2 600 kg/m³,轻砂为颗粒的表观密度。

6. 计算粗骨料用量

轻骨料混凝土的粗骨料用量可按下式计算:

$$G = [1 - (C/\rho_c + W/\rho_w) + S/\rho_s]\rho_g \tag{5-9}$$

式中　G——每立方米混凝土中粗骨料的用量,kg;

ρ_g——轻粗骨料的颗粒表观密度,kg/m³;

其他符号含义同前。

7. 计算总用水量

轻骨料混凝土的总用水量可按下式计算:

$$W_z = W + W_a \tag{5-10}$$

式中　W_z——每立方米混凝土中的总用水量,kg;

W_a——每立方米混凝土中附加吸水量,kg,可按表 5-11 中情况计算。

表 5-11　附加吸水量计算方法

粗骨料预湿及细骨料种类	附加吸水量计算公式
粗骨料预湿,细骨料为普通砂	$W_a = 0$
粗骨料不预湿,细骨料为普通砂	$W_a = Gq$
粗骨料预湿,细骨料为轻砂	$W_a = Gq$
粗骨料不预湿,细骨料为轻砂	$W_a = Gq + Sq_s$

注:1. q_s 为细骨料 1 h 吸水率,q 为粗骨料 1 h 吸水率。

2. 当轻骨料中含水时,必须在附加吸水量中扣除自然含水量。

8. 计算混凝土干表观密度

混凝土干表观密度(ρ_{cd})可按下式计算：

$$\rho_{cd} = 1.15C + G + S \tag{5-11}$$

式中符号含义同前。

通过计算所得的混凝土干表观密度，与设计要求的干表观密度相对比，若误差大于3%，证明混凝土配合比设计失败，必须重新调整和计算配合比。

二、轻骨料混凝土施工

轻骨料混凝土的施工工艺基本上与普通混凝土相同。但由于轻骨料的堆积密度小、呈多孔结构，吸水率较大，配制而成的轻骨料混凝土也具有某些特征。只有在施工过程中充分加以注意，才能确保工程质量。

(一)轻骨料的堆放及预湿

轻骨料应按不同品种和粒径分别堆放，如果堆放混杂，会直接影响混凝土的和易性、强度和表观密度。在采用自然级配时，轻骨料的堆放高度不宜超过 2 m，并防止树叶、泥土和其他有害物质的混入。轻砂堆放和运输时，应采取防雨措施。

轻骨料吸水量很大，会使混凝土拌和物的和易性很难控制，因此在气温5 ℃以上的季节施工时，应对轻骨料进行预湿处理。预湿时间可根据外界气温和骨料的自然含水状态确定，一般应提前 12 ~ 24 h 对轻骨料进行淋水、预湿，然后滤干水分进行投料。在气温 5 ℃以下时，不宜进行预湿；表面无开口孔隙的轻骨料，一般不进行预湿。

(二)轻骨料混凝土的配料和拌制

轻骨料混凝土的粗细骨料、水、水泥和外加剂，应按质量配料；全轻混凝土拌和物中的轻骨料组分可采用体积计量，但宜按质量进行校核。其中，粗细骨料的允许偏差为 3%，水泥、水和外加剂的允许偏差为 2%。

在批量拌制轻骨料混凝土拌和物前进行测定；在批量生产过程中经常抽查测定；雨天施工或遇到混凝土拌和物和易性反常时，应及时测定轻骨料混凝土的含水率，以调整拌和用水量。

轻骨料混凝土的拌制必须采用强制式搅拌机。轻骨料混凝土拌和物的粗骨料经预湿处理和未经预湿处理，应采用不同的搅拌工艺流程，如图 5-5、图 5-6 所示。

轻骨料混凝土全部加料完毕后的搅拌时间，在不采用搅拌运输车运送混凝土拌和物时，砂轻混凝土不宜少于 3 min，全轻或干硬性砂轻混凝土宜为 3 ~ 4 min。对强度低而易破碎的轻骨料，应严格控制混凝土的搅拌时间。

(三)轻骨料混凝土的运输

轻骨料混凝土在运输过程中，由于轻粗骨料表观密度较小，易产生上浮现象，因此比普通混凝土更容易产生离析。为防止混凝土拌和物的离析，运输距离应尽量缩短，若出现严重离析，浇筑前宜采用人工二次拌和，但不得二次加水。

轻骨料混凝土从搅拌至浇筑的时间一般不宜超过 45 min，若运输中停放时间过长，会导致混凝土拌和物和易性变差。

若用混凝土泵输送轻骨料混凝土，要比泵送普通混凝土困难得多。主要是因为在压

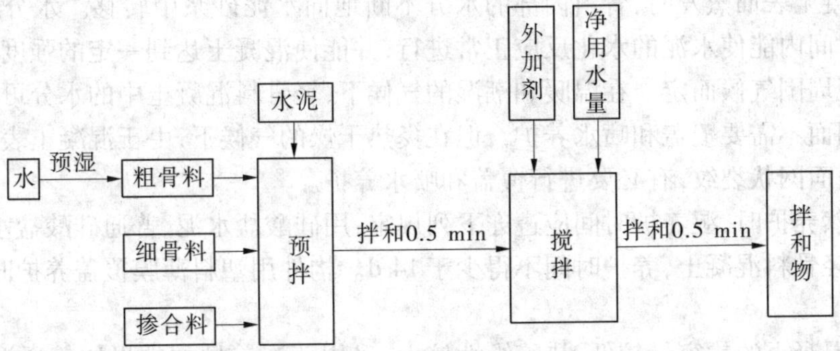

图 5-5 使用预湿处理的轻粗骨料时的投料顺序

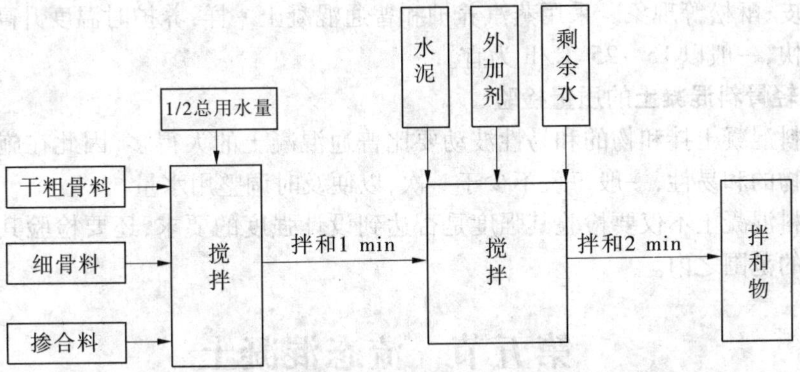

图 5-6 使用未预湿处理的轻粗骨料时的投料顺序

力下骨料易于吸收水分,使混凝土拌和物变得比原来干硬,从而增大了混凝土与管道的摩擦,易引起管道堵塞。如果将粗骨料预先吸水至接近饱和状态,可以避免在泵压力下大量吸水,可以像普通混凝土一样进行泵送。

(四)轻骨料混凝土的浇筑成型

由于轻骨料混凝土的表观密度较小,施加给混凝土下层的附加荷载较小,而内部衰减较大,再加上从轻骨料混凝土中排出混入空气的速度比普通混凝土慢,因此振捣必须更加充分。

竖向结构物现场浇筑时,每层浇筑厚度宜控制在 30~50 cm,并采用插入式振捣器进行振捣。混凝土拌和物浇筑倾落高度大于 2 m 时,应加串筒、斜槽、溜管等辅助工具,以免产生拌和物的离析。

浇筑面积较大的构件时,若其厚度大于 20 cm,宜先用插入式振捣器振捣后,再用平板式振捣器进一步进行表面振捣;若其厚度在 20 cm 以下,可采用表面振动成型。

插入式振捣器在轻骨料混凝土中的作用半径较小,大约仅为在普通混凝土中的一半,因此振捣器插入点之间的间距也为普通混凝土间距的一半。

振捣延续时间以拌和物捣实为准,振捣时间不宜过长,以防止轻骨料出现上浮,一般宜控制在 10~30 s 内。

(五)轻骨料混凝土的养护

轻骨料多数为孔隙率较大的材料,其内部所含的水分足以供轻骨料混凝土养护之用。

当水分从混凝土表面蒸发时,骨料内部的水分不断地向水泥砂浆中转移。水分的连续转移,在一段时间内能使水泥的水化反应正常进行,并能使混凝土达到一定的强度。这段时间的长短,视周围气候而定。在温暖和潮湿的气候下,轻骨料混凝土中的水分可以保证水泥的水化,因而不需要覆盖和喷水养护。但在炎热干燥的气候下,由于混凝土表面失水太快,易出现表面网状裂纹,有必要进行覆盖和喷水养护。

采用自然养护时,湿养护时间应遵守下列规定:用硅酸盐水泥、普通硅酸盐水泥、矿渣水泥拌制的轻骨料混凝土,养护时间不得少于14 d。构件用塑料薄膜覆盖养护时,一定要密封。

轻骨料混凝土的热容量较低,热绝缘性较大,采用蒸汽养护的效果比普通混凝土好,有条件时尽量采用热养护。但混凝土成型后,其静置时间不得少于2 h,以防止混凝土表面产生起皮、酥松等现象。采用蒸汽养护和普通混凝土一样,养护时温度升高或降低的速度不能太快,一般以15 ~25 ℃/h 为宜。

(六)轻骨料混凝土的质量检验

轻骨料混凝土拌和物的和易性波动要比普通混凝土的大得多,因此在施工中要经常检查拌和物的和易性,一般每班不少于一次,以便及时调整用水量。

轻骨料混凝土不仅要检验其强度是否达到设计强度的要求,还要检验其表观密度是否在容许的范围之内。

第五节　流态混凝土

在预拌的坍落度为80 ~150 mm 的基体混凝土拌和物中加入流化剂,经过1 ~5 min 的搅拌,使混凝土拌和物的坍落度顿时增大为180 ~220 mm,能像水一样地流动,这种混凝土称为"流态混凝土"。在英、美、加拿大等国称之为超塑性混凝土(Super-Plasticized Concrete)或流动混凝土(Flowing Concrete),在德国和日本称之为流态混凝土。其中关键的材料——流化剂是一种高效能减水剂,它与普通混凝土所用的减水剂的化学结构不同,对水泥粒子有高度的分散性,而且使用量较多时也几乎对混凝土没有缓凝作用,带进去的空气量也比较少,因而可以大量应用,并通过不同的添加量来调节混凝土流化效果。

流态混凝土是由德国于20 世纪70 年代发明并应用的,后来推广到英、美、加拿大、日本等工业发达国家,应用规模很快扩大。在我国,高效能减水剂的研究与开发较晚,流态混凝土的研究与应用时间也较短,但近年也正在飞速发展,得到越来越多的应用。

流态混凝土,一方面具有水泥用量和用水量较多、坍落度较大(约为200 mm)的大流动性混凝土的施工性能,另一方面又可以得到与坍落度为50 ~100 mm 的塑性混凝土近似的质量,既满足了施工要求,又改善了硬化混凝土的质量。另外,流态混凝土还解决了多年来混凝土坍落度损失的问题,它与泵送法并用,使高效能的浇筑成为可能。

流态混凝土既能应用在一般的土木建筑和海上等工程,也可以用于要求高强度混凝土的土木工程中。目前,流态混凝土一般应用在以下几个方面:①钢筋密集、捣实困难的部位,使用流态混凝土,可以减少振捣,且保证混凝土的密实度;②对于墙壁、楼板、屋面板等构件,可以不用振捣,从而高效地浇筑混凝土;③采用泵送的混凝土;④必须均匀致密地抹平混凝土的情况。以下几种情况下不宜采用流态混凝土:①用起重机及手推车浇筑混凝土时;②混凝土浇筑表面的坡度超过3°时;③使用喷射混凝土时;④使用通过增加水灰比亦能获得高的流动性,而又无不良后果的混凝土,或者通过采取其他措施也可以满足工程性能要求的混凝土,如真空吸水混凝土、压轧混凝土及离心制管等。

一、流态混凝土的原材料

流态混凝土所用的材料,除流化剂外与普通混凝土所用的材料基本相同。

(一)水泥

流态混凝土对所用水泥无特殊要求,除细度较高的超早强硅酸盐水泥外,各种水泥的流态化效果、流化后的坍落度、含气量等的经时变化基本相同。超早强硅酸盐水泥、耐酸硅酸盐水泥等在流态混凝土中很少应用。

(二)骨料

流态混凝土所用骨料必须符合表5-12和表5-13的要求。

表5-12　卵石、碎石和砂的质量

种类	材料标准等级	颗粒表观密度(g/m^3)	吸水率(%)	绝对体积百分率(%)	黏土含量(%)	冲洗试验质量损失(%)	有机不纯物含量	盐分(%)
卵石和碎石	Ⅰ	≥2.5	2.0	≥57	0.25	0.5		
	Ⅱ	≥2.5	2.0	≥55	0.25	1.0		
	Ⅲ	≥2.4	4.0	≥53	0.5	1.5		
砂	Ⅰ	≥2.5	≤3.0		≤1.0	≤2.0	试验溶液颜色不能比标准色浓	≤0.4
	Ⅱ	≥2.5	≤3.5		≤1.0	≤3.0		≤0.1
	Ⅲ	≥2.4	≤4.0		≤2.0	≤5.0		≤0.1

表5-13　卵石和砂的标准粒度　　(单位:mm)

种类	最大粒径(mm)	标准等级	通过筛的累计质量百分数(%)											
			53.0	37.5	26.5	19.0	16.0	9.50	4.75	2.86	1.18	0.60	0.30	0.15
卵石	40	Ⅰ	100	95~100		40~65		10~30	0~5					
		Ⅱ	100	95~100		35~70		10~30	0~5					
		Ⅲ	100	95~100		25~75		5~40	0~10					
	25	Ⅰ		100	95~100	65~85		25~45	0~10	0~5				
		Ⅱ		100	95~100	60~90		20~50	0~10	0~5				
		Ⅲ		100	95~100	50~90		10~60	0~10					
	20	Ⅰ			100	90~100	55~80	25~50	0~10	0~5				
		Ⅱ			100	90~100	55~80	20~55	0~10	0~5				
		Ⅲ			100	90~100	55~80	10~60	0~10					
砂		Ⅰ						100	90~100	80~100	55~85	30~55	15~30	2~10
		Ⅱ						100	90~100	80~100	50~90	25~55	10~35	2~10
		Ⅲ						100			30~100	20~70		0~20

在流态混凝土中,水泥浆的黏性较低,与具有相同坍落度的大流动性混凝土相比,骨料的用量稍多。考虑混凝土的工作性、离析等因素,必须注意选择骨料的最大粒径、粒型和级配等。

(三)外加剂及掺合料

基体混凝土所用的外加剂,一般为普通减水剂和其他性能的外加剂,我国常用的是AE剂或AE减水剂。

流态混凝土中所用的掺合料一般包括粉煤灰、膨胀材料等。粉煤灰是使用最多的掺合料,尤其是单位体积中水泥用量少及骨料中微粒不足时,掺入粉煤灰可起到改善混凝土拌和物工作性的作用,但掺入粉煤灰后流化剂的用量应稍有增加。膨胀材料在流态混凝土中也经常使用,且流态化效果基本上不受影响,其目的是减少由于混凝土收缩而产生的裂纹。

(四)流化剂

流化剂即为高效减水剂,在成分和效能上与普通减水剂有很大区别,它不仅减水率高达30%,而且具有引气性和低缓凝性等特点。

目前世界各国使用的流化剂一般有两种分类方法。按化学成分可分为高缩合环式磺酸盐、萘磺酸盐甲醛缩合物、烷基烯丙基磺酸盐树脂。按使用用途可分为高强混凝土用的高强减水剂、流态混凝土用的流化剂、二次制品用的减水剂。

二、流态混凝土的配制

流态混凝土的性能受到基体混凝土坍落度和流化后坍落度增大值的影响。在配制时二者应相互匹配,具体见表5-14。

表5-14 流态混凝土坍落度的标准组合

项目	普通混凝土		轻骨料混凝土	
	基体混凝土	流态混凝土	基体混凝土	流态混凝土
坍落度(mm)	80	150	120	180
	80	180	120	210
	120	180	150	180
	120	210	150	210
	150	210	180	210

由于流态混凝土的含气量比基体混凝土的含气量减少约0.3%,泵送后的流态混凝土含气量也减少约0.3%。所以,在流态混凝土配合比设计中,要考虑含气量的损失问题,必要时可适当提高含气量。

流态混凝土中单位用水量太低时,工作性易变坏,泌水量增大,浇筑时易堵管,混凝土表面易出现蜂窝麻面,因此流态混凝土的水泥用量不得小于表5-15中的值。

基体混凝土外加剂与流化剂的组合见表5-16。流化剂的添加量可根据目标坍落度的增大值来决定。其流化效果受流化剂的添加时间、添加后的搅拌方法,混凝土的温度等因素的影响。

表 5-15　流态混凝土最小水泥用量　（单位：kg/m^3）

混凝土等级	普通混凝土	轻骨料混凝土
“高级”混凝土	270	300
“常用”混凝土	250	300（A、B 类） 320（C、D 类）

注：地下及水下的轻骨料混凝土最小水泥用量为 340 kg/m^3。

表 5-16　外加剂与流化剂的组合

基体混凝土	流态混凝土
AE 减水剂（缓凝剂）	流化剂（标准型）
AE 减水剂（促凝剂）	流化剂（标准型）
AE 减水剂（标准剂）	流化剂（标准型）

三、流态混凝土的浇筑

流态混凝土可以用一般施工方法施工，但目前大多采用泵送法施工。当使用泵送时有如下要求：流态混凝土拌和物与输送管管壁的摩擦力要小，以保证所需的输送距离、单位时间的输送量；流态混凝土在泵送过程中不得离析，且质量不得发生变化。

流态混凝土的浇筑顺序应由远而近，同一区域应先浇筑竖向结构后浇筑水平结构。在浇筑竖向结构混凝土时，布料设备的出模板内侧面不应小于 50 mm，且不得向模板内侧面直冲布料，也不得直冲钢筋骨料；浇筑水平结构混凝土时，不得在同一处连续布料，应在 2～3 m 范围内水平面移动布料，且宜垂直于模板布料。混凝土分层浇筑，厚度宜为 300～500 mm。振捣泵送混凝土时，振动棒移动间距宜为 400 mm 左右，振捣时间以 15～30 s 为宜，且隔 20～30 min 后，进行第二次复振。对于有预留洞、预埋件和钢筋件及钢筋太密的部位，应预先制定技术措施，确保顺利布料和振捣密实。

第六章　预应力混凝土施工技术

第一节　概　述

预应力混凝土施工技术能充分发挥高强度钢材的作用,在结构构件承受使用荷载之前,在构件的受拉区域张拉钢筋,利用钢筋张拉后的弹性回缩,对构件受拉区域的混凝土预先施加压力,产生预压应力,使混凝土结构在作用状态下充分发挥钢筋抗拉强度高和混凝土抗压能力强的特点,提高构件的承载能力,节约钢材和能源。该技术已成功应用于桥梁、轨枕、电杆、桩、压力管道、贮罐、高层、高耸、大跨等结构中。开发和推广预应力混凝土施工技术是建设部"九五"期间重点推广应用的10项新技术之一。

预应力混凝土施工技术现已得到飞速发展,并呈现以下发展趋势:

(1)低松弛、防腐性、高强度和粗规格化材料将得到广泛采用。

(2)先进施工工艺的开发及应用。

(3)适用范围广。

本章将重点介绍预应力高效材料、后张有黏结预应力施工技术和后张法无黏结预应力施工技术。

第二节　预应力高效材料

在预应力混凝土结构中,用于建立预应力的单根或成束的预应力钢丝、钢绞线和钢筋统称为预应力筋。

1956年我国第一根预应力钢丝在天津钢厂问世。目前,我国预应力钢材从生产到应用已形成了较完整的体系。原建设部颁发《建筑业10项新技术(2005)应用指南》要求大力应用HRB400级钢筋(H、R、B分别为热轧、带肋、钢筋三个词的英文字首,400为牌号所要求的屈服点最小值),其特点是在钢中加入了微量合金元素V、Ti或Nb,使晶粒细化,改善了延性,碳含量反而可以降低,钢筋屈服强度提高,并具有良好的可焊性。HRB400级钢筋包括20MnSiV、20MnSiNb和20MnTi三个品种,钢筋直径为6~50 mm,钢筋的强度标准值为400 MPa。该等级可用于受力钢筋、箍筋和构造钢筋,具有成本低、强度高、塑性好、焊接性能优良等特点,广泛用于高层建筑、大型公共建筑、工业厂房、水电工程、桥梁工程以及构筑物之中。此外,冷轧扭钢筋也得到推广,如北京首都机场二期航站楼等工程,但近几年呈下降趋势。冷轧带肋钢筋从20世纪90年代开始也已推广应用,但较多用于中小型预制构件,现场用的较少。

一、预应力筋的性能要求

(一)高强度

预应力筋有效预应力的大小取决于预应力筋张拉控制应力的大小。考虑到预应力结构在施工及使用过程中将出现的各种预应力损失,采用高强材料,有助于提高有效预应力。

(二)较好的塑性

预应力筋必须具有足够的塑性,以避免构件发生脆性破坏。钢材的低松弛性也是预应力钢筋的重要技术指标。

(三)较好的黏结性能

在先张法预应力构件中,预应力筋和混凝土之间应具有可靠的黏结力,以确保预应力筋的预应力可靠地传递至混凝土中。在后张法预应力构件中,预应力筋与孔道后灌浆水泥之间应有较高的黏结强度,以使预应力筋与周围的混凝土形成一个整体来共同承受外荷载。另外,在采用高强钢丝作为预应力筋时,宜选用刻痕钢丝或以钢丝为母材扭绞形成的钢绞线,以改善钢丝和混凝土之间的黏结性能。

二、HRB400 级钢筋应用技术

(一)技术指标

(1)物理力学指标。HRB400 级钢筋物理力学指标见表 6-1。

表 6-1　HRB400 级钢筋物理力学指标

牌号	公称直径(mm)	σ_s(或 $\sigma_{p0.2}$)(MPa)	σ_b(MPa)	δ_s(%)	弯曲试验弯心直径
HRB400	6~25 28~50	≥400	≥570	≥14	4 倍试样直径 5 倍试样直径

(2)化学成分。HRB400 级钢筋化学成分见表 6-2。

表 6-2　HRB400 级钢筋化学成分

化学成分	含量(%)	化学成分	含量(%)
C	≤0.25	P	≤0.045
Si	≤0.80	S	≤0.045
Mn	≤1.60	C_{eq}	≤0.54

(二)技术特点

新Ⅲ级钢筋,即 HRB400 钢筋,是指专门由冶金厂冶炼生产的钢筋混凝土结构用热轧带肋钢筋,比传统使用的Ⅰ、Ⅱ级钢筋的技术性能有明显的提高,广泛用于建筑结构工程,有利于保证质量,降低工程成本,其具有以下特点:

(1)强度高,安全储备大,经济效益显著。

(2)机械性能好。新Ⅲ级钢筋显著改善了Ⅱ级钢筋在力学性能方面的不足,避免了尺寸效应大及Ⅱ级钢应变时延伸率下降20%～29%的弊病,新Ⅲ级钢筋的冷弯性能更明显优于Ⅱ级钢,克服了弯折钢筋部位出现的微细裂纹,易于消除结构质量隐患。

(3)焊接性能好。400 MPa 新Ⅲ级钢筋的碳当量低($C_{eq} \leqslant 0.54\%$),焊接方便,电弧焊、闪光对焊及电渣压力焊的合格率均为100%,钢筋金相组织好,晶粒度≥9级,非金属夹杂物含量低且易于操作。

(4)抗震性能良好。由于新Ⅲ级钢筋的强屈比 $\sigma_b/\sigma_s > 1.30$($\sigma_b = 570$ MPa,$\sigma_s = 400$ MPa),在遭遇地震灾害时,能发挥良好的抗震作用,有利于提高建筑结构的抗震性和安全性。

(5)使用范围广,规格齐全。产品直径为6～50 mm,推荐直径为8 mm、12 mm、16 mm、20 mm、25 mm、32 mm、40 mm、50 mm,克服了Ⅱ级钢缺少大于25 mm粗直径直条筋的难题,便于施工下料与配筋绑扎,使钢筋布置更趋合理,易于混凝土的浇捣,适用于柱、梁、墙、板等结构构件。

(三)施工与加工要求

1. 材料要求

(1)直条筋的弯曲度不影响正常使用,总弯曲率不大于钢筋总长度的0.4%。

(2)钢筋端部应剪切正直,局部变形应不影响使用。

(3)钢筋在最大应力下的总伸长度不小于2.5%。

(4)工艺性能、弯曲性能。按规定弯曲180°,受弯曲部位表面不得产生裂纹,反向弯曲试验的弯心直径比弯曲试验相应增加一个钢筋直径,先正向弯曲45°后反向弯曲23°,经反向弯曲试验后,钢筋受弯曲部位表面不得产生裂纹。

(5)表面质量。钢筋表面不得有裂纹、结疤和折叠,表面允许有凸块但不得超过横肋的高度,钢筋表面上其他缺陷的深度和高度不得大于所在部位尺寸的允许偏差。

2. 下料、连接

由于HRB400级钢筋强度较高,切断下料应采用机械切断,下料可不考虑用于锚固的180°弯钩尺寸,但应考虑保护层的厚度尺寸。

HRB400钢筋的连接可采用多种方法,如绑扎搭接、焊接、机械连接等。绑扎搭接应符合《混凝土结构施工质量验收规范》(GB 50204—2002)中的规定。钢筋焊接形式有闪光对焊、电弧焊、气压焊、电渣压力焊等。机械连接形式有直螺纹连接、锥螺纹连接、套筒冷挤压技术。对HRB400级钢筋的连接,不同直径的钢筋采用不同的连接方式。如:轴心受拉及小偏心受拉构件的受力钢筋不得采用绑扎搭接接头,直径大于28 mm的轴心受拉筋及直径大于32 mm的受压HRB400级钢筋不宜采用绑扎搭接接头。对接头总的基本要求是接头宜设置在受力较小处,并依据连接的可靠性程度,合理设置连接接头的位置及接头面积百分率。

三、FRP预应力筋

近年来,我国对碳纤维预应力筋(CFRP)、玻璃纤维预应力筋(GFRP)、芳纶纤维预应力筋(AFRP)等非金属材料的预应力进行了大量的试验研究工作,并取得了可喜的成果。它们由多股连续纤维以环氧树脂等作为基底材料胶合后,经过特制的模具挤压、拉拔成型。塑料筋的应力—应变曲线没有条件屈服点,直到拉断都呈现弹性,抗拉强度则接近于高强钢绞线。纤维加劲塑料筋与钢材相比,具有抗腐蚀、耐疲劳性能好、热膨胀系数低、强度与质量密度之比高、表面形态多等优点;缺点为价格高、拉断时应变低、长期的静力强度比短期的低等。

目前,各种 FRP 预应力筋仍处于研究试用阶段,FRP 预应力筋的发展前景将是很广阔的。

第三节　后张有黏结预应力施工技术

混凝土达到设计规定强度后,穿筋并用张拉机具张拉钢筋至设计规定应力值,借助锚具把预应力筋锚固在构件端部,最后孔道灌浆,这种预加应力的方法称为后张有黏结预应力施工。

后张有黏结预应力施工具有以下特点:

(1)构件小而轻,可用于重载、大跨度、大开间结构体系。

(2)提高结构性能,节省钢筋和混凝土材料,降低造价。

(3)与钢结构相比,维修费用低,耐久性好,节约钢材和木材。

后张有黏结预应力施工主要工艺流程为:施工准备→预应力筋下料及制作→预应力孔道留设→预应力筋穿束→预应力筋张拉→孔道灌浆→锚具封闭。

一、预应力筋下料及制作

(一)预应力筋下料长度计算

预应力筋下料长度的计算应考虑锚具形式、弹性压缩、张拉伸长值、构件孔道长度、张拉设备与施工方法等因素。

(二)预应力筋下料与编束

(1)钢丝的下料与编束。预应力筋下料应在平坦、洁净的场地上进行。矫直回火钢丝开盘后伸直性很好,可以直接下料。钢丝下料时,若发现钢丝有电接头或表面机械损伤,应随时剔除。

当钢丝束两端采用镦头锚具时,钢丝的等长要求较严。同束钢丝下料长度的极差值不应大于 $L/5\ 000$(L 为钢丝下料计算长度),且不得大于 5 mm。

为保证钢丝束两端钢丝的排列顺序一致,每束钢丝都必须进行编束。编束方法根据所用锚具形式的不同而有差异。

(2)钢绞线下料和编束。钢绞线下料场应平坦,下垫方木或彩条布。下料时,将钢绞线盘卷装在放线盘内,从盘卷中央逐步抽出。钢绞线的下料宜用砂轮切割机切割,不得采用电弧切割。编束时应先将钢绞线理顺,并尽量使各根钢绞线松紧一致。若单根穿入孔道,则不需编束。

(三)固定端制作

(1)钢丝镦头的头形与质量要求。镦头锚具适用于钢丝预应力筋,可用于固定端或张拉端。钢丝镦头的头形,通常有蘑菇形和平面形两种,见图6-1。

对冷镦头的质量要求为:头形尺寸要符合有关要求;头形圆整、不偏斜,颈部母材不受损伤;钢丝镦头的强度不得低于母材强度标准值的98%。

(2)挤压机与挤压锚具。挤压机与挤压锚具适用于钢绞线预应力筋,可用于钢绞线固定端,挤压机如图6-2所示。

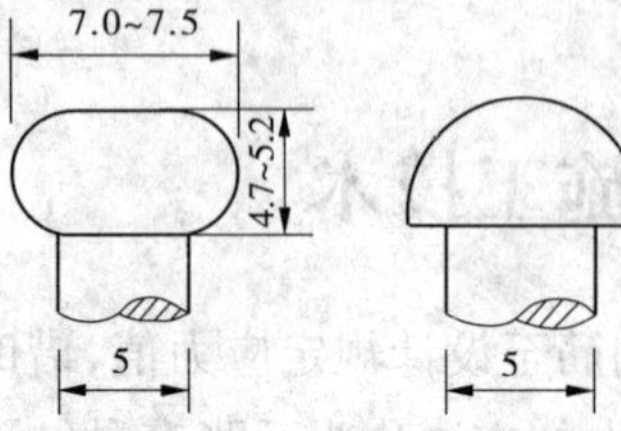

图6-1　钢丝镦头的头形　(单位:mm)

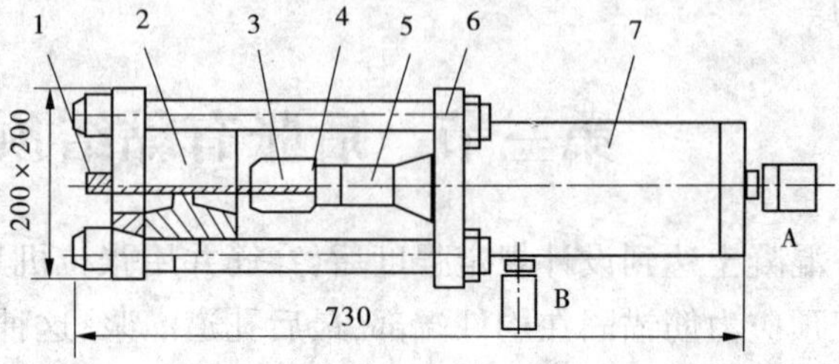

1—钢绞线;2—挤压膜;3—异形钢丝衬套;4—挤压套;
5—活塞杆;6—机架;7—千斤顶;A—进油嘴;B—回油嘴

图6-2　挤压机　(单位:mm)

(3)压花锚具成型。压花锚具适用于钢绞线预应力筋。压花设备采用压花机,由液压千斤顶、机架和夹具组成。

(4)固定端制作技术和安全交底。预应力筋固定端制作是极为重要的一道工序,因为制作完成的固定端锚具一般都埋在混凝土结构内部,无法更换,因而不允许失效。在施工中应有详细的技术交底和质量验收方法来保证。

二、预应力筋孔道的留设

(一)预应力筋孔道布置设计

预应力筋的孔道形状有直线、曲线和折线等。孔道的直径与布置主要根据预应力混凝土构件或结构的受力性能,并参考预应力筋张拉锚固体系特点与尺寸来确定。

(1)预应力筋孔道的内径宜比预应力筋和需穿过孔道的连接器外径大10~15 mm,孔道截面面积宜取预应力筋净面积的3.5~4.0倍。

(2)在现浇框架梁中,预留孔道在竖直方向的净间距不应小于孔道外径,水平方向的净间距不宜小于孔道外径的1.5倍。从孔壁算起的混凝土保护层厚度:梁底不应小于50 mm,梁侧不应小于40 mm,板底不应小于30 mm。

(3)预应力筋孔道端头连接承压钢垫板或铸铁喇叭管,预留孔道端部排列间距往往与构件内部排列间距不同。此外,由于成束预应力筋的锚固工艺要求,构件孔道端常常需扩大孔径,形成喇叭形孔道。

(二)孔道成型方法

预应力筋的孔道可采用钢管抽芯、胶管抽芯和预埋管等方法成型。工程中常用预埋波纹管成型孔道。

金属螺旋管是用冷轧钢带或镀锌钢带在卷管机上压波后螺旋咬合而成的。按照相邻咬口之间的凸出部(即波纹)的数量分为单波纹和双波纹,按照截面形状分为圆形和扁形(见图6-3)。螺旋管的连接采用大一号同形螺旋管。接头管的长度为200~300 mm,接头两端用密封胶带或塑料热缩管封裹(见图6-4)。

(a)双波纹管 (b)单波纹管 (c)扁形螺旋管

图6-3 圆形和扁形螺旋管

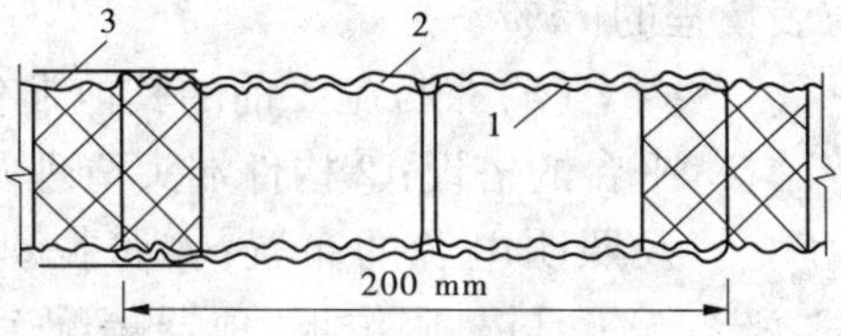

1—螺旋管;2—接头管;3—密封胶带

图6-4 螺旋管的连接

对孔道成型的基本要求是:孔道的尺寸与位置应正确,孔道应平顺,接头不漏浆,端部预埋钢板应垂直于孔道中心线等。孔道成型的质量对孔道摩阻损失的影响较大,应严格把关。

三、预应力筋穿束

根据穿束与浇筑混凝土之间的先后关系,可分为先穿束和后穿束两种。根据一次穿入数目,可分为整束穿和单根穿两种。一般情况下,钢丝束应整束穿;钢绞线优先采用整束穿,也可用单根穿。穿束工作可采用人工、卷扬机或穿束机进行。

(一)人工穿束

人工穿束可利用起重设备将预应力筋吊起,工人站在脚手架上逐步穿入孔内。对多波曲线束,宜采用特制的牵引头,工人在前头牵引,后头推送。

(二)卷扬机穿束

卷扬机穿束主要用于超长束、特重束、多波曲线束等整束穿的情况。束的前端应装有穿束网套或特制的牵引头。

(三)穿束机穿束

穿束机穿束适用于大型桥梁或构筑物单根穿钢绞线的情况。

四、预应力筋张拉

(一)张拉施工准备

预应力筋张拉施工是预应力混凝土结构施工的关键工序,直接关系到结构安全。张拉施工前应精心组织，做好各项施工准备工作，以保证张拉施工的顺利进行。

(1)锚具进场验收。预应力筋锚具进场时应按验收规范验收，合格后方可使用。

(2)张拉设备的选用及标定。预应力筋的张拉力一般为设备额定张拉力的50%～80%，预应力筋的一次张拉伸长值不应超过设备的最大张拉行程。当一次张拉不足时，可采取分级重复张拉的方法。施加预应力用的机具设备及仪表应由专人使用和管理，并应定期维护和标定。

(3)混凝土强度检验。施加预应力时结构的混凝土强度应在设计图纸上标明，当设计无要求时，不应低于混凝土立方体抗压强度标准值的75%。

(4)预应力筋张拉力值计算。预应力筋张拉力值应通过千斤顶、油压表配套标定的油压值—张拉力关系曲线换算成相应的张拉油压表数值，油压表的精度不宜低于1.5级，张拉油压值不宜大于压力表量程的75%。

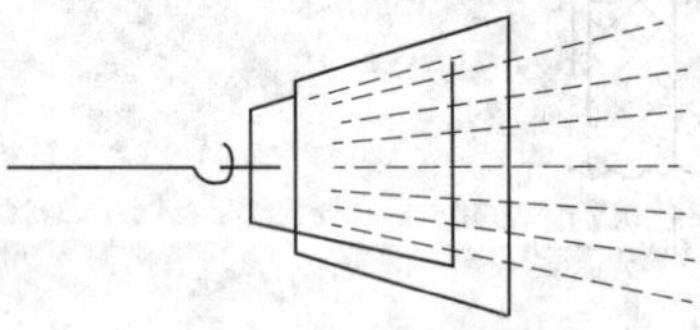
图6-5　穿束器

(5)张拉施工前的其他准备工作。包括：①张拉操作平台的搭设；②构件端头清理及钢绞线清理；③动力电源及照明电源的布置；④张拉班组布置及安全技术交底；⑤工具锚、限位板、顶器等配套设备及配套工具准备等；⑥穿筋时成束的预应力筋将一头对齐，按顺序编号套在穿束器上，如图6-5所示。

(二)预应力筋张拉施工工艺

预应力筋的张拉顺序，应使结构及构件受力均匀、同步，不应使其他构件产生过大的附加内力及变形等。

(1)一端张拉工艺。一端张拉工艺就是将张拉设备放置在预应力筋一端的张拉形式，主要用于一端是埋入式固定端、分段施工采用固定式连接器连接的预应力筋和其他可以满足一端张拉要求的预应力筋。一端张拉工艺过程可以是分级张拉一次锚固，也可以是分级张拉分级锚固。

(2)两端张拉工艺。两端张拉工艺是将张拉设备同时布置在预应力筋两端同时同步张拉的施工工艺，适用于较长的预应力筋束。

(3)其他张拉工艺。针对不同结构型式和不同的结构设计要求，预应力筋张拉工艺还可分为分批张拉工艺、分段张拉工艺、分期张拉工艺、补偿张拉工艺等。

(4)张拉安全注意事项。操作千斤顶和测量伸长值的人员应站在千斤顶侧面操作，严格遵守操作规程，预应力筋的两端严禁站人；油泵开动过程中，不得擅自离开岗位；在张拉构件的两端应设置保护装置，如用麻袋、草包装土筑成土墙，以防止螺帽滑脱、钢筋断裂飞出伤人；张拉时应认真做到孔道、锚环与千斤顶对中，以便张拉工作顺利进行，并不致增加孔道摩擦损失。

五、孔道灌浆

预应力筋张拉后，应尽快地用灰浆泵将水泥浆压灌到预应力孔道中去，一是保护预应力筋避免锈蚀，二是使预应力筋与构件混凝土保持有效的黏结。

(一)灌浆设备

灌浆设备包括浆体搅拌机、灌浆泵、计量设备、浆桶、过滤器、橡胶管、连接头、灌浆嘴等。

(二)灌浆工艺

(1)孔道准备。对抽拔管成孔,灌浆前应用压力水冲洗孔道;对金属波纹管或钢管成孔,孔道不得用水冲洗,必要时应先用空气泵检查通气情况。

(2)孔道灌浆。将灌浆机出浆口与孔道连接,保证密封,开动灌浆泵注入压力水泥浆,从近至远逐个检查出浆口,待出浓浆后逐一封闭,最后一个孔封闭后,继续加压至0.5~0.7 MPa,稳压1~2 min,封闭进浆孔阀门,待水泥浆凝固后,再拆卸连接接头,及时清理。

六、锚具封闭

后张法预应力筋锚固后的外露部分宜采用机械方法切割。预应力筋的外露长度不宜小于其直径的1.5倍,且不得小于30 mm。预应筋张拉端可采取凸出式或凹入式做法。采取凸出式做法时,锚具位于梁端面或柱表面,张拉后用细石混凝土封裹。采取凹入式做法时,锚具位于梁(柱)凹槽内,张拉后用细石混凝土填平。凸出式锚固端锚具的保护层厚度不应小于50 mm。外露预应力筋的混凝土保护层厚度:处于一类环境时,不应小于20 mm;处于二、三类易受腐蚀环境时,不应小于50 mm。

第四节　后张法无黏结预应力施工技术

后张法无黏结施工技术无需预留管道与灌浆,而是将无黏结预应力筋同普通钢筋一样铺设在结构模板设计位置上,然后浇筑混凝土并进行养护,待混凝土达到设计要求的强度后,张拉预应力筋并用锚具锚固,最后进行封锚。由于其具有施工简便、工期短、造价低、便于更换预应力筋、预应力筋可单独防腐等优点,现已得到广泛的应用。

后张法无黏结预应力施工技术具有以下技术特点:

(1)提供了使用灵活的空间,为发展大跨度、大柱网、大开间楼盖体系创造了条件。

(2)在高层或超高层楼盖建筑中采用该技术可在保证净空间的条件下显著降低层高,从而降低总建筑高度,节省材料和造价。

(3)在多层大面积楼盖中采用该技术可提高结构整体性能和刚度,简化梁板施工工艺,加快施工速度,降低建筑造价。

(4)无黏结筋可曲线配置,其形状与外荷载弯矩图相适应,可充分发挥预应力筋的强度。

(5)设备管道及电气管线在楼板下可通行无阻,减少了建筑、结构、设备的布局矛盾。

(6)无黏结筋成型采用挤出成型工艺,产品质量稳定,摩阻损失小,便于工厂化生产。

一、施工工艺及主要工序

后张法无黏结预应力施工工序主要工艺流程如下:施工准备→无黏结预应力筋下料

与组装→无黏结预应力筋铺放→混凝土浇筑及养护→无黏结筋张拉→锚具封闭。

(一)无黏结预应力筋下料与组装

应逐根对无黏结筋护套进行外观检查,对轻微破损处均需用胶带进行缠绕修补,缠绕时需搭接一半,缠绕层数不应少于2层,缠绕长度应超过破损长度30 mm。无黏结预应力筋下料长度应综合考虑其曲率、锚固端保护层厚度、张拉伸长值及混凝土压缩变形等因素,并应根据不同的张拉方法和锚固形式预留张拉长度。

(二)无黏结预应力筋铺放

在铺放无黏结预应力筋前,应仔细检查无黏结预应力筋的规格尺寸、端部模板预留孔编号及端部配件,无黏结预应力筋的铺设应按设计图纸的规定进行,铺设时要求如下:

(1)无黏结预应力筋的铺放分单向配置和双向曲线配置两种。铺放无黏结预应力筋之前,应预设铁马凳支撑,以控制无黏结筋的设计曲线尺寸。曲线段的起点至张拉锚固点应有一段不小于300 mm的直线段。

(2)对双曲线配置的无黏结预应力筋,除考虑上述要求外,还应注意铺放顺序,应对每个纵横无黏结预应力筋交叉点相应的两个标高进行比较,若一个方向某一筋的各点标高均低于与其相交的各筋相应点标高,则此筋就可以先铺放,标高较高者次之,应避免两个方向的无黏结预应力筋相互穿插铺放。

(3)要尽量避免敷设的各种管线将无黏结预应力筋的标高抬高或降低。

(4)当采取集束配置多根无黏结预应力筋时,各根应保持平行走向,防止相互扭绞;束之间水平净间距不宜小于50 mm,束至构件边缘的净间距不宜小于40 mm。

(5)当采用多根无黏结预应力筋平行带状布束时,每束不宜超过5根无黏结预应力筋,并应采取可靠的支撑固定措施,保证同束中各根无黏结预应力筋具有相同的矢高;带状束在锚固端应平顺地张开,满足无黏结预应力筋水平偏移的要求。

(6)当要求无黏结筋沿竖向、环向或螺旋形铺放时,应有定位支架或其他构造措施控制位置。

(7)在板内被孔洞阻断的无黏结预应力筋可分两侧绕过洞口铺设,其离洞口的距离不宜小于150 mm,水平偏移的曲率半径不宜小于6.5 m(见图6-6),洞口四周应配置构造钢筋加强;当洞口较大时,按设计要求或采用必要的加强措施。

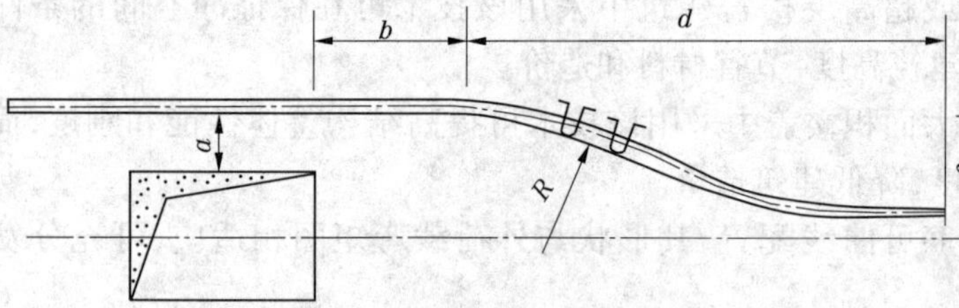

图6-6 洞口无黏结预应力筋布置要求

注:洞口无黏结预应力筋布置满足:$a \geqslant 150$ mm,$b \geqslant 300$ mm,$R \geqslant 6.5$ mm;当$c:d$大于1:6时,需要配置U形筋

(8)铺设双向配筋的无黏结预应力筋时,应先铺设标高低的钢丝束,再铺设标高较高的钢丝束,以避免两个方向钢丝束相互穿插。无黏结预应力筋应在绑扎完底筋以后进行铺放。

(9)无黏结钢丝束镦头锚具如图 6-7 所示。张拉端钢丝束从外包层抽拉出来,穿过锚杯孔眼镦粗头。无黏结钢绞线夹片式锚具如图 6-8 所示。无黏结钢绞线夹片式锚具常采用 XM 型锚具,其固定端采用压花成型埋置在设计部位,待混凝土强度等级达到设计强度后,方能形成可靠的黏结式锚头。

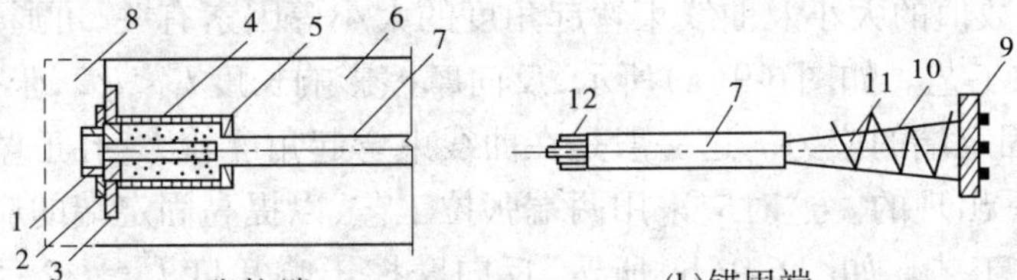

1—锚环;2—螺母;3—预埋件;4—塑料套筒;5—建筑油脂;6—构件;7—软塑料管;8—C30 混凝土封头;9—锚板;10—钢丝;11—螺旋钢筋;12—钢丝束

图 6-7　无黏结钢丝束镦头锚具

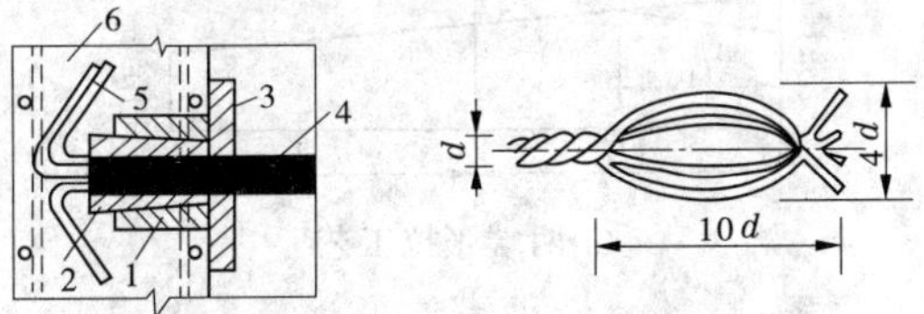

1—锚环;2—夹片;3—预埋件;4—软塑料管;5—散开打弯钢丝;6—圈梁

图 6-8　无黏结钢绞线夹片式锚具

(三)混凝土浇筑及养护

为确保工程质量,混凝土浇筑及养护应注意以下几点。

(1)在浇筑混凝土之前,要配备专职人员负责检查无黏结筋的束形是否符合设计要求,张拉端和固定端的安装是否符合工艺要求,若不符合应及时进行调整和绑扎牢固。

(2)在无黏结筋铺放组装完毕后,应进行隐蔽工程检查验收,当确认合格后,方可浇筑混凝土。

(3)浇筑混凝土时,严禁踩踏或用振捣棒冲击无黏结筋,应确保无黏结筋的束形和锚具的位置不发生移动。

(4)混凝土应振捣密实,必须保证张拉端和固定端混凝土的浇捣质量,严格进行混凝土养护。混凝土成型后,若发现有裂缝或空鼓现象,必须在无黏结筋张拉之前进行修补。

(四)无黏结预应力筋束张拉

1. 张拉伸长值的测量

无黏结预应力筋的实际伸长值宜在初应力为张拉控制应力的 10% 左右时开始测量,分级记录。

2. 施加预应力时的混凝土强度

预应力钢筋锚具下的混凝土受有很大的集中力,因此应在该处混凝土达到一定强度时才能施加预应力;除满足承载力和裂缝控制的要求外,还需要做施工阶段验算,构件在施加预应力时,也要求混凝土具有足够的强度。为减少预应力收缩徐变损失,也不宜在混凝土强度还很低时施加预应力。因此,施加预应力时混凝土立方体抗压强度不应低于混凝土设计强度等级的75%或按设计要求执行。

3. 张拉工艺

曲线预应力筋张拉所建立的预应力值能否满足设计要求,主要与锚具变形和钢筋内缩值、孔道摩擦系数值的大小及曲线束弯起角度的大小等因素有关,可通过计算确定。

(1)两端张拉工艺。如图6-9(a)所示,反向摩擦影响长度 $l_1 < l/2$,张拉端锚固后预应力筋的应力大于固定端的应力。这一般是在曲线束弯起角度较大、孔道摩擦系数大、锚具内缩量小的情况下出现的。这时应采用两端张拉工艺,以提高固定端的应力。

(2)一端张拉工艺。如图6-9(b)所示,反向摩擦影响长度 $l_1 \geqslant l/2$,张拉端锚固后预应力筋的应力小于固定端的应力,跨中应力受锚具变形和钢筋内缩影响而有所减小。这一般在曲线束弯起角度不大、孔道摩擦系数较小、锚具内缩量较大时出现,应采用一端张拉工艺。

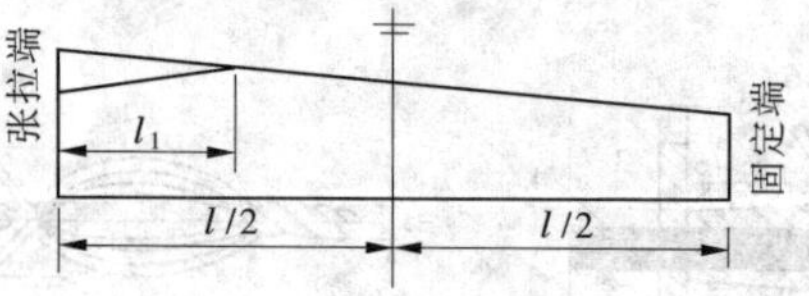

(a)两端张拉工艺

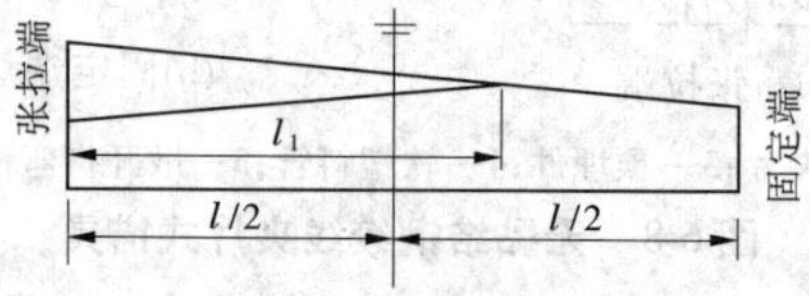

(b)一端张拉工艺

图6-9 张拉锚固阶段曲线筋应力变化

一端张拉工艺有简化施工的优点,由于无黏结预应力筋具有摩擦系数小、用于平板中曲线束弯起角度不大等特点,很适宜采用一端张拉工艺。

当无黏结预应力筋长度超过30 m时,宜采取两端张拉;当预应力筋长度超过60 m时,宜采取分段张拉和锚固。当有可靠的设计依据和工程经验时,无黏结预应力筋的长度可不受此限制。

二、无黏结预应力筋及其锚固系统

(一)无黏结预应力筋

为实现无黏结预应力筋产品的标准化和专业化,提高产品质量,降低成本,提高建筑施工水平,通常采用挤出成型涂层工艺制作无黏结预应力筋。其特点是:无黏结预应力筋在专用成型机上进行制作,它可将油脂、塑料包裹层一次连续成型在预应力筋上,具有成型工艺简单、效率高、质量好、耐破损能力强、摩阻损失小等优点。在制作无黏结预应力筋过程中严格控制材料技术性能及成型工艺参数是保证产品质量的关键。

(二)无黏结预应力锚固系统

在无黏结预应力混凝土中,由于预应力筋在混凝土内永久性处于自由状态,借助于锚具才能使预应力筋和混凝土共同工作,因此锚具是结构质量和安全构成的主要因素。无黏结预应力筋锚具的选用应根据无黏结筋的品种、张拉吨位及工程使用情况选定。

1. 张拉端锚固系统构造

对于夹片锚具系统张拉端可采用下列做法：

(1)圆套筒式锚具构造见图6-10(a)，该锚具一般宜采用凹进混凝土表面布置。

(2)垫板连体式夹片锚具应采用凹进混凝土表面做法，其构造见图6-10(b)。

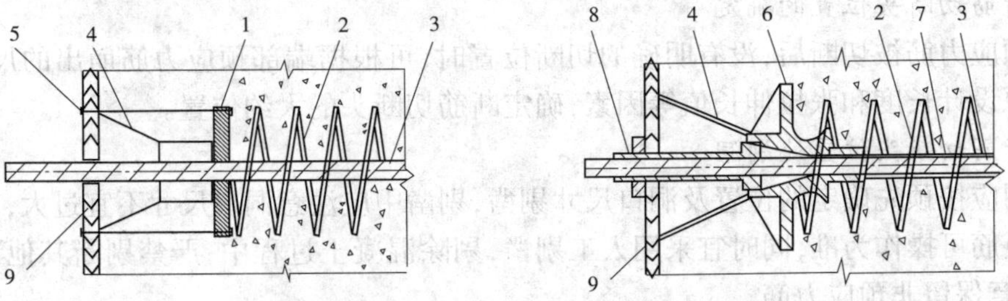

(a)圆套筒式锚具　(b)垫板连体式夹片锚具

1—承压板；2—螺旋筋；3—无黏结预应力筋；4—穴模；5—钩螺丝和螺母；
6—连体锚板；7—塑料保护套；8—安装金属封堵和螺母；9—端横板

图6-10　张拉端锚固力系统构造

2. 固定端锚具系统构造

固定端宜采用挤压式锚具或垫板连体式夹片锚具，锚固端必须埋设在结构构件的混凝土中，其做法有两种。

(1)挤压锚具，其构造由挤压锚具(套筒、夹片或硬钢丝螺旋圈组成)、承压板、螺旋筋组成(见图6-11(a))。挤压锚具应用专用挤压设备将挤压锚套筒和夹片(硬钢丝螺旋圈)组装在钢绞线端部。

(2)垫板连体式夹片锚具，其构造由铸造锚具、夹片和螺旋筋、外盖组成(见图6-11(b))。该锚具应预先用专用紧楔器以预应力筋张拉力的0.75倍顶紧力使夹片预紧，并安装带螺母外盖。

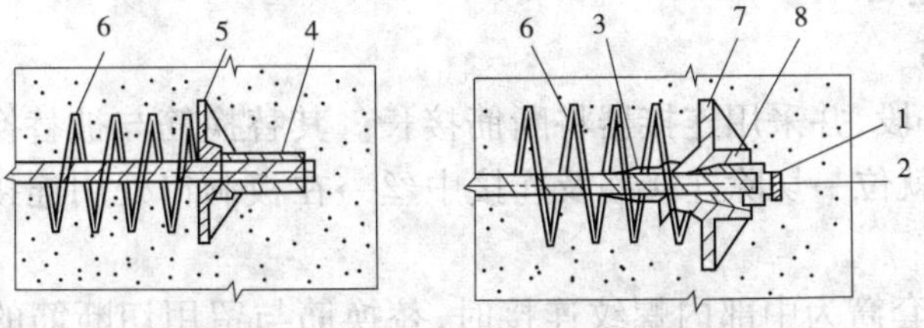

(a)挤压锚具　(b)垫板连体式夹片锚具

1—涂专用防腐油脂或环氧树脂；2—密封盖；3—塑料密封套；4—挤压锚具；
5—承压板；6—螺旋筋；7—连体锚杆；8—夹片

图6-11　固定端锚具系统构造

三、断筋处理工艺

断筋处理方法有接筋和换筋两种。其中，换筋工艺是最理想的工艺，但选择断筋处理方法时，要全面认真论证实施条件的可能性。

断筋处理工艺流程如下：施工准备→替换筋就位→替换筋与被替换筋、被替换筋与牵引设备连接→牵引托出被替换筋→切除连接筋与连接中丝→用连接器将洞口处留用筋与替换筋连接→恢复张拉条件→重新张拉、端部封堵。

（一）施工准备

1. 断筋切断头位置的确定

当预应力筋被切断后，没有明确的切断位置时，可根据端部预应力筋崩出的尺寸、预应力筋原设计长度和张拉伸长值等因素，确定断筋切断头的大约位置。

2. 断筋切断头位置处剔洞

剔洞应按预先确定的位置及洞口尺寸剔凿，剔凿中应注意洞口尺寸不宜过大，以满足接筋和换筋可操作为准，同时宜采用人工剔凿，剔除混凝土过程中，严禁剔断其他预应力筋，并注意保留非预应力筋。

3. 断筋原张拉端和固定端处理

将断筋原张拉端混凝土剔除，并将断筋造成端头筋崩散处复原，其端部筋外露尺寸以保证人工或机械牵引操作重新张拉要求为准，一般应大于 300 mm。

按照断筋和张拉端的位置，参照原设计图准确无误的寻找固定端位置，将其端部混凝土剔除，割除固定端锚具，并确保固定端断筋外露尺寸大于 300 mm。

端部混凝土剔除表面应平整，以利于换筋或接筋后预应力筋张拉。

4. 替换筋、连接筋制作

（1）替换筋制作。替换筋下料长度确定应满足换筋连接、牵引就位、连接器安装及恢复张拉等要求。替换筋端部应根据更换就位连接对端头要求，对其两端头不小于 300 mm 长的外包塑料套管剔除及约为 200 mm 长的钢绞线 6 根外丝切除，并对预留中丝进行氧气焊烘烤退火。

（2）连接筋制作。连接筋选用直径 5 mm 高强钢丝，长度按实际需要取值，但不应小于 200 mm。

（二）替换筋就位

1. 更换一段断筋

更换断筋中的一段，并采用连接器将断筋接长。其替换筋与被替换筋连接和就位过程为：接筋→替换筋就位→切除连接筋及连接中丝→在板洞口处用连接器将替换筋与留用筋连接成一体。

（1）当连接筋外套筒为中部内螺纹连接时，替换筋与留用切断筋的端头距离应保证连接器夹持端预应力筋的外露尺寸不小于 30 mm，同时连接器的带外螺纹的连接头的长度应不小于 60 mm。

（2）当连接器为外套筒且端头正反扣连接时，外套筒长度应大于 2 倍的锚环长度加 60 mm 和替换筋与留用筋间的距离。

（3）在同一断面内被切断筋为两根以上时，被切断筋之间的距离应大于 60 mm，以保证连接器安装的最小距离。采用外筒套式连接时，被切断筋之间的距离不应小于 80 mm，并将洞口处外露预应力钢绞线、连接器外涂油并用塑料布或套管封闭。

2. 更换全长断筋

将被切断筋全部由替代筋替代，其替代筋就位过程为：

(1)用连接筋将断筋与断筋、替换筋与断筋、牵引设备与断筋的端头焊牢，连接成一体。

(2)换筋有如下两种方法：①在被替换筋有外露长度端，利用千斤顶反复出回缸的张拉动作，拖动被替换筋，直至替换筋就位，被替换筋全部被拖出，或利用千斤顶将被替换筋拖动至可用人工拖曳，拖出被替换筋，并将替换筋就位，达到重新张拉的条件；②利用手动葫芦和被焊在被替换筋端部的牵引钩子，将替换筋就位，其工艺过程见图6-12。

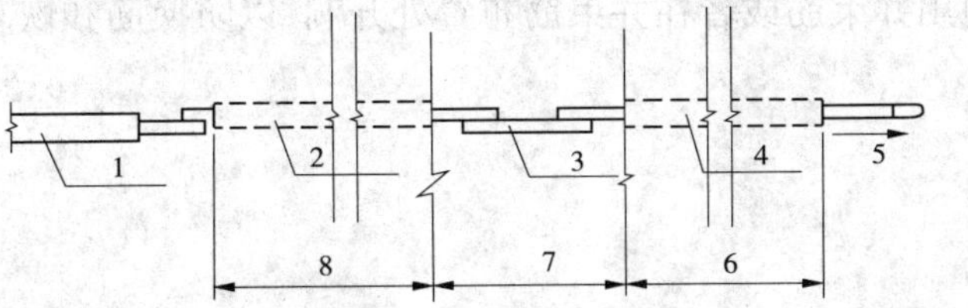

1—替换筋；2,4—更换筋；3—Φ5 连接筋；5—手动葫芦牵引方向；6、8—更换段筋；7—洞口

图6-12　换筋工艺

(3)切除连接筋与连接中丝，并恢复张拉端与固定端。

(三)重新张拉、端部封堵

(1)洞口浇筑混凝土，张拉端和固定端进行复原处理。

(2)待洞口及端部混凝土达到原设计强度等级时，按原设计要求对替换筋重新张拉和端部封堵。

(四)断筋原因分析及避免断筋的有效措施

在无黏结预应力混凝土结构工程施工和使用过程中，结构构件中配置的无黏结预应力筋被切断虽然是不可避免的，但是只要了解断筋的原因和避免断筋的方法，就可以预防和减少断筋的发生。

1. 断筋的原因

(1)在张拉过程中，锚固端滑脱，造成预应力筋从张拉端崩出。

(2)在张拉端节点安装过程中，承压板预应力筋不垂直，造成张拉时预应力筋被承压板割断。

(3)当铺放预应力筋时，梁、柱端非预应力筋和预应力筋交错布置，保证矢高难度大，造成预应力筋被弯折，张拉时被折断。

(4)在装修、设备安装或建筑结构使用功能变更改造期间，及开洞、钻孔剔凿过程中，剔断预应力筋。

2. 避免断筋的方法

(1)在无黏结预应力混凝土梁、板结构工程施工过程中，铺放预应力筋应画线，确保拆模后板底留有预应力筋位线，作为打孔剔凿时避开预应力筋的参考线，应避免在装修、设备安装过程中切断预应力筋。

(2)一般无黏结预应力梁、板结构的预应力筋多为曲线设置，打孔、开洞时应根据原设计图的标示，特别是跨中低位筋、支座高位筋的标高是关键，剔除混凝土应先用人工剔凿，找出预应力筋位置，再用机械钻剔，确保剔凿质量，避免切断预应力筋。

(3)预应力筋锚固端组装时，应对挤压锚、挤压工艺按照验收标准及组装操作工艺要点进行严格控制，确保其锚固质量，避免预应力筋张拉时端部滑脱。

(4)当铺放预应力筋时，张拉端节点安装必须保证预应力筋的平直段，并与承压板垂直，张拉前若发现不垂直，应采取加设斜垫板的方法进行处理，以确保预应力筋与承压板垂直，避免张拉过程中承压板将预应力筋割断。

(5)在结构设计中应尽可能将洞口位置考虑周全，避免结构施工后开洞，当必须开洞时，应认真制订开洞方案，审定洞口周边预应力筋重新张拉时的工艺参数要求，此外，在设计中应尽量避免使用并束筋或者在并束筋布置处开洞，以防换筋和恢复张拉难度的增加。

第七章　新型模板及脚手架应用技术

模板工程对混凝土结构工程的质量、工期及成本都有重要影响。脚手架是土木工程施工中必须使用的重要设施。促进模板与脚手架技术的进步，是节省劳动力、缩短工期、降低混凝土结构工程费用的重要途径，能够带来良好的经济效益和社会效益。

随着科学技术的发展，各种新型的模板及脚手架技术将越来越多地出现于施工现场，为国民经济建设提供强有力的支持。所以，模板和脚手架技术应该致力于节省劳力、降低劳动强度、缩短工期、新型模板和脚手架技术的发展方向。本章主要介绍清水混凝土模板技术、早拆模板成套技术、液压自动爬模技术等新型模板应用技术和碗扣式钢管脚手架、悬挑式脚手架、附着升降式脚手架等新型脚手架应用技术。

第一节　清水混凝土模板技术

清水混凝土是指一次成型，不做任何外装饰，直接采用混凝土本身的自然质感和精心设计安排的对拉螺栓孔、明缝、装饰片等组合形成自然状态作为装饰效果的混凝土工程。清水混凝土模板技术是指模板设计和应用能确保混凝土表面质量、外观效果达到清水混凝土质量要求。随着绿色建筑的客观需求和清水混凝土工程的发展，清水混凝土模板技术将具有越来越广阔的发展空间。

清水混凝土模板技术的优点有：模板制作拼装方便；模板接高容易；现场模板之间连接方便；蝉缝、蝉缝标高控制容易；现场操作简单，工作效率高。

一、清水混凝土模板组成及要求

（一）组成

清水混凝土模板一般由面板、边框、次龙骨、主龙骨、主次龙骨连接件和其他构件组成。

1. 面板

面板要求板表面平整光洁，模板易分块，覆膜质量好，面板易分割和穿墙螺栓孔眼排列规律整齐，几何尺寸准确，拼缝严密，周转使用次数多。

2. 边框

边框主要作用是确保边角成型，其要求型材顺直度保证率高，方便刨洗，可选用角钢等形式，见图 7-1。

3. 次龙骨

体系的次龙骨应该为模板接高提供便利条件。图 7-2 为某工程采用的不等边 H 型钢次龙骨，该次龙骨便于模板的接高，现场应用效果良好。

图 7-1　角钢边框

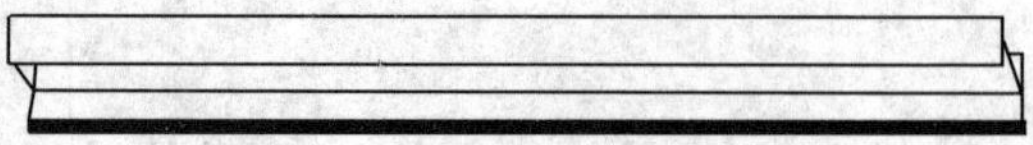

图 7-2　不等边 H 型钢次龙骨

4. 主龙骨

主龙骨应保证模板具有足够的强度和刚度，并应考虑材料的周转使用。

5. 主、次龙骨连接件

主、次龙骨连接件是把次龙骨和主龙骨连接起来的主要构件，其与主、次龙骨之间可采用活连接方式，以便于拆装主、次龙骨。

(二)清水混凝土模板配置原则

清水混凝土模板配置原则如下：

(1)所配置的模板品种和产品质量必须可靠，确保工程质量达到规定要求和质量目标。

(2)清水混凝土模板设计必须满足强度、刚度和混凝土平整度的要求，保证拼缝严密无错台，防止浆体流失，同时应装拆方便，所选择的模板应能达到或大于周转使用次数要求。

(3)清水混凝土模板采用材料应轻质高强，工艺性强，符合环保要求，表面要平整光洁，强度高，耐腐蚀，并具有一定的吸水性。

(4)模板的配置数量应同流水段划分相适应，满足施工进度要求。

(5)模板的配置要综合考虑质量、工期、技术和经济效果。

(6)清水混凝土施工用的模板要求十分严格，需要根据建筑物进行设计定做，且所用模板多数为一次性的，成本较高。

(7)要确保转角、梁与柱接头等重要部位模板的质量。

(8)对模板的接缝和固定模板的螺栓等，要求接缝严密，要加密封条防止跑浆。

(9)固定模板的拉杆也需要用带金属帽或塑料扣的，以便拆模时方便，减少对混凝土表面的破损等。

二、清水混凝土模板施工工艺及施工技术要求

(一)清水混凝土模板的施工技术要求

清水混凝土模板的施工技术要求如下：

(1)清水混凝土模板施工必须编制模板施工方案和操作工艺。

(2)墙体模板应组拼成大模板，整体吊装施工；柱、梁模板也可采用整体预制安装、整体脱模和整体转移的“三整体”组拼方式。

(3)采取“小流水段”施工工艺，缩小施工工作面，减少模板配置量，达到加快施工速度、缩短工期、减少施工费用的目的。

(4)选择的脱模剂应利于脱模，外观效果满足清水混凝土质量要求。

(二)清水混凝土模板的施工工艺

1. 施工工艺

根据图纸结构型式设计计算模板强度和板块规格→结合留洞位置绘制组合展开图→

按实际尺寸放大样→加工配制标准和非标准模板块→模板块检测验收→编排顺序号码、涂刷隔离剂→楼地面放线→钢筋绑扎、管线预埋→排架搭设→焊定位筋→柱、墙模板组装校正、验收→浇筑柱、墙混凝土至梁底下 50 mm→安装梁底模和一侧帮模→梁钢筋绑扎→拆除柱、墙下段模板，吊运保养→二次安装柱头、墙头接高模板→第二面梁帮模板安装、校正、验收→铺设平台模板→平台筋绑扎、管线敷设→浇筑混凝土、保养→模板拆除后保养待翻转使用。

由于清水混凝土对施工工艺要求很高，因此与普通混凝土的施工有很大的不同，具体表现在：每次打混凝土必须先打料块，对比前次色彩，通过仪器检测后才可继续；必须振捣均匀；施工温度要求十分严格，适合在 4 ~ 10 月间施工。

2. 细部节点的处理

(1)穿墙螺栓。墙体模板的穿墙螺栓施工时需安装塑料套管，并在塑料套管的两端头套上塑料堵头套管，此种方法已被欧美国家广泛采用，既防止漏浆，又起到模板定位作用，饰面效果较好。孔眼内后塞膨胀止水条和膨胀砂浆。详见图 7-3。

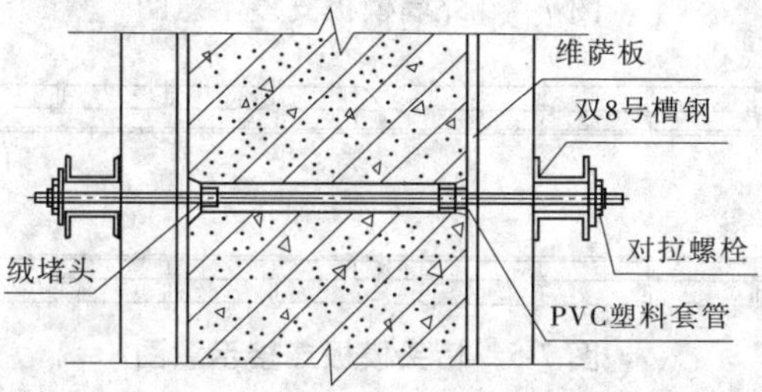

图 7-3 某清水模板穿墙螺栓应用示意图

(2)外墙模板的支设与处理。外墙模板的支设利用下层已浇混凝土墙体的最上面的一排穿墙孔眼，通过螺栓连接槽钢形成模板支撑的操作面。支上层墙体模板时，通过穿墙螺栓将下包板与已浇混凝土墙体贴紧，下包板上口加装饰条与明缝相吻合，杜绝模板下边沿错台、漏浆。贴紧前将墙面清理干净，以防因墙面与模板面之间夹渣的存在，产生漏浆现象。详见图 7-4。

(3)堵头板的处理。为防止墙体端头部位漏浆，堵头板模板可在原有板面上再嵌入与墙体相同宽度的一块板，所以堵头板相邻的两块墙体模板要大于实际长度的一个板厚，墙体模板与堵头板两者之间首先采用柏利夹具进行连接，然后再使用钩头螺栓进行加固。详见图 7-5。

3. 施工要点

(1)墙体模板的吊装、安装、拆除、保养。施工准备：墙模施工放线；墙筋绑扎，隐检，浇筑混凝土处杂物清理；墙模定位塑料套管设置，预埋线管、线盒安装；墙模板配件安装，涂刷脱模剂；操作台的搭设；复核模板控制线、砂浆找平层。

(2)模板吊装。吊装时，先将塔吊的两个吊钩穿在模板上的专用吊具上，并应尽量保证两钢丝绳保持平行，必要时采用塔吊进行模板的吊装，确保吊钩挂好后，方可起吊。在吊装过程中，模板应慢起轻放。

(3)墙模安装。根据墙模施工放线和模板编号，将准备好的模板吊装入位；将模板调

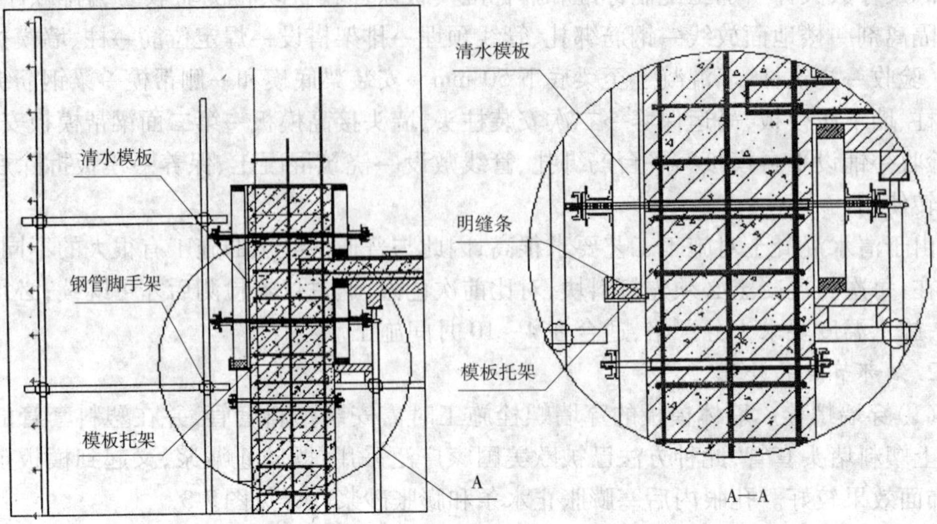

图 7-4　外墙模板支模示意图

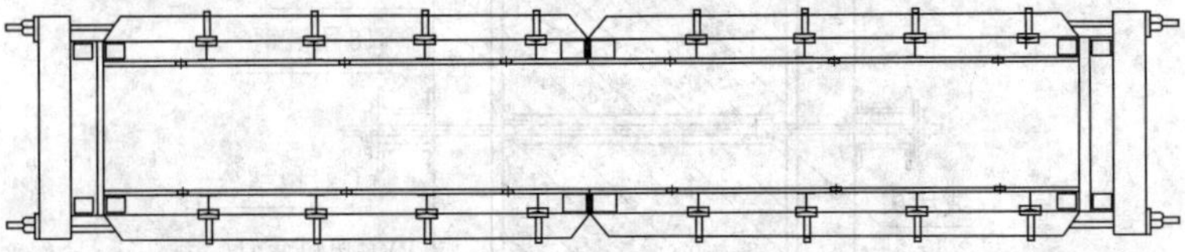

图 7-5　堵头模板连接示意图

到合适的位置，通过定位塑料套管带上穿墙螺杆，并初步固定；调整模板的垂直度及拼缝，夹上模板夹具；锁紧模板夹具，锁紧穿墙杆螺母；检查模板支设情况，根据节点要求对局部进行加强。

(4)墙模拆除。当混凝土强度达到 1.2 MPa 后，开始拆除模板。第一步先松开穿墙杆螺母，将穿墙杆从墙体中退出来；用榔头敲打销子，松开模板夹具。第二步松开墙体模板的支撑，使模板与墙体分离；若模板与墙体黏结较牢，用撬棍轻轻撬动模板，使之与墙体分离；将脱离混凝土面的模板吊到地面，清灰并涂刷脱膜剂，以备周转。

(5)墙模保养。模板在施工过程中应注意面板的保护，且必须加强工人对清水混凝土模板的保护意识。同时，在施工过程中应防止钢筋、钢管脚手架等对模板面板造成的物理损伤，以及在吊装模板的过程中绳索等对模板边的损坏，以确保所浇筑混凝土的清水饰面效果。

(三)主要技术指标

(1)清水混凝土模板可选用无框木(竹)胶合板模板、钢框胶合板模板、木框胶合板模板、全钢大模板等，当前应重点推广应用全钢大模板，积极开发钢框胶合板模板。

(2)墙体模板承受混凝土侧压力应达到 60 kN/m^2，柱模板承受混凝土侧压力应达到 80 kN/m^2。

(3)当采用覆膜木(竹)胶合板模板时，周转使用次数应达到 10 次以上，逐步淘汰散装散拆的落后施工工艺。

(4)模板应尺寸准确,拼缝严密平整,板面平顺、清洁、无破损。模板接缝与施工缝处无挂浆、漏浆。

(四)质量控制措施

(1)成立清水混凝土模板施工专业班组,同时成立模板质量监控小组,每一道工序都必须全面、全过程实施监控。由于清水混凝土具有一次浇筑完成、不可更改的特性,故与墙体相连的门窗洞口和各种构件、埋件须提前准确设计与定位,与土建施工同时预埋铺设。由于没有外墙垫层和抹灰层,施工人员必须为门窗等构件的安装预留槽口,并且清水墙体上若安装雨水管,通风口等外露节点也须设计好与明缝等的交接。

(2)模板吊装运输应注意以下事项:模板进场卸车时,应水平将模板吊离车辆,并在吊绳与模板的接触部位垫木方或角钢护角,避免吊绳伤及面板,建议两块一起吊,吊点位置应作用于背楞位置,确保有四个吊点并且均匀受力。吊离车辆后,平放在平整坚实的地面上,下面垫木方,避免产生变形。平放时背楞向下,面对面或背对背地堆放,严禁将面板朝下接触地面。模板面板之间加毡子以保护面板。模板吊装时一定要在设计的吊钩位置挂钢丝绳,起吊前一定要确保吊点的连接稳固,严禁钩在几字型材或背楞上。注意:模板面板不能与地面接触,必要时在模板底部位置垫毡子或海绵。模板施工中必须慢起轻放,吊装模板时需注意避免模板随意旋转或撞击脚手架、钢筋网等物体,造成模板的机械性损坏和模板的变形及安全事故发生,影响其正常使用,并严格保证两根吊绳夹角小于5°,严禁单点起吊,4级风(含)以上不宜吊装模板。入模时下方应有人用绳子牵引以保证模板顺利入位,模板下口应避免与混凝土墙体发生碰撞摩擦,防止“飞边”。调整时,受力部位不能直接作用于面板,需要支顶或撬动时保证几字型材、背楞位置受力,并且必须加木方垫块。套穿墙螺栓时,必须在调整好位置后轻轻入位,保证每个孔位都加塑料垫圈,避免螺纹损伤穿墙孔眼。模板紧固之前,应保证面板对齐,严禁在面板校平前上夹具加固。在浇筑过程中,严禁振捣棒与面板、穿墙套管接触。模板拆卸应与安装顺序相反,即先装后拆、后装先拆。拆模时,轻轻将模板上口撬离墙体,然后整体拆离墙体,严禁直接用撬棍挤压面板。拆模过程中必须做好对清水墙面的保护工作。拆下的模板轻轻吊离墙体,放在存放位置准备周转使用。装车运输时最下层模板背楞朝下,模板面对面或背对背叠放,叠放不能超过6层,面板之间垫棉毡保护。

(3)明缝和蝉缝必须水平交圈,竖缝垂直。蝉缝拼装缝缝隙宽度不大于0.2 mm,在拼装前加透明玻璃胶密封。模板接缝,对拉螺栓和施工缝留设应有一定的规律性,上下楼层的连接面搭接平整。

(4)控制模板面板材料的厚度公差,选择合理的模板安装支设体系。相邻模板的平整度高低差≤1 mm,对角线方正≤1 mm,阴阳角模板与大模板之间形成的蝉缝,要求脱模后效果同其他蝉缝。

(5)封堵螺栓孔时从背面用膨胀性水泥砂浆进行封堵,采用特制堵头模具控制平整、深度,保证表面观感整体统一。

(6)保护面板穿墙护孔,采用在面板的孔眼(刷2遍漆封口)位置加塑料孔塞。

(7)原材料充分搅拌,控制配料偏差,控制浇筑过程中的离析,确保模板对原材料的不同吸收作用。

(8)控制脱模剂质量及用量,脱模剂施工应均匀。

(9)穿墙螺栓需均匀适度地紧固,避免局部将面板拉变形。

(五)施工安全保证措施

(1)模板竖直放置时,一定要保证75°~80°的自稳角,必要时(4级风以上)要使用钢丝将模板与稳固的支架体做稳固连接。

(2)模板吊装时一定要在设计的吊钩位置挂钢丝绳,起吊前一定要确保吊点的连接稳固。

(3)为防止大模板发生过大的摆动撞击人、物,模板应单板单吊,以确保安全施工。

(4)4级风以上,严禁吊装大模板。

(5)模板在吊装前和使用过程中应经常检查吊钩的连接装置,防止松动或脱落;模板吊装应慢起轻放,严禁使用单吊钩起吊。

(6)脱模起吊时,在模板要全部脱离墙面前检查穿墙螺栓是否全部退出后方可起吊。

第二节　早拆模板成套技术

早拆模板技术是指楼板模板浇筑3~4 d后,混凝土强度达到设计强度的50%以上时,可敲击早拆柱头,提前拆除横棱和模板,而柱头顶板仍然支顶着现浇楼板,直到混凝土强度达到符合规范允许拆模数值为止的模板施工技术。

早拆模现浇混凝土结构施工用的模板,是保证混凝土结构按照设计要求浇筑成型的一种模型工具。模板工程的费用约占现浇混凝土结构工程费用的1/3,支拆用工量约占总用工量的1/2。因此,正确选用模板技术对于提高工程质量、加速施工速度、提高工作效率、降低工程成本和实现文明施工都具有重要的意义。早拆模板技术正是基于上述目的研制开发的一项新技术。早拆模板技术可适用于各种类型的公共建筑、住宅建筑的楼板和梁,框架结构建筑的楼板和梁,以及桥、涵等市政工程的结构顶板模板的施工。

现浇混凝土楼板模板采用早拆模板技术,与常规支模相比,其优点如下:结构合理,安全可靠;构造简便,提高拆装工效;操作简单,降低劳动强度;施工费用和起吊费用低;便于现场管理。

一、早拆模板体系组成及原理

(一)早拆模板体系的组成

早拆模板体系由模板块、支撑系统、拉杆系统、附件和辅助零件组成。

(1)早拆模板可以采用竹(木)胶合板模板、钢框胶合板模板、组合钢模板和塑料模板等。

(2)支撑系统由早拆柱头、支柱、主梁、可调千斤顶等组成。

(3)早拆柱头有螺杆式升降头、滑动式升降头和螺杆与滑动相结合的升降头三种形式,常用的早拆柱头有支承销板式(见图7-6)、螺旋式(见图7-7)、组装式(见图7-8)等。

(4)支柱可以采用门式支架、碗扣式支架、钢支柱及扣件式支架等,宜推广使用钢支柱、门式支架和碗扣式支架。

(二)早拆模板体系原理

利用柱头与模板分别拆除的方法,提前拆除横棱和模板,保留支柱。可概括为“早拆模板,晚拆支柱”。早拆模板技术的关键是采用了早拆柱头。将早拆柱头安装在立柱支撑上,可达到实现早拆模板、后拆支柱的目的。早拆柱头有一个共同点,即均设有顶板,它直接支承混凝土楼板;设有可升降梁托,支承主梁(龙骨)或模板。当楼板混凝土达到设计强度的50%时,将梁托下降,使主梁和模板随之下落,即可进行拆除。

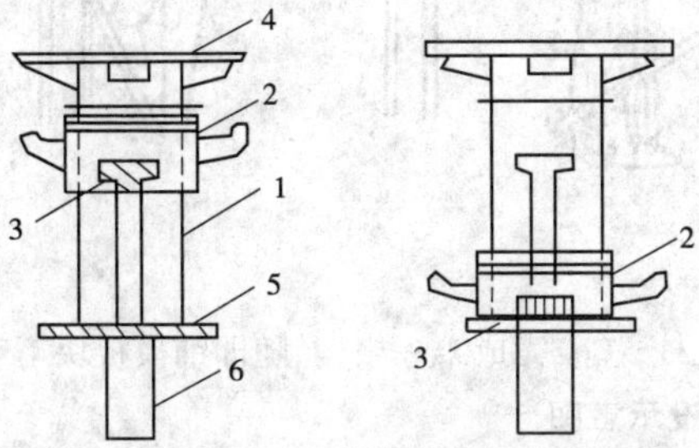

(a)升降头支模后的使用状态　　(b)升降头中的销板与梁托降落状态

1—矩形管;2—梁托;3—支承销板;
4—顶板;5—底板;6—管状体

图 7-6　支承销板式早拆柱头

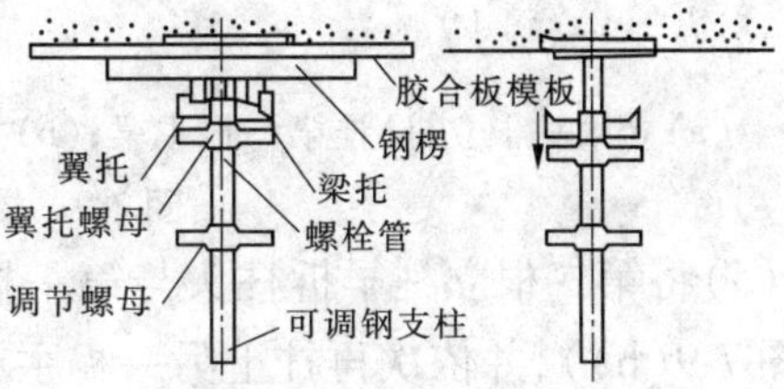

图 7-7　螺旋式早拆柱头

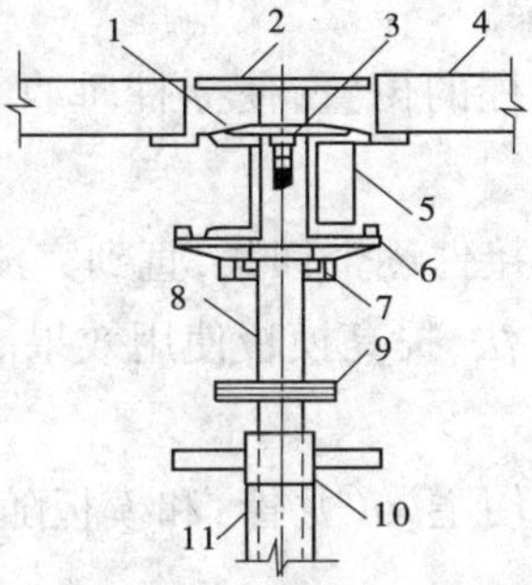

1—板托架;2—柱头板;3—高度调节插销;4—55 系列模板;
5—ϕ48 钢管或 8、10 号型钢或 40 mm×80 mm、50 mm×100 mm 的矩形方木;6—梁柱架;7—高度调节插销;
8—立柱;9—连拉杆;10—高度调节丝杆;11—插卡型支撑体系或可调节支撑体系

图 7-8　组装式早拆柱头

二、早拆模板体系施工工艺

(一)楼板模板支模工艺

(1)应根据工程结构设计图进行配模设计,绘制模板工程施工图,并对模板、支撑的刚度和强度进行验算;计算出所需的模板和支撑的规格与数量;根据模板设计,先在楼层楼板或地面上弹出立柱的位置线。

(2)根据楼层标高,先初步调整好立柱的高度,并安上早拆柱头。

(3)按模板设计平面布置图,立第一根立柱。

(4)将第一榀主梁挂在第一根立柱早拆柱头上(见图7-9(a))。

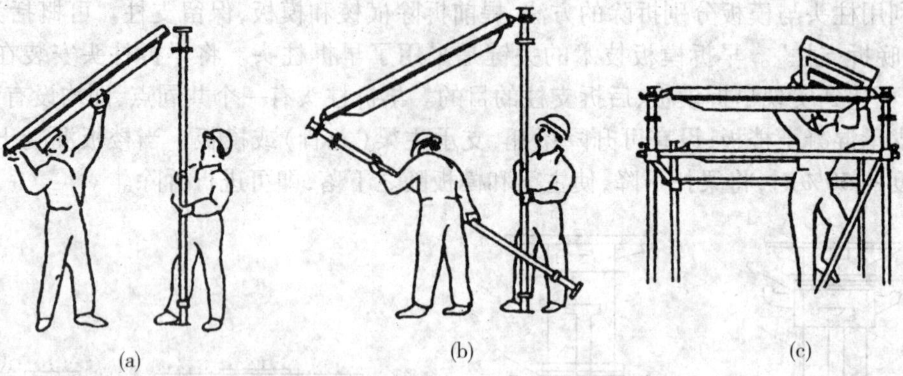

(a)立第一根立柱,挂第一根主梁;(b)立第二根立柱;(c)完成第一格构,随即铺模板块

图7-9　楼板模板支设示意图

(5)将第二根立柱早拆柱头与第一榀主梁挂好,按模板设计平面布置图将立柱就位(见图7-9(b)),并依次再挂上另一榀主梁,然后用水平撑和连接件将两根立柱作临时固定。

(6)当完成第一个格构的立柱和主梁的支设工作后,可随即安装模板块(见图7-9(c))。

(7)依次架设其余立柱和主梁。

(8)根据主梁的长度,调整立柱的位置,使立柱垂直,然后用水平尺调整整个模板的水平度。

(9)安装立柱间的斜撑,将连接件逐个锁紧,直到完成整个面积。

(10)采取“小流水段”施工方法,提高模板使用效果。

(二)拆模工艺

(1)将早拆柱头的梁托落下,使主梁(龙骨)和模板随之下落。

(2)逐块卸下模板块。

(3)卸下主梁(龙骨)。

(4)拆除水平支撑和斜撑。

第三节　液压自动爬模技术

爬升模板(简称爬模)是依附在建筑结构上,利用爬升设备随着结构施工而逐层爬升施工,不需要落地脚手架的一种模板施工技术。它是对大模板与滑动模板两种工艺经过优化吸收与舍弃之后形成的一种新工艺。它既综合了大模板和滑动模板的优点,又有所创新。目前,在国内外用得较多、效果较好的是模板与爬模架联体同爬的液压自动爬模技术,它广泛地应用于高层建筑工程和桥梁工程及高耸构筑工程等。

本节主要介绍导轨导座式液压爬升模板的构造与特征、施工工艺和施工的安全要求。

一、液压自动爬模的构造与特征

(一)构造

图 7-10 是新型导轨式液压爬升模板的构造示意图,它由附着装置、导轨、架体系统、模板系统、爬升箱与液压油缸升降控制系统、作业平台与防护系统及吊篮设备系统等组成。

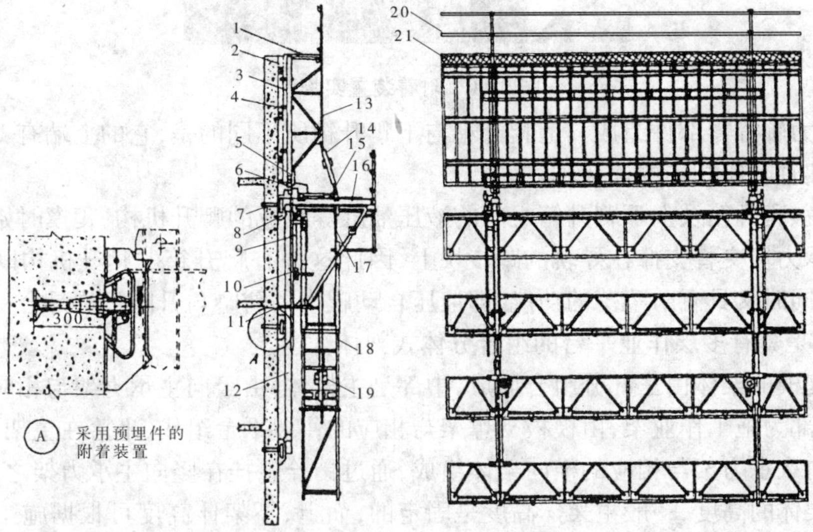

1—平台板;2—外模板;3—附加背棱;4—锁紧钩;5—模板高低调节装置;6—防坠装置;7—穿墙螺栓;8—附墙装置;9—液压缸;10—爬升墙;11—上架体支腿;12—导轨;13—模板支撑架体;14—调节支腿;15—模板平移装置;16—上架体;17—水平梁架;18—下架体;19—下架体提升机;20—栏杆;21—踢脚板

图 7-10　新型导轨式液压爬升模板的构造示意图

(二)主要特征

(1)它是具有附着、导向、防倾覆三项功能合一的多能附着装置。

附着装置由导轨靴座、固定套座及导轨支承座等部件组成(简称附墙座),它通过 M48 螺栓螺母或采用预埋组合套件等方法将其牢固地固定在工程结构上(见图 7-11)。它既是液压爬模全套装备和其上的全部施工荷载、风荷载等的附着承力装置,又是导轨、架体与模板升降时的附着导向装置和附着防倾覆装置。通常 1 个爬升机位在 1 个施工层高内设置 1 个附着装置。它也是爬模施工中唯一的需要装、拆并进行周转使用的部件。

(2)它是具有防坠功能的液压爬升机构。

爬模用的导轨是用 H 型钢制作的,在它的内侧面顶端组焊有用于钩挂在附墙座上的钩座,在其外侧面上组焊有供上、下爬升箱升降用的导向板和踏步支承块。导轨的长度一般大于相邻两个楼层的高度或覆盖上、中、下 3 个附墙座,当小于两个楼层高或不能覆盖 3 个附墙座时可在其内侧面的底端设置活动支座。

附着导轨外翼缘上的上爬升箱和下爬升箱,均由箱体、凸轮摆块(承力块)、导向轮及

图 7-11　附着装置实物图

定位销、承力轴等零部件组成。上爬升箱与下爬升箱所不同的是,它的上端有 1 个与爬模架主承力架轴套座相连的连接轴。

由导轨、爬升箱及上下爬升箱之间的液压油缸等组成的爬升机构,爬模时始终有 1 个爬升箱的承力块交替支撑在导轨的踏步块上,因此这种有爬升箱的爬升机构既是爬模的升降机构,同时又具有防坠落的功能,即液压自动爬模的防坠与升降机构是合一的。

(3)它是具有多层作业平台的组合分体式架体。

液压爬模的架体由三部分组合而成,中部是主架体,由竖向主承力架与相应的横向架体组成;上部为施工作业架,由模板支撑架与相应的作业平台组成,坐落在主架体上;下部架体由竖向次承力架与相应的横向架体组成,通过销栓悬挂在竖向主承力架之下。

关于架体的高度,一般主架体高度是固定的,而上、下架体高度可根据施工需要进行增减。如当建筑工程较高、层数较多而下结构的装饰作业需要提前插入进行,可在架体上安装吊篮设备,实施架体联体上升时进行爬模施工而架体分体下降使下部架体作为吊篮架进行装饰作业;又如,在预应力结构工程中,根据其需要下部架体须多设几层作业平台,以便于进行预应力张拉作业;再如,当不安装下架体就能满足施工要求时,在初期安装时就不再安装下架体,从而使架体高度降低而更便利施工。

(4)它是具有宽敞的模板作业平台且能满足各类模板的使用要求的多功能模板支撑架(见图 7-12)。

坐落在主架体上面的模板作业平台宽 2.0 ~2.5 m,模板支承架设有模板高度调节装置和垂直调节装置,模板移动台车可前后水平移动 0.5 ~0.7 m,其上的施工作业平台可根据需要设置。

(5)它具有轻便的液压泵站和灵敏可靠的同步控制系统。

液压爬模的泵站为单体式,即 1 个自重较轻、便于携带的小油泵对应 1 ~4 支液压油缸,实施由 1 ~4 个爬升机位组成的 1 组爬模架的同步爬升,待爬升到位后将油泵和油缸转移至另一组爬模架周转使用。其同步控制系统有两种:一种是由一般电器部件组成的手动同步控制系统,另一种是由行程传感器与可编程控制器等部件组成的自动同步控制系统。在爬模施工中,如果一个施工层高尺寸较大,采用大行程油缸会加大成本,通常采用行程较小的液压油缸经过多次反复伸缩而实现其爬升,这样既经济又合理。

(6)它具有爬模配置灵活、操作简便易行、抗风能力强、爬升速度快、工程质量好、施

图 7-12　多功能模板支撑架

工安全、综合效益显著等特点。

液压爬模爬升机位与爬模架组的配置可根据工程结构特点与施工要求灵活配置。1个爬升机位可以组成1个爬模架单独爬升，也可以由多个爬升机位组成爬模架组分组爬升，还可以由多个爬模架组实施整体爬升。爬升时模板一直坐落在主架体上随架体一起平稳升高。爬升作业用工人员少，劳动强度低，施工效率高，利于文明安全施工，具有显著的技术经济效益和安全环保效益。

二、液压爬模的施工工艺

（一）液压爬模的工艺原理

由于爬升过程中模板一直是坐落在架体上与架体联体一同升高，其工艺原理主要是指导轨与架体相互爬升的原理。

液压爬模的爬升机构主要由附着在H形导轨上的上下爬升箱和液压油缸组成。上爬升箱顶端的连接轴与爬模架的竖向主承力架联为一体，竖向主承力架内立柱下部的架体支腿通过燕尾槽板附着在导轨外翼缘上，也就是说，爬模架体的竖向承力架有上下两个部位直接或间接依附在H形导轨上。

爬升箱内人字形承力块支撑在导轨踏步块的下面，导轨爬升时，爬模架仍然锁紧固定在附墙座上处于不动状态，上爬升箱的位置也是不动的，通过油缸的反复伸缩将导轨提升到上一个附墙座并钩挂其上。

当导轨爬升到位后，将爬升箱承力块的支撑方向调整为支撑在导轨踏步块的上面，之后将爬模架与附墙座之间的锁紧楔板暂时拆除，准备开始爬升爬模架体。爬升爬模架体时，下爬升箱的位置在1个小行程内不动，而上爬升箱通过液压油缸的伸出带着爬模架体一起升高1个小行程，之后液压油缸通过自动缩缸而使下爬升箱上升1个踏步块。如此重复若干次后，爬模架体爬升到位，将锁紧楔板重新安好使竖向承力架与附墙座固定好。

由此可见，导轨与架体相互为依附进行爬升时，启动泵站，通过油缸的伸缩，上下爬升箱内承力块和导向轮就会自动沿着导轨的导向板和踏步块变换方向，实现自动导向、自动复位与自动锁定功能，从而达到导轨或爬模架体与模板的安全爬升。

（二）液压爬模的施工工艺

1. 安装工艺与拆除工艺

在具备安装爬模装备条件时，宜采用边安装边施工和边施工边完成安装的方法进行有序安装与有序爬升，其工艺流程如下：

在首层墙体钢筋工程中预埋附着装置的钢套管或组合件→首层墙模拆除后安装附着装置→安装导轨和竖向主承力架及其相应的主架体→安装模板支撑系统及大模板系统→首层顶板施工→安装二层预埋套管或组合件→支墙模→浇灌墙体混凝土及养护→拆模→一层顶板施工→安装二层附着装置→爬升导轨→带模板自动爬升爬模架→安装竖向次承力架及相应的下架体→安装相应的护栏网并进行安装检查与验收→转入正常爬模施工工艺→在需要插入装修装饰施工之前安装吊篮设备→下架体作为吊篮架与主架体分体进行装修装饰施工→下架体与主架体联体进行爬模施工→重复上述工艺至结构爬模施工完成后拆除大模板→拆除模板支架系统→在下架体作为吊篮架完成装修与装饰施工后落地拆除下架体→用塔吊拆除主架体，当没有塔吊时可在结构顶层屋面上安装通常吊篮架使用的屋面吊并在完成全部装修装饰作业后将主体架一一落地拆除。当不用爬模设备进行吊篮装饰施工时，在结构爬模施工完成后就用塔吊将爬模架一一拆除并有序退出施工现场。

2. 爬模施工工艺

待爬模装备全部安装完毕经验收合格后，转入正常的爬模施工，其正常的爬模施工工艺如下：

在施工层的竖向钢筋中预埋附着装置用的钢套管或组合件→支竖向模板→浇竖向结构混凝土并进行养护→竖向结构拆模→水平结构施工→竖向模板拆除后清理并复查附着装置的预留孔位→安装附着装置→爬升导轨→混凝土强度达到 10 MPa 后，分组或整体爬升模板，完成一层爬模施工后要进行相应的安全检查。重复上述工艺至施工完毕。

新型导轨式液压爬升模板工艺流程见图 7-13。

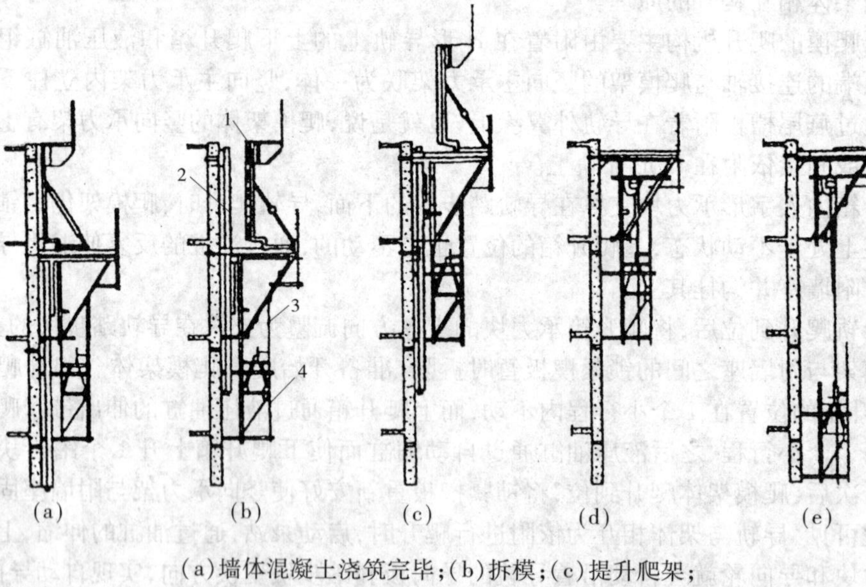

(a)墙体混凝土浇筑完毕；(b)拆模；(c)提升爬架；
(d)拆卸大模板、安设吊篮提升设备；(e)上下架体分开
1—大模板；2—导轨；3—上架体；4—下架体

图 7-13　新型导轨式液压爬升模板工艺流程

三、液压爬模施工的安全要求

(1)装备:爬模设备进场前,必须对其质量进行检查确认,杜绝不合格的产品进场。

(2)装拆作业:严格按工艺要求施工。安全维护要到位,应用前应经过有关方的联合检查验收,合格后方可应用。爬模施工完成后及时有序拆除。

(3)爬升作业:必须由经过专门训练合格的专职人员按照爬模安全操作规程进行精心操作,严禁违章作业。尤其要做好爬升之前的安全检查工作、爬升过程中的监护工作和爬升完毕后的安全防护工作。

(4)管理方面:必须精心规范化管理,以确保施工安全。

第四节　新型脚手架应用技术

在建筑施工中,脚手架占有特别重要的地位,是施工作业中必不可少的硬件设施,是建筑施工技术措施中最重要的环节,也是企业成本管理和安全管理工作中的重要环节。脚手架技术的进步,不但直接影响施工作业的安全可靠性,而且关系到工程质量、施工进度和企业经济效益的提高。

在科学技术迅速发展的今天,建筑施工脚手架技术与应用管理水平是衡量建筑施工技术发展水平和企业竞争力的重要标志之一。建筑施工脚手架在我国先后经历了传统木、竹架设工具的阶段,扣件式钢管脚手架、钢脚手板、各种工具式金属脚手架与木竹架设工具并用的阶段,以及多样化、系列化、标准化和商品化等三个发展阶段。

建筑施工脚手架的种类很多,发展到现在,出现了多种材料、多种形式的脚手架体系。

(1)按用途划分:操作脚手架,防护用脚手架,承重和支撑用脚手架。

(2)按构架方式划分:杆件组合式脚手架,框架组合式脚手架,构件组合式脚手架,台架。

(3)按脚手架的设置形式划分:单排脚手架,双排脚手架,多排脚手架,满堂脚手架。

(4)按脚手架的支固方式划分:落地式脚手架,悬挑式脚手架,附墙悬挂式脚手架,悬吊式脚手架。

(5)按脚手架平、立杆连接方式划分:承插式脚手架,扣接式脚手架。

(6)按脚手架的材料划分:竹脚手架,木脚手架,钢管脚手架。

作为施工单位常备的周转材料,具有较多的功能才能有较好的经济性,多功能、低成本是现代脚手架技术发展的客观要求。

一、碗扣式钢管脚手架

碗扣式钢管脚手架是我国参考国外经验自行研制的一种多功能新型承插式钢管脚手架,且独创了带齿碗扣接头。

碗扣式脚手架具有如下优点:

(1)多功能。根据施工要求,组成不同施工荷载的单、双排脚手架和支撑柱架等施工装备,适用于高层建筑、桥梁、隧道、水塔等多种建筑物施工需求。

(2)拆装方便。接头拼装速度比常规快6倍以上。

(3)效率高,易管理。横杆与立杆连接工人用一把铁锤敲击辅助完成,速度快,功效高。全部杆件系列标准化,便于实施仓储、运输、现场堆放的现代化管理。

(4)整体强度好。齿碗扣接头具有可靠的抗弯、抗剪、抗扭强度,整架稳定强度比常规提高1倍。

(5)安全可靠。配备有保障高层脚手架施工的整套安全措施,使用安全可靠。碗扣接头传力可靠,搭设时不用拧螺栓,不受人为因素影响。立杆连接为同轴心承插,各杆件轴心交于一点。用做模板支架时,顶部插入可调托座,架体受力以轴心受压为主,因而承载力高,不易发生失稳坍塌。

(6)维护简单。构件规范、轻便、牢固,日常维护简单,运输紧凑方便。

碗扣式脚手架适用于直接搭设高度为50 m以下的外脚手架,也适用于作为分段悬挑以及爬升脚手架的搭设的基本架体,兼作为里脚手架;可作为房屋建筑、市政、桥梁混凝土水平构件的模板承重支架;也可作为钢结构施工现场拼装的承重台架。碗扣式脚手架目前在公路、铁路施工部门有一定使用量,通过推广,在房屋和市政施工部门逐渐替换30%左右的扣件式钢管脚手架,改变以往采用单一扣件式钢管脚手架的局面。

(一)碗扣式钢管脚手架构造

碗扣式钢管脚手架也称多功能碗扣脚手架。碗扣接头是这种新型脚手架的核心部件,由上下碗扣、横杆接头和上碗口的限位销等组成(见图7-14),这种新型的组装结构,具有结构简单、接头构造合理、工作安全可靠、拆装方便、操作容易等特点。

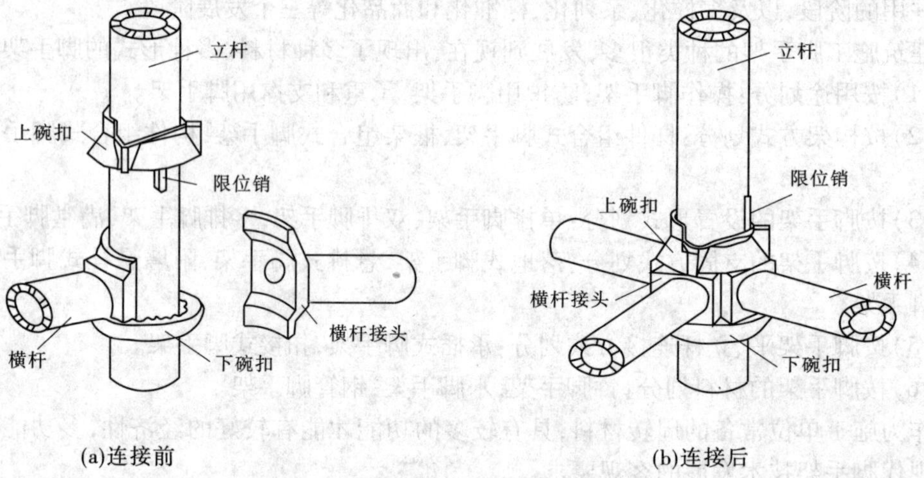

图7-14　碗扣式钢管脚手架构造

碗扣式钢管脚手架的设计配件,按其用途可以分为主构件、辅助构件和专用构件三类。

主构件为用来构成脚手架主体的杆部件,主要包括立杆、顶杆、横杆、斜杆和底座。

(1)立杆由一定长度的ϕ48 mm×3.5 mm钢管上每隔0.6 m安装碗扣接头,并在其顶端焊接立杆焊接管制成,用做脚手架的垂直承力杆。

(2)顶杆即顶部立杆,在顶端设有立杆的连接管,以便在顶端插入托撑,用做支撑架

(柱)、物料提升架等顶端的垂直承力杆。

(3)横杆由一定长度的ϕ48 mm×3.5 mm钢管两端焊接横杆接头制成,用于立杆横向连接管,或框架水平承力杆。

(4)单横杆仅在ϕ48 mm×3.5 mm钢管一端焊接横杆接头,用做单排脚手架横向水平杆。

(5)斜杆在ϕ48 mm×3.5 mm钢管两端铆接斜杆接头制成,用于增强脚手架的稳定强度,提高脚手架的承载力。斜杆应尽量布置在框架节点上。

(6)底座由150 mm×150 mm×8 mm的钢板在中心焊接连接杆制成,安装在立杆的根部,用做防止立杆下沉并将上部荷载分散传递给地基的构件。

(7)碗扣式脚手架搭设的基本尺寸都为定尺模数尺寸,步高以600 mm为模数,纵、横向柱距以300 mm为模数。

辅助构件为用于作业面及附壁拉结等的杆部件,如用于作业面间的横杆、脚手架、斜道板、挡脚板、挑梁,用于连接的立杆连接销、直角销、连接销等,用于其他用途的立杆托撑、立杆可调撑、横托撑、安全网架等。

专用构件有支撑柱垫座、支撑柱转角座、提升滑轮、悬挑架等。

(二)碗扣式脚手架的搭设

碗扣式脚手架用于构件双排外脚手架时,一般立杆横向间距取1.2 m,横杆步距取1.8 m,立杆纵向间距根据建筑物结构、脚手架搭设高度及作业荷载等具体要求来确定,可以取用0.9 m、1.2 m、1.5 m、1.8 m、2.4 m等多种尺寸,并选用相应的横杆。

碗扣式脚手架的搭设要求主要是对斜杆、剪刀撑和连续撑的设置而言的。

(1)斜杆设置。斜杆可以增强脚手架的稳定性,斜杆同立杆的连接相同。斜杆应尽量布置在框架节点上,对于高度在30 m以下的脚手架,可以根据荷载情况,设置斜杆的面积为整架立面面积的1/5~1/2;对于高度超过30 m的高层脚手架,设置斜杆的框架面积要不小于整架面积的1/2。在拐角边缘及端部必须设置斜杆,中间可均匀间隔布置。横向框架内设置斜杆,对于提高脚手架的稳定强度尤为重要。

(2)剪刀撑。竖向剪刀撑的设置应与碗扣式斜杆的设置相配合,一般高度在30 m以下的脚手架,可每隔4~6跨设置一组沿全高连续搭设的剪刀撑,每道剪刀撑跨越5~7根立杆,设剪刀撑的跨内不再设碗扣式斜杆;对于高度在30 m以上的高层脚手架,应该沿脚手架外侧的全高方向连续设置,两组剪刀撑之间用碗扣式斜杆,纵向水平剪刀撑对于增强水平框架的整体性,均匀传递连续墙撑的作用具有重要意义。对于30 m以上的高层脚手架,应该每隔3~5步设置一层连续的闭合纵向水平剪力撑。

(3)连续撑。连续撑是脚手架与建筑物之间的连接件,对于提高脚手架的横向稳定性,承受偏心荷载和水平荷载等具有重要作用。一般情况下,对于高度在30 m以下的脚手架,可以四跨三步设置一个,对于高层及重载脚手架,则要适当加密,50 m以下的脚手架至少应该三跨三步设置一个。连续撑尽量连接在横杆层碗扣接头内,同脚手架、墙体保持垂直,并随建筑物及架子的升高而设置,其他搭设要求同扣件钢管脚手架。

(三)碗扣式脚手架技术指标

(1)碗扣式脚手架目前无相应的安全技术规程,以容许荷载法设计架体。应用时,可参考中国建筑工业出版社出版的《建筑施工脚手架实用手册》编制脚手架方案。

(2)碗扣式脚手架以验算立杆允许荷载确定搭设尺寸。当步距为 600 mm 时,立杆允许荷载为 40 kN/根;当步距为 1 200 mm 时,允许荷载为 30 kN/根;当步距为 1 800 mm 时,允许荷载为 25 kN/根;当步距为 2 400 mm 时,允许荷载为 20 kN/根。

二、悬挑式脚手架

悬挑式脚手架是利用建筑结构边沿向外伸出的悬挑结构来支撑外脚手架,并将脚手架的荷载全部或部分传递给建筑结构。悬挑脚手架的关键是悬挑支承结构必须有足够的强度、稳定性和刚度,并能将脚手架的荷载传递给建筑结构。新型悬挑脚手架的底部支撑挑架逐渐过渡到经产品定型设计和规范化加工,除预埋件外,其余均为能重复使用的标准件。其上吊拉件和下支撑杆件应由足够的安全承载力储备。

悬挑脚手架的支撑形式有三种:①悬挂式挑梁,型钢一端固定在结构上,另一端用拉杆或拉绳拉结到结构的可靠部位上,拉绳应有收紧措施,以便在收紧以后承担脚手架荷载;②下撑式挑梁,其挑梁悬出端支撑杆件是斜撑受压杆,因此断面较大,钢材用量较多且笨重;③桁架式挑梁,通常采用型钢制作,其上弦杆受拉,与结构的连接采用受拉结构,下弦杆受压,与结构连接采用支顶构造。桁架式挑梁与结构墙体之间还可以采用螺栓连接的做法。螺栓穿在刚性墙体的预留孔洞或预埋套管里,可以方便地拆除和重复使用。

(一)悬挑式脚手架技术指标

(1)对于悬挑式脚手架的推广应用由原先的随意设置,就地简单制作,过渡到施工企业结合自身应用习惯,有完整的定型化产品设计和定型加工图,并经工厂规范化加工制作后,统一涂刷标志颜色后运至现场使用。

(2)挑架构造应合理,传力明确,便于组拼和拆卸存放。挑架的下撑杆要做稳定性计算校核,上拉杆如同爬升脚手架吊拉杆要求。

(3)悬挑式脚手架的高度宜控制在 30 m 左右。

(二)悬挑式脚手架工艺流程

悬挑式脚手架工艺流程见图 7-15。

(三)悬挑式脚手架适用范围

悬挑式脚手架适用于闹市区需要外立面做全封闭的多高层建筑施工,也适用于翻搭外脚手架多段悬挑的高层建筑施工。

三、附着升降式脚手架

随着社会的发展,我国建筑业得到了蓬勃发展。高层、超高层建筑拔地而起,建筑施工技术也快速发展。外脚手架成为高层、超高层建筑施工的关键技术,传统的落地架、不落地的挑架等,在高层建筑施工中逐渐暴露出了一些弱点和不适应性。针对高层建筑特点及外架的功能,出现了一种附着升降式脚手架。它依靠自身设备和装置实现升降,仅需搭设 4 ~ 5 个结构层层高的外脚手架,就能满足主体结构和装修的施工需要,具有投资小、周转材料少、现场整洁、文明雅观、经济适用等特点。近几年来在高层与超高层建筑施工中得到较广泛的应用,已呈现全面普及之势,成为高层,特别是超高层建筑外用脚手架的

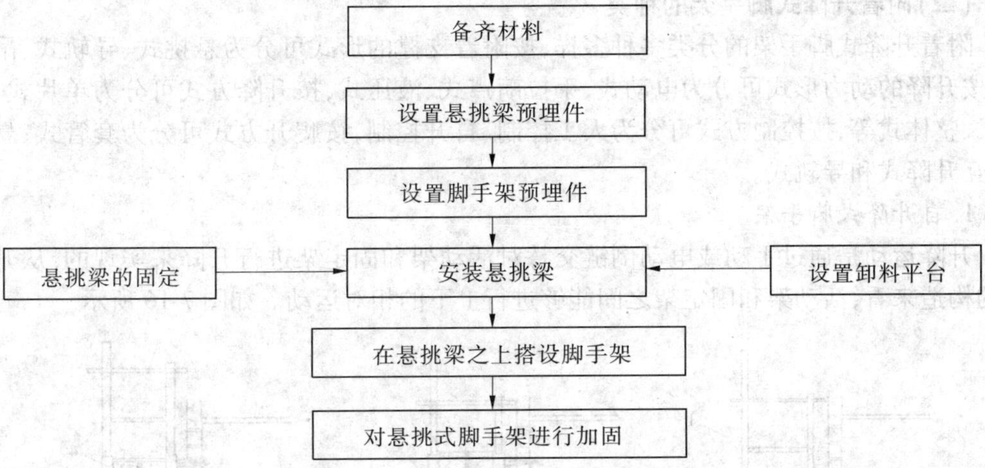

图 7-15　悬挑式脚手架工艺流程

主要形式。

附着升降式脚手架是指采用各种形式的架体结构及附着支承结构，依靠设置在架体上或者工程结构上的专用升降设备实现升降的施工脚手架。附着升降式脚手架还可以携带施工外模板，但是这种附着脚手架必须进行专门的设计。

(一)附着升降式脚手架的产生与发展

附着升降式脚手架的出现不是偶然的，有以下两个方面的孕育和发展的基础条件：

(1)挑、挂、吊和桥式脚手架为其提供了初步的技术基础，在附着升降式脚手架出现以前，挑脚手架和吊篮(吊脚手架)是用于高层建筑施工的三种主要脚手架类别，它们都属于悬空脚手架的范畴。桥式脚手架和由其发展的移动式脚手架，虽然属于落地架设的脚手架，但也为附着升降式脚手架提供了以下方面可供参考的技术：定型桥架的结构和连接结构；提升设备和升降方式(使用葫芦)；齿轮、齿条升降机构及动力设备；附着连墙构造。

(2)采用现浇结构的高层、超高层建筑的迅速发展，为其提供了大量的工程施工需求和较为宽阔的市场。高层建筑脚手架的设置取决于建筑的高度、施工要求及其设置条件。当建筑高度超过 50 m 时，采用落地搭设的脚手架就很不经济，因而被各种类型的挑、吊、挂脚手架所代替。在 50～80 m 这个高度区段内，挑、吊、挂脚手架无论在技术可行性和经济可行性方面，都具有相当的优势和竞争力，但当建筑高度超过 80m 时，挑、吊、挂脚手架就显得不适应了，主要表现在以下方面：①采用反复搭拆的挑脚手架，其搭拆作业的技术和安全保证性要求的难度增大，经济性下降；②采用塔吊反复吊升(降)的挂脚手架，由于需要设置超高型塔吊及其服务能力的限制，而难以采用；③不受高度限制的吊篮只能用于装修作业而不能用于结构作业，且其晃动程度和安全保证的难度增加。总之，在技术、安全、工效和经济等方面都出现了不适应，甚至出现难以解决的问题，这就使得附着升降式脚手架应运而生。采用现浇结构的高层建筑，特别是超高层建筑的迅速发展，也为附着升降式脚手架的发展提供了大量的施工需求和较为广阔的市场。

(二)附着升降式脚手架的种类

附着升降式脚手架的分类多种多样,按附着支撑的形式可分为悬挑式、导轨式、吊拉式,按升降的动力形式可分为电动式、手拉葫芦式、液压式,按升降方式可分为单片式、分段式、整体式等,按控制方式可分为人工控制、自升控制,按爬升方式可分为套管式、悬挑式、互升降式和导轨式。

1. 自升降式脚手架

升降运动是通过手动或电动倒链交替对活动架和固定架进行升降来实现的,从升降架的构造来看,活动架和固定架之间能够进行上下的相对运动。如图 7-16 所示。

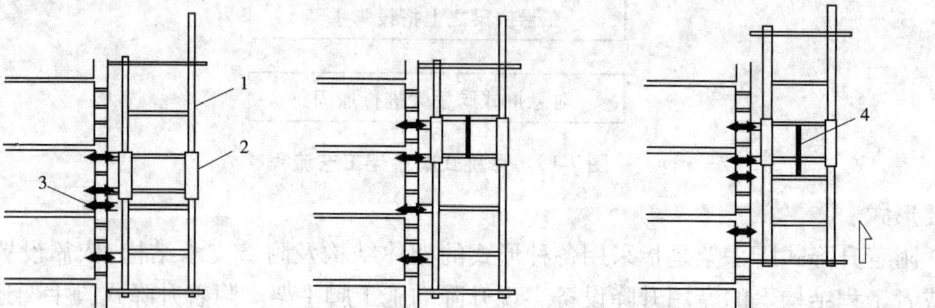

(a)爬升前的位置 (b)活动架爬升 (c)固定架爬升

1—活动架;2—固定架;3—附墙螺栓;4—倒链

图 7-16 自升降式脚手架爬升过程

2. 互升降式脚手架

互升降式脚手架将脚手架分为甲、乙两种单元,通过倒链交替对甲、乙两单元进行升降来实现。如图 7-17 所示。

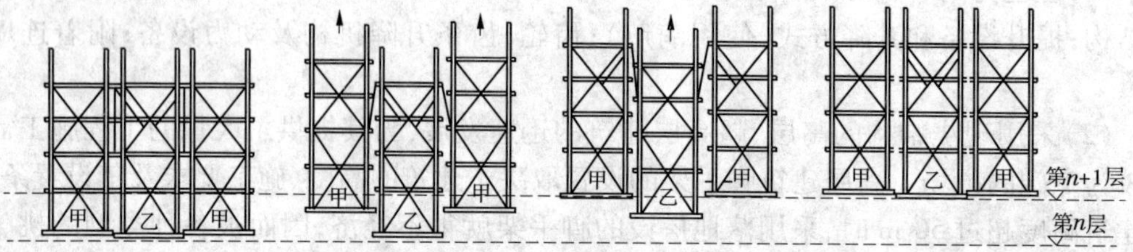

(a)第 n层作业 (b)提升甲单元 (c)提升乙单元 (d)作业第 n+1层

图 7-17 互升降式脚手架爬升过程

3. 整体升降式脚手架

在超高层建筑的主体施工中,整体升降式脚手架有明显的优越性,其结构整体好,升降快捷方便,机械化程度高,经济效益显著,是一种很有推广使用价值的超高层建筑外脚手架,被建设部列入重点推广的 10 项新技术之一。

整体升降式外脚手架以电动倒链为提升机,使整个外脚手架沿建筑物外墙或柱整体向上爬升;搭设高度依建筑物标准层的层高而定,一般取建筑物标准层 4 个层高加 1 步安全栏的高度为架体的总高度,如图 7-18 所示。

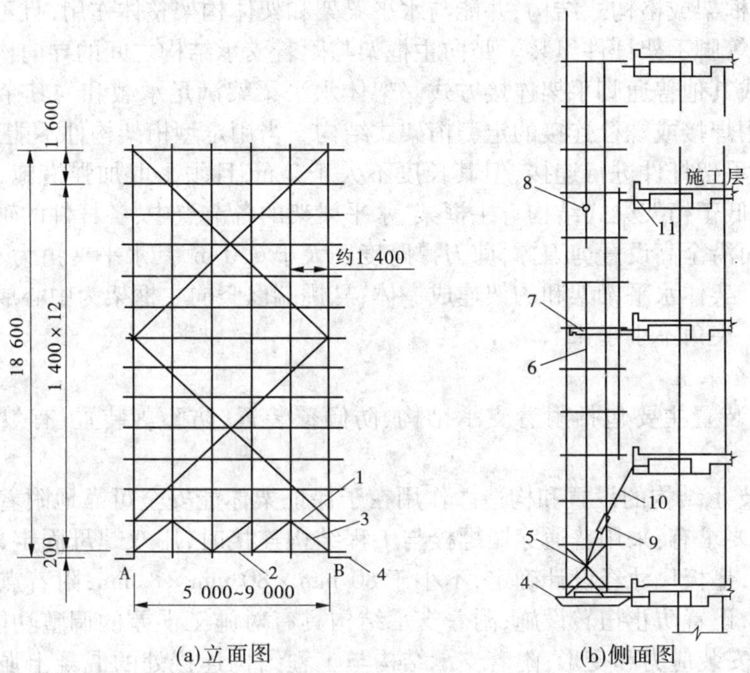

(a)立面图　　(b)侧面图

1—上弦管;2—下弦管;3—承力桁架;4—承力架;5—剪刀撑;6—电动倒链;7—挑梁;8—倒链;9—花篮螺栓;10—Φ25 拉杆;11—Φ25 螺栓

图 7-18　整体升降式脚手架　(单位:mm)

脚手架搭设时,先安装承力架,承力架内侧用 M25 ~ M30 的螺栓与混凝土边梁固定,承力架外侧用斜拉杆与上层边梁拉结固定,用斜拉杆中部的花篮螺栓将承力架调平;再在承力架上面搭设架子,随搭随设置拉结点,并设斜撑;在比承力架高两层的位置安装工字钢挑梁,电动倒链挂在挑梁下,并将电动倒链的吊钩挂在承力架的花篮挑梁上。

当脚手架升(降)时,先松开架体与建筑物的固定拉结点,利用同步控制设备,开动若干台提升机将整个脚手架提升或下降一个楼层高度后,再将承力架用连接螺栓与墙体固定。

(三)附着升降式脚手架的基本构造

附着升降式脚手架的基本构造主要包括四个方面,即架体尺寸、架体结构、架体安全装置和架体升降动力与控制。

1. 架体尺寸

架体高度不大于 5 倍楼层高,架体宽度不大于 1.2 m,直线布置的架体支承跨度不大于 8 m,折线或曲线布置的架体支承跨度不大于 5.4 m。整体式附着升降脚手架架体的悬挑长度不大于 1/2 水平支承跨度和 3 m,单片式附着升降脚手架架体的悬挑长度不大于 1/4 水平支承跨度。在升降和使用工况下,架体悬臂高度均不大于 6 m 和 2/5 架体高度;架体全高与支承跨度的乘积不大于 110 m^2 等。

2. 架体结构

架体在附着支承部位沿全高设置定型加强的竖向主框架,竖向主框架采用焊接或螺栓连接的片式框架或格构式结构，并能与水平梁架和架体构架整体作用，且不能使用钢管扣件或碗扣架等脚手架杆件组装。竖向主框架与附着支承结构之间的导向构造不采用钢管扣件、碗扣或其他普通脚手架连接方式。架体水平梁架满足承载和与其余架体整体作用的要求，采用焊接或螺栓连接的定型桁架式结构。当用定型桁架构件不能连续设置时，局部可采用脚手架杆件进行连接，但其长度不大于 2 m，且须采取加强措施，保证其连接刚度和强度不低于桁架梁式结构。主框架、水平梁架的各节点中，各杆件的轴线汇交于一点；架体外立面沿全高设置剪刀撑，剪刀撑跨度不大于 6.0 m，其水平夹角为 45°~60°，并将竖向主框架、架体水平梁架和构架连成一体；悬挑端以竖向主框架为中心成对设置对称斜拉杆，其水平夹角不小于 45°。

3. 架体安全装置

架体安全装置主要包括附着支承结构、防倾覆装置、防坠落装置、有效的安全防护措施。

(1)附着支承结构的设置和构造。作用在于保证架体能安全可靠地附着于工程结构上。基本技术要求有：采用普通穿墙螺栓与工程结构连接时，用双螺母固定，螺杆露出螺母不少于 3 扣，垫板尺寸经设计确定，不小于 80 mm×80 mm×8 mm；附着点采用单根穿墙螺栓锚固时，设置防止扭转设施；附着支承结构具有对施工误差的调整功能，避免安装时出现过大的安装应力和变形；附着支承结构与工程结构连接处的混凝土强度等级由计算确定，一般不小于 C10；在升降和使用情况下，每一架体竖向主框架能够单独承受该跨全部设计荷载和倾覆作用的附着支承构造不少于两套。

(2)防倾覆装置的构造。作用在于架体提升、降落和使用时，保证架体不向外或内倾斜。主要技术要求有：防倾覆装置与竖向主框架、附着支承结构或工程结构可靠连接——防倾覆装置用螺栓同竖向主框架或附着支承结构连接，不允许采用钢管扣件或碗扣方式；在升降和使用工况下，位于同一竖向平面的防倾覆装置均不少于两处，并且最上和最下一个防倾覆支承点之间的最小间距不小于架体全高的 1/3；防倾覆装置的导向间隙小于 5 mm。

(3)防坠装置的构造。作用在于架体提升、降落和使用时，提升设备失效或附着装置与架体间的拉杆断裂时能保证架体不坠落。主要技术要求有：设置在竖向主框架的提升设备处，防坠制动距离，整体式不大于 80 mm、单片式不大于 150 mm，防坠装置与提升设备分别设置在两套附着支承结构上，若一套失效，另一套能单独承担全部坠落荷载。

(4)安全防护措施。作用在于保证架体上操作人员的安全并防止架体上的物料坠落伤人。主要技术要求有：架体外侧用密目安全网围挡；架体底层的脚手板应铺设严密，且用平网及密目安全网兜底；每一作业层架体外侧设置上、下两道栏杆(上杆高度 1.2 m，下杆高度 0.6 m)和挡脚板(高度 180 mm)。

4. 架体升降动力与控制

作用在于提供架体升降动力并保证升降过程中各提升点均匀升降，控制过载和欠载。主要技术要求有：升降动力设备应能满足附着升降脚手架使用工作性能的要求，升降吊点超过两点时，不宜使用手拉葫芦，应配备同步及荷载控制系统，控制各提升设备间的升降差和荷载差，以保证各提升点的同步性，并具备超载报警停机、欠载报警等功能。

第八章　钢结构施工新技术

钢结构具有强度高、自重轻、安装容易、施工周期短、抗震性能好、投资回收快、环境污染少等综合优势。虽然我国现代钢结构技术应用起步较晚,但近年来,随着我国改革开放和经济建设的不断发展,钢结构在工程中也得到了迅速发展。同时,国家政策上也大力支持发展钢结构。1997 年建设部发布《中国建筑技术政策》(1996 ~ 2010),明确提出了发展建筑钢材、建筑钢结构和建筑钢结构施工工艺的具体要求,使我国的钢结构产业政策出现了重大转变,由长期以来实行的“节约钢材”已转变为“合理用钢”、“鼓励用钢”的积极政策,这将进一步促进我国建筑产品结构的调整。

为了满足各种使用需求,钢结构建筑的高度不断攀升,造型日益繁多,功能逐渐强大,范围一再扩展。近年来,我国的大跨度复杂空间结构,如网架与网壳结构、悬索结构、膜结构、钢和混凝土组合结构等钢结构工程发展迅速,很多工程在规模和结构型式上都没有先例,一大批新结构、新材料、新工艺和新技术的采用,使传统的施工技术不断地进步和提高,正逐步完善成能够适应当前钢结构发展趋势的现代施工技术。本章主要介绍网架与网壳、悬索结构、膜结构、钢和混凝土组合结构等的施工新技术。

第一节　网架与网壳施工

一、概述

在形式众多的空间结构中,网格结构是我国空间钢结构中发展最快、应用最广的结构型式。它是将杆件按一定规律布置,通过节点连接而成的一种空间杆系结构。网格结构的外形可以呈平板状,即网架,也可以呈曲面状,即网壳。

网架结构一般由钢杆件通过节点有机地结合起来,空间刚度大,整体性好,制作安装方便。网架结构按弦杆层数不同分为双层网架和多层网架。

网架结构具有如下特点:①可实现的跨度大。②经济。由于网架的空间整体作用,刚度大,稳定性好,对局部结构的制造缺陷不很敏感,因而应力分布均匀,用料经济。③安全可靠。网架结构属高次超静定结构,安全储备大。④制作安装方便。杆件节点较单一,可在工厂成批生产。

网壳实际上是一种曲面形的网架,以其合理的结构形态来抵抗外荷载的作用。在一般情况下,同等条件特别是大跨度的情况下,网壳要比网架节约许多钢材,并且网壳外形美观,富于表现,充满变化,因而在现代钢结构中也得到迅速发展。

网壳按构件层数可分为单层网壳和双层网壳,按曲面外形可分为柱面网壳、球面网壳、双曲面网壳、圆锥面网壳、扭曲面网壳、单块扭网壳、双曲抛物面网壳、切割或组合曲面网壳等八类。

网壳结构的特点有：①结构造型丰富多彩；②刚度大，跨越能力大；③兼有杆系结构和薄壳结构的主要特征，杆件较为单一，受力比较合理；④现场安装简便，不需要大型的机具设备，综合技术经济指标较好。

网架与网壳和支承结构之间联系的纽带即为网架与网壳的支座节点，它是指搁置在柱顶、圈梁等下部支承结构上的节点，是整个结构的重要部位。根据受力状态，支座节点一般包括平板支座、弧形支座、板式橡胶支座。

二、网架与网壳制作

网架与网壳的制作均在工厂进行，其制作分为三部分：准备工作、零部件加工、零部件质量检验。

（一）准备工作

（1）根据网架设计图编制零部件加工图和数量。

（2）制定零部件制作的工艺规程。

（3）对进厂材料（如钢材的材性、规格等）进行复查，检查是否符合规定。

（二）零部件加工

根据网架与网壳的连接节点不同，零部件加工方法也不同。

1. 焊接空心球节点

焊接空心球节点的零部件有杆件和空心球，见图 8-1。

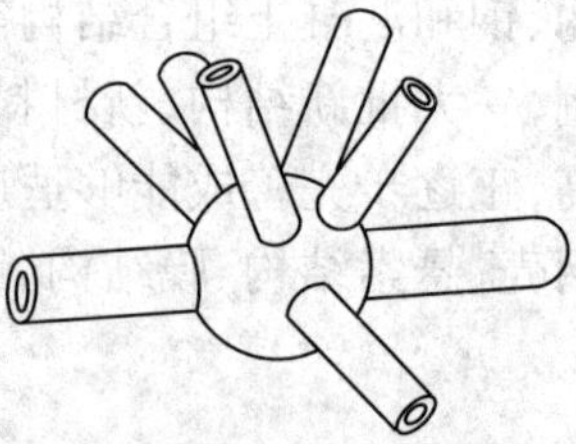
图 8-1　焊接空心球节点

（1）杆件。其加工工艺流程为：钢管下料→坡口加工。

杆件下料后应检查是否弯曲，若有弯曲应加以校正。

钢管应用切割机或管子车床下料，下料后长度应放余量，杆件下料后应开坡口，焊接球杆件壁厚在 5 mm 以下可不开坡口。钢管下料应预加焊接收缩量，以减小网架拼装时的误差。通过试验确定，钢管球节点加衬管时一般每条焊缝放 1.5 ~ 3.5 mm，不设衬管时为 2 ~ 3 mm。

（2）空心球。焊接空心球节点是我国采用最早也是目前应用较广的一种节点。它是由两个半球对焊而成的，分为有肋与无肋两种（见图 8-2），适用于连接圆钢管杆件。

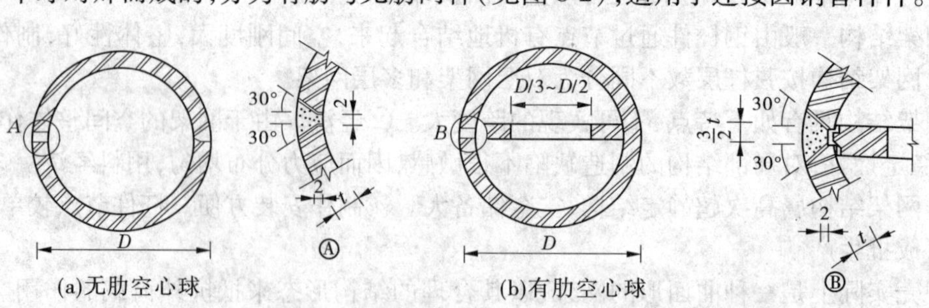

(a)无肋空心球　　(b)有肋空心球

图 8-2　焊接空心球节点

其加工工艺流程为：下料→加热→冲压→切边→对装→焊接→整形。
↑
肋板下料→挖空

半球圆形坯料钢板应用乙炔氧气或等离子切割下料。下料后坯料直径允许偏差 2.0

mm,钢板厚度允许偏差 ±0.5 mm。毛坯半圆球可用普通车床切边坡口,坡口角度 22.5°~30°。成品球表面应光滑平整,不应有局部突起或折皱。

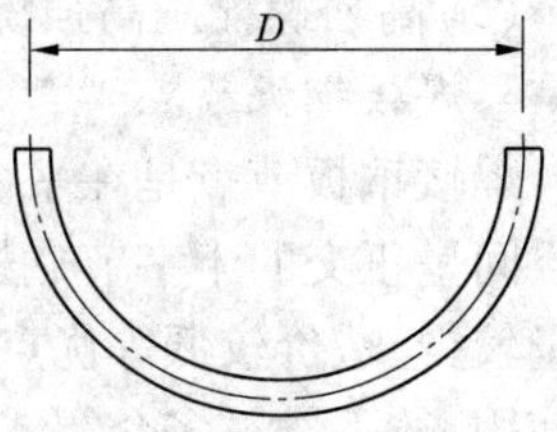

图 8-3　球的毛坯尺寸

下料坯料直径 D_1 按下式计算

$$D_1 = 1.414D + C \tag{8-1}$$

式中　D——空心球中径,见图 8-3;

C——加工坡口余量,取 $C = 3$ mm。

无肋空心球两个半球对装时,中间应余留 2.0 mm 缝隙,以保证焊透。有肋空心球的肋板位置应在两个半球的拼接环形缝平面处。加肋钢板应用乙炔氧气切割下料,并外径留有加工余量,其内孔以 $D/3 \sim D/2$ 割孔。

2. 螺栓球节点

螺栓球节点是在设有螺纹孔的钢球体上通过高强螺栓将汇交于节点处的焊有锥头或封板的圆钢管杆件连接起来的节点,是国内常用的节点形式之一。螺栓球节点大样见图 8-4。

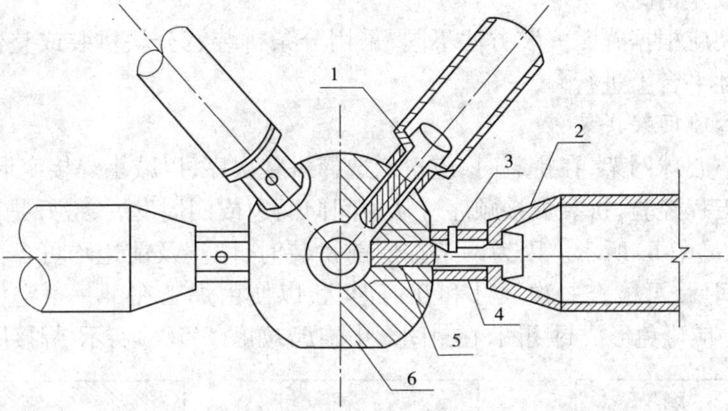

1—封板;2—锥头;3—销子;4—套筒;5—螺栓;6—钢球

图 8-4　螺栓球节点大样

螺栓球节点网架的零部件主要有杆件钢球、套筒等。其中,杆件由钢管、锥头(或封板)、高强螺栓组成,钢球由 45 号钢制成。各零部件的加工工艺流程如下:

(1)杆件。采购钢管→检验材质、规格→下料、倒坡口→与锥头(或封板)组装,组装时应将高强螺栓放在钢管内→点焊→焊接→检验。

(2)钢球。圆钢加热→锻造毛坯→正火处理→加工定位螺纹孔(M20)及其平面→加工各螺纹孔及平面→打加工工号→打球号。

其中,螺纹孔及平面加工流程为:铣平面→钻螺纹底孔→倒角→丝锥攻螺纹。螺纹孔及其平面加工宜采用加工中心机床,其转角误差不得大于 10′。

(3)锥头和封板。锥头:钢材下料→胎模锻造毛坯→正火处理→机械加工。封板:钢板落料→正火处理→机械加工。

(4)套管。成品钢材下料→胎模锻造毛坯→正火处理→机械加工→防腐处理。

(5)高强螺栓。高强螺栓由螺栓制造厂供应,入厂时应进行抽样检查。

3. 焊接钢板节点

焊接钢板节点是在平面桁架节点的基础上发展起来的一种节点形式。这种节点是由在空间呈正交的十字节点板和设于底部或顶部的水平盖板所组成的。它具有刚度大、用钢量较少、造价较低等优点,但不便于工厂化、标准化生产,工地焊接工作量大,目前已很少使用,故不作过多介绍。

(三)零部件质量检验

网架的零部件都必须进行加工质量和几何尺寸检查,经检查后打上编号钢印。检查按《网架结构工程质量检验评定标准》(JGJ 78—91)进行,网架拼装前应检查零部件数量和品种。

三、网架与网壳拼装

(一)网架拼装

网架的拼装一般在现场进行。在出厂前对于螺栓球节点网架宜进行预拼装,以检查零部件尺寸和偏差情况。

网架的拼装应根据施工安装方法不同,采用分条拼装、分块拼装或整体拼装。拼装应在平整的刚性平台上进行。

1. 焊接空心球网架拼装

对于焊接空心球网架,在拼装时,应正确选择拼装次序,以减小焊接变形和焊接应力。根据国内多数工程经验,拼装焊接顺序应从中间向两边或四周发展,最好是由中间向两边发展,如图 8-5(a)、(b)所示。因为网架在向前拼装时,两端及前边均可自由收缩,而且,在焊完一条节间后,可检查一次尺寸和几何形状,以便由焊工在下一条定位焊时给予调整。网架拼装中应避免形成封闭圈,在封闭圈中施焊,如图 8-5(c)所示,焊接应力将很大。

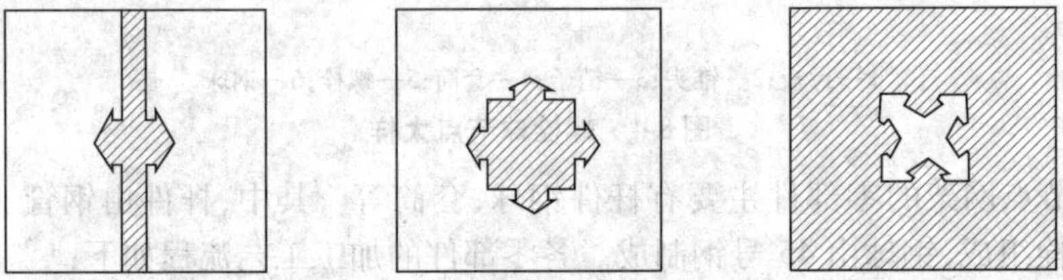

(a)从中间向两边　　(b)从中间向四周　　(c)封闭围焊拼接

图 8-5　网架拼装顺序

网架拼装时,一般先焊下弦,使下弦因收缩而向上拱起,然后焊腹杆及上弦杆。当用散件总拼(不用小拼单元)时,如果把所有杆件全部定位焊好,则在全面施工焊时将容易造成已定位的焊缝被拉断。因为在这种情况下全面施焊时焊缝将没有自由收缩边,类似在封闭圈中进行焊接。

2. 螺栓球节点网架拼装

螺栓球节点网架拼装时,一般也是先拼下弦,将下弦的标高和轴线调整后,全部拧紧螺栓,起定位作用。开始连接腹杆,螺栓不宜拧紧,但必须使其与下弦连接端的螺栓吃上劲。连接上弦时,开始不能拧紧。当分条拼装时,安装好三行上弦球后,即可将前两行调整校正,这时可通过调整下弦的垫块高低进行;然后,固定第一排锥体的两端支座,同时将第一排锥体的螺栓拧紧。按以上各条循环进行。

在整个网架拼装完成后,必须进行一次全面检查,看螺栓是否拧紧。

正放四角锥网架试拼后,用高空散装法拼装时,也可在安装一排锥体后(一次拧紧螺栓),从上弦挂腹杆的办法安装其余锥体。

(二)网壳拼装

网壳应在专门的拼装模架上进行小拼,以保证小拼单元的形状及尺寸的准确性。

网壳拼装的关键问题之一是各节点坐标的控制。应使用精度较高的定位测距仪器,如经纬仪、激光测距仪、水准仪等。

网壳拼装顺序应根据网壳的类型、连接形式等选择合理的拼装顺序。对于采用焊接连接的网壳,宜从中间向两端或四周发展,以减小焊接变形和焊接应力。

双层柱面网壳安装顺序为:先安装两个下弦球及系杆,拼接成一个简单的曲面结构体系,并及时调整球节点的空间位置,再进行上弦球和腹杆的安装。安装宜从两边支座向中间对称进行。双层球面网壳安装,其顺序宜先安装一个基准圈,校正固定后再安装与其相邻的圈,原则上从外圈到内圈逐步向内安装,以减小封闭尺寸误差。

在网壳正式拼装前均应进行试拼,当确有把握时方可进行正式施工。总拼所用的支撑点应防止不均匀下沉。

(三)拼装单元验收

(1)拼装单元网架应检查网架长度尺寸、宽度尺寸、对角线尺寸、网架长度尺寸,并应在允许偏差范围内。

(2)检查焊接球的质量及试验报告。

(3)检查杆件质量与杆件抗拉承载试验报告。

(4)检查高强螺栓的硬度试验值及其试验报告。

(5)检查拼装单元的焊接质量、焊缝外观质量,主要是防止咬肉,咬肉深度不能超过0.5 mm,焊缝24 h后用超声波探伤检查焊缝内部质量情况。

四、网架与网壳安装

网架与网壳的安装是指拼装完的网架和网壳用各种施工方法将它搁置在设计位置上。

网架与网壳的安装方法应根据网架或网壳受力和构造特点(如结构选型、网架刚度、外形特点、支撑形式、支座构造等),在满足质量、安全、进度和经济效益的要求下,结合当地的施工技术条件和设备资源配备等因素,因地制宜、综合确定。

(一)安装前的准备工作

(1)查验各节点、杆件、连接件和焊接材料的原材料质量保证书和试验报告,复验小拼单元质量合格证书。

(2)对施工单位预埋件、预埋螺栓位置和标高,网架或网壳的定位轴线和标高进行复核检查。

(3)进行网架或网壳施工图与实际网架或网壳的复核工作,检查有否差错。

(二)安装方法

目前,工地上常用的安装方法有7种,即高空散装法、分条或分块安装法、高空滑移法、移动支架安装法、整体吊装法、整体提升法和整体顶升法,具体见表8-1。

表8-1　网架与网壳的安装方法

安装方法	分类	特点	适用范围
高空散装法	全支架法(即搭设满堂脚手架)和悬挑法	操作简单方便,施工速度快,减少现场焊接及现场高空作业量,材料用量大,安装总工期长	适用于非焊接连接的各种类型网架和网壳结构,特别是单层网壳
分条或分块安装法	—	在地面焊接、拼装,减少高空作业,有利于提高工程质量;所需起重设备较简单;可与室内其他工种平行作业,缩短总工期,施工速度快,费用低	适用于分割成条(块)单元后其刚度和受力状况改变较小的中小型网架和网壳,如两向正交网架或正放四角锥网架与网壳
高空滑移法	按滑移方式可分为单条滑移法和逐条累计滑移法,按摩擦方式可分为滚动式及滑动式,按滑移坡度可分为水平滑移、下坡滑移及上坡滑移,按滑移时力作用方向可分为牵引法及顶推法	网架安装与下部土建施工可以平行立体作业,缩短工期;对起重设备、牵引设备要求不高;只需搭设局部的拼接支架,可不搭设脚手架	适用于支承结构为周边承重墙或柱上有现浇钢筋混凝土圈梁等情况的正放四角锥、正放抽空四角锥、两向正交正放网架
移动支架安装法	—	施工方法简单,不需要大型起重机,施工费用较低;脚手架的使用量少,施工进度快,但支撑架的稳定性比固定支架差	用于支撑点平行的结构,如柱面网壳
整体吊装法	起重机起吊和独脚拔杆起吊	高空作业少,易于保证焊接质量和几何尺寸的准确性,但需要起重能力大的设备,吊装技术复杂	适用于各种形式的网架或网壳。其中以吊装焊接球节点网架为宜,尤其是三向网架的吊装

续表 8-1

安装方法	分类	特点	适用范围
整体提升法	单提网架法、升梁抬网法、升网滑模法	可将屋面板、防水层、天棚、采暖通风及电气设备等全部在地面或最有利的高度施工,降低工程成本,但需较多提升机和临时支撑,准备工作量大,只能在设计坐标垂直上升,不能移动或转动	适用于跨度 50～70 m 高度 4 m 以上,重量较大的大中型周边支撑网架或网壳屋盖
整体顶升法	—	设备简单,不需搭设拼装支架,可节省大量机具和脚手架,降低成本;操作简便、安全,但顶升速度较慢	适用于安装支点较少的多点支撑的网架或网壳,如各种四角锥网架

1. 高空散装法

高空散装法是指小拼单元或散件(单根杆件及单个节点)直接在设计位置进行总拼的方法。一般首先将柱子定位:网架下面柱子底下柱体用起重机吊车定位吊装好,采用钢管搭设脚手架,把屋顶网架底部满堂脚手架全部搭设好。用彩钢瓦围护,防止焊渣及其他杂物掉落下来。网架安装好后,用起重机吊车把柱子上半部分安装好,用拉杆连接起来,焊制檩条,网架四周用铝方管骨架,再焊制不锈钢天沟,制作四周铝塑板、排水管,铺盖屋面板,最后补油漆,自检、互检、专检等合格后,拆除脚手架,注意拆除脚手架要按照自上而下的次序拆除,轻递轻放。

1)一般规定

(1)当采用小拼单元或杆件直接在高空拼接时,其顺序应能保证拼装的精度,减小累积误差。当采用悬挑法施工时,应先拼成可承受自重的结构体系,然后逐步扩展。网架在拼装过程中应随时检查基准轴线位置、标高及垂直偏差,并应及时纠正。

(2)搭设拼装支架时,支架上支撑点的位置应设在下弦节点处。支架应验算其承载力和稳定性,必要时可进行试压,以确保安全可靠。支架支柱下应采取措施,防止支座下沉。

(3)在拆除支架过程中,应从中央逐圈向外分批进行,每圈下降速度必须一致,应防止个别支撑点集中受力,宜根据各支撑点的结构自重挠度值,采用分区分阶段按比例下降或用每步不大于 10 mm 的等步下降法拆除支撑点。

2)高空拼装顺序的确定

高空拼装顺序应能保证拼装的精度,减小累积误差,应根据网架形式、支承类型、杆件小拼单元、施工设备的性能等因素综合确定。

(1)平面呈矩形的周边支承两向正交斜放网架。总的安装顺序由建筑物的一端向另一端呈三角形推进。网片安装中为防止累积误差,应由屋脊网线分别向两边安装。

(2)平面呈矩形的三边支承两向正交斜放网架。总的安装顺序在纵向应由建筑物的一端向另一端呈平行四边形推进,在横向应由三边框架内侧逐渐向大门方向(外侧)逐条安装。网片安装顺序可先由短跨方向,按起重机作业半径性能划分若干安装长条区。网架划分为若干个安装长条区,各长条区按顺序依次流水安装网架。

(3)平面呈方形由两向正交正放桁架和两向正交斜放拱索桁架组成的周边支承网架。总的安装顺序应先安装拱桁架,再安装索桁架。在拱、索桁架已固定且已形成能够承受自重的结构体系后,再对称安装周边四角锥、三角形网架。

3)成品保护

钢网架安装后,在拆卸架子时应注意同步、逐步地拆卸,防止应力集中,使网架产生局部变形,或使局部网格变形。

钢网架安装结束后,应及时补刷防锈底漆、中间漆、面漆。螺栓球网架安装后,应用腻子将螺栓球上多余的孔洞和筒套的间隙填平后刷漆,防止水分渗入,使球、杆件丝扣锈蚀。

钢网架安装完毕后,应对成品网架保护,勿在网架上方集中堆放物件。

2. 分条或分块安装法

分条或分块安装法是高空散装法的组合扩大。这种方法是根据网架或网壳组成的特点及其设备的能力,先将网架或网壳在地面拼成条状或块状单元,用起重机械或设在双支柱顶的起重设备(钢带提升机、升板机等),垂直吊升或提升到设计位置上,拼装成整体的安装方法。

分条是指沿网架或网壳长跨方向分割为若干区段,每个区段的宽度是 1 ~ 3 个网格,而其长度即为网架或网壳短跨的跨度。分块是指将网架或网壳沿纵横方向分割成矩形或正方形的单元。每个单元的重量以现有起重机能力能胜任为准。

1)一般规定

(1)将网架或网壳分成条状单元或块状单元在高空连成整体时,网架或网壳单元应具有足够的刚度并保证自身的几何不变性,否则应采取临时加固措施。

(2)为保证网架或网壳顺利拼接,在条与条或块与块合拢处,可采取安装螺栓等措施。设置独立的支撑点或拼装支架时,支架上支撑点的位置应设在下弦节点处。支架应验算其承载力和稳定性,必要时可进行试压,以确保安全可靠。合拢时可用千斤顶将网架或网壳单元顶到设计标高,然后连接。

(3)网架或网壳单元宜减少中间运输。

2)单元的划分

(1)条状单元的划分。单元组合体的划分是沿着屋盖长方向切割。对网架结构,则将 1 个或 2 个网格组装成条状单元体。

①单元相互紧靠,把下弦双角钢分在两个单元上,此法可用于正放四角锥网架。

②单元相互紧靠,单元间上弦用剖分式安装节点连接,此法可用于斜放四角锥网架。

③单元之间空一节间,该节间在网架或网壳单元吊装后再在高空拼装,可用于两向正交正放或斜放四角锥等网架。

(2)块状单元的划分。块状单元组合体的分块,一般是在网架平面的两个方向均有切割,其大小视起重机的起重能力而定。切割后的块状单元体大多是两邻边或一边有支撑,一角点或两角点要增设临时顶撑予以支撑。也有将边网格切除的块状单元体,在现场地面对准设计轴线组装,边网格留在垂直吊升后再拼装成整体。

3)网架或网壳挠度调整

网架或网壳条状单元在吊装就位过程中的受力状态属平面结构体系,而网架结构是按空间结构设计的,因而条状单元在总拼前的挠度要比网架或网壳形成整体后该处的挠度大,故在总拼前必须在合拢处用支撑顶起,调整挠度使与整体网架或网壳挠度符合。

条状单元合拢前应先将其顶高,使中央挠度与网架或网壳形成整体后该处挠度相同。由于分条分块安装法多在中小跨度网架中应用,可用钢管作顶撑,在钢管下端设千斤顶,调整标高时将千斤顶顶高即可。

块状单元在地面制作后,应模拟高空支承条件,拆除全部地面支墩后观察施工挠度,必要时也应调整其挠度。

图 8-6 为条状单元安装后支顶点布置图,在各单元中部设置一个顶点,共设 6 个点。对于跨度大的网架,可根据实际工程情况,在各单元设两个顶点。

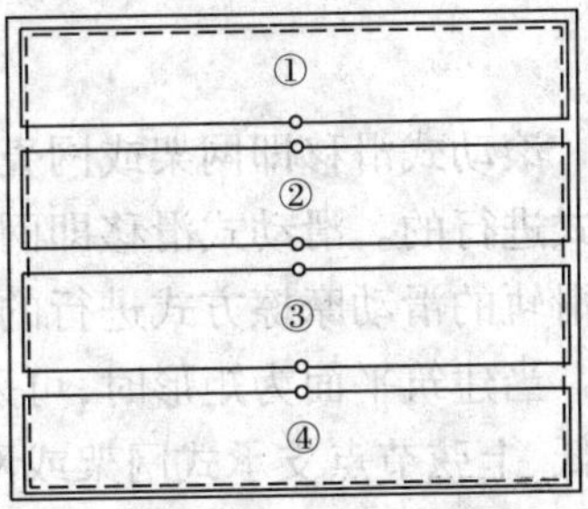

○—支顶点;①～④—单元编号

图 8-6　条状单元安装后支顶点布置

4)网架尺寸控制

分条(块)网架或网壳单元尺寸必须准确,以保证高空总拼时节点吻合和减小偏差。一般可采取预拼装或套拼的办法进行尺寸控制。另外,还应尽量减少中间转运,若需运输,应用特制专用车辆,防止网架或网壳单元变形。

5)技术关键

(1)分条或分块安装顺序应由中间向两端,或从中间向四周发展,因为单元网架与网壳在向前拼接时,有一端是可以自由收缩的,可以调整累积误差。同时,吊装单元时,不需要超过已安装的条或块,这样可以减小吊装高度,有利于吊装设备的选取。若施工场地限制,也可以采用一端向另一端安装,施焊顺序仍由中间向四周进行。

(2)高空总拼时应采取合理的施焊顺序,减小焊接应力和焊接变形。总拼时的施焊顺序应由中间向两端,或从中间向四周发展。焊接完后要按规定进行焊接质量检查,焊接质量合格后才能进行支座固定。

3. 高空滑移法

高空滑移法是指分条的网架或网壳单元在事先设置的滑轨上单条滑移到设计位置拼接成整体的安装方法。可在地面或支架上进行扩大拼装条状单元,并将网架或网壳条状单元提升到预定高度后,利用安装在支架或圈梁上的专用滑行轨道,水平滑移对位拼装成整体网架或网壳。

1)分类

高空滑移法的分类见表 8-1。

单条滑移法是指将条状单元一条一条地分别从一端滑移到另一端就位安装,各条之间分别在高空进行连接,即逐条滑移,逐条连成整体。逐条积累滑移法是先将条状单元滑移一段距离(能拼装上第二单元的宽度即可),连接好第二条单元后,两条一起再滑移一段距离(宽度同上),再连接第三条,三条又一起滑移一段距离,如此循环操作,直至接上最后一条单元为止。单条滑移法和逐条积累滑移法示意图见图8-7。

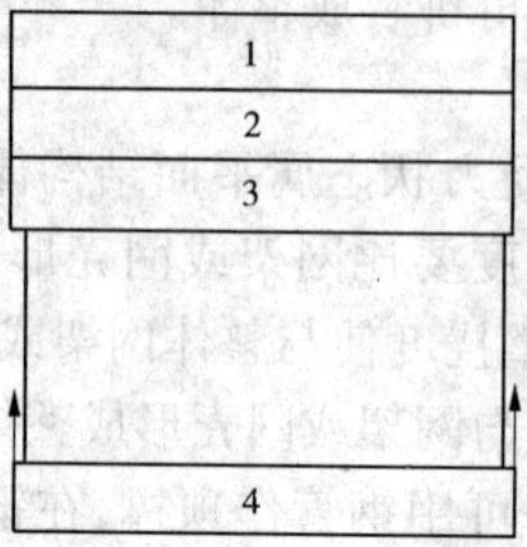

(a)单条滑移法

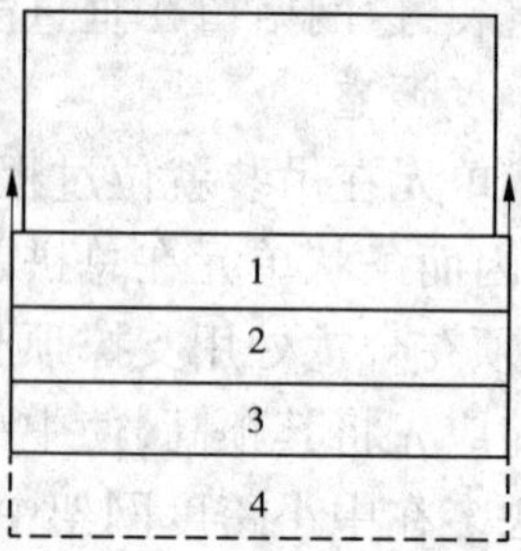

(b)逐条积累滑移法

图8-7　按滑移方式分类

滚动式滑移即网架或网壳单元装上滚轮,单元的滑移是通过滚轮与滑轨的滚动摩擦方式进行的。滑动式滑移即网架或网壳支座直接搁置在滑轨上,其滑移是通过支座底板与滑轨的滑动摩擦方式进行的。

当建筑平面为矩形时,可采用水平滑移或下坡滑移。当建筑平面为梯形,短边高、长边低、上弦节点支承式网架或网壳时,应采用上坡滑移;短边低、长边高或下弦节点支承式网架或网壳时,则可采用下坡滑移,因下坡滑移可节省动力。

牵引法即将钢丝绳钩扎于网架或网壳前方,用卷扬机或手扳葫芦拉动钢丝绳,牵引网架或网壳前进,作用点受拉力。顶推法即用千斤顶顶推网架或网壳后方,使网架或网壳前进,作用点受压力。

2)技术要点

(1)高空拼装平台位置选择是决定滑移方向和滑移质量的关键,应视场地条件、支承结构特征、起重机械性能等因素而定。高空平台一般搭设在网架或网壳端部(滑移方向由一端向另一端),也可搭设在中部(由中间向两端滑移,在网架或网壳两侧有起重设备时采用),或者搭设在侧部(由外侧向内侧滑移,三边支撑的网架或网壳可在无支撑的外侧搭设)。

拼装平台用钢管脚手架搭设,也应满足相关规定的要求。

高空拼装平台标高由滑轨顶面标高确定。滑道架子与拼装平台架子要固定连接,要确保整体稳定性。

(2)对于中小型网架,轨道可用圆钢、扁钢、角钢及小型槽钢制作;对于大型网架,轨道可用钢轨、工字钢、槽钢等制作。滑轨可用焊接或螺栓固定在梁上,轨面标高应高于或等于网架支座设计标高。其安装水平度及接头要符合有关技术要求。

(3)滑移轨道一般在网架或网壳两边支柱上或框架上,设在支撑柱上的轨道应尽量利用柱顶钢筋混凝土连系梁作为滑道,当连系梁强度不足时可加强其端面或设置中间支撑。当跨度较大(一般大于60 m)或在施工过程中不能利用两侧连系梁作为滑道时,滑轨可在跨度内设置,设置位置根据力学计算得到,一般可使单元两边各悬挑$L/6$,即滑轨间

距 $L/3$。对于跨度特别大的,跨中还需增加滑轨。

(4)滑轨接头处应垫实,若用电焊连接,应锉平高出轨面的焊缝。当支座直接在滑轨上滑移时,其两端应做成圆倒角,滑轨两侧应无障碍。摩擦表面应涂润滑油。

(5)牵引点应分散设置。网架或网壳滑移应尽量同步进行,两端不同步值不应大于 50 mm。牵引速度控制在 1.0 m/min 左右较好。

(6)网架或网壳滑移到位后,经检查各部分尺寸、标高、支座位置符合设计要求后,即可落位。可用千斤顶或起落器抬起网架或网壳支点,抽出滑轨,使网架或网壳平稳过渡到支座上,待其下挠稳定、装配应力释放后,即可进行支座固定。设在混凝土框架或柱顶混凝土连系梁上的滑轨拆除后,预留在混凝土梁面的预埋板(件)应除锈涂装或用砂浆、细石混凝土覆盖保护。

3)牵引力与牵引速度

网架滑移可用卷扬机或手扳葫芦牵引。根据牵引力的大小及网架或网壳支座之间的系杆承载力,可采用一点或多点牵引。牵引速度不应大于 1.0 m/min,牵引力可按下式进行验算:

(1)滑动摩擦
$$F_t \geqslant \mu_1 \zeta G_{ok} \tag{8-2}$$

(2)滚动摩擦
$$F_t \geqslant \left(\frac{k}{r_1} + \mu_2 \frac{r}{r_1}\right) G_{ok} \tag{8-3}$$

式中　F_t——总起重牵引力;

G_{ok}——网架总自重标准值;

μ_1——滑动摩擦系数,在自然轧制表面,经粗除锈充分润滑的钢与钢之间可取 0.12 ~ 0.15;

ζ——阻力系数,当有其他因素影响牵引力时,可取 1.3 ~ 1.5;

μ_2——摩擦系数,在滚轮与滚轮轴之间,或经机械加工后充分润滑的钢与钢之间可取 0.1;

k——钢制轮与钢之间的滚动摩擦系数,可取 0.5 mm;

r_1——滚轮的外圆半径,mm;

r——轴半径,mm。

4)施工操作

网架或网壳先在地面将杆件拼装成两球一杆和四球五杆的小拼构件,然后用悬臂式桅杆、塔式或履带式起重机,按组合拼接顺序吊到拼接单元平台上进行扩大拼装。先就位点焊,拼接网架下弦方格,再点焊立起横向跨度方向角腹杆。

每节间单元网架部件点焊拼接顺序,由跨中向两端对称进行,焊完后临时加固。

4. 移动支架安装法

与高空散装法不同,移动支架安装法没有固定的支撑脚手架。网架或结构在可移动的支撑架上进行安装,对于已安装好的结构部分有必要设置若干固定的临时支撑,以分散内力和控制变位,在结构安装完毕再撤去这些临时支撑。

采用移动支架安装法时应注意以下问题:①安装移动支撑架的场地或轨道应足够平整;②移动支撑架面积大小应根据工程的实际情况而定;③支架移动后,安装好的结构部分应设置一些立柱作为临时支撑,以合理分散荷载和控制变形;④对结构的设计计算,既要考虑施工安装时的情况,也要考虑支撑撤去时的情况。

5. 整体吊装法

整体吊装法是指网架或网壳在地面总拼后,采用单根或多根拔杆、一台或多台起重机进行吊装就位的施工方法。

1)一般规定

(1)网架或网壳整体吊装可采用单根或多根拔杆起吊,也可采用一台或多台起重机起吊就位。

(2)当网架或网壳整体吊装时,应保证各吊点起升及下降的同步性。提升高差允许值(是指相邻两拔杆间或相邻两吊点组的合力点间的相对高差)可取吊点间距离的1/400,且不宜大于100 mm,或通过验算确定。

(3)当采用多根拔杆或多台起重机吊装网架或网壳时,宜将额定负荷能力乘以折减系数0.75;当采用4台起重机将吊点连通成两组或用三根拔杆吊装时,折减系数可适当放宽。当采用多根拔杆吊装时,拔杆安装必须垂直,缆风绳的初始拉力值宜取吊装时缆风绳中拉力的60%。当采用单根拔杆吊装时,其底座应采用球形万向接头;当采用多根拔杆吊装时,在拔杆的起重平面内可采用单向铰接头。拔杆在最不利荷载组合作用下,其支撑基础对地面的压力不应大于地基允许承载能力。

(4)当制订网架或网壳就位总拼方案时,应符合下列要求:

①网架或网壳的任何部位与支承柱或拔杆的净距不应小于100 mm。

②若支撑柱上设有凸出构造(如牛腿等),应防止网架或网壳在起升过程中被凸出物卡住。

③由于网架或网壳错位需要,对个别杆件暂不组装时,应取得设计单位同意。

(5)拔杆、缆风绳、索具、地锚、基础及起重滑轮组的穿法等,均应进行验算,必要时可进行试验检验。

(6)当网架或网壳结构本身承载能力许可时,可采用在网架或网壳上设置滑轮组将拔杆逐段拆除的方法。

2)起重机起吊

(1)自行式起重机起吊。当采用一台或两台起重机单机或双机抬吊时,如果起重机的性能可满足结构吊装要求,现场条件能满足施工条件需要,则网架或网壳可就位拼装在结构跨内,也可就位拼装在结构跨外。

当采用多机抬吊施工中布置起重机时,需要考虑各台起重机的工作性能和网架或网壳在空中移位的要求。起吊前要测出每台起重机的起吊速度,以便起吊时掌握,或每两台起重机的吊索用滑轮连通。这样,当起重机的起吊速度不一致时,可由连通滑轮的吊索自行调整。

多机抬吊一般用四台起重机联合作业,将地面错位拼装好的网架或网壳整体吊升到柱顶后,在空中进行移位下落就位安装。一般有四侧抬吊和两侧抬吊两种方法。四侧抬吊为防止起重机因升降速度不一而产生不均匀荷载,在每台起重机设两个吊点,每两台起重机的吊索互相用滑轮串通,使各点受力均匀,网架平稳上升。两侧抬吊是用四台起重机将网架或网壳吊过柱顶同时向一个方向旋转一定距离，即可就位。

(2)独脚拔杆起吊。独脚拔杆起吊是用多根独脚拔杆，将地面错位拼装的网架吊升超过柱顶进行空中移位后落位固定。采用此法时，支撑屋盖结构的柱与拔杆应在屋盖结构拼装前竖立。此法所需的设备多，劳动量大，但对于吊装高、重、大的屋盖结构，特别是大型网架较为适宜。

3)网架或网壳的空中移位

当采用多根拔杆吊装网架时，网架在空中的移位或转动可利用每根拔杆两侧起重机滑轮中产生水平分力不等原理来进行。图 8-8 为网架空中移位示意图。当网架提升时，每根拔杆两侧滑轮组夹角相等，上升速度一致，两滑轮组受力相等($T_1=T_2$)，其水平分力也将相等($H_1=H_2$)，网架只是垂直上升，不会水平移动。此时滑轮组的拉力为

$$T_1 = T_2 = \frac{G_1}{2\sin\alpha_1} \tag{8-4}$$

$$H_1 = H_2 = T_1\cos\alpha \tag{8-5}$$

式中　T_1、T_2——一根拔杆两侧起重滑轮组的拉力。

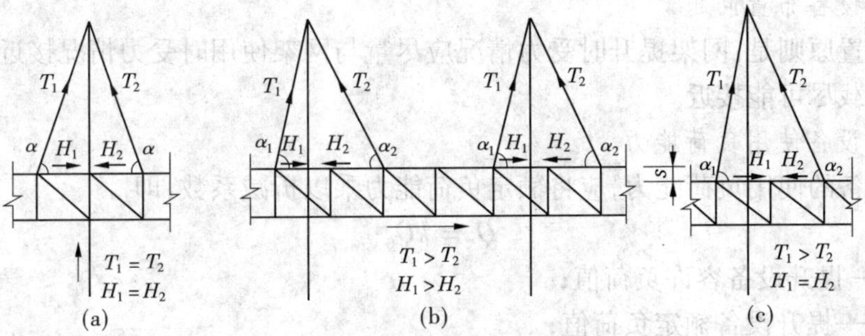

图 8-8　网架空中移位示意图

网架或网壳在空中移位时，每根拔杆的同一侧滑轮组钢丝绳缓慢放松，而另一侧滑轮组不动。此时放松一侧的钢丝绳因松弛而拉力 T_2 变小，另一侧拉力 T_1 则由于网架或网壳的重力作用而增大，因此两边水平力也不等，即 $H_1>H_2$，这就打破了平衡状态，网架或网壳就会向大力 H_1 所指的方向移动，直至一侧滑轮组钢丝绳放松到停止，重新处于拉紧状态时，则 $H_1=H_2$，网架或网壳恢复平衡，移动也即停止。此时平衡方程式为

$$T_1\sin\alpha_1 + T_2\sin\alpha_2 = G_1 \tag{8-6}$$

$$T_1\cos\alpha_1 = T_2\cos\alpha_2 \tag{8-7}$$

图 8-9 为一矩形网架的平移示意图。

圆形的网架或网壳提升后，需要在空中旋转某个角度，然后才能就位安装在设计位置。拔杆布置在同一圆周上，且拔杆的起重平面垂直于圆的半径，这时网壳产生的水平分力 H 与拔杆的起重平面相切，从而使网架或网壳转动一个角度，如图 8-10 所示。

6. 整体提升法

整体提升法是将网架或网壳在地面就地拼装，在结构柱上安装提升设备提升网架或网壳，或在提升的同时进行柱子滑模的安装。

整体提升法可分为单提网架法、升梁抬网法、升网滑模法。单提网架法是指网架在设

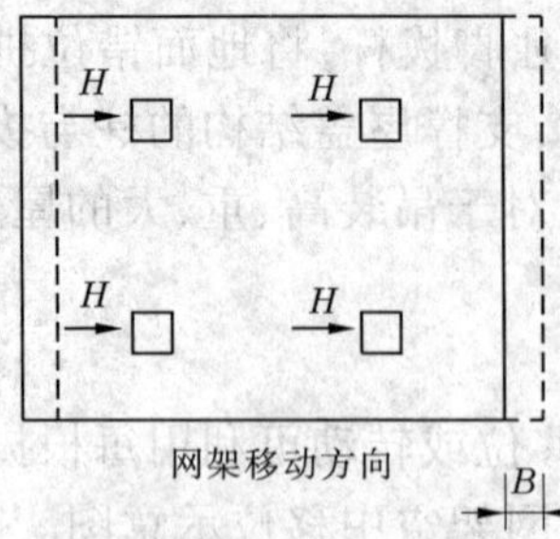

图 8-9　网架平移

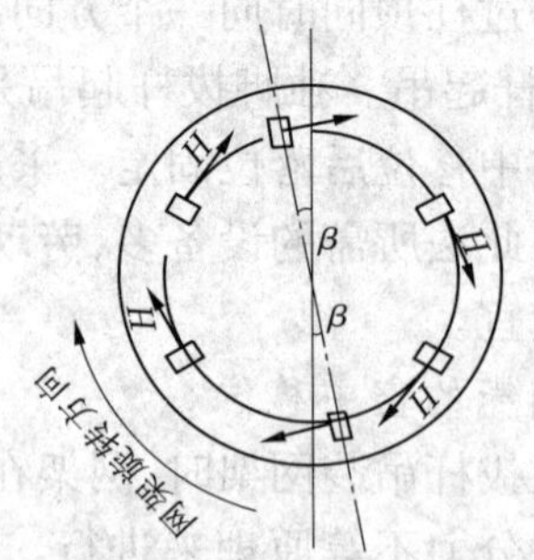

图 8-10　网架转动

计位置就地总拼后，利用安装在柱子上的小型提升设备，将其整体提升到设计标高以上，然后再下降、就位和固定。升梁抬网法是将网架及支撑网架的梁在地面先拼装完后，在提升梁的同时，也抬着网架升至设计标高。升网滑模法指网架在地面拼装完后，柱用滑模施工。网架的提升是用柱内主筋在支撑网架提升，施工时一面提升一面滑升模板浇筑混凝土。

1）提升设备布置问题

设备布置原则是：网架提升时受力情况应尽量与网架使用时受力情况接近，每个提升设备所受荷载尽可能接近。

2）提升设备使用负荷能力

提升设备的使用负荷能力，应将额定负荷能力乘以折减系数，即

$$Q = kQ_0 \tag{8-8}$$

式中　Q——提升设备容许负荷值；

Q_0——提升设备额定负荷值；

k——折减系数，对于穿心液压千斤顶 $k = 0.5 \sim 0.6$，对于电动螺栓杆升板机 $k = 0.7 \sim 0.8$，对于钢索液压提升千斤顶可按支柱柱顶反力配置，单柱 $k = 0.8$，群柱 $k = 0.7$，其他设备通过试验确定。

3）提升的同步控制

网架提升时应保证做到同步。相邻两提升点和最高与最低两个点的提升允许升差值应通过验算确定。网架提升时允许升差值应符合规范规定。

4）柱的稳定性

采用整体提升法施工时，应使下部结构在网架提升时已形成稳定的框架体系，否则应对独立柱进行稳定性验算，若稳定性不足，则应采取以下加固措施：

（1）网架四角沿轴线方向每角拉 2 根缆风绳，以承受风力，减小柱子的水平荷载。缆风绳按相关规定计算拉设。

（2）各柱间设置两道水平支撑与设计中的柱间支撑连系，以减小柱的计算长度。当采用升网滑模法施工时，滑出模板的混凝土强度等级达到 C10 以上后紧接着安装水平支撑，以确保柱子的稳定性。

（3）当升网滑模时，可适当提高混凝土强度等级，控制滑升速度，不宜过快，应使新浇混凝土较快达到 C10。

7. 整体顶升法

整体顶升法是将在地面拼装好的网架或网壳，利用建筑物承重柱作为顶升的支承结构，用千斤顶将网架或网壳顶升至设计标高。整体顶升法和整体提升法基本相同，只不过是顶升法用的顶升设备安装在网架或网壳的下面。

1）一般规定

（1）当网架或网壳采用整体顶升法时，应尽量利用网架的支撑柱作为顶升时的支承结构，也可在原支点处或其附近设置临时顶升支架。

（2）顶升用的支撑柱或临时支架上的缀板间距，应为千斤顶使用行程的整倍数，其标高偏差不得大于 5 mm，否则应用薄钢板垫平。

（3）顶升千斤顶可采用丝杠千斤顶或液压千斤顶，其使用负荷能力应将额定负荷能力乘以折减系数：丝杠千斤顶的折减系数取 0.6 ~ 0.8，液压千斤顶的折减系数取 0.4 ~ 0.6。

各千斤顶的行程和升起速度必须一致，千斤顶及其液压系统必须经过现场检验合格后方可使用。

（4）顶升时各顶升点的允许升差值应符合下列规定：①相邻两个顶升用的支承结构间距的 1/1 000，且不应大于 30 mm；②当一个顶升用的支承结构上有 2 个或 2 个以上千斤顶时，取千斤顶间距的 1/200，且不应大于 10 mm。

（5）千斤顶或千斤顶合力的中心应与柱轴线对准，其允许偏移值应为 5 mm；千斤顶应保持垂直。

（6）顶升前及顶升过程中网架支座中心对柱基轴线的水平偏移值不得大于柱截面短边尺寸的 1/50 及柱高的 1/500。

（7）对顶升用的支承结构应进行稳定性验算，验算时除应考虑网架和支承结构自重、与网架同时顶升的其他静载和施工荷载外，还应考虑上述荷载偏心和风荷载所产生的影响。若稳定不足，应首先采取施工措施予以解决。

2）同步控制

顶升施工中同步控制主要是为了减少网架的偏移，其次才是为了避免引起过大的附加杆力。顶升时网架的偏移值当达到需要纠正时，可采用千斤顶垫斜或人为造成反向升差逐步纠正，切不可操之过急，以免发生安全质量事故。顶升施工时应以预防网架偏移为主，顶升时必须严格控制升差并设置导轨。

（三）网壳结构新型施工方法

前面 7 种方法既适用于网架结构，又适用于网壳结构。但对于网壳结构，还有其特有的新型施工方法。

1. 悬臂安装法

悬臂安装法是指用起重机将预先制作好的小拼单元吊至设计标高就位拼装的施工方法。这种方法适用于节点形式为螺栓球节点的网壳结构。

悬臂安装法的特点有：少搭支架，脚手架用量很少，节省材料，施工成本低；施工工艺简单，但高空危险性加大；采用由外向内的施工顺序，可能产生较大的安装次应力。

采用悬臂安装法时应注意以下问题：悬挑部分必须具有足够的刚度，而且几何不变；

施工前应验算构件的施工内力;第一圈构件的安装应格外小心,因为它直接影响后面构件的安装质量;高空穿行作业,危险性大,应采取充分的安全保护措施。

2. 逆作法

逆作法也称为外扩法,施工顺序与悬臂安装法相反,即按由内向外、从上往下的顺序进行安装。这种方法主要用于曲面形式的空间网格结构,如球面网壳、柱面网壳等。

此法的特点有:需要起重量大的吊装机具,但对其回转能力要求不高,施工成本低;由内向外的施工顺序使安装次应力降低到最小;屋面材料、电气设备等可同时进行安装;组装工作基本在地面完成,安装及质量检查较为方便,工作效率高,施工速度快;高空作业少,施工安全。

施工前准备工作要求较高,一定要进行施工内力分析,吊点的位置应根据施工顺序分阶段计算的结果合理布置。

3. Pantadome 体系

Pantadome 体系又称"可折叠的穹顶",为使一个穹顶在施工期间处于一种可折叠状态,在安装初始时,暂时撤去某些部位的环向杆,使穹顶成为一个可运动的机构,就像一个比例放大尺(Pantagraph)一样。Pantadome 体系是日本法政大学教授川日卫先生发明的一种结构体系和施工方法。

1)原理

一个穹顶可看做由径向的拱绕竖向中轴旋转一周而成。因此,穹顶的立体空间作用可以分解为径向拱的作用与环向箍的作用。对于杆件组成的网格状网壳来说,去掉部分的环向作用就是去掉一部分环向杆。这样穹顶结构就可以产生 1 个竖向的且唯一的自由度。利用穹顶临时具有的自由度,就可以把穹顶折叠起来,在接近地面的高度进行安装。然后利用液压顶升和气压等方式把折叠的穹顶沿其仅有的一维自由度方向顶升到设计高度,完成穹顶的施工过程。

2)特点

(1)由于在地面进行安装,节省了大量脚手架材料及脚手架安装与拆卸时间;室内吊顶、设备管道及灯光等大部分可在地面安装,省去大量高空作业。

(2)在靠近地面的位置进行施工,施工精度易保证,质量检测方便,易于监督管理,施工作业的安全性大幅度提高。

(3)屋面建筑在低空装配完成,防水等建筑功能易满足。

(4)Pantadome 体系在水平方向呈自约束体系,施工期间可自行抵抗风及地震等水平荷载,不用设置缆风绳等临时支撑结构。

(5)提升施工速度快。

(6)由于结构的若干环向节点为铰节点,建成的穹顶结构不产生温度应力。

(7)建筑结构总造价低。

3)施工过程

先在地面组装时暂不安装某些部位的环向杆,等组装完成后,用液压顶升的方法把结构推举到设计标高,然后再连上先前未装的环向杆,这样一个几何可变的机构即被"锁住"而变成一个稳定的几何不变结构。Pantadome 体系的施工过程见图 8-11。

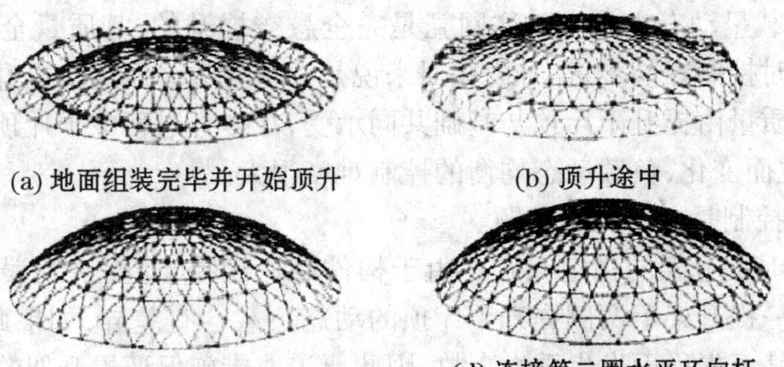

(a) 地面组装完毕并开始顶升　(b) 顶升途中

(c) 顶升结束　(d) 连接第二圈水平环向杆，撤去顶升装置

图 8-11　Pantadome 体系的施工过程

4)注意的问题

(1)构件的制作精度和施工安装精度要求很高,任何一个铰接部位的制作或安装误差都可能使顶升施工半途“卡壳”,折叠的穹顶无法展开。

(2)对顶升施工时结构构件在施工过程中的内力、变形、反力等变化应进行严格的计算分析,对壳体的稳定问题更应重视。

4. 柱面网壳“折叠展开式”整体提升

1)原理

将网壳结构分成几块,安装阶段临时抽掉一些杆件,使结构成为一个可变的机构,从而使它可以折叠到地面,结构的大部分杆件、设备安装和部分装修工作在地面完成。然后采用先进的整体提升工艺,将该折叠的机构展开提升到预定高度,装上补缺杆件,使之成为完整、稳定的结构。其折叠展开提升技术原理见图 8-12。

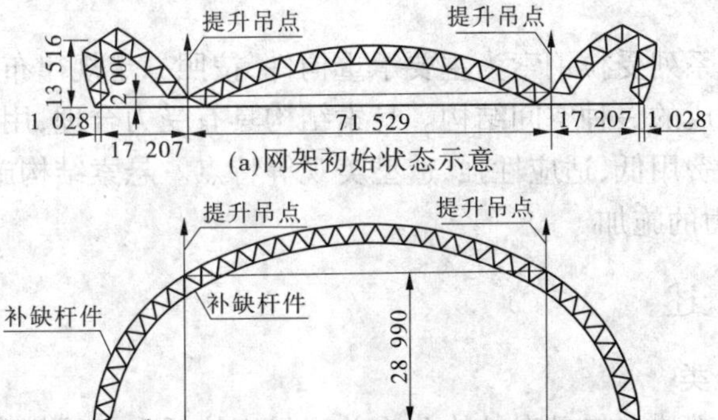

图 8-12　折叠展开提升技术原理　(单位:mm)

2)施工难题和控制要求

(1)网壳是可变机构。网壳在地面拼装后是一个折叠的可变机构,展开提升过程中水平方向很容易失稳,因此必须采取技术措施使之转化为一个稳定结构,才能进行展开提升。

(2)提升负载呈动态变化。以往网壳是完全悬空提升的,其质量全部由提升千斤顶承受,只要提升时控制好同步,提升力相对来说是一个常数。而这次提升时网壳根部始终与基础铰接,其质量由提升千斤顶与基础共同承受,在提升过程中千斤顶的提升负载随着提升高度的变化而变化,负载动态均衡的控制难度很大。

(3)内应力控制是一个关键难题。

(4)保证临时提升架的稳定问题。由于构件制作误差、地面拼装误差及液压系统离散性等问题,同一提升架上两侧提升千斤顶的动态负载会有差异,如果此差异值过大,将使提升架弯曲,甚至失稳而发生重大事故,因此要采取措施保证提升架的稳定和安全。

(5)同步控制要求高。提升时如果各个吊点不同步,除网壳会发生变形外,还会由于两边不同高差引起的水平力而偏移,甚至失稳。因此,在展开提升中对各吊点的动作同步、高度偏差、负载均衡的控制要求都很高。

3)技术要点

(1)在每个提升架上各安装一条垂直滑道,滑道与网壳之间设置导轮,导轮固定在网架杆件上,与提升架间有20 mm间隙,使网壳既能上下移动又有水平方向约束,从而由可变机构转化为稳定结构。在提升时滑道又可以兼作观测提升过程中网壳晃动幅度的参照物。

(2)在铰支座处设置限位装置,克服或限制提升中将要发生的瞬变反拱。

(3)严格控制网壳制作和拼装误差,网壳在地面拼装后各铰轴必须相互平行,同一铰轴上各个铰的同轴度误差≤3 mm。

(4)在网壳的两侧各设4根临时拉索,防止网壳发生水平移动和瞬变现象。

第二节　悬索结构施工

悬索结构是以一系列受拉钢索为主要承重构件,按照一定规律布置,并悬挂在边缘构件或支承结构上而形成的一种空间结构。悬索结构具有受力合理,用料经济,施工机具简便,施工速度快,施工费用低,适应性强,造型美观等特点。悬索结构施工的主要问题是索的制作、架设和预应力的施加。

一、悬索结构概述

(一)悬索结构分类

按悬索结构的受力特点将悬索结构分为单层悬索体系和双层悬索体系。单层悬索体系是由一群单层承重索组成的结构体系,又可分为单层单向悬索结构和单层辐射状悬索结构,如图8-13所示;双层悬索体系是由一系列一层承重索和一层曲率与之相反的稳定索组成的结构体系,又可分为双层单向悬索结构、双层辐射状悬索结构和双层双向悬索结构,如图8-14所示。

(二)钢索的种类

钢索一般是由高强钢丝组合而成,也可采用圆钢筋或钢板,圆钢筋宜用于小跨度屋盖;角钢、槽钢、工字钢等常用于劲性索结构;钢板多用于钢悬膜结构。从钢索材料的构成

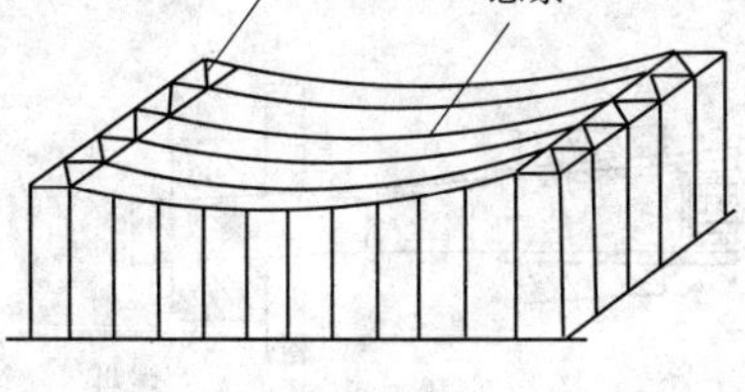

(a)单层单向悬索结构

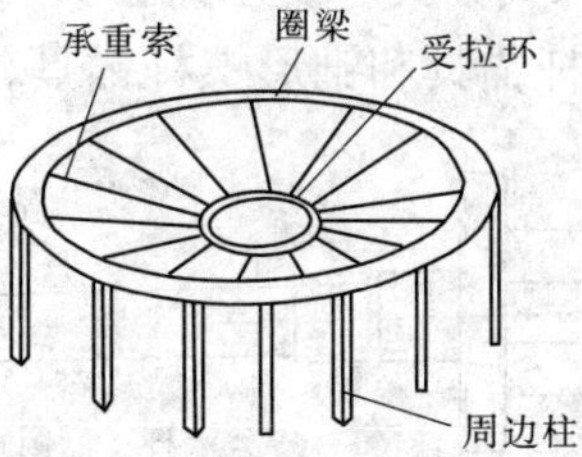

(b)单层辐射状悬索结构

图 8-13　单层悬索体系

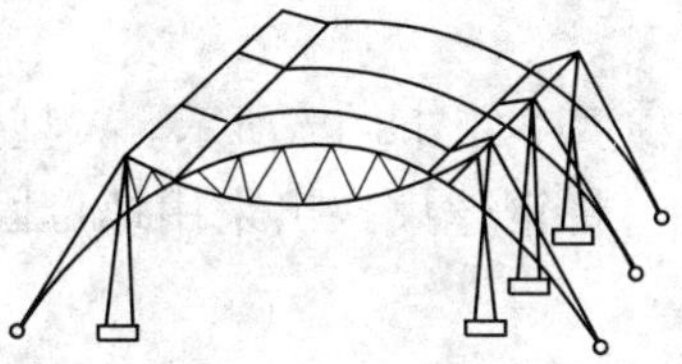
(a)双层单向悬索结构

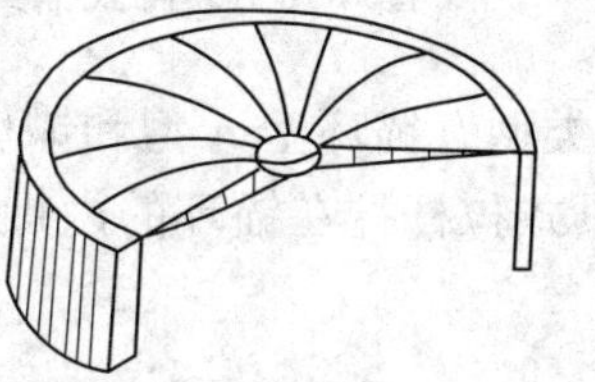
(b)双层辐射状悬索结构

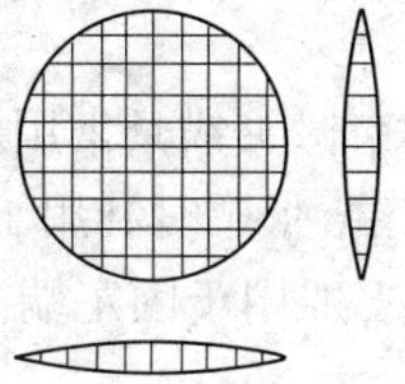
(c)双层双向悬索结构

图 8-14　双层悬索体系

要素上可分为平行钢丝束、钢绞线和钢缆绳三类。

(三)索的节点

索的节点是悬索结构的重要组成部分,索的连接节点多种多样,包括承重索与承重索的连接、承重索与桅杆的连接、承重索与稳定索的连接、承重索与支撑构件的连接等,这些连接一般是通过锚具或夹具完成的。

1. 锚具

锚具是将钢索锚固于支承结构或边缘构件上的重要部件,钢索中的张力通过锚具传递到其他构件上去,因此选用可靠的锚具和锚固构造是悬索结构安全可靠灌注的关键。常用的锚具类型有夹片式、支承式、锥塞式、握裹式和铸锚式。

(1)夹片式锚具。一般有单孔夹片式锚具与多孔夹片式锚具,还有扁形夹片式锚具,国内的夹片式锚又分为 JM、QM、XM 等类型,如图 8-15 所示。

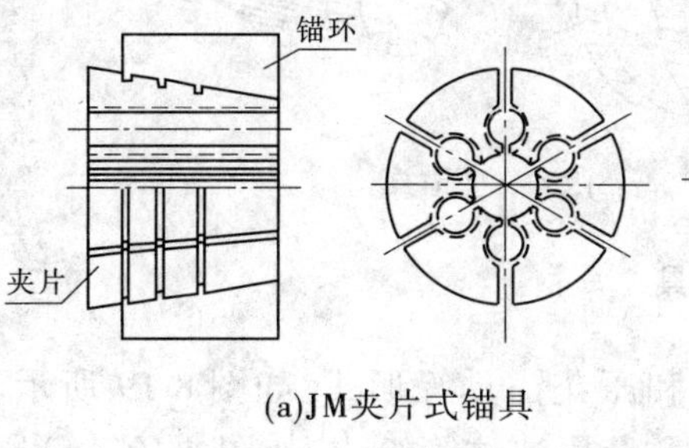

(a)JM夹片式锚具

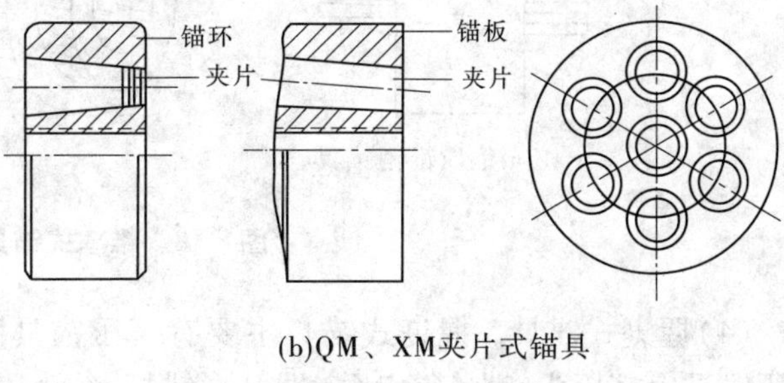

(b)QM、XM夹片式锚具

图 8-15　夹片式锚具

(2)支承式锚具。支承式锚具可分为镦头锚具和螺杆式锚具等形式。螺杆式锚具又分为螺丝端杆锚具和锥形螺杆锚具,如图 8-16 所示。

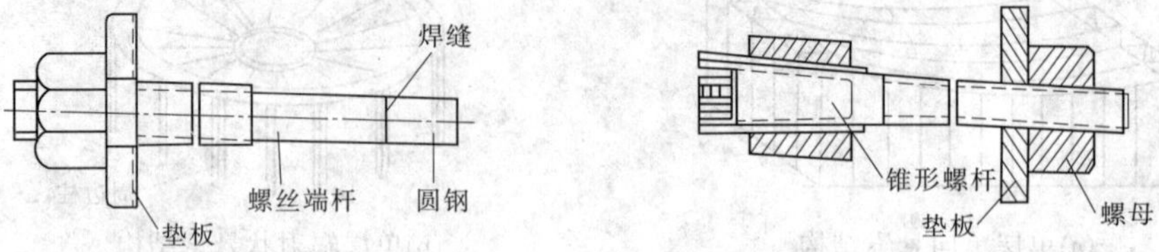

(a)螺丝端杆锚具　(b)锥形螺杆锚具

图 8-16　螺杆式锚具

钢丝束镦头锚具常用的类型有锚环型 A 型和锚板型 B 型,如图 8-17 所示。A 型锚具用于张拉端,张拉时利用工具式拉杆拧在锚环的内螺纹上,将钢丝束拉出来用螺母固定。B 型锚具一般用于固定端。

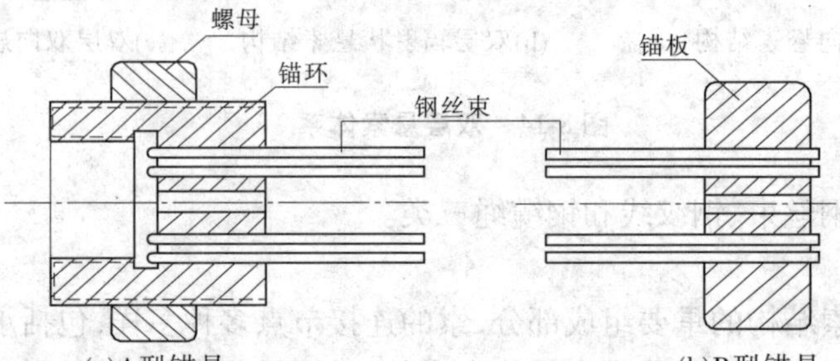

(a)A型锚具　(b)B型锚具

图 8-17　镦头锚具

(3)锥塞式锚具。锥塞式锚具有钢质锥销锚具和槽销锚具等形式,如图 8-18 所示。

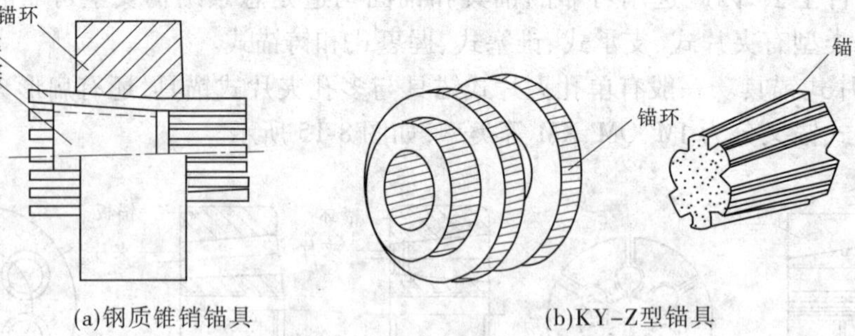

(a)钢质锥销锚具　(b)KY-Z型锚具

图 8-18　锥塞式锚具

(4)握裹式锚具。握裹式锚具主要有挤压锚具和压花锚具等形式,如图 8-19 所示。挤压锚具由挤压头、螺旋筋、固定端 P 形锚板、约束圈、金属波纹管组成,如图 8-19 (a)所示;压花锚具是用压花机将钢绞线端头压制成梨形散花头的一种黏结型锚具,如图 8-19 (b)所示。钢绞线从机架的凹口处放入并用夹具夹紧,然后用千斤顶加力,即可形成梨形散花头,如图 8-19(c)所示。

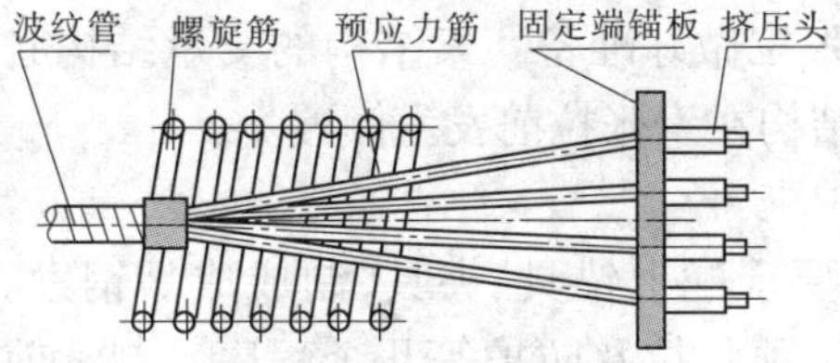

(a)挤压锚具

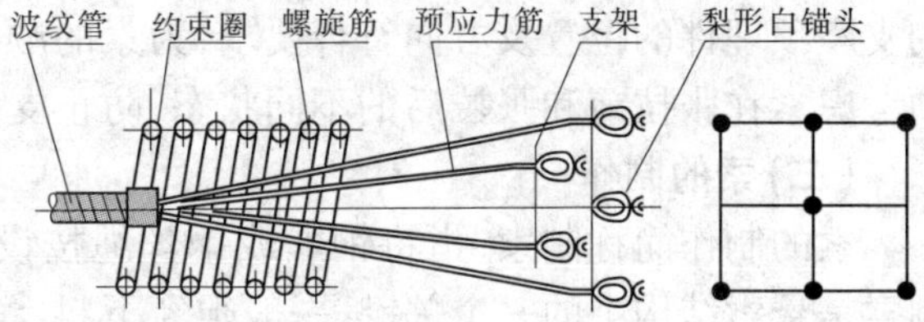

(b)压花锚具

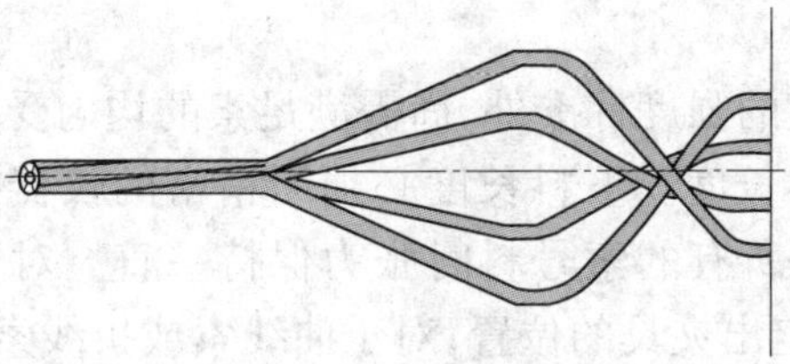

(c)钢索梨形散花头

图 8-19　握裹式锚具

(5)铸锚式锚具。铸锚式锚具主要有冷铸锚具和热铸锚具两种,如图 8-20 所示。

(a) 冷铸锚具

(b) 热铸锚具

图 8-20　铸锚式锚具

在这五大类的锚具中,夹片式锚具、支承式锚具和锥塞式锚具最开始主要用于预应力钢筋混凝土结构中,现在也用于张拉索结构中,而握裹式、铸锚式锚具一般用于张拉索结构中。对钢丝束,可采用镦头锚具、冷压螺杆锚具、挤压锚具等。对两端耳板销接的拉索,其两端锚具还应有耳板或另带耳板的索头拧在锚具上。为便于拉索张拉后缩短长度,在拉索一端锚具与索头之间安装调节螺杆。

2. 夹具

夹具是节点中用于固定钢索位置的主要零件。夹具主要通过高强螺栓等上下两块夹板将钢索夹紧,使钢索不能打滑。夹具主要有压板式夹具、骑马式夹具、拳握式夹具以及梨形环等,采用何种形式的夹具取决于钢索的固定位置。

二、悬索结构施工工艺

悬索结构因其类型繁多,施工方法并无定式可循,但总的来说,悬索结构的工艺流程包括边缘支撑构件的施工、索的制作与安装、预应力施加及钢索张拉。

(一)边缘支撑构件的施工

边缘支撑构件通常包括钢筋混凝土结构或钢结构圆环、曲梁、拱、水平梁等,它是将悬索系统的内力有效地传递给下部结构和基础的重要环节。这些钢筋混凝土结构或构件可能是曲线曲面形体，施工时要保证其轴线中心位置及标高控制准确，钢索和支承结构连接的支座预埋件的位置及方向符合要求，为索的顺利张拉做好准备。索结构的支承结构必须考虑索在张拉前和张拉后的不同状态，防止支承结构在索张拉前发生倾覆。

（二）索的制作

索的制作简称制索，指将钢丝或钢丝绳按设计要求配上锚具、夹具，制成成品钢索。制索是悬索结构中的一个关键，一般须经下料、编束、预张拉及防护等几个程序。制索前应对制索工艺编制技术条件。

1. 一般要求

(1)成品索除应符合索的强度标准外，尚需满足索的均匀受力的要求。

(2)精确控制索的下料长度。下料长度必须用精密的仪器测定，下料应在张紧状态下测量距离，且在同一工程所有的索号料时张力保持一直。对于在悬索结构中的主、副索，应根据设计要求，精确定出夹具的位置；对于曲线索或折线索，如索穹顶中的脊索和环索、索桁架中的主索和副索等，决定下料长度时，应考虑因自重而引起的下垂，并估计出垂度，从而确定出索的精确长度。

(3)索的长度是指无应力的原始长度。因此，必须估计初始几何态和预应力态的预应力值，通过分析和试验方法确定索的无应力长度。

(4)对于曲线索或折线索，尚应设计专门的夹具，控制索在转角处的曲率半径。当转角较大时，在节点构造上无法保证曲率半径，这时不宜采用连续索，建议采用分段索。

(5)钢索由直径不大的高强钢丝组成，一般都暴露在室外工作，所以必须重视钢索的防腐。

(6)焊接将会大大降低高强钢丝的强度，因此高强钢丝不能焊接。

(7)索的垂直度误差不大于 ±5 mm。

2. 索的制作工艺

(1)预张拉。钢索下料前必须进行预张拉，预张拉是为了消除索的非弹性变形，张拉值可取索抗拉强度标准值的50% ~65%，持荷1~2 h。

(2)下料。为了使钢索受力后各根钢丝和各股钢绞线受力均匀，钢索下料时其长度应准确、等长。下料采用“应力下料法”，将开盘在200~300 MPa 拉应力下的钢丝或钢绞线调直，可消除一些非弹性因素。

钢丝或钢绞线的号料应严格进行。制作通长、水平且与索等长的槽道，平行放入钢丝或钢绞线，使其不相互交叉、扭曲，在槽道定位板处控制索的下料长度。钢丝、钢绞线下料后长度允许偏差为5 mm。

(3)切割。钢丝或钢绞线及热处理钢筋的切断应采用切割机或摩擦圆锯片，切忌采用电弧切割或气切割，以防损伤钢丝。

(4)编束。编束时，宜用梳孔板向一个方向梳理，使每根钢丝或钢绞线相互保持平行，不得互相搭压、扭曲。编扎成束后，每隔1 m左右要用钢丝缠绕扎紧。

(5)钢索的防护。在钢索防护前均应注意认真做好除污、除锈，以提高防护寿命。对进入施工现场的未镀锌的钢丝或钢绞线在做防护层之前先涂一道红丹底漆。

钢索的防护做法有:①黄油裹布法。在编好的钢索外表面满涂黄油一道,用布条或麻布条缠绕包裹进行密封。涂油、裹布应重复2~3道,每道包布的缠绕方法与前一道相反。此法简单易行,且价格便宜。②多层塑料涂料层,该涂层材料浸以玻璃加筋的丙烯树脂。③多层液体氯丁橡胶,并在表面覆以油漆。④塑料套管内灌液体的氯丁橡胶。可根据钢索的使用环境和施工条件选用其一。

(6)装锚具。又称挂锚,一般有两种方法:地面挂锚和高空挂锚。较多的是地面挂锚,国内一般在工地做这项工作,但随着钢索和锚具的配套及体系化,在工厂完成这一工序的将逐渐增加。

(三)索的安装

(1)钢索两端支撑构件预应力孔的间距允许偏差为$L/3\ 000$(L为跨距),并不大于20 mm。

(2)穿索时应先穿承重索,后穿稳定索,并根据设计的初始几何状态曲面和预应力值进行调整,其偏差宜控制在10%以内。

(3)各种屋面构件必须对称地进行安装。

(四)预应力施加及钢索张拉

(1)千斤顶在张拉前应进行率定,率定时应由千斤顶主动顶试验机绘出曲线供现场使用。千斤顶在张拉过程中宜每周率定一次。

(2)对索施加预应力时,应按设计提供的分阶段张拉预应力值进行。每个阶段尚应根据结构情况分成若干级,并对称张拉。每个张拉级差不得使边缘构件和屋面构件的变形过大。各阶段张拉后,张拉力允许偏差不得大于5%,垂直及拱度的允许偏差不得大于10%。

(3)几种悬索结构钢索张拉要点:

①单层单向悬索结构。单层单向悬索结构需使用大型钢筋混凝土屋面才能保证其在使用中的刚度和稳定性。施工时,先施工钢筋混凝土或钢结构的边缘支承构件。索的制作一般在工厂完成,当在现场穿索、挂索时,在钢索的最大垂度处布置测点。张拉按设计要求分阶段进行。待全部钢索完成张拉后,需检查和调整索的垂度,使其满足要求。然后吊装钢筋混凝土屋面板,其顺序是从钢索的最低点开始向两侧对称地进行。吊装后在屋面板上加荷(可用一些加重块),混凝土灌缝,待混凝土强度达到要求后卸荷。施工各阶段都要检查钢索垂度。

②双层单向悬索结构。双层单向悬索结构也称为索桁架,其主索(承重索)和副索(稳定索)一半在工厂内制作,在索上装好夹具需精确定位。一般的安装顺序是:主索挂上后,锚具先临时固定,然后安装刚性腹杆。对于平面双层单向钢索,刚性腹杆安装后需临时支撑。刚性杆安装后再挂上副索,副索上的夹具也需精确定位。考虑到钢索的自重影响及回弹所造成的钢索的长度的回缩,在索桁架施工中,刚性杆与索的连接节点的精确定位是关键。

③双层双向悬索结构。也是先施工支撑结构,再安装索。在穿索和挂索时,先穿承重索再穿稳定索。将预先编好号的钢索逐一穿入设计索道并初步固定,然后对索进行张拉使其成型。索的张拉也应根据设计值分阶段进行,每个阶段内整个索网应达到均匀的预

应力状态。可先张拉承重索,也可先张拉稳定索。

④双层辐射状悬索结构。双层悬索结构的施工主要是施工结构外环及安装中央内环,要求精确定位,然后均匀对称地挂索和张拉。其一般顺序为:先施工好外环,在结构中央从地面搭设支架,吊内环搁置于支架上,精确定位后,均匀对称地穿索和挂索。先在四个方向安装下索,以保持支架和内环的稳定,再间隔对称安装其他索。索的张拉也应先建立初应力,初应力应均匀一致,以使内环平衡。然后利用千斤顶将内环从支架上顶起,对钢索进行张拉。张拉也应分组、分阶段进行,直到达到设计值。

第三节　膜结构施工

膜结构是用高强度柔性薄膜材料与支撑体系相结合,形成具有一定刚度的稳定曲面,能承受一定外荷载的空间结构型式。它是以性能优良的织物为材料,或是向膜内充气,通过空气压力来支撑膜面,或是利用柔性拉索或刚性支撑结构将膜面绷紧,从而形成具有一定刚度、能够覆盖较大空间的结构体系。

膜结构的优点有:自重轻,跨度大,艺术性强,施工方便,经济性好,安全性高,透光性好,自洁性好。

膜结构的缺点有:隔音效果较差;单层膜结构的保温隔热性能较差;抵抗局部荷载作用的能力较弱,屋面在局部荷载作用下会形成局部凹陷,造成雨水和雪的淤积,即产生所谓的“袋状效应”,严重时可导致膜材的撕裂破坏。

一、膜结构的形式及膜材

(一)膜结构的形式

(1)张拉膜结构。该膜结构由膜材、钢索及支柱组成,它是利用钢索与支柱在膜材中施加张力,膜表面通过自身曲率变化达到内外力平衡。其具有高度的形体可塑性和结构灵活性,是索膜建筑的代表和精华。根据张拉膜的组成,张拉膜结构又可分为索网式、脊谷式等。由于施工精度要求高,结构性能强,且具丰富的表现力,所以造价略高于骨架膜结构。

(2)骨架膜结构。它是以钢构件组成屋顶骨架后,在骨架上布置按设计要求张紧的膜材的结构型式。骨架体系自平衡、稳定性好,膜体主要起维护作用。膜体本身的强大结构作用发挥不足,屋顶造型比较单纯,开口部不易受限制,且具有经济效益高的特点。形态有平面形、单曲面形和以鞍形为代表的双曲线形。

(3)充气膜结构。该膜结构具有密闭的充气空间,并设置维持内压的充气装置,借助内压保持膜材的张力,形成设计要求的曲面。因利用气压来支撑及钢索作为辅助材料,无需任何梁、柱支撑,可得到更大的空间,施工快捷,经济效益高,但需维持进行 24 h 送风机运转及日常维护管理。

(二)膜材

膜材是保证膜结构使用功能的一个很重要的因素,膜结构对膜材的基本要求是:满足功能要求,耐久性好且经济。膜结构的膜材强度高、韧性好,是由织物基材(玻璃纤维、聚酯长丝)和涂层(聚四氟乙烯(PTFE)、PVC)复合而成的涂层织物,膜材的一般构造如图 8-21所示。一般具有轻质、柔韧、厚度小、重量轻、透光性好等特点;对自然光有反射、吸收和透射能力;它不燃、难燃或阻燃,具有耐久、防火、气密良好等特性;表面经氟素处理的膜材自身不发黏,有很好的自洁性能。

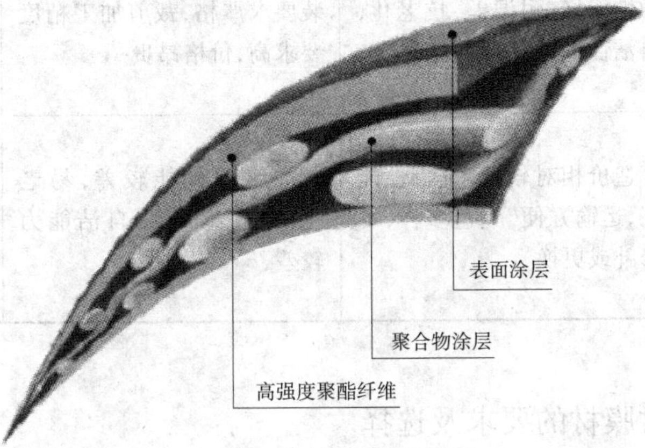

图 8-21　膜材的一般构造

组成膜材的基层织物和涂层种类较多,因而膜材种类繁多,且不同的国家对膜材的要求也不尽相同。根据材质的不同,膜材可分为 PTFE 类和 PVC 类两大类。

1. PTFE 类膜材

PTFE 类膜材商品名叫特氟隆(Teflon),是在玻璃纤维布基上敷聚四氟乙烯树脂,且这种树脂的含量大于 90%,并满足以下条件:

(1)玻璃纤维布基每平方米不小于 150 g;

(2)树脂涂层每平方米应大于 400 g,小于 1 100 g;

(3)膜材料厚度大于 0.5 mm。

2. PVC 类膜材

PVC 类膜材的布基织物为聚酯或聚氨酯等,涂层为 PVC 树脂或氯丁橡胶类物质,一般另加有聚氟乙烯类面层,且满足以下条件:

(1)合成纤维织物每平方米大于 100 g;

(2)涂层材料每平方米应大于 400 g,小于 1 100 g;

(3)膜材料厚度大于 0.5 mm;

(4)膜材料须通过阻燃 2 级试验。

这两种膜材都能满足膜结构所用材料的要求。如强度方面:中等强度的 PVC 膜,其厚度仅 0.61 mm,但它的抗拉强度相当于钢材的一半;中等强度的 PTFE 膜,其厚度仅 0.8 mm,但它的抗拉强度已达到钢材的水平。自洁性方面:PTFE 膜材和经过特殊表面处理的 PVC 膜材具有很好的自洁性能,对于一般尘埃有拒亲和性,雨水会在其表面聚成水珠,与浮尘同时流下,使膜材表面得到自然清洗。但这两种膜材由于组成不同,所以性能方面也有差异(见表 8-2)。

表 8-2　两种膜材性能的比较

膜材种类	优点	缺点	适用范围
PTFE 膜材	抗拉强度很高,抗化学侵蚀性能好,耐温差,抗老化,自洁性好,使用寿命长	抗折性能较差,运输、安装要求严格,裁剪加工精度要求高,价格昂贵	适合永久性建筑
PVC 膜材	造价相对较低,抗折性能好,运输方便,颜色多样,可修补或更换	抗腐蚀性能较差,易老化,使用寿命短,自洁能力较差	适合一次性投资不高的建筑

二、膜结构对膜材的要求及选择

(一)膜结构对膜材的要求

(1)膜材应具有较高的抗拉强度和抗撕裂强度。膜材料是一种柔性织物,织物内部只有存在一定的应力场,才能获得一定的刚度。因此,对于膜结构而言,在任何情况下均不允许膜中有无应力状态。在高应力状态下,膜材料的抗拉强度越高,越不易发生徐变和老化;在大跨度膜结构中,膜中应力往往比较大,且对膜的安全度要求较高。

(2)膜结构作为永久性或半永久性建筑,膜材本身必须满足有关建筑材料防火指标的要求。一般认为 PTFE 材料是不可燃材料,PVC 材料是阻燃材料。

(3)膜材应具有良好的耐久性。膜材的耐久性不仅与其布基所用材料本身的性质有关,而且不同的涂层种类,对布基的保护程度各不相同,也影响着膜材的使用寿命。一般来说,PTFE 材料的保质期在 25 年以上,PVC 材料的保质期为 10 ~ 15 年。

(4)膜材本身具有防污自洁性能。由于在夏日的阳光下,PVC 涂层易离析发黏,黏附尘埃,且不易被雨水冲掉,影响观瞻,减少使用寿命。因此,一般建筑用 PVC 膜材料,在 PVC 涂层外再加一层 PVF(聚氟乙烯)或 PVDF(聚乙氟二烯)或有机硅面层,能有效地改善其自洁性。PTFE 膜材料自身则具有很好的防污自洁性能,不需要添加任何面层材料。

(5)隔声性要求。单层膜隔声仅有 10 dB 左右,因此单层膜结构建筑往往用于对隔声要求不是太高的活动场所;而用于音乐、娱乐等大型文化活动场所的膜结构,对建筑的隔声有较高的要求,通常用巧妙的设计、构造等手段来提高其隔声性能。

(6)保温隔热要求。单层膜材料的保温性能大致相当于夹层玻璃,如果某建筑物对保温性能要求较高,就不得不考虑采用双层或多层膜,但双层或多层膜又损害了建筑物的透光性能,通常双层膜的透光率为 4% ~ 8%。因此,应寻找一个合理的平衡点,使膜材的保温性和透光性都能满足要求。一般来说,就同类膜材料而言,其透光性越强,强度就越低。

(7)膜结构一般都具有新颖的曲面外形,不能直接由大块平面膜材构成,因此需要进行裁剪后拼接，也就是膜材需要良好的可加工性。

(8)膜材要求有一定的柔软度。

(二)膜材选择

膜材选择的原则如下：

(1)膜结构中用到的膜材必须根据建筑形式、结构特点、制作安装方法、使用要求、气象气候条件等因素综合进行选择。

(2)膜结构中用到的膜材必须达到设计要求。对每一种材料都必须根据相应的规定提交产品质量证明和试验数据，保证其能达到有关要求。

(3)膜结构用的膜材是由高强织物与涂层材料构成的复合材料，是一种正交各向异性材料，在设计和施工前，应对膜材进行必要的材性试验。

膜材材性试验主要包括力学性能试验和非力学性能试验。前者包括膜材弹性模量、两个方向的抗拉强度、撕裂强度和面内剪切刚度，还包括结合部位的蠕裂强度和涂料层材料剥离强度等；后者主要包括膜材的阻燃性、耐揉搓性、耐候性等。

三、膜的制作与连接技术

为了使膜结构成功应用而不被粗制滥造工程所诋毁，有赖于不断开拓新的应用领域、更加大胆的创作、更加严格的设计要求，同时在生产和装配上采用可靠、成熟精湛的技术。膜结构的最终完成，有赖于对其绘制详图、制作、安装、监控和维护的所有步骤进行全面控制。

(一)膜制作技术要求和条件

膜的制作应该在专业化的环境中进行，车间应保证严格的清洁度，控制空气中的灰尘。

膜的制作包括两个方面，即裁剪和拼接。裁剪是根据设计所提供的几何信息，采用计算机控制的裁剪机械进行。裁剪机械应有一个操作平台，在平台上铺张膜材，切割机械由数控箱控制。对于不同的膜材，切断机械不同。裁剪虽然根据几何信息控制，这个几何信息已经是无应力状态下的展开信息，但是尚需考虑材料在切断过程中的回缩及搭接宽度，并且根据经验来修整裁剪线。

裁剪后的膜材应进行拼接，拼接的方式有缝制、熔合、黏合等，其中熔合方法包括热风熔合、高频熔合和热板熔合。

1. 制膜的一般要求

(1)膜结构制作应在专业化工厂进行，温度保持在5～30 ℃。

(2)应具备专业工艺流水线，必要的裁剪、热合设备及测试设备，同时应具备经鉴定的膜结构裁剪设计软件。

(3)所使用的测试设备、工具、量具应符合国家标准规定。

(4)操作人员必须经过专业培训，并考核合格。

(5)膜结构制作分为膜的裁剪、拼接，配件的加工、包装、运输。

(6)制作应编制工艺设计文件。

2. 裁剪和拼接要求

(1)进行裁剪前应验证膜材的生产批号、出场合格证明及有关的复验合格报告。同一单体膜结构的主体宜使用同一生产批号的膜材,裁剪时应避开原膜材的疵点。

(2)裁剪操作应严格按照裁剪下料图进行,膜片的裁剪尺寸应考虑安装张拉伸长量并予以补偿。

(3)膜片的拼接应该按照设计要求的方法进行操作,保证接缝的强度要求、防水要求等。

(4)采用热熔合法拼接时应根据不同膜材类型确定热熔合温度,并严格控制收缩变形,确保膜片、膜面平整;热熔合时,不应黏附尘埃、垃圾,不得出现明显薄厚不均等。

(5)对切割子膜片和拼接后的组合膜片应分别进行检验和编号,作出尺寸、位置、实测偏差等的详细记录。

3. 成品的包装与运输要求

(1)对于以玻璃纤维为基材的膜材,包装、运输的各个环节均应避免膜材产生明显的弯折、起皱和磨损。

(2)在包装前对膜材表面附着的污物应清洗干净,不得有污染和损坏。

(3)成品膜材在打包折叠时应考虑膜材的基材性能,对以合成纤维为基材的膜材可折叠,对以玻璃纤维为基材的膜材应采用芯棍卷绕的方式打包。

(4)在运输中应防止附属品和小型零件丢失,可将其整理成包装袋,安放在硬纸箱内。产品的标签中要记入产品的标记,并将产品的标签贴在外罩布的中央。

(5)膜材加工成品在堆放、装卸、运输过程中不得碰撞损坏,应用毡布进行遮盖,底部应铺设支承垫层。

(6)包装好的膜成品应放在指定地点,定期进行检查。出厂前还用进行复查,确认型号、数量、外包装是否破损等。若出厂检查发现不符合的情况,要开包确认产品的状况,并与有关方面共同协商后,根据协商结果进行修整。

(二)膜的裁剪

膜材需经裁剪后再缝合、胶接或焊接才能满足膜结构特定的空间形状的要求。膜结构的裁剪、拼接过程是会有误差的,因为平面膜片拼成空间曲面就一定会有误差;同时,膜材是各向异性材料,在把它张拉成曲率变化的空间形状时,不可避免地会与初始设计形状有出入。

对一些标准形体的膜结构的裁剪式样,现在已可以用程序控制标绘器来完成,用计算机操作自动样片切割机进行裁剪。但是,对于多种多样的膜结构,虽然膜材的裁剪和拼接总有误差,但要求尽可能地可靠、简单、经济。裁剪中很关键的一个问题就是将空间曲面近似展开为二维平面,即需要对膜结构进行裁剪分析。裁剪分析主要包括三个过程:划分膜面、将膜裁剪成条块、条块展平。

1. 裁剪缝的布置

以测地线法为基础就可以确定裁剪线,即直接以测地线为裁剪线或从一条测地线向另一条测地线作垂线,以垂线中点的连线作为裁剪线。常用的测地线裁剪分析软件有德国 EASY(EasyScut)、意大利 Forten32、英国 InTENS、英国 Surface、澳大利亚 FABDES 等。

布置膜结构表面裁剪缝时,要考虑表面曲率、膜材的幅宽、边界的走向和美观的要求。在裁剪时须将膜片沿经线和纬线方向按一定比例缩小后切割,以“补偿”安装完毕膜布施加预应力后的伸长扩张,该收缩“补偿”的比例根据膜布受力状态下经线和纬线两个方向上的应变确定。因此,必须由结构工程师提供预张力分布和结构的空间形状,并与材料供应商共同研究以获得膜布材料尽可能准确而实用的双轴应力—应变关系。

裁剪方式的选择应遵循以下规则:

(1)单片形状规则,面积大的裁剪样式比小而不规则的裁剪样式好,接缝清晰、美观。

(2)接缝长度要尽量短,以减少浪费。

(3)对于无法避免的重叠接缝,应尽量使最少的接缝集中于一个地方。

(4)由于接缝处的强度比膜材的强度低,所以沿主应力方向的接缝比同其垂直方向的接缝要经济。

(5)沿薄膜表面最陡方向的接缝使雨、雪易于滑落,保持表面干燥,防止出现由于大的雪载引起陷落。

2. 膜材的下料

膜材下料时,应该尽量使得所耗费的膜材最少且各裁剪片织物的经、纬方向尽可能与结构主拉应力方向一致。目前,采用的下料方法有图形排版法、动态程序选择法、遗传算法等。

(三)膜结构的连接

在膜结构中,膜材通过承重索、平衡索、边索的张拉作用成型,并与索共同受力。膜材只能承受拉力而不能承受压力和弯矩,也就是在任何荷载作用下不能出现松弛现象。因此,膜结构的连接构造很重要。

膜结构的连接包括膜节点、膜边界、膜角点、膜脊和膜谷。膜节点是指膜裁剪片之间的连接,膜边界是指膜材与支撑结构之间的连接,膜角点是指膜边界交会的点,膜脊、膜谷是指支承结构最高处和最低处膜的连接。膜节点与膜材的强度和延性应尽可能相等,膜节点还应具有良好的防水性能。膜节点可分为缝合节点、焊接节点、黏结节点、螺栓节点、束带节点、拉链节点等。其中,缝合节点和焊接节点一般由工厂制作,为永久节点;其他节点可工厂预制或现场拼接,为永久节点或临时节点。影响膜节点性能和耐久性的因素主要有加工过程、连接材料(缝线、焊接温度、黏合剂)、找形和裁剪精度等。

膜结构的连接节点主要涉及到三个方面:膜-膜连接、膜-索连接和膜-刚性构件连接,此外,还有其他连接,如钢索及其端部的连接等。

1. 膜-膜连接

膜材连接是指几片裁剪膜片的连接,常用的方法有焊接、缝合、黏合或螺栓连接。其中受力缝宜用焊接方法进行连接,该连接同时具有很好的防水性能。不能采用焊接连接的膜材可用缝合方法连接,缝合比较经济和安全。螺栓连接也是一种现场连接方法,但其相连膜片不连续且防水性较差。

1)膜-膜连接的一般要求

膜材之间连接缝的位置应依据建筑体形、支承结构的布置与膜材主要受力方向等因素综合确定。设计时应尽量减少接缝数量,并力求纹路简洁、美观。膜的拼接纹路应根据膜材主要受力经、纬方向合理拼接，一般采用纬向拼接、经向拼接和树状拼接三种方法(见图8-22)。

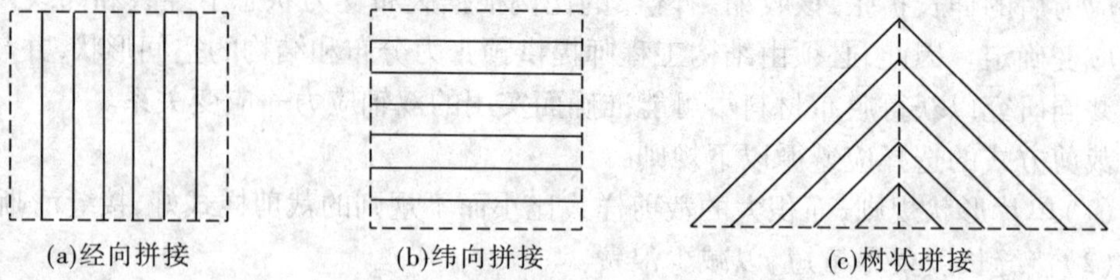

图8-22　拼接方向

膜之间可用热熔合、黏结、缝合或机械连接等方法连接，应根据具体情况确定连接方法。接缝宽度应满足强度要求，保证在正常使用条件下织物能经受住可能的荷载作用；接缝附近和可能产生应力集中的部位可用斜向增强片进行加强，并且应尽量避免接缝的交叉和重叠；用缝合方法进行连接时，接缝处张拉强度应不小于膜材母材强度的70%；常温下，用其他方式的接缝，其强度应不小于膜材母材强度的80%；在60 ℃下接缝处张拉强度应不小于膜材母材强度的60%。

2)膜－膜连接的类别

膜－膜之间的连接分为两大类：膜材的拼接和裁剪缝处膜材的连接。

(1)膜材的拼接。膜材的拼缝搭接可采用缝制、熔合、黏结、机械夹合等方法。

①缝制：是用缝纫机直接缝制两层膜材且加膜条封口(见图8-23)，膜材的重合幅宽为40 mm以上，缝纫密度为每100 mm缝10 ～ 18针，缝纫线为4根以上合成。缝制部位无断线、开缝、错位等现象。缝合节点有三种形式：平缝、单层折缝和双层折缝(见图8-24)。

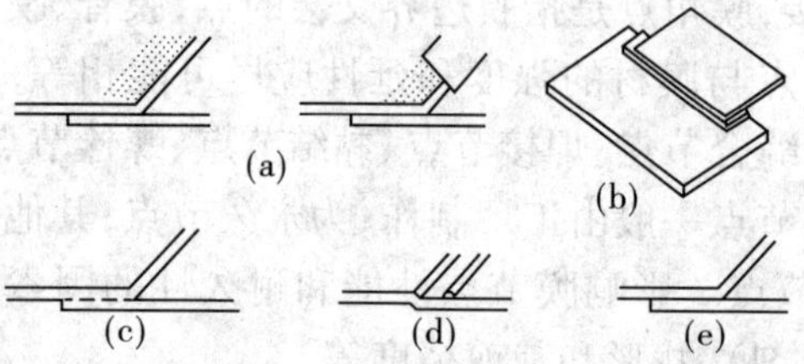

图8-23　膜的缝制、熔合、黏结示意图

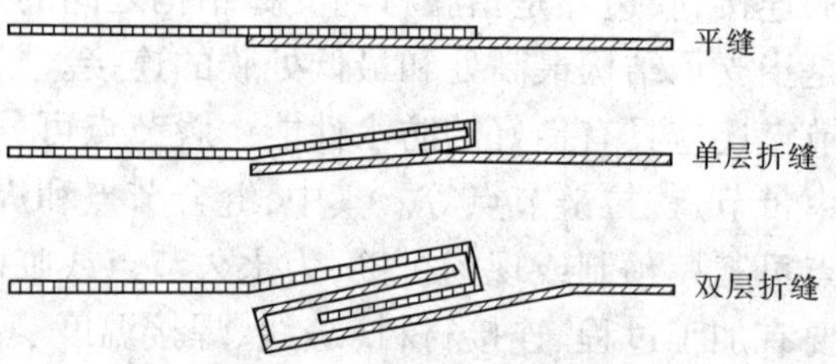

图8-24　缝合节点类型

②熔合方法：有热板熔合、热风熔合(高频热熔)几种类型。热板熔合是指在两张膜之间夹热板，熔敷热板，熔合幅宽为75 mm以上；热风熔合是通过热风或高频热熔敷结合，结合幅宽为40 mm以上。熔合部位无褶皱、剥落、破损、裂缝等现象。

③黏结方法：在两膜之间用胶粘剂黏结结合，结合幅宽40 mm以上，结合面积尽可能大，结合面内不能夹杂有气泡和脏物等，不能出现剥落、褶皱、破损及错位现象。

④机械夹合：对于不宜采用黏结或缝制、热熔方法的部位，可采用机械夹合的方法，即通过连续的金属夹板夹紧膜材的绳边，夹板与膜材间辅以橡胶衬垫，夹紧螺栓沿金属夹板布置(见图8-25)。

(2)膜裁剪缝处的连接。裁剪缝是主要的受力缝，是膜结构找形、裁剪后再进行连接的部位。裁剪缝处膜材连接不宜采用黏结等方法，多数采用机械夹合的方法（见图8-26），也可采用编绳连接、夹具连接或螺栓连接（见图8-27）。例如在一些帐篷结构中，为满足膜面随形体变化的需要，可采用束带紧密编织的方法（见图8-28）。

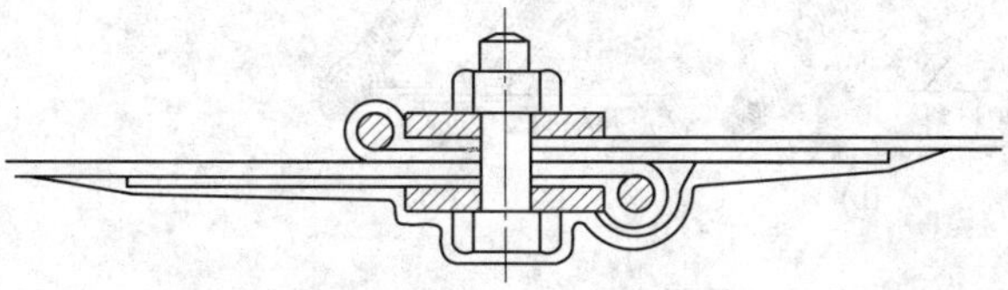

图8-25　膜的机械夹合示意图

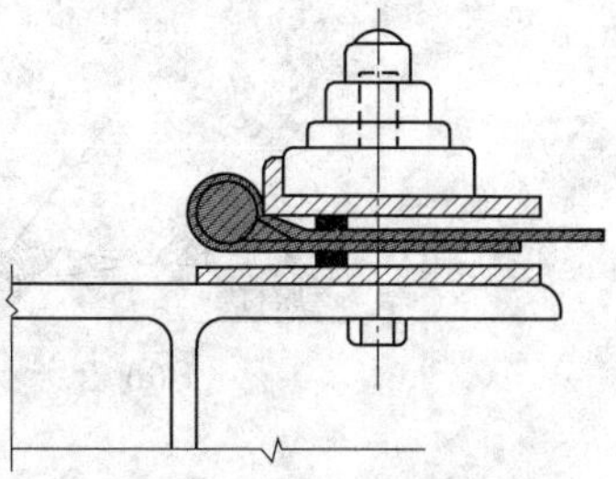

图8-26　膜材机械连接

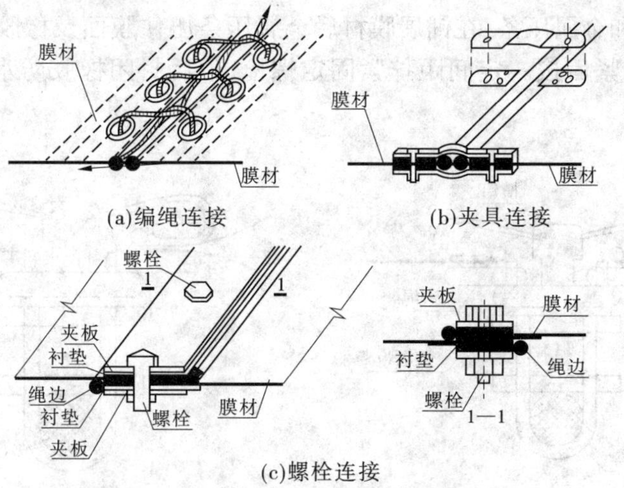

(a)编绳连接

(b)夹具连接

(c)螺栓连接

图8-27　裁剪缝处膜材连接

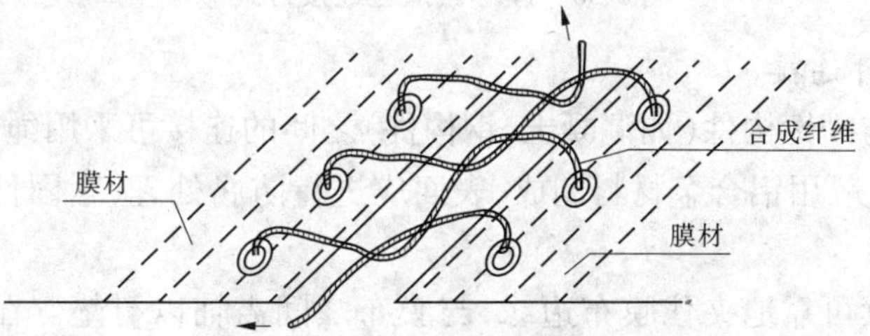

图8-28　膜材束带连接

2. 膜－索连接

膜材与钢索的连接可采用单边连接或双边连接。当钢索一侧有膜材而需作单边连接时，可使钢索穿入膜套连成整体，或采用夹具夹住膜材绳边并通过连接件使钢索与膜材连成整体。当钢索两边有膜材需作双边连接时，可采用膜套、束带或夹具连成整体。在需要进行膜布的分段式安装以及与拉索连接时，可将膜布分割成较小的部分，采用绳边和夹具来完成。

(1)单边连接方式。膜－索单边连接可分为刚性连接和柔性连接。柔性连接,即直接将膜与索连接,有几种代表性的做法:膜边缘制成袋套状,边索从中穿过;膜边缘安装金属环,用束带紧密编织连接;膜边缘部分卷入绳索,用金属连接板挤压固定,再通过金属构件和夹具与边索连接。柔性连接方式如图 8-29 所示。

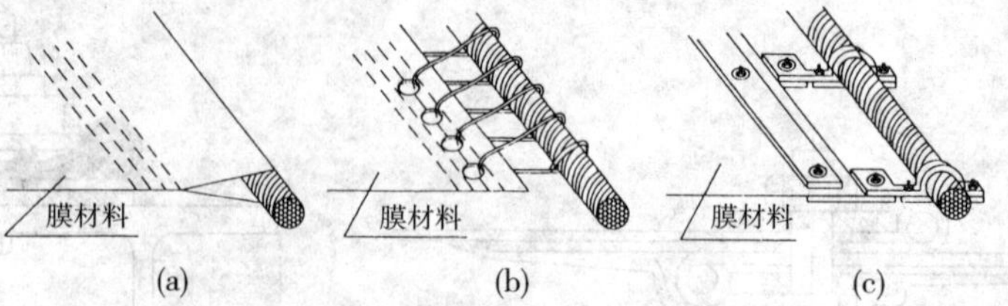

图 8-29 膜－索柔性连接

(2)双边连接方式。膜－索双边连接,可利用索的夹具连接膜的基板和夹板,在夹板上带有防水橡胶条和金属压条,在铺展膜材后金属压条压住膜面及橡胶防水罩并贴紧膜边绳加粗头,膜面张紧后按一定间距拧紧固定螺栓,最后封闭橡胶防水罩,如图 8-30 所示。

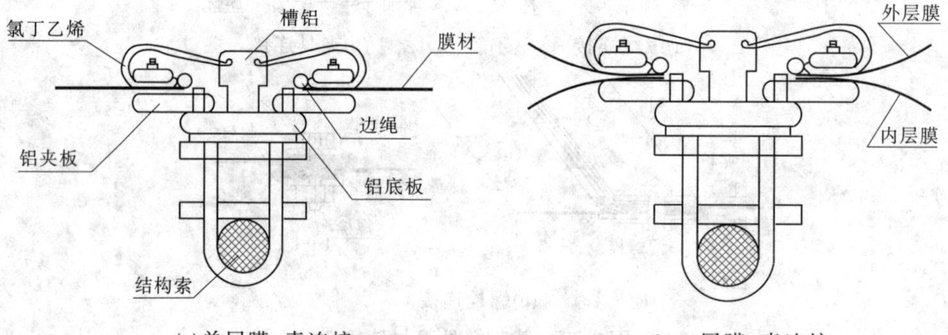

图 8-30 膜－索双边连接方式

3. 膜－刚性构件连接

(1)膜布边缘与刚性构件(如混凝土、钢构件)之间的连接可采用绳边和夹具,绳边夹在夹具之间,夹具一般用铝合金材料制成,表面应进行防腐处理,紧固件宜采用不锈钢材料。

(2)夹具应连续可靠地夹住膜布边缘,与膜布之间需辅以衬垫。在膜材张力作用下夹合系统不能产生扭曲变形。

膜－刚性构件的连接有中间连接方式和边缘连接方式。中间连接方式与机械夹合方法相似,只不过膜材的绳边被夹合在夹板内;边缘连接方式如图 8-31 所示。膜材与钢构件之间的连接如图 8-32 所示;膜材与混凝土构件的连接如图 8-33 所示;膜、边索与撑杆之间的连接如图 8-34 所示。

对于骨架支承膜结构,膜材间的接缝可设在支承骨架上,并以夹具固定,如图 8-35 所示。

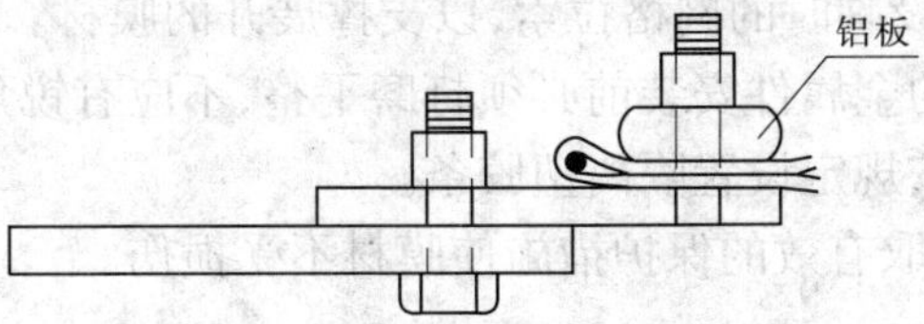

图 8-31　膜边刚性连接

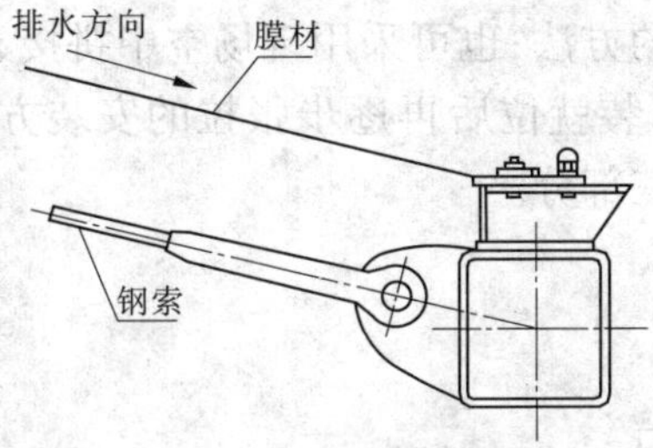

图 8-32　膜材与钢构件之间的连接

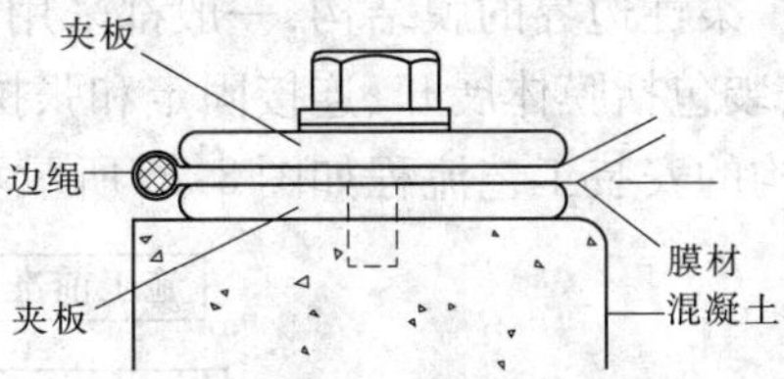

图 8-33　膜材与混凝土构件的连接

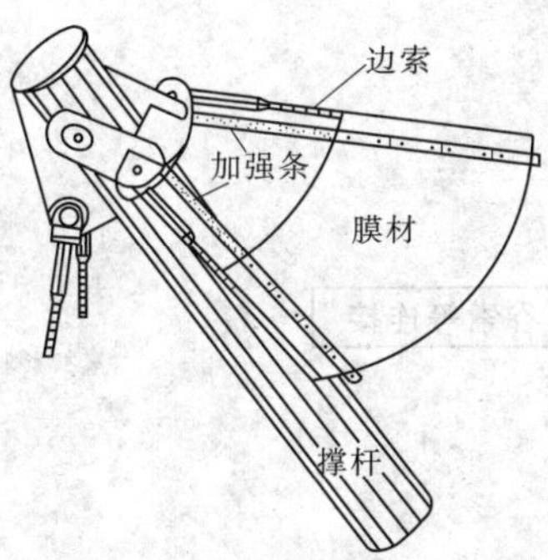

图 8-34　膜、边索与撑杆之间的连接

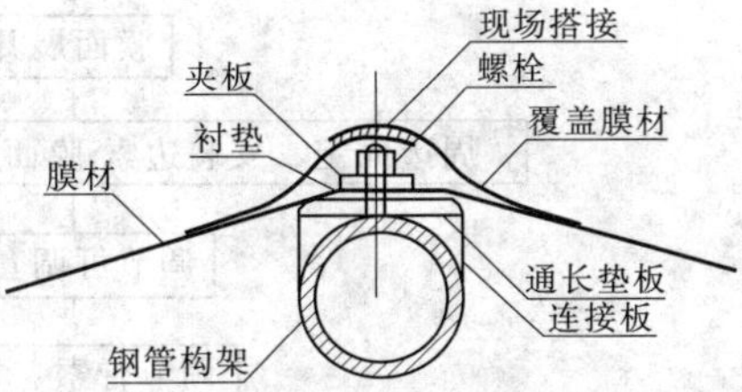

图 8-35　膜材与支承骨架的连接

4. 钢索及其端部连接

双向钢索可采用节点板连接，也可采用 U 形夹或夹板等夹具连接；多向钢索之间可采用连接板连接，钢索轴线应汇交于一点，避免连接板偏心。

四、膜结构的安装

（一）膜结构安装的施工准备

（1）安装前膜结构的支承结构应该已施工完成，并符合有关结构施工及验收规范的要求。

（2）应按膜结构设计图和安装工艺流程，编制施工组织设计文件。

（3）安装前应对膜材料的检测报告等进行验收，检查膜结构构件及零配件的材料品种、规格、色泽、性能和数量等。

（4）膜体安装前应完成支承结构的防锈、防火涂层的施工，以免污染膜面。在施工防锈面漆、防火涂层前，必须将支撑骨架与膜材的连接部位打磨光滑，以圆角处理，确保连接处无毛刺、棱角、焊接表面凸点等。

（5）在工程现场，膜材应安放在搭设的辅助架子上，在室外堆放时应采取保护措施。

安装前应在主体结构上架设临时的网格拉索，以支撑展开的膜材。

(6)所有与膜体接触的金属件安装前必须打磨平整，不应有锐角、锐边。

(7)膜面与骨架之间按规定设置隔离塑胶条。

(8)膜面展开时，应采取有效的保护措施使膜材不受损伤。

(二)膜结构的安装

膜结构的安装方法因结构类型和场地情况的不同而有所区别。对于刚性边界的膜结构，可采用就地地面张拉，连同边界构件一起吊装的方法；也可采用现场空中拼接、空中张拉的方法。柔性边界的膜结构，一般都采用现场吊装就位后再逐步张拉的安装方法。一般而言，安装包括膜体展开、连接固定和张拉成型三部分。

膜结构的安装工艺流程如图 8-36 所示。

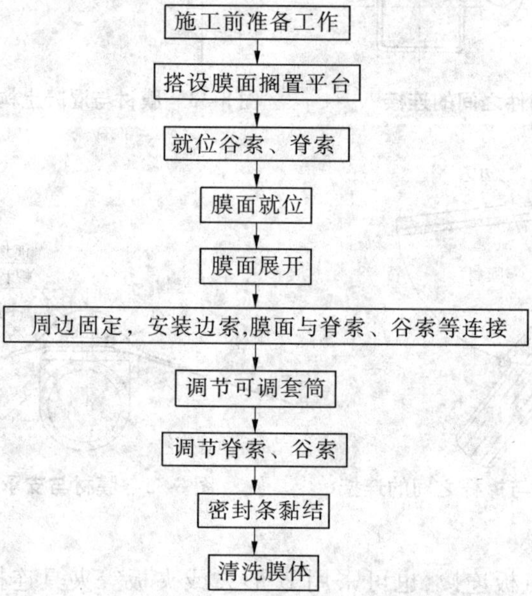

图 8-36　膜结构的安装工艺流程

1. 搭设膜面搁置平台

膜面须在桁架中间打开，而桁架中间无任何结构。因此，确定在每跨膜面施工前搭设搁置平台，在桁架之间搭设绳网，让膜面在绳网上打开。

2. 就位谷索、脊索

将谷索、脊索就位至安装点下端并将其打开，根据施工图纸要求以正确的方式起吊钢索，起吊钢索至安装位置上空，操作人员将索锚具与谷索、脊索连接板耳板连接，即可松钩，将钢索张拉端牵引至看台最顶端，并用钢丝绳将索抬高临时固定在钢立柱上。

3. 膜面吊装

吊装或提升膜面时，要特别注意膜面不要被尖锐物体刮破或划伤，对膜面提升过程中可能接触的突出部位要用柔软物体包住作为保护，并且要注意膜面的应力分布均匀，必要时可在膜上焊接连接的“吊装搭扣”，用两片钢板夹紧搭扣来吊装。应尽可能用机械设备吊装，人工提升时尽量少让膜面折叠、挤揉，以免在膜面上留下折痕。

吊装就位后，要及时固定膜边角；当天不能完成张拉的，应采取相应的安全措施，防止因夜间大风或降雨积水造成膜面撕裂。

4. 膜的固定与张拉

该阶段的任务是使膜布张紧不再松弛以承受荷载，操作上特别要避免由于张拉不匀造成膜面皱折。

预应力的大小由设计师根据材料、形状和结构的使用荷载而定，要求其最低值不能使膜面在基本的荷载工况组合（风压、雪荷载）下出现局部松弛，一般常见的膜结构预应力水平在 2～10 kN/m，施工中通过张拉定位索或顶升支撑杆实现。对帐篷膜单元，一般先在底部周边张拉到位，然后升起支撑杆在膜面内形成预应力。鞍形单元则要对角方向同步或依次调整，逐步加至设定值；而对于由一列平行拱架支撑的膜结构，惯常做法是当膜布在各拱架两侧初步固定（轻轻系住但不加力）的情况下，首先沿膜的纬线方向将膜布张拉到设计位置。在施工过程中应注意无论张拉是否能顺利到位，均不应轻易改变预先设定的张拉位置；若确定怀疑是设计问题，则应向设计方报告，经结构工程师同意后，方可作出修正。

固定并顺利完成张拉以后，膜面内应产生预期的应力场。在极少数情况下，由于材料的蠕变或膜结构内某些构件的连接不可靠（膜结构内含有的连接方式特别多，如索－膜、索－索、索－桅、膜－桅等的连接方式皆不同），以至于建成后需重新张拉。所以，对材料的特性以及各种连接构造的特点和要求（如连接强度、偏心限制等）应悉心掌握。

（三）膜安装注意事项与要求

1. 注意事项

（1）安装时，膜面上设置爬升安全网，作业人员必须系安全带，穿软底鞋。

（2）安装应在风力小于 4 级的情况下进行，并注意风速和风向。

（3）安装过程中不应发生雨水积存现象。

（4）张拉时，应确定分批张拉的顺序、量值，控制张拉速度，并根据材料确定张拉量值。

（5）开始下道工序和相邻工程开工时，对已完成的部分采取保护措施，防止损害，无有效保护时，严禁在 2 m 范围内作业。

（6）在膜体铺设过程中必须做好成品保护，不应损坏膜面，膜面和支承结构之间必须设隔离层，不得直接接触。

（7）根据膜结构跨度大小，安装紧固夹板，间距不应大于 2 m。

（8）膜结构脊索、谷索安装应按施工组织设计要求进行。

（9）膜结构脊索、谷索锚头的组装必须按工艺标准执行，脊索、谷索应张拉到位。

2. 安装质量要求

（1）不得有渗漏现象，排水通畅，不得有积水。

（2）无明显污染串色。

（3）连接固定节点应紧密牢固、排列整齐。

（4）缝线无断线脱落，无超张拉现象。

（5）膜面均匀，无明显褶皱。

(6)安装过程中局部拉毛蹭伤不应大于20 mm,且每单元不超过2个。

3. 保护清洁

安装完毕后清洁干净。膜面不得接触有腐蚀性的化学试剂。

五、膜结构施工质量控制

(一)膜材质量

常用工程膜面材料主要指标包括单位质量、厚度、力学性能、光学性能、防火性能及耐久性等,都应该满足相关要求。

膜材制作质量主要检查几何尺寸和膜接缝质量两个方面。

(1)几何尺寸。膜材的几何尺寸检查必须在拼接厂完成,拼接厂完工后按安装要求对膜材进行折叠、装箱,运到现场后直到吊装到安装位置时才能展开。因此,在施工现场是无法对膜面尺寸进行测量的。

(2)膜接缝质量。在安装过程中,监理必须检查膜面上是否有划伤或破洞。若发现问题,应分清责任,要求膜面供货单位或膜面安装单位进行赔偿或修补。

(二)膜结构支架制作安装

(1)膜结构支架制作质量与钢结构类似,其最大的要求是所有钢构件的表面必须打磨光滑,不得有尖角毛刺,以防划伤膜面。

(2)膜结构支架安装质量主要是几何尺寸和焊缝表面质量。为防止膜面安装后起皱,并保证设计所需的张力,要求膜结构的安装尺寸误差尽可能小,特别是要控制支架的平行度、对角线等相关尺寸的误差。安装焊缝必须打磨平整,以防划破膜面。

(三)膜面安装

(1)特别要安排好和主体钢结构安装单位的关系,协调相互间的进度。

(2)膜面安装施工时应注意天气预报,保证在整个安装过程中无4级以上大风和大雨。

(3)当膜面安装过程中发生膜面破损时,必须立即进行修补。膜面张拉应力不可一次到位,以防主体钢结构侧向失稳,应分块逐步张拉到位。

(4)膜面张拉到位后,监理将会同安装单位质检人员对膜面张力按照膜结构设计提供的膜面应力值、测试部位和测试工具对膜面应力进行全面检查验收。同时检查压板螺栓有无漏装漏拧。

(5)防水密封。在膜面与天沟、膜面与膜结构的结合部位较易发生漏水,应及时检查并发现泄漏点,配合设计对泄露部位提出整改方案,督促施工单位进行防水施工。

(四)膜结构施工中存在的问题

整体张拉式膜结构施工有着特殊的方式,因为结构初始平衡状态下的找形分析应考虑结构形状、预应力分布和支撑条件这一综合系统,施工过程就是结构的成型过程,分为初始几何态和预应力态,不同的施工过程必然导致不同的形态分析过程,即施工方案与工程技术水平影响着结构实际的预应力分布能否达到理论计算水平。所以,一般地,设计阶段就应该完成施工方案的确定,不同的设计前提决定了不同的施工方案,膜结构公司应完成从设计到施工方案制订的全部内容。

膜结构与传统结构最大的区别就在于外形的不确定性和对膜面施加预张力才能够保证其初始平衡状态、稳定的几何造型。在膜结构中，膜材预张力是确保结构稳定与安全的一个重要因素。在施工现场为了得到设计的形状，在张拉膜片的过程中，必须把设计预定的膜张力精确地施加到膜材中，这就要求施工人员能够随时测量、调整膜张力，避免出现应力松弛区域和应力集中区域，避免张力过大引起膜材撕裂。另外，膜结构中膜材的一个特性是随着时间的推移膜面会产生松弛现象，这会导致膜面下垂，在风载作用下发生抖颤。这时有必要进行膜内力检测，以确定膜的补张力。

1. 预张力不足或膜材徐变导致松弛后没有及时进行二次张拉

预张力不足或膜材徐变导致松弛后没有及时进行二次张拉，这样会使膜面的整体刚度很低，在强风作用下会出现大幅度的摆动，导致膜材被撕裂或在摆动过程中撞击到其他物体而发生破坏。膜结构在强风作用下出现膜材撕裂的现象时有发生。如美国丹佛国际机场（Denver International Airport）航站楼的膜结构屋盖在2003年3月的一场大风中被撕裂（见图8-37）。2004年4月，成都某小区的一个膜结构工程在一次大风中被完全摧毁（见图8-38）。

图8-37　美国丹佛国际机场膜屋盖被撕裂

图8-38　成都某膜结构被风摧毁

2. 膜面过于扁平

膜结构的刚度是由其几何形状和所施加的预张力共同提供的。如果膜面过于扁平，膜面就有可能在降雨时产生积水，膜面积水会越积越多，最终导致膜面撕裂或支承结构破坏。

3. 吊装不当造成膜材撕裂

吊装时，在自重及风荷载作用下，膜材极易因应力集中而被撕裂（见图8-39）。

4. 张拉不当造成膜材撕裂

张拉膜面时，若施力点偏向一侧造成张拉不均匀，或加载速率过快，或张拉过度，膜面应力超过材料的抗拉强度，或因加载设备（如手动葫芦）、锚固构件意外失效，导致膜面局部突然不均匀卸载等，都有可能造成膜材撕裂（见图8-40）。

5. 连接构件失效造成破坏

连接构件是膜面或索与其他构件相连接的重要构件。连接构件的破坏形式主要有构件断裂或锚固脱落等。连接构件的失效有可能造成机构整体失稳、膜面从空中坠落等严重后果。

(a)

(b)

图 8-39　吊装方式不当加之膜角切口设计不合理造成膜材撕裂

6. 制作加工缺陷

制作加工缺陷包含膜面制作加工中的缺陷和钢结构及连接件制作加工中的缺陷两方面。如膜面出现焊缝脱落现象，如图 8-41 所示；焊接时温度及加温时间控制不当，导致膜材局部被烧焦；焊接加工时没有很好地清理膜材料及周围环境，结果在焊缝处出现脏痕等。

图 8-40　张拉不当造成膜材撕裂

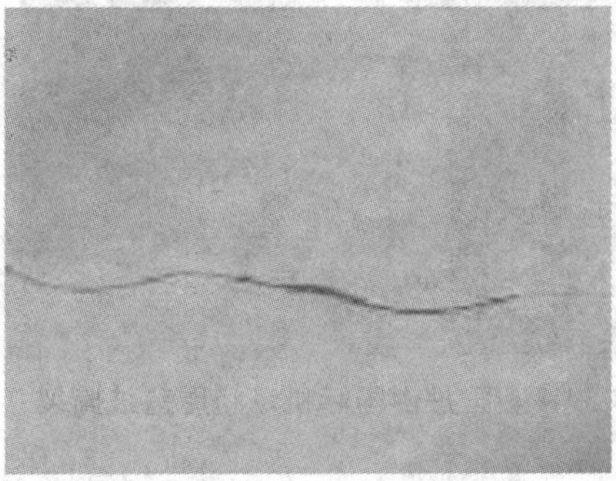

图 8-41　焊缝脱落

第四节　预应力大跨度空间钢结构施工

一、预应力大跨度空间钢结构类型

(一)传统结构型

传统的空间钢结构，采用适宜的方式(如布索法、支座位移法等)引入预应力以改善本身受力性能，降低钢耗，节约成本。目前主要的结构型式有如下几种：

(1)平板网架。沿网架下弦杆方向或对角线方向进行廓内或廓外布索，以调整上、下弦杆内力，提高结构刚度。

(2)双层网壳。对各类网壳视不同情况，沿相邻或相间支座连线布索张拉或采用支座位移法强迫制作产生位移，以在网壳杆件中引入预应力，降低内力设计水平，提高结构刚度。

(3)张拉结构体系。上弦为刚性构件,下弦为张拉索,中间以若干支撑相连的承重体系。这种体系发展到现在已有张弦梁、张弦桁架、张弦穹顶、张弦屋盖等结构型式。

(二)吊挂结构型

吊挂结构由支架、吊索、屋盖三部分组成。支架一般采用立柱、刚架、A形架、拱架或悬索。吊索分斜拉与直吊两类。被吊挂的屋盖可以是网架、网壳、立体桁架、折板结构及索网等。

(1)斜拉索式。斜拉索式一般由立柱、刚架等直立式承重结构,顶部斜索吊挂网架,网壳,空间桁架的屋盖组成。

(2)直吊索式。如江西体育馆屋盖:钢筋混凝土箱形大拱跨越场地短边形成屋盖支架结构,沿拱轴以直吊索连接屋盖平板网架。

(三)整体张拉型

整体张拉型是由拉索系与压杆组成的全新空间结构,在屋盖跨度之内不存在受弯构件。

(1)外平衡式。外平衡式主要由压杆直接传力于地基,视柱的数量、位置、荷载情况而确定其高度。从立柱顶端吊挂或支撑索网或索膜屋盖,并用定位索与地面锚固。

(2)内平衡式。内平衡式由跨中皆为拉索系与轴压杆群组成的结构体系。轴压杆群为短小的飞柱,上下端用索系连接,各索间的不平衡力均传至外缘刚性构件上,屋面荷载通过索系传至外缘刚性构件上,屋面荷载通过索系传至外环再传向基础。

(四)张力金属模型

双向承拉的金属膜片既作为承重结构,又作为维护材料固定于边缘构件上,或以张力态固定于骨架结构之上,覆盖跨度参与承重结构共同受力。

二、预应力大跨度空间钢结构施工

(一)预应力施加方法

1.预应力钢结构的加载方案

预应力荷载是长期作用在预应力结构上的,其性质视同永久荷载,其变异性接近于可变荷载。钢结构从制造到组拼、吊装、部分加载、全部加载的过程中皆可在不同阶段对结构局部或整体施加预应力。但是,施加预应力的方案与结构的类型、施工工艺、引入预应力的方法和恒载的可分性等因素密切相关。一般来说,主要有三种预应力施加方案。

1)先张法

在结构承受荷载之前引入预应力,使受力较大的结构构件中预先承受与荷载应力符号相反的预应力,改变结构构件承载前的应力状态。

2)中张法

结构定位后先承受部分荷载,截面或杆件产生荷载应力后再施加预应力。用预应力抵消或降低荷载水平,甚至产生与荷载应力符号相反的预应力,在此基础上再由结构承受全部荷载并使峰值应力达到设计强度。

3）多张法

多张法即多次施加预应力的工艺，是在荷载可分成若干批量的情况下，施加预应力与加载多次相间进行，可以反复利用材料弹性范围内的强度幅值。

2. 施加预应力的主要方法

根据结构类型不同，向结构中引入预应力的方法也多种多样，如拉索法、支座位移法、弹性变形法、冷作硬化法等，但国内外工程中应用较多的还是拉索法。

1）拉索法

拉索法是在结构的不同部位布置柔性索，索端大多锚固于结构体系内的节点上，借助张拉钢索在结构内部产生预应力。

2）支座位移法

支座位移法是在超静定结构中用人为手段强迫支座产生定量位移，而在结构体系内引入预应力的方法。

结构在设计制造时考虑强迫位移的尺寸，在现场安装后对结构强迫产生设计位移并使之与支座锚固就位，这就完成了施加预应力的工艺。由于引入预应力不需要其他附加杆件和材料，这一方法简便经济，在工程中亦常被采用。

3）弹性变形法

在强制钢材弹性变形状态下，将单独构件或板件连成整体，卸除强制外力后在整体结构中就引入了预应力。

（二）预应力网架及网壳的施工

1. 预应力网架与网壳布索方案

1）布索原则

合理的布索方案应遵循的原则是：布索应选择在网架受力的敏感区域，使以较小的索力换取较大的杆力，以卸载量最大、挠度合适、杆力峰值不致过大、用钢量最省为目标，经过多方案优选，试算后确定。

2）网架布索方案

（1）按拉索类型分为直线配索和折线配索两类。

如图 8-42（a）所示为直线配索，即沿网架下弦布置水平直线索。这种局部配索方案主要对布索下弦杆产生卸载效应。如图 8-42（b）、（c）所示为折线配索。这种布索能对网架产生整体卸载效应，显然比局部直线布索优越。不过预应力锚固节点构造要比直线布索复杂。

（2）按拉索所处剖面位置分为廓（桁）内布索和廓（桁）外布索两类。

廓（桁）内布索如图 8-42（b）所示。网架高度范围内布置下弦水平索或折线索，拉索未超出网架下弦范围，这类布索均为廓（桁）内布索。其优点是不影响室内净高，但这种布索因预应力产生的反弯矩较小，卸载效果不显著。

廓（桁）外布索是通过在网架下弦下方设置一个或多个支撑点布索。由于拉索位置超出网架下弦平面，故预加应力体系中的拉索矢高大，能以较小的预应力力度获得较大的反弯矩，所以拉索卸载作用明显，可有效减小结构挠度、降低杆件内力峰值，其缺点是影响室内净空。

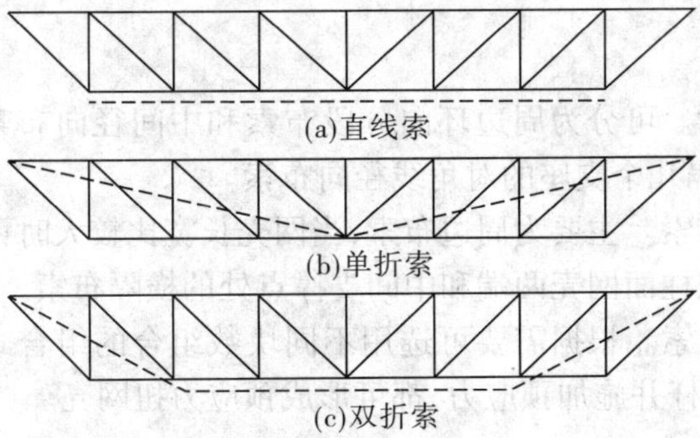

图 8-42　预应力拉索类型

(3)按拉索平面布置分,常见的布置方案有以下六种。

①对角线布索。如图 8-43(a)所示,这是周边支撑网架常用的布索形式。这种布索,在靠近跨中部位多设廓外支撑柱。有资料表明,当支撑柱的总预应力达到全部静载的 35% ~50% 时,卸载效果较好。已建成的工程多为此类布索方式。

②平行边布索。如图 8-43(b)所示,若为矩形平面,索常平行于短边。已有方案分析表明,这种布索适用于周边支撑屋盖。

③井字式布索。如图 8-43(c)所示,它布索少,施工简便,可用于周边支撑的中小跨度屋盖。

④多重井字布索。如图 8-43(d)所示,周边支撑网架因中部弦杆内力最大,所以布索宜优先选择在两向的中央几个网格,根据需要再向外扩展。经方案分析比较表明,双折式拉索的转折点在下弦跨中两行两侧第二节点时预应力效果最好。通过满应力和优化分析,边长为 56 ~80 m 的五种斜放四角锥网架,其合理网高为跨度的 1/20 ~1/14。因预应力网架高度选大时省钢率反而下降,故一般宜选用其下限。

⑤四角放射布索。如图 8-43(e)所示,曾用做试验模型网架。四角放射布索有较好的卸载效应,可用于较大跨度屋盖。

⑥自由式布索。如图 8-43(f)所示,是优选结果的布索方案。曾用于异形平面的周边

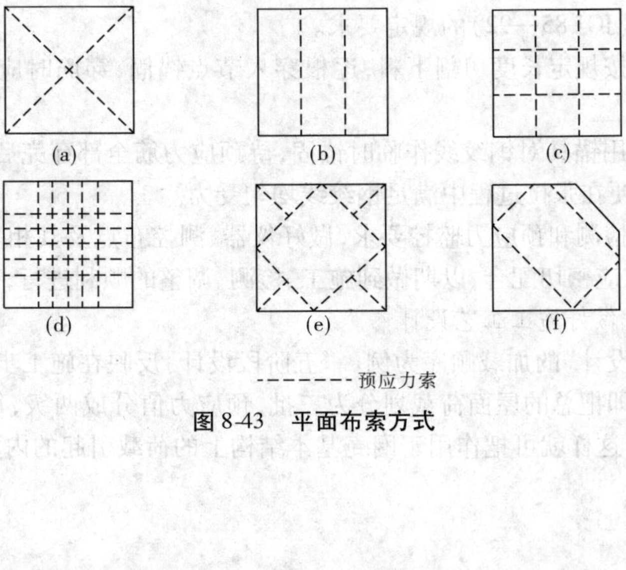

图 8-43　平面布索方式

支撑楼盖工程。

3）网壳布索方案

（1）球面网壳布索。可分为周边环向分段布索和中间径向布索，中间径向布索是通过网壳中心下部沿间隔几个支座的对角线径向布索。

（2）双曲扁网壳布索。主要为周边布索，当网壳长宽比较大时可沿短向布索。

（3）柱面网壳。在柱面网壳两端和中间支撑点处的横隔布索。

（4）双曲抛物面布索。根据需要可选用不同块数组合的组合式网壳，在其需要设置系杆处，用拉索代替系杆并施加预应力，都可形成预应力扭网壳。

2. 预应力网壳施工

预应力网壳是施加预应力后的曲面空间结构，一般有预应力双层网壳或局部单双层网壳。预应力网壳的制作和安装应符合国家现行标推《钢结构工程施工质量验收规范》（GB 50205—2001）和国家行业标推《网壳结构技术规程》（JGJ 61—2003）的有关规定。由于预应力网壳与预应力网架及普通网壳有很多相似之处，预应力网架和普通网壳中一些施工技术在预应力网壳中也可以应用，因此本节主要讲述网壳安装完毕以后的网壳加载和预应力张拉。

预应力网壳的设计必须跟踪网壳结构的安装、预应力张拉，直至荷载施工的全过程。设计时必须考虑好施工步骤，特别是要确定好如何铺设屋面及张拉预应力的顺序等。实际施工前，设计人员必须做好技术交底，施工人员和预应力检测监控人员必须清楚了解设计意图。施工时，必须严格按照设计图纸进行施工、检测，施工稍有改变便有可能引起网壳受力状态变化，会使某些拉杆变成压杆，甚至丧失稳定。

1）准备工作

（1）检查千斤顶操作空间是否满足要求，按张拉要求搭设操作张拉平台。

（2）根据张拉要求挑选张拉设备，校正电动高压油泵压力表，并把张拉设备布设在指定位置。

（3）参照国家标准《预应力混凝土用钢丝》（GB/T 5223—2002）、《预应力混凝土用钢绞线》（GB/T 5224—2003）的规定进行预应力筋的检查和验收。

（4）检查预应力筋的锚夹具，暂时参照国家行业标准《预应力筋用锚具、夹具和连接器应用技术规程》（JGJ 85—92）的规定要求。

（5）预应力筋按规定长度切割下料，逐根穿入节点锚固，穿筋时应对号入座，每束须平行对称定位。

（6）张拉前应用锚具对钢绞线作临时锚固，待预应力筋全部穿完后，需对每束预应力筋作长度调整，以便在张拉过程中满足钢绞线均匀受力。

（7）根据结构检测和预应力监控要求，做好仪器、测控布点及其相关的准备工作。施工、测控、设计几方应密切配合，以期做到施工、检测、调整的顺利进行，确保工程质量。

2）按加载顺序做好施工工艺设计

现以“五阶段设计”的加载顺序为例。“五阶段设计”反映在施工步骤上就是“三加二卸”的加载顺序。即把总的屋面荷载划分为三批，预应力值分成两级，每增加一次荷载后施加一次预应力。这样就可把作用于网壳基本结构上的荷载引起的内力尽其所能地转移到预应力体系的高强拉索上来，做到充分地以高强钢材代替普通钢材，从而获得可观的经济效益。其施工步骤如下：

(1)加载。即对已安装好的网壳按设计规定的要求加上第一批荷载。此阶段荷载一般为网壳骨架自重，当然也可另加部分屋面自重，是否另加这部分，要根据荷载划分的具体情况事先由设计确定。

(2)施加预应力。通常用千斤顶张拉预加应力体系的钢索，对结构施加预应力。钢索的预张力值除根据电动高压油泵的压力表读数控制外，还应通过其他检测手段复核索力是否达到扣除预应力损失后预期的设计值。当结构检测钢索预应力值已正式建立起来后，即可进入下一工序工作。

(3)加载。按设计规定进入第二批加载，重复第一批加载的步骤。

(4)施加预应力。按设计要求进行第二次预应力张拉，重复第一次施加预应力的步骤。

(5)加载。按设计要求进行第三批加载，重复第一批的加载步骤。当受工期所限，有些荷载(如吊挂荷载)在此阶段暂时加不上去时，可用等效的临时荷载代替，以免影响施工进度。此次加载后仍未达到结构的满负荷状态，这因为全部活荷载尚未作用其上。

3)钢索及节点球的最后处理

张拉结束后，应切除除锚具外多余的钢索并封闭锚头，对球体外钢索要按照有关规定进行防腐、防火处理。

4)总的施工注意事项

为了确保施工质量，应特别注意以下几点：

(1)每批加载应严格按照设计的要求进行。荷载的作用位置、范围及荷载量值均务必准确。加载时应缓慢、对称进行，以避免冲击振动和偏心受力。

(2)施加预应力时要做到对称、同步张拉。多次预应力网壳通常有多条预应力索，且要分批加载和多次分级张拉，为不使结构造成偏心受力及便于检测受力状况和预应力监控调整，预应力的施工必须对称并同步。

(3)加强结构检测，做好预应力监控调整。主要对网壳结构的重要部位的杆件内力和特征节点位移进行检测，根据检测结果进行必要的调控，确保实测预应力达到设计预期值，以保证结构安全正常地工作。

(4)结构经过施加预应力，特别是多次预应力后，具备较大的内部能量。在使用过程中需要返修屋盖时，应考虑是否需按设计加载顺序相反的次序卸载部分预应力，以避免发生事故。

(三)吊挂结构施工

吊挂结构中主要介绍斜拉网架和网壳的施工。

斜拉网架或网壳是通过斜拉索将网架或网壳与塔柱连系，按其布索形式有放射式、竖琴式、扇式和星式等形式，如图 8-44 所示。

斜拉索与网壳间的连接可采用图 8-45 所示方式。

斜拉网架或网壳的拼装和安装方法与普通网架相同，需要注意的是斜拉索的张拉。

由于斜拉索内外层及平衡锚索的拉力不等，所有索不能同时张拉等，故在索张拉过程

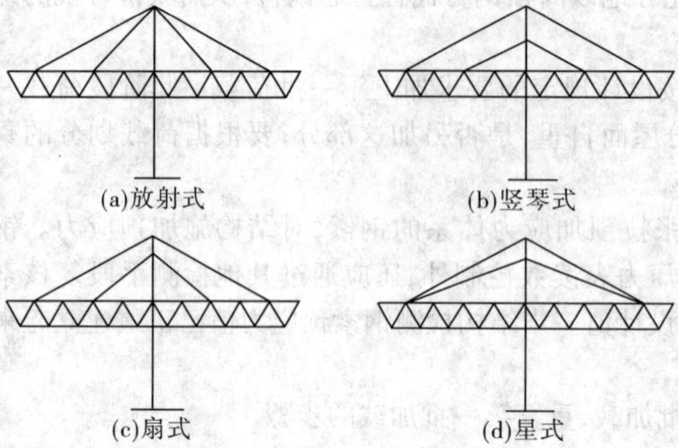

图 8-44　斜拉结构的布索形式

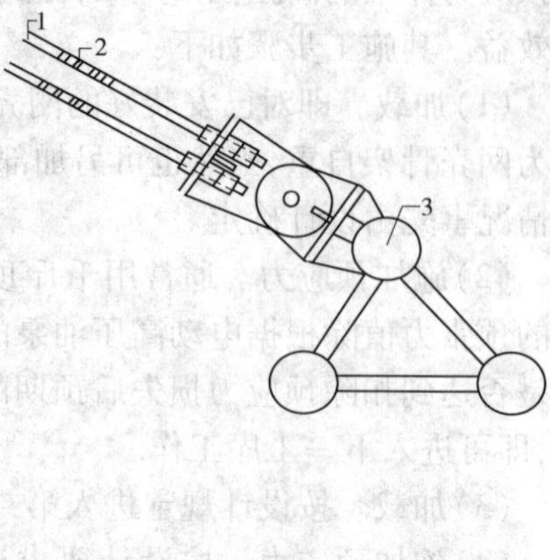

1—斜拉索;2—花篮螺丝;3—上弦节点

图 8-45　拉索与球节点连接示意图

中必须控制塔柱的位移,使其不超过规定值。另一个控制指标是网架或网壳的挠度。

索张拉总的原则是对称加荷,分批张拉,每批张拉完毕后测量塔柱顶点位移、网架或网壳挠度,调整索力。一般可分 3 ~ 4 批,如 30% 、30% 、30% 、10% ,最后一次张拉作精调用。分批极差大小与柱刚度和材料有关,钢筋混凝土柱不能承受大偏心荷载,每批张拉极差就应小些,其允许柱顶偏移值由裂缝验算确定。

(四)张拉结构施工

在张拉结构中,张弦梁、张弦桁架和张弦穹顶结构都应用较多。上海浦东国际机场航站楼采用了我国目前跨度最大的张弦梁结构,广州国际会展中心则采用了上弦为倒三角形断面钢管立体桁架的张弦桁架结构,黑龙江国际会展体育中心主馆屋盖结构也采用了类似的张弦立体桁架。本节主要结合广州国际会展中心来介绍张拉预应力钢结构的施工。

广州国际会展中心是广州的标志性建筑之一,它的中心展览大厅钢结构屋盖是其关键环节之一,主要由 30 榀 126.6 m 跨“鱼腹”式钢桁架组成,东西长 448 m,建筑高度达 40 m,屋盖用钢量为 0.47 万 t,总用钢量为 1.773 万 t,如图 8-46 所示。受到工期和现场条件的限制,整个钢屋盖 30 榀主桁架分为五个区间,6 榀桁架组成一个区间,其中东作业线有两个区间,西作业线有三个区间。

施工技术路线为:张拉弦地面组合,空间节点跨段组装,区段整体平移到位。在主展厅东西侧搭设组拼胎架,在胎架上分段组拼张弦桁架,并完成钢索张拉,然后吊装整榀张弦桁架,再形成节间,逐间平移安装。

1. 钢结构制作与拼装

张弦钢桁架的分段制作与拼装都在现场制作厂胎架上进行,采用“卧式”组装,每榀分十一段制作,约 11 m 一段,质量控制在 13 t 左右。在每段桁架成型后,进行预拼装。分段桁架预拼组装定位采用点焊连接,主要考虑方便杆件吊装、拆卸和减少对相贯面坡口的影响。张弦钢桁架构造示意如图 8-47 所示。

(1)张弦桁架拼装顺序:拼台、支撑点尺寸定位→胎架安设→分段桁架拼装→分段桁

图 8-46　广州国际会展中心

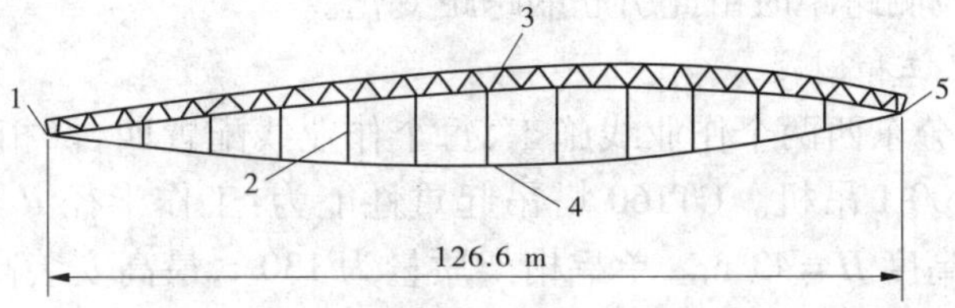

1—固定端;2—桁架竖杆;3—跨中主控点;
4—预应力主拉索;5—滑动端

图 8-47　张弦钢桁架构造示意图

架上胎架拼装→电焊→安装腹杆→安装钢索和锚具→索的张拉→验收、交付安装。

(2)张弦桁架的整榀拼装胎架搭设在展览大厅东西两侧跨端地面上,采用“正造法”立式拼装施工,以利于钢桁架的下弦索张拉和整榀吊装。桁架的拱高和跨度按一次张拉方案计算确定。胎架的刚度、整体稳定性、不沉降及不变形是保证钢桁架制作满足设计精度要求的主要关键因素。

(3)本方案胎架受力特点:胎架两端的支撑点承受全部桁架重量和施工荷载;两端胎架与钢桁架的接触面一端在张拉时能在跨度方向滑动,另一端不能滑动但有转动。

(4)胎架精度的保证方法:观察胎架沉降的均匀性,根据实际情况进行局部调整或加固,对不均匀沉降引起的高差,采用千斤顶进行处理,并在调整至符合要求后的牛腿侧面上重设支撑板固定,做到最小范围内无限制定位。

(5)桁架整榀拼装的顺序:从中间向两边对称进行,按实际就位的位置调整固定,由300 t 吊机将桁架吊上胎架。在拼装每一分段时,利用全站仪对桁架尺寸进行实时测量,包括构件上胎架前、预拼完成后、焊接完成后,检测桁架节点标高位置、水平投影长度、桁架测弯值,及时调整超偏尺寸,避免或消除过多的累积误差。分段桁架就位到胎架并确认尺寸无误后才能焊接,焊接从中间开始,向两边对称进行。为了控制焊接变形及确定焊接收缩预留量,桁架焊接前选择了有代表性的节点作焊接工艺评定,并由此制定本焊接施工工艺。

2. 张拉

张弦桁架下弦为单根 337A7 平行高强度钢索,中间通过夹具与腹杆相连,两端通过 LM－337 特质冷铸锚体系与三角桁架相连接。三角桁架焊接完毕并经验收合格后才能进行钢索安装和张拉。

(1)钢索安装流程为:钢索进场验收→放索、就位→在索的标记处夹紧锻钢夹具→安装一端锚具和连接部分腹杆与夹具→安装另一端锚具和连接剩余部分腹杆与夹具→两端同时同步 0～20%～60%～100%分级张拉、分段读数→同步观测桁架径向、跨向、矢向位移量→检测索力、关键受力杆件内力→验收合格后吊装。

（2）胎膜控制张拉分两个阶段：脱离胎膜前张拉力控制，脱离胎膜后跨中起拱位移控制。在张拉力 1 300～1 500 kN、桁架逐渐脱离胎膜的关键阶段，安排人员对脱离进行直接观察，当矢高达到规定值时，立即停止张拉，测拉索张力和复核跨度值。为了保证各桁架腹杆位置的一致性，以中间腹杆作为基准，协调两端张拉值。由于张弦桁架跨度大，变形对气温变化反应敏感，因此需记录拼装交验和张拉完毕时的环境温度，当二者温差大于 5 ℃时，要考虑在张拉测跨距时由此引起的跨距变化。

3. 起吊、平移、就位和固定

（1）钢桁架起吊分东西两个作业线施工，每个作业线配置四台（桁架两端各设两台）GT160 塔吊和一台 300 t 吊机。GT160 塔吊起重性能为：工作半径 $R=4$ m，起重量 $Q=2\times40=80$(t)，有效高度 $H=43$ m。单榀桁架质量为 130 t，最高安装高度约为 40 m。采用四点吊将张弦桁架抬吊就位在滑道上。300 t 吊机负责安装两榀主檩条支撑，同一区间的第一榀张弦钢桁架起吊到位后，由于端部桁架还未安装，单榀桁架处于不稳定状态，这时两端塔吊不能卸钩，必须在桁架两端和跨中间方向临时固定，第二榀张弦桁架起吊到位且与端部桁架 S1 连接完毕后才能卸钩，确保张弦桁架稳定。起吊过程主要监控张弦钢桁架起吊重心位置，因为张弦钢桁架的理论重心位置高于吊点平面外 70 cm，属高重心起吊，当两端起吊点高差大于 127 cm、呈 25°斜角时，桁架重心会偏离吊点平面范围，引起倾覆。四台塔吊采用了计算机联机控制起吊，实际起吊时没有出现高重心倾斜现象。

（2）由于现场条件的限制，吊机无法直接将桁架安装在结构滑道上，因此需要在跨端将滑道在东西两端接出 22 m，接出部分的滑道由 64 型军用导梁作承重梁。在结构上需设置滑道和滑道预埋件，组成滑道系统。在桁架结构上要设置滑移台车和台车与结构的连接加固等处理，组成花车系统。要使屋盖滑移，还要有钢绞线、千斤顶、反力架、同步控制等，组成牵引系统。张弦钢桁架的平移同步控制以计算机控制为主，辅以人工观察，计算机控制液压牵引器的同步牵引，并将两端牵引偏差控制在设计允许的范围内，其控制参数为：两点同步水平牵引距离 15～264 m；水平移位速度 5～12 m/min；同步移位与牵引基准点水平移位误差≤20 mm。

（3）钢屋盖一个区间牵引到位后，需进行支座转换，即将屋盖的临时支座全部质量转换成由永久支座支撑屋盖质量，转换方法为先安装展览大厅主桁架两端的永久支座，再采用拧开各个小车边固定螺栓，同步移动斜面与斜面相接的平移车组，缓慢降低整个钢屋盖，直至永久支座直接支撑于预埋件。永久固定支座和单向滑道支座的下支座根据支座对位，控制在允许偏差范围内，必要时用千斤顶和反力架校正。对位后，即用电焊按设计要求予以固定。

4. 监测

（1）张弦式钢桁架预应力第一控制是变形控制，张拉力及内力大小是第二控制。但由于杆件内力大小是结构承载能力的直接反映，因此内力监测在反映结构的安全性上仍是第一位的，尤其对于本工程新型大跨度张弦式钢桁架，需测试内力值以及检查计算模式的正确性。选择了一次张拉方案的同时,设计确定了张拉桁架变形控制值及杆件内力预期值。跨中起拱值为张拉最终控制目标,桁架缩短值是屋架移位导轨的依据,索端力为施工张拉力,拉索和所选定的桁架杆件计算内力及应变值用于监控桁架受力。

(2)位移测量的方法:每一榀桁架都要进行位移测量。以跨中为主控制点,两个四分之一跨点为参考控点。预应力张拉时,控制跨中点到理论起拱位置。由于实际制作误差,四分之一跨点不一定很准确地起拱到理论位置,根据其位置适当调正跨中点控制。位移测试使用 SET－500 全站仪,测角精度为 5″,测距精度为 2 mm ±2 ppm。胎膜上张拉时全站仪放在展览大厅楼板上。区间形成后,全站仪置于屋面上测量屋面上各测点高度。棱镜支架放在张弦桁架托盘板上,有时安放在檩条上。

(3)内力测量方法:拉索内力测试首选电阻应立计,在拉索跨中点 *C* 安装应变计,在预应力张拉时,拉索端的内力值从千斤顶压力表上读出。桁架应变测量采用温度自补偿方法,外界温度影响小,静态应变仪 DH3816 性能稳定,钢杆件测试数据可靠稳定。

第五节　钢－混凝土组合结构施工

由几种不同受力性质的建筑材料组成的构件或结构,在荷载作用下能够共同受力、变形协调的结构称为组合结构。钢－混凝土组合结构是指用型钢或钢板焊成钢截面,在其上、四周或内部浇灌混凝土使钢材与混凝土形成整体共同受力的结构。这种组合结构具有有效地节约钢材和模板,充分发挥材料性能,抗震性能好,施工方便,降低造价等优点。本节重点介绍钢管混凝土结构、型钢混凝土结构、压型钢板－混凝土组合板结构、钢与混凝土组合梁的施工。

一、钢管混凝土结构施工

(一)概述

钢管混凝土是指在钢管中填充混凝土而形成,且钢管及核心混凝土能共同承担外荷载作用的结构构件。目前工程中常用的钢管混凝土构件横截面形式主要有三种,即圆形、矩形和多边形,如图 8-48 所示。

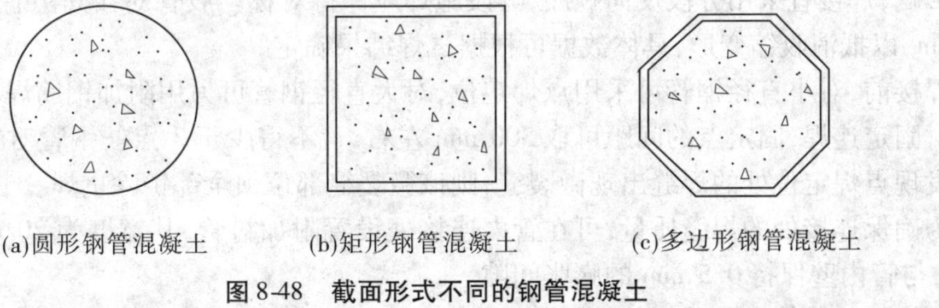

(a)圆形钢管混凝土　(b)矩形钢管混凝土　(c)多边形钢管混凝土

图 8-48　截面形式不同的钢管混凝土

钢管混凝土除具有承载力高、耐火性好、塑性和韧性好及经济效果好等优越的力学性能外,在施工工艺方面也具有如下优点:

(1)钢管本身就是耐侧压的模板,因而浇灌混凝土时,可省去支、拆模板的工和料,并可适应先进的泵灌混凝土工艺。

(2)钢管本身就是钢筋,它兼有纵筋和横向箍筋的功能。制作钢管远比制作钢筋骨架省工、省料,而且便于浇筑混凝土。

(3)钢管本身又是劲性承重骨架,在施工阶段它可起劲性钢骨架的作用,其焊接工程量远比一般型钢骨架少,吊装质量较轻,从而可简化施工安装工艺,节省脚手架,缩短工期。在寒冷地区,冬季也可以安装空钢管骨架,开春后再浇灌混凝土,施工不受季节的限制。

(二)材料要求

(1)钢管可采用直缝焊接管、螺旋形缝焊接管和无缝钢管。焊接必须采用对接焊缝,并达到与母材等强的要求。

(2)钢管中混凝土采用普通混凝土,其强度等级不宜低于C30。

(三)钢管混凝土施工工艺

1. 钢管制作

按设计施工图要求由工厂提供的钢管应有出厂合格证。

当施工单位自行卷制钢管时,其钢板必须平直,不得使用表面锈蚀或受过冲击的钢板,并应有出厂证明书或试验报告单。

卷管方向应与钢板压延方向一致。卷制钢管前,应根据要求将板端开好坡口。为适应钢管拼接的轴线要求,钢管坡口端应与管轴线严格垂直。卷板过程中,应注意保证管端平面与管轴线垂直。根据不同的板厚,焊接坡口应符合相关规定。

当采用滚床卷管及手工焊接时,宜采用直流电焊机进行反接焊接施工。

焊缝质量应满足《钢结构工程施工质量验收规范》(GB 50205—2001)二级质量标准的要求。

应保证钢管内壁与核心混凝土紧密黏结,钢管内不得有油渍等污物。

2. 钢管拼接组装

钢管或钢管格构柱的长度可根据运输条件和吊装条件确定,一般以不长于12 m为宜,也可根据吊装条件在现场拼接加长。

钢管对接时应严格保持焊后管肢的平直,除控制几何尺寸外,还应注意焊接变形对肢管的影响,焊接宜采用分段反向顺序,分段施焊应保持对称。肢管对接间隙宜放大0.5~2.0 mm,以抵消收缩变形,具体数据可根据试焊结果确定。

焊接前,对小直径钢管可采用点焊定位,对大直径钢管可另用附加钢筋焊于钢管外壁作临时固定连焊,固定点的间距可取300 mm左右,且不得少于3点。钢管对接焊接过程中若发现点焊定位处的焊缝出现微裂缝,则该微裂缝部位须全部铲除重焊。

为确保连接处的焊缝质量,可在管内连接处设置附加衬管,其宽度为20 mm,厚度为3 mm,与管内壁保持0.5 mm的膨胀间隙。

格构柱的肢管和各种缀件的组装应遵照工艺设计要求进行。格构柱的肢管和腹杆的组装顺序应严格按工艺设计要求进行。肢管与腹杆连接尺寸和角度必须准确。腹杆与肢管连接处的间隙应按板全展开图进行放样。肢管与腹杆的焊接次序应考虑焊接变形的影响。

钢管构件必须在所有焊缝检查后方能按设计要求进行防腐处理。吊点位置应有明显标记。

3.钢管柱吊装

吊装时应注意减少吊装荷载作用下的变形，吊点位置应根据钢管本身的强度和稳定性验算后确定。

吊装钢管时，上口应包封，防止异物落入管内。采用预制钢管混凝土构件时，应待管内混凝土达到强度设计值的50%后方可进行吊装。钢管柱吊装就位后，应立即进行校正并加以临时固定，以保证构件的稳定性。钢管柱吊装的允许偏差应符合表8-3要求。

表8-3　钢管柱吊装允许偏差

序号	项目	允许偏差(mm)
1	立柱中心线和基础中心线	±5
2	立柱顶面标高和设计标高	+0，-20
3	立柱顶面不平度	±5
4	立柱不垂直度	长度的1/1 000，但不大于15
5	各柱之间的距离	间距的1/1 000
6	各立柱上下两平面相应对角线差	长度的1/1 000，但不大于20

4.管内混凝土浇筑

管内混凝土可采用泵送顶升浇筑法、立式手工浇捣法或高位抛落无振捣法。

(1)泵送顶升浇筑法。它是在钢管接近地面的适当位置安装一个带闸门的进料支管，直接与泵车的输送管相连，由泵车的压力将混凝土连续不断地自下而上灌入钢管，无需振捣。钢管的直径宜大于或等于泵径的两倍。用此法浇筑混凝土的坍落度不小于150 mm，水灰比不大于0.45，粗骨料粒径采用5～30 mm，需要有较好的流动性，但收缩亦要小，与管壁有良好的黏结。泵送顶升浇筑不可进行外部振捣，以免泵送急剧上升，甚至使浇筑被迫中断。为防止拆除进料支管时混凝土回流，所以在进料支管上设一个止流闸门。当混凝土泵送顶升浇筑结束时，控制泵压2～3 min，然后打开止流闸门，即可拆除混凝土输送管。待管内混凝土达到设计强度的70%后切除进料支管，补焊洞口管壁，补洞用的钢板宜为原开洞时切下的钢板。

(2)立式手工浇灌法。混凝土自钢管上口浇入，用振捣器振捣。当管径大于350 mm时，用内部振捣器，每次振捣时间不少于30 s，一次浇筑高度不宜大于2 m。当管径小于350 mm时，可采用附着在钢管上的外部振捣器进行振捣。外部振捣器的位置应随混凝土浇筑的进展加以调整。外部振捣器的工作范围，以钢管横向振幅不小于0.3 mm为有效。振幅可用百分表实测。振捣时间不小于1 min。一次浇灌的高度不应大于振捣器的有效工作范围和2～3 m柱长。用此法浇筑时，混凝土的坍落度2～4 cm，水灰比不大于0.4，粗骨料粒径可采用10～40 mm；当有穿心部件时，坍落度宜不小于15 cm，粗骨料粒径宜减小为5～20 mm。

(3)高位抛落无振捣法。它是利用混凝土下落时产生的动能达到振实混凝土的目的，适用于管径大于350 mm、高度不小于4 m的情况。对于抛落高度不足4 m的区段，应用内部振捣器振实，振捣时间为30～45 s。混凝土既可用泵车从地面泵至柱顶，由顶端管口连续注入管内，也可用料斗装填。料斗的下口尺寸应比钢管直径小100～200 mm，以便混凝土下落时空气能够排出。料斗一次抛落的混凝土宜在0.7 m^3 左右。用此法浇筑时，混凝土的坍落度不小于150 mm，水灰比不大于0.45，粗骨料粒径采用5～30 mm。

钢管内的混凝土浇筑工作宜连续进行，必须间歇时，间歇时间不应超过混凝土的终凝时间。当需留施工缝时，应将管口封闭，防止水、油和异物等落入。每次浇筑混凝土前（包括施工缝）应先浇灌一层厚度为10～20 cm与混凝土强度等级相同的水泥浆，以免自由下落的混凝土骨料产生弹跳现象。

当混凝土浇灌到钢管顶端时，可以使混凝土稍微溢出后再将留有排气孔的层间横隔板或封顶板紧压在管端，随即进行点焊，待混凝土强度达到设计值的50%后，再将层间横隔板或封顶板按设计要求进行补焊。有时也可将混凝土浇灌到稍低于钢管口的位置，待混凝土强度达到设计值的50%后再用相同等级的水泥砂浆补填至管口，并将层间横隔板或封顶板一次封焊到位。

管内混凝土的浇灌质量可用敲击钢管的方法进行初步检查，若有异常，可用超声脉冲技术检测。对不密实的部位，可用钻孔压浆法进行补强，然后将钻孔补焊封固。

二、型钢混凝土结构施工

（一）型钢混凝土结构概述

由混凝土包裹型钢做成的构件称为型钢混凝土结构构件，其中除配置型钢（轧制或焊接成型型钢）外，一般还配有纵向钢筋和箍筋。按其形式可分为实腹式型钢和空腹式型钢两种类型，如图8-49、图8-50所示。实腹式型钢可由型钢或钢板焊成，常用的截面形式有工字形、H形、L形、T形、十字形等。空腹式构件的型钢一般由缀板或缀条连接角钢或槽钢面组成。

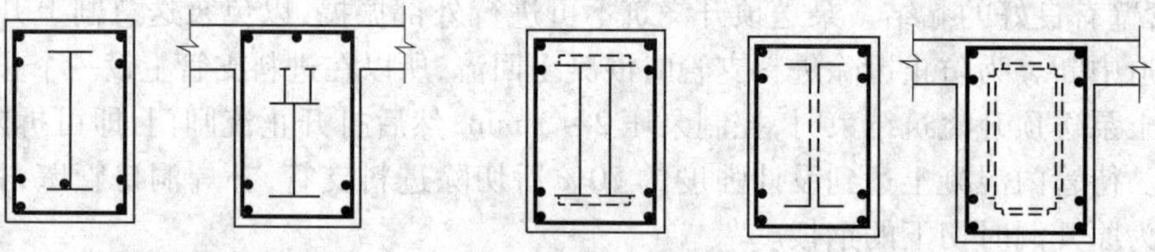

(a)实腹式型钢混凝土梁　　(b)空腹式型钢混凝土梁

图8-49　型钢混凝土梁

型钢混凝土因具有以下优点而得到广泛应用：

（1）型钢骨架的制作在工厂完成，工地连接无特殊要求，且在钢骨架形成后自身可作为施工中的承重结构，可以供滑模、挂模及承受施工荷载，因此也大大方便了施工。

（2）其强度、刚度、延性大大提高，显著改善了构件与结构的抗震性能，因此特别适用于地震区。

（3）型钢混凝土与组合板、组合梁及钢骨混凝土不同，它既可以当柱，又可以当梁，也可以浇筑成抗震墙与筒体，应用范围更广泛。

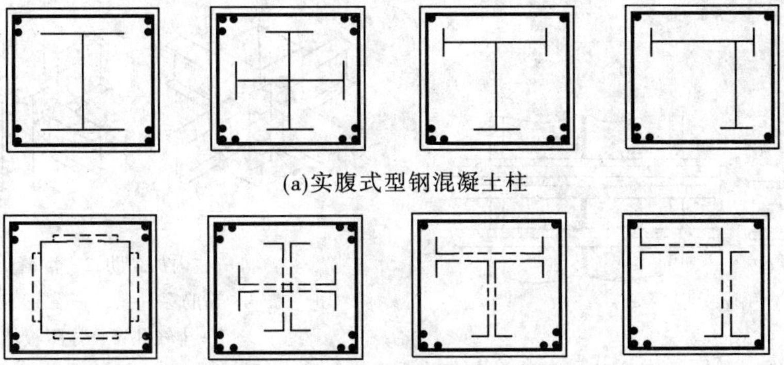

(a)实腹式型钢混凝土柱

(b)空腹式型钢混凝土柱

图 8-50　型钢混凝土柱

(4)型钢被混凝土所包裹,避免了钢结构防火、防腐蚀性能差的缺点。

(5)减小构件截面尺寸。

(二)材料要求

(1)型钢混凝土组合结构的混凝土强度不宜小于 C30。

(2)型钢混凝土构件的型钢材料宜采用 Q235—B、C、D 级碳素结构钢,以及 Q345—B、C、D、E 级低合金高强度结构钢,其质量应分别符合《碳素结构钢》(GB 700—88)和《低合金高强度结构钢》(GB/T 1951—94)标准。

(三)型钢混凝土施工工艺

1. 型钢和钢筋施工

型钢制作必须采用机械加工,并宜由钢结构制作厂承担。型钢骨架施工应遵守钢结构的有关规范和规程。

安装柱的型钢骨架时,先在上下型钢骨架连接处进行临时连接,纠正垂直偏差后再进行焊接或高强螺栓固定,然后在梁的型钢骨架安装后,要再次观测和纠正因荷载增加、焊接收缩或螺栓松紧不一而产生的偏差。

施工中应确保现场型钢柱拼接和梁柱节点连接的焊接质量,其焊缝质量应满足一级焊缝质量等级要求。对一般部位焊缝应进行外观质量检查,并应达到二级焊缝质量等级要求。工字形和十字形型钢柱的腹板与翼缘、水平加劲肋与翼缘的焊接应采用坡口熔透焊缝,水平加劲肋与腹板连接可采用角焊缝。箱形柱隔板与柱的焊接宜采用坡口熔透焊缝。

栓钉焊接前,应将构件焊接面的油、锈清除;焊接后栓钉高度的允许偏差应在 ±2 mm 以内,同时按有关规定抽样检查其焊接质量。为使梁柱节点处的交叉钢筋贯穿而互不干扰,加工柱的型钢骨架时在型钢腹板上预留穿钢筋的孔洞要相互错开,如图 8-51 所示。柱型钢腹板上预留孔洞的直径,应既方便穿筋,又不过多削弱型钢腹板,一般以预留孔洞的直径较钢筋直径大 4 ~6 mm 为宜。

在梁柱接头处和梁的型钢翼缘下部,由于浇筑混凝土时有部分空气不易排出或因梁的型钢翼缘过宽不能充分振实混凝土,为此要在一些部位预留排出空气的孔洞和混凝土浇筑孔,如图 8-52 所示。

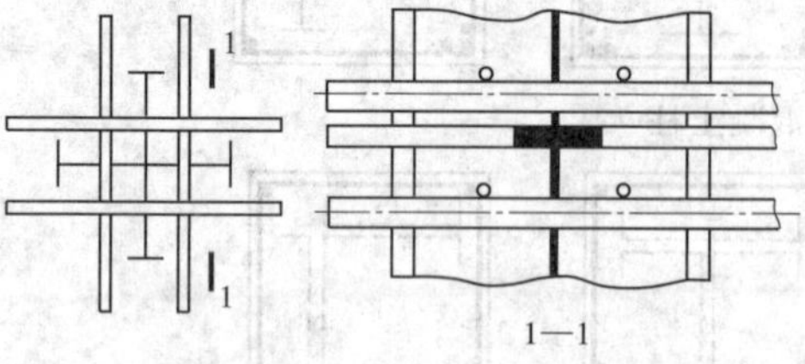

图 8-51　梁柱节点处穿梁钢筋预留孔的位置

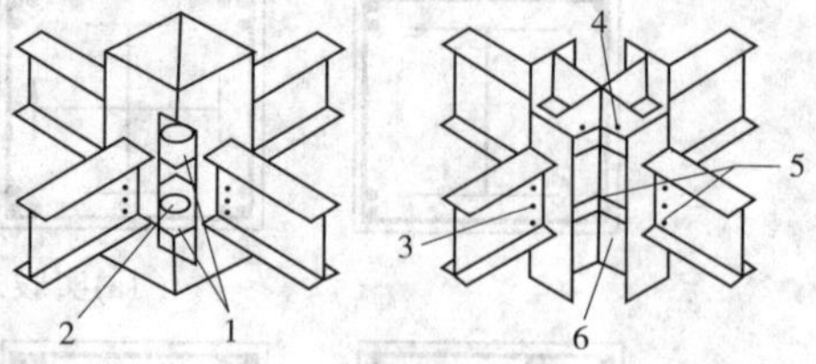

1—柱内加劲肋;2—混凝土浇筑孔;
3—箍筋穿过孔;4—梁主筋穿过孔;
5—排气孔;6—柱腹板加劲肋

图 8-52　梁柱预留孔位置

型钢混凝土结构的钢筋绑扎与钢筋混凝土结构中的钢筋绑扎基本相同。由于柱的纵向钢筋不能穿过梁的翼缘,因此柱的纵向钢筋只能设在柱截面的四角或无梁的部位。在梁柱节点部位,柱的箍筋要在型钢梁腹板上已留好的孔中穿过,由于整根箍筋无法穿过,只好将箍筋分段,再用电弧焊焊接。因为节点处受力较复杂,不宜将箍筋焊在梁上的腹板上。当腹板上开孔的大小和位置不合适时,征得设计者的同意后,再用电钻补孔或用铰刀扩孔,不得用气割开孔。

2. 模板和混凝土浇筑

型钢混凝土结构与普通钢筋混凝土结构的区别在于型钢混凝土结构中有型钢骨架,在混凝土未硬化之前,型钢骨架可作为钢结构来承受荷载。因此,施工中可利用型钢骨架来承受混凝土的质量和施工荷载,为降低模板费用和加快施工创造条件。

可将梁底模用螺栓固定在型钢梁上,完全省去梁下的支撑。楼盖模板可用钢框木模板和快拆体系支撑,达到加速模板周转的目的。

型钢混凝土结构施工还可用升梁提模体系(见图 8-53),它是将屋面框架梁设计成双肢梁,在地面制作后,在双梁网格上铺设脚手板构成施工操作平台。双梁网格下悬挂框架柱、梁和剪力墙等的模板,以及吊架和吊脚手等。升板机挂在柱的型钢骨架上。施工时,按规定的程序用升板机提升双梁网格平台,同时即可提升柱、梁、墙的模板,每浇筑一层提升一层,逐步形成框架。网格梁双肢之间的空隙恰为各楼层梁的平面位置,双肢纵横交叉处为柱,升板机吊挂于柱的型钢骨架上。对双肢网格梁,除按使用荷载计算外,还应按施工荷载进行核算。梁的侧模挂在吊架上,底模用螺栓固定在梁的型钢骨架上,当升板机提升时,侧模随操作平台上升,而底模则固定在型钢骨架上,待混凝土达到规定强度后拆除。

型钢混凝土结构的混凝土浇筑应遵守有关混凝土施工的规范和规程,在梁柱接头处和梁型钢翼缘下部等混凝土不易充分填满处,要仔细进行浇筑和捣实。型钢混凝土结构外包的混凝土外壳,要满足受力和耐火的双重要求,浇筑时要保证其密实度和防止开裂。

三、压型钢板 - 混凝土组合板结构施工

(一)压型钢板 - 混凝土组合板概述

压型钢板 - 混凝土组合板是通过剪力连接件将压型钢板与混凝土进行组合,形成一种共同受力、协调变形的组合板。钢板和混凝土的组合作用是依靠压型钢板的纵向波槽、

板上的压痕、开的小洞、冲的孔眼或在钢板上焊接的横向钢筋等措施来实现的，如图 8-54 所示。

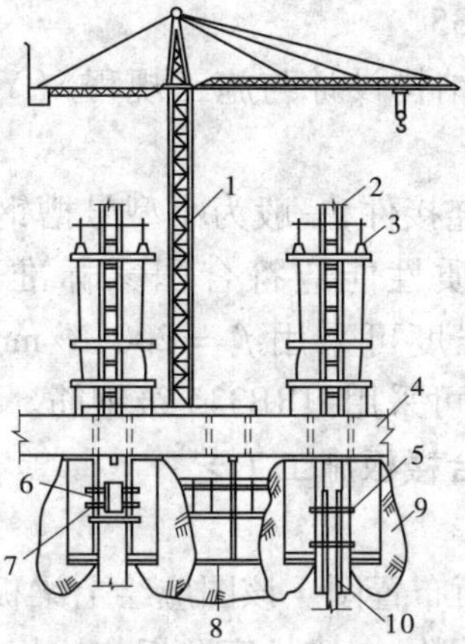

1—随升塔吊；2—型钢柱；3—升板机；4—双梁施工平台；5—模板；6—梁模板；7—托架梁；8—吊脚手架；9—安全网；10—刚性墙

图 8-53　升梁提模工艺装置示意图

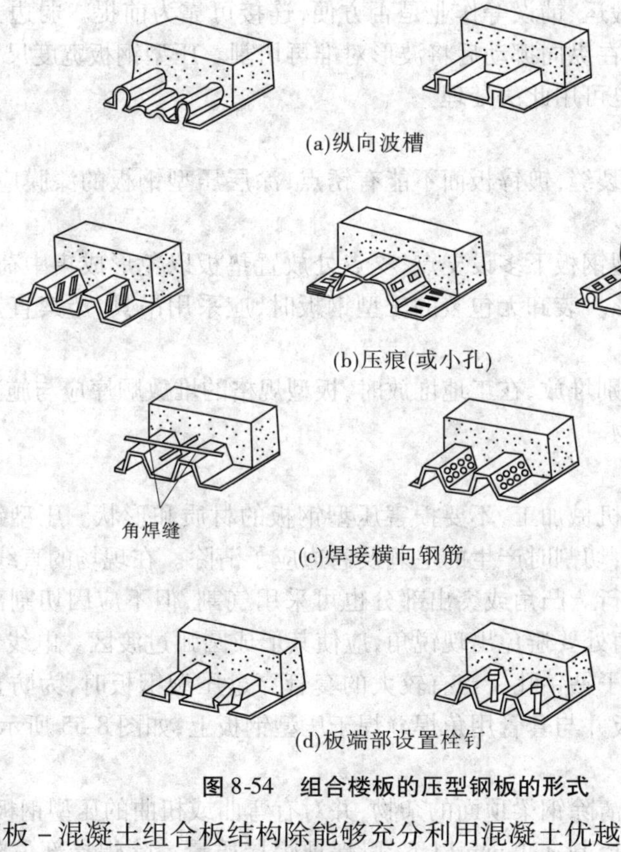

图 8-54　组合楼板的压型钢板的形式

压型钢板－混凝土组合板结构除能够充分利用混凝土优越的抗压性能和钢材的抗拉性能外，还具有自重轻、塑性和抗震性能好、节约工程成本、施工速度快等突出优点。

(二)材料要求

(1)压型钢板可采用现行国家标准《碳素结构钢》(GB 700—88)中规定的 Q215 及 Q235。一般压型钢板宜采用 Q235。

(2)《钢-混凝土组合楼盖结构设计与施工规程》(YB 9238—92)中,规定栓钉应采用优质 DL 钢。

(3)剪力连接件材料:槽钢连接件,一般为小型号槽钢,钢材采用 Q235;焊钉连接件,一般宜选用普通碳素钢,其材质性能应符合国家标准《电弧螺柱焊用圆柱头焊钉》(GB/T 10433—2002),其抗拉强度可采用 $f_s = 200\ N/mm^2$;弯起钢筋连接件一般采用 HPB235 级钢筋,当受力较大时,可采用 HRB335 级钢筋。

(三)压型钢板-混凝土组合楼板施工工艺

1. 压型钢板平面布置图

施工前应绘制压型钢板平面布置图。该图应绘上梁板连接节点详图,注明梁、柱及压型钢板的相互关系,板的尺寸、块数、搁置长度及板与柱相交处切口尺寸,板与梁的连接方法等。布置时,尽可能减少在现场切割的工程量,应尽量避免特殊加工工序,并统筹考虑吊挂管道或开口补强等工序。

强边方向板的接头原则上应设置在梁的上部,不要在跨中设置接头,当为连接板时,板的长度、重量等应按其搬运、铺设等作业是否方便,连接可靠为前提。弱边方向板的布置,当其宽度不合适时,应在纵向挪动后将波形对准再切割。压型钢板宽度尺寸由于制造施工等原因引起的误差,也可用此法处理。

2. 质量、运输、堆放

压型钢板基材不得有裂缝,镀锌板面不能有锈点,涂层压型钢板的漆膜应无裂纹、剥落和露出金属基材等损伤。

起吊、堆放时应在压型钢板下多设支点,支点处放置垫板以免形成集中荷载,且不得堆放过高,以防止发生变形。装卸无包装的压型钢板时,应采用吊具,严禁直接使用钢丝绳捆绑起吊。

压型钢板应按材质分别堆放,在工地堆放时,板型规格的堆放顺序应与施工顺序相配合,板堆上不准再放置重物。

3. 钻孔及切割

钻孔及切割时应采用机械加工,不要损害压型钢板的材质和形状。压型钢板在切割之前必须矫正变形和弯曲,切割时产生的毛刺及卷边应予清除。在现场的直线切割,原则上用带锯机和全能锯机进行。凸角或突出部分也可采用气割,但不应因切割部分板材而产生局部破坏现象;在凹角处要避免出现锐角,应使其形成圆弧过渡区。电线管及吊顶棚用的螺栓孔等最好采用电子钻钻孔。当有较大的套管穿过压型钢板时,为防止洞口给结构造成缺陷,应设加强钢板并与套管用角焊缝焊于压型钢板上,如图 8-55 所示。

4. 压型钢板的铺设

压型钢板在铺设前应清除钢梁顶面的杂物,并对有弯曲或扭曲的压型钢板进行矫正,使板与钢梁顶面最小间隙控制在 1 mm 以下,以保证焊接质量。除焊接部位附近和灌注混凝土接触面等处外,均应事先做好防锈处理。

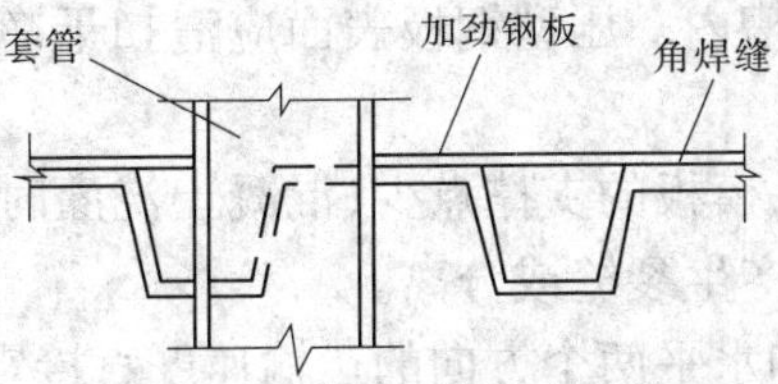

图 8-55　套管贯通处的补强

板的铺设按板的布置图进行。首先在梁上用墨线标出每块压型钢板的位置，将运至施工现场的板按型号和使用顺序堆放好，按墨线排列在梁上，并对开洞、切口的板做补强处理。若压型钢板布置为连续板，可直接将焊钉穿透压型钢板焊于钢梁上翼缘。

压型钢板铺设后，应将板与板、板与钢梁进行焊接连接，或用其他方法固定。但对钢框架需进行安装校正的楼层，在风吹不跑的情况下，应临时固定一端，将另一端做滑动处理。当压型钢板连续布置通过梁时，可直接采用圆柱头焊钉穿透压型钢板，焊于钢梁上。

在高层建筑施工中，压型钢板一般从最下层开始，依次往上铺设。

压型钢板之间的连接可采用角焊缝或塞焊缝，以防止相互移动。焊缝间距为 300 mm 左右，焊缝长度以 20 ~ 30 mm 为宜，如图 8-56 所示。

钢梁与压型钢板之间的连接可采用角焊缝或塞焊缝。当与高强钢梁连接时，应注意焊接条件，选择合适的焊接工艺，如图 8-57 所示。

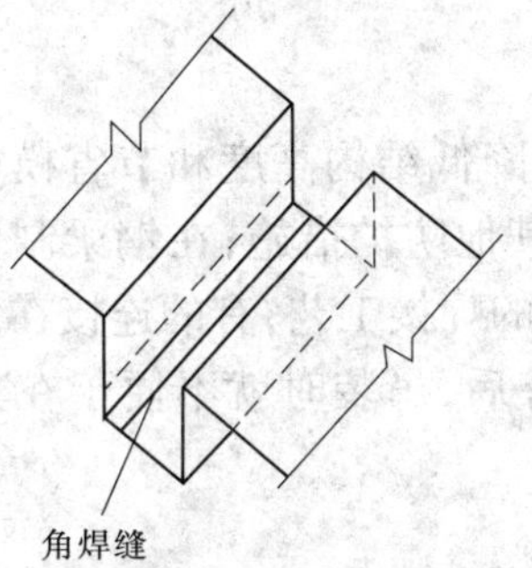

图 8-56　压型钢板的连接

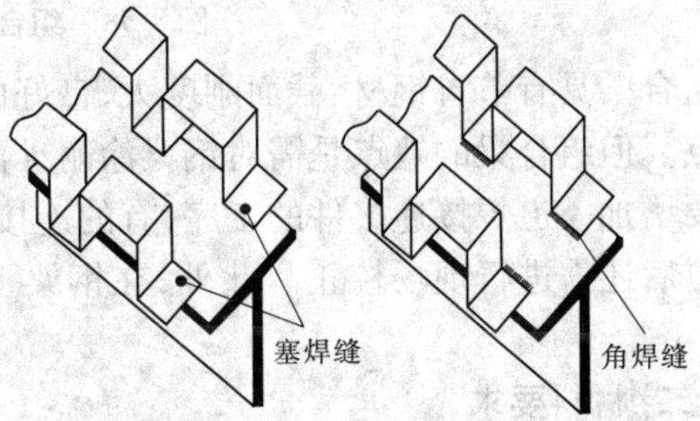

图 8-57　压型钢板与钢梁的连接

压型钢板与板端横向抗叠合面剪力钢筋的连接采用带弧角焊缝。

5. 板的临时支撑

板是否临时支撑应根据施工图确定。若需设置临时支撑，应在压型钢板安装以后，就应设置支撑，再浇筑混凝土，并待混凝土达到设计强度等级后，方可拆除临时支撑。临时支撑一般有以下几种：

(1)压型钢板下设临时支撑。

(2)底部临时支撑。

(3)在压型钢板上方设置吊挂。

6. 浇筑混凝土

支撑在梁上的压型钢板，当端头未做封闭处理时，浇筑混凝土前应设堵头板或挡板，以防止施工时混凝土泄露。

穿过楼板的水管和暖气管等的套管、吊顶棚用的钢丝和悬吊电线用的螺栓等都应事先固定在压型钢板上或埋在槽内。压型钢板表面应清扫干净，板槽内的杂物宜采用电动清扫机清除。

压型钢板与木模板不同，模板的支撑点少，混凝土浇灌时容易振动，应采取措施避免邻近位置上已初凝的混凝土产生裂缝或分离。

高层建筑施工时，垂直和水平两个方向的运输速度直接影响混凝土的浇灌效率，在提高运输速度的同时应注意作业的安全。

四、钢与混凝土组合梁结构施工

（一）钢与混凝土组合梁概述

钢与混凝土组合梁是将钢梁与钢筋混凝土板以抗剪连接件连接起来形成整体而共同工作的受弯构件，也称为联合梁。组合梁截面主要由四部分组成，即钢筋混凝土翼板、板托、抗剪连接件、钢梁。常用的截面形式如图 8-58 所示。

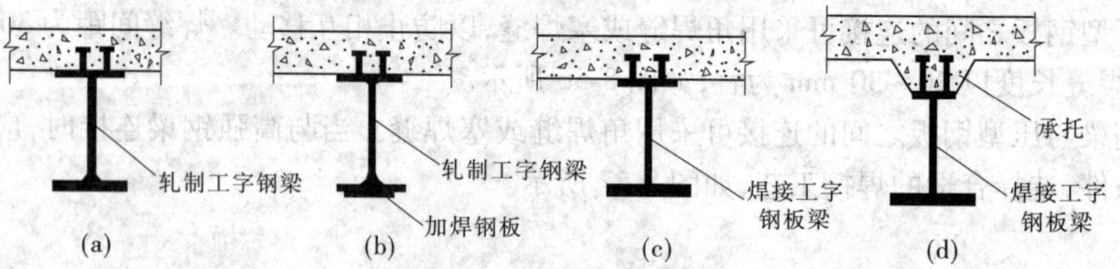

图 8-58　组合梁截面形式

组合梁具有节省钢材、截面刚度大、良好的耐震性能、降低结构高度和节省模板费用等优点。但组合梁的缺点是需对钢梁涂耐火涂料或采取其他防护措施；在钢梁制作过程中需要增加一道焊接连接件的工序，有的连接件需要专门的焊接工艺；有的连接在钢梁吊装就位后还需进行现场校正。此外，在钢梁上焊上连接件后，吊装时就不便于在其上行走。

（二）材料要求

（1）钢筋混凝土翼板（及承托）所用混凝土，当采用现浇板时强度等级不低于 C20，当采用预制板时宜不低于 C30。

（2）组合梁中钢梁的材质宜选用 Q235 – BF 或 Q345（16Mn），其质量应分别符合《碳素结构钢》（GB 700—88）和《低合金高强度结构钢》（GB/T 1951—94）标准。

（三）钢与混凝土组合梁施工工艺

组合梁的钢梁的施工要求与一般钢梁相同，应符合现行《钢结构工程施工质量验收规范》（GB 50205—2001）的要求，组合梁的施工要点如下。

1. 施工准备

平整场地，铺设平台，接电源，安置焊机，准备切割机具、砂轮及其他一切必要的工具。

2. 号料、下料

应根据施工工艺的要求，预留焊接收缩余量及切割、刨边和铣平等的加工余量，与一般钢结构制造方法相同。若钢板疑有夹层，必须用超声波探伤器进行检查。

3. 腹板及翼板拼接

一般应设坡口，当采用较薄钢板（如板厚 8 mm）时可不设坡口。为保证焊透，不产生气孔，板边缘均应用砂轮除锈。用焊条点固后，为防止漏焊，一侧用手工焊先跑一道。两端安设引、灭弧板后，再用自动焊正反面各跑一道，上翼缘采用对接或斜接，下翼缘则采用斜接，腹板及翼板接缝要相互错开且有一定距离。

4. 组装工字梁

组装前，将钢板表面及沿焊缝 30 ~ 50 cm 范围内的铁锈、毛刺和油污清除干净，工字梁的组装可采用专门的固定胎具。当在现场施工时，如未做专门的固定胎具，可在平台上用枋子将腹板填平，用夹具将上、腹板及上、下翼缘板对上。腹板及上、下翼缘及腹板的点固定采用直径为 4 mm 的焊条，焊脚 40 ~ 50 mm，间距 400 mm 左右，如果钢梁端部为变截面，可将变截面处的下翼缘采用火焰热煨拼接。

5. 钢梁焊接

当钢梁跨度较大时，宜将梁安于临时三角架上（三角架间距 1.5 ~ 2 m）施焊。对于上窄、下宽的工字形钢梁应按先下后上的焊接顺序，如图 8-59 所示，按此焊接顺序可减少梁的焊接变形。

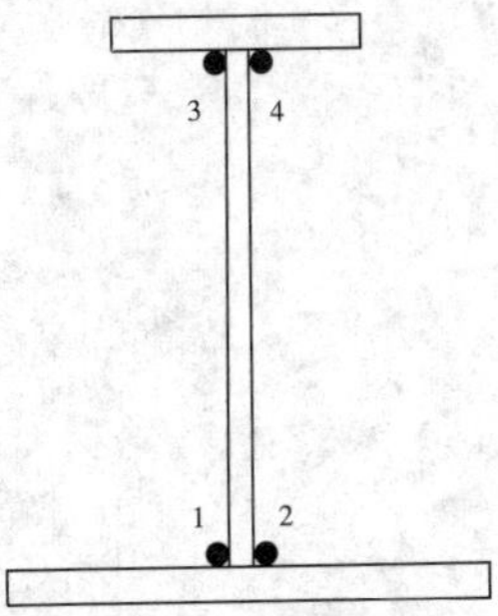

图 8-59　钢梁焊接顺序

6. 矫正变形及上加劲肋

当梁跨较大而又在施工现场施工时，可用卡具及千斤顶将加劲肋用焊条点固于腹板两侧或一侧。点固方法同工字梁组装。点固后，由两位工人从梁中向梁端施焊两侧及一侧加劲肋，随后用千斤顶、卡具及火焰修正梁腹板的起鼓及上、下翼缘的旁弯，最后将梁立正。在跨中用焊在平台上的短工字钢或槽钢作支点，在工字钢或槽钢上用一对压板及螺栓将支撑在上面的梁的下翼缘扣住，同时在梁的两端各侧焊上三角架，以保证梁的垂直位置。

7. 焊连接件

当组合梁采用晚期钢筋、槽钢等作连接件（圆柱头焊钉除外）时，由于上翼缘板的连接件位于钢梁中和轴上部，因此焊接后必须使梁下挠，且当焊接连接件时，可采取分层（分两遍焊）、交错等措施，以减少焊接变形。当钢梁在地面上施工时，可使梁中部垫起使其成 T 形悬臂状再进行焊接。梁的两侧仍用三角架保证垂直位置，再分层、交错施工连接件，更可减少梁的变形。至于先焊接连接件后吊装钢梁，还是先吊装钢梁后焊接连接件，应根据具体设计和施工要求确定。

8. 钢梁吊装

钢梁在吊装前，应于柱子牛腿处检查标高和柱子间距，主梁吊装前，应在梁上装好轻便走道，以保证施工人员的安全。

一般在钢梁上翼缘处开孔，作为吊点。吊点位置取决于钢梁的跨度。为加快吊装速度，对质量较小的次梁和其他小梁，多利用多头吊索一次吊装数根。

9. 混凝土板制作

混凝土板根据施工条件，可采用预制和捣制，但板的施工及验收需符合现行《混凝土工程施工质量验收规范》（GB 50204—2002）的相关规定。

10. 临时支撑

当根据设计要求梁需要设临时支撑时，则在钢梁吊装后，即按设计图纸要求，设置临时支撑，一直到混凝土强度等级达到设计要求时，方可拆除临时支撑。

11. 清除钢梁污物

为了保证钢梁与混凝土板之间的黏着力，钢梁顶面不得涂刷油漆，在现浇（或安装）混凝土板之前应清除铁锈、焊渣、冰层、积雪、泥土及其他杂物。

第九章 建筑防水工程施工新技术

建筑防水工程包括屋面防水工程和地下防水工程。防水工程按其构造做法分为结构自防水和防水层防水两大类。结构自防水主要是依靠建筑物构件材料自身的密实性及某些构造措施(坡度、埋设止水带等),使结构构件起到防水作用。防水层防水是在建筑物构件的迎水面或背水面及接缝处,附加防水材料做成的防水层(如卷材防水、涂料防水、刚性材料防水层防水等),以起到防水作用。防水工程又分为柔性防水(如卷材防水、涂料防水等)和刚性防水(如刚性材料防水层防水、结构自防水等)。

根据我国基本建设发展的需要与实际可能,参考国外成功的经验,在21世纪初期必须不断加大研究开发和推广应用环保型防水材料的力度,以适应我国产业政策和可持续发展建筑防水材料及其施工应用技术的战略要求。当前,我国建筑防水工程技术就是要重点开发和应用高聚物改性沥青卷材防水,积极发展和应用合成高分子卷材防水,努力开发密封材料、刚性防水材料和地下工程注浆堵漏材料及其施工应用技术,适当发展和应用防水涂料及其施工应用技术,不断提高各种防水新材料、新技术、新构造和新工艺在建筑防水工程中的应用比例。到2010年,全国城镇永久性建筑采用各种新型防水材料的比例将达到80%以上。

在防水施工技术方面:将由性能单一的材料防水向卷材与涂膜复合防水或刚性与柔性相结合防水,以实现优势互补、多道设防、综合治理的方向发展;屋面工程防水将由传统的正置式屋面(防水层做在保温层的上面)向各种使用功能更为优越、防水层耐用年限成倍增加的倒置式屋面(防水层做在具有不吸水功能的保温层的下面)的方向发展;地下工程防水将由以往纯刚性或纯柔性防水向优势互补、扬长避短、刚柔结合、细部增强的防水方向发展;防水涂料的施工将由简单的刷涂、滚涂向单喷头、双喷头或多喷头进行涂料与固化剂或涂料与胎体增强材料共同混合喷涂,以加快涂膜固化速度和便于控制涂膜厚度的机械化施工的方向发展;在卷材搭接缝的施工中,将由传统的冷粘法、热粘法向热熔法、热风焊接法、热锲焊接法和双面粘胶带进行黏结密封处理的方向发展;在铺贴卷材防水层施工中,将依据防水工程的实际情况与现场的环境条件,因地制宜地选用满粘法、点粘法、条粘法、空铺法或机械固定法,但卷材的搭接缝及卷材防水层周边800 mm范围内必须满粘,叠层卷材防水层之间亦应满粘,使其组合成为一个连续、接缝封闭严密、整体和全封闭的防水系统。

在防水材料方面:将由纸胎石油沥青油毡向玻纤胎、聚酯胎或聚酯与玻纤复合胎的高聚物改性沥青卷材和合成高分子卷材及与其相配套的辅料、配件、机具系统共同组合的方向发展;防水涂料和密封材料将由低性能的沥青基材料向各项技术性能较高和对环境无污染或污染性低的高聚物改性沥青与合成高分子材料的方向发展;在防水涂料中将由传统低固体含量(70%以下)的普通型乳液涂料(乳液粒径为1 000～10 000 mm)向高固体含量(70%以上)、高性能的核壳结构纳米级微乳液(乳液粒径为10～100 mm)型并可在潮湿基层进行施工作业的防水涂料方向发展;刚性防水涂料将由普通的无机涂料向无机渗透结晶型防水涂料和聚合物改性水泥基防水涂料的方向发展;结构混凝土防水将由普通混凝土向级配混凝土、补偿收缩混凝土或聚合物混凝土的方向发展;防水砂浆将由现场掺入防水剂进行拌制的砂浆向由工厂掺入多种聚合物粉末与水泥、砂子等经过严格工艺配制并具有优异的抗渗与抗裂性能的干拌聚合物水泥砂浆的方向发展。

因此,全面了解建筑防水工程新技术及其新材料的应用,已成为工程建设和广大工程技术人员的当务之急。本章主要介绍新型防水卷材、防水涂料、密封材料、刚性防水砂浆、防渗堵漏等施工新技术。

第一节　新型防水卷材应用技术

防水卷材有高聚物改性沥青防水卷材和合成高分子防水卷材等。工程上以高聚物改性沥青防水卷材为主,它有效地改善了沥青耐高温的性能,增加了低温的弹性,改善了施工方法,扩大了卷材应用的温度范围,同时,也提高了沥青的强度、延度和卷材的耐老化能力,延长了使用寿命。而合成高分子卷材强度高、延伸率大,有很好的高低温性能、弹性、耐久性。防水卷材具有自重轻的优点,可采用单层冷粘法施工,改善了施工环境,提高了工程质量。

一、高聚物改性沥青防水卷材应用技术

SBS高聚物改性沥青防水卷材是建设部“十一五”推广的新型建筑防水材料应用技术之一,是目前建筑工程施工中常用的防水施工技术。SBS高聚物改性沥青防水卷材是以高聚物改性沥青为涂盖物,以聚酯胎、玻纤胎等为胎体,表面覆以聚乙烯膜、铝箔膜、砂粒或页岩片的防水卷材,通常采用人工热熔施工法进行铺贴施工。SBS高聚物改性沥青防水卷材施工技术自20世纪90年代初期开始应用于各类工业与民用建筑工程中的防水工程,通过近20年的施工实践应用,因其工艺简便、施工效率高、使用寿命长等特点,被广泛推广应用,同时在施工中也积累了大量的成熟施工技术及经验。

(一)材料要求

(1)防水卷材:SBS高聚物改性沥青防水卷材,材料执行《弹性体改性沥青防水卷材》(GB 18242—2000)标准,主要技术指标包括可溶物含量、不透水性、耐热度、拉力、最大拉力时延伸率、低温柔度等。技术性能应符合《屋面工程技术规范》(GB 50345—2004)中的要求。为确保防水工程质量,使屋面在防水层合理使用年限内不发生渗漏,除卷材的材性、材质因素外,其厚度应是最主要因素。卷材的厚度在防水层的施工、使用过程中,对保证屋面防水工程质量起关键作用,同时还应考虑到作业人员的踩踏,机具的压扎、穿刺、自然老化等,均要求卷材有足够厚度。

(2)高聚物改性沥青防水卷材的外观质量应符合规范要求。

(3)配套基层处理剂:采用与防水层材性相容的材料,应配套使用。一般用氯丁橡胶沥青胶粘剂(基层处理剂)、橡胶改性沥青嵌缝膏(嵌固边缝)、保护层料及清洗剂等。

（二）施工工艺

SBS屋面防水卷材施工工艺：基层表面清理、修整→喷、涂基层处理剂→节点处铺贴卷材附加层→定位弹基准线→热熔法铺贴卷材→辊压排气（随铺随压）→收头处理、节点密封→清理、检查、修整保护层。

（1）基层表面清理、修整。施工前将验收合格的基层处理平整，基层表面尘土清理干净，尘土用吹风器吹扫干净；基层必须保持干燥，含水率小于8%（测试含水率的简易方法是将1 m^2 卷材平铺在找平层上，静置3～4 h后掀开检查，找平层覆盖部位与卷材上未见水印即可施工）。

（2）喷、涂基层处理剂。SBS高聚物改性沥青防水卷材施工按产品说明书配套使用，基层处理剂是将氯丁橡胶沥青胶粘剂加入工业汽油稀释，搅拌均匀，用长把滚刷均匀涂刷于基层表面上，常温经过4 h后（以不粘脚为准），开始铺贴卷材。注意涂刷基层处理剂要均匀一致，切勿反复涂刷和漏刷。

（3）节点外铺贴卷材附加层。等基层处理剂干燥后，先对女儿墙、水落口、管根、檐口、阴阳角等细部做附加层，宜选用材性相同的防水涂膜附加层，也可选用材性相同的防水卷材，其施工方法必须符合国家、行业及企业有关技术标准中对卷材细部构造有关规定。涂膜防水层，在其中心200 mm范围内，均匀涂刷1 mm厚的胶粘剂，干后再黏结一层无接缝和弹塑性的整体附加层。排气道、排气管必须畅通，排气道上的附加卷材每边宽度不小于100 mm，必须单面点粘。阴阳角圆弧半径 $R=30\sim50$ mm或呈45°斜角（阳角可为 $R=30$ mm）。铺贴在立面上的卷材高度不小于250 mm。

（4）定位弹基准线。根据设计及施工技术规范要求，在基层面上排尺弹线，作为卷材铺贴的标准线，使其铺贴平直。

（5）热熔法铺贴卷材。把卷材按位置放好，采用热熔法进行铺贴。卷材的层数、厚度应符合设计要求。铺贴方向应考虑屋面坡度及屋面是否受振动和历年主导风向等情况（必须从下风方向开始），当坡度小于3%时，宜平行于屋脊铺贴；当坡度在3%～15%时，平行或垂直于屋脊铺贴；当坡度大于15%或屋面受振动时，应垂直于屋脊铺贴。多屋铺设时上下层接缝应铺开不小于250 mm。铺贴时随放卷材随用火焰加热器加热基层和卷材的交界处，加热时要均匀，火焰加热器距加热面300 mm左右，经往返均匀加热，至卷材表面发光亮黑色，即卷材的材面熔化时，将卷材向前滚铺、粘贴，搭接部位应满粘牢固，搭接宽度满粘法长边不小于80 mm，短边为100 mm，在卷材尚未冷却时，用小平铲把卷材边封好，再用热熔喷火枪均匀细致地将接缝接好。铺第二层时，上下层卷材不得互相垂直铺贴。

（6）热熔封边。将卷材搭接处用火焰加热器加热，趁热使两者黏结牢固，以边缘溢出沥青油条（防水卷材涂油层）为宜，末端收头可用密封膏（主要是与防水层材料材性相融的密封材料）嵌填严密。若为多层，每层封边必须封牢，不得只将面层封牢。

（7）防水保护层施工。上人屋面防水保护层的做法应按设计要求施工，各种防水层屋面保护层有细石混凝土、水泥砂浆、块材等做法，防水层做完后应及时进行保护层的施工。不上人屋面防水卷材自带页岩保护层，可不再做防水保护层。

防水保护层施工具体要求如下：防水层铺贴完毕后，清扫干净，经淋（蓄）水检验，检查验收合格后,方可进行保护层的施工;水泥砂浆、块材或细石混凝土保护层与防水层之间应设置隔离层;保护层施工过程中应防止损坏已做好的防水层;施工人员应穿软底鞋,运输通道上必须铺设软质垫板,搭设架子时须在底端铺设垫板,需要堆放保护层材料或施工机具时,也应铺垫木板等,以防扎破防水层。

二、自粘性橡胶沥青防水卷材应用技术

(一)材料特性

自粘性橡胶沥青防水卷材是一种自身能与基面黏结的防水、密封材料,分为有胎自粘和无胎自粘两种。有胎自粘由上、下自粘胶中间夹胎基组成,上覆面为乙烯膜,下覆面为可剥起的硅油膜。无胎自粘由自粘胶、上乙烯膜和下硅油膜组合而成。施工时不用黏结剂,也不须加热烤至熔化,只须撕去隔离层,即可牢固地黏结在基层上,施工方便且施工速度极快。除主体材料外,表面材料聚乙烯膜也具有优良的防水性和很高的强度(聚乙烯丙纶卷材即仅以此膜防水),因此防水具有双重保险性。自粘性防水卷材的黏结性能良好,可在混凝土、木板、各类金属上施工。可以直接剪裁、粘贴进行操作,取代了原来的热熔法而使施工效率大幅提高。在细部结构处理方面,施工操作更加方便,只需对卷材进行核实尺寸的剪裁即可;与传统工艺相比,新型材料更降低了对环境的污染。

自粘性橡胶沥青防水卷材表面材料分为聚乙烯膜、铝膜与无膜三种,厚度有 1.2 mm 1.5 mm 和 2.0 mm(用做防水层)。

(二)施工工艺

1. 基层处理

(1)对基层表面进行清理,铲除砂浆疙瘩等凸起物,遇有基层剥落、起砂、裂缝现象,可用1:2.5 水泥砂浆内掺40%封口胶修整。

(2)在排水口、管道根及女儿墙拐角处,遇有油污、铁锈,应用砂纸和清洁剂清除,并对基层进行多次彻底清扫。

(3)对超过1.5 mm 的缝隙须挖成7 mm 宽、12 mm 深小槽,填入填充料后,用密封胶密封。

(4)对找平层内预埋的机电管线,在其两侧各 150 mm 范围内剔出凹槽,配置50 mm×50 mm 网眼的钢板网,然后用 C30 细石混凝土灌注,表面压光。

(5)基层应有足够的强度和刚度。水泥砂浆、细石混凝土找平层应平整、压光,不得有疏松、起砂、起皮现象;沥青砂浆找平层不得有拌和不均、蜂窝现象。

(6)屋面及檐口、檐沟、天沟找平层的排水坡度必须符合设计要求。排水管口周围做洼坑,自由排水的檐口在200~500 mm 内,坡度不小于15%。

(7)突出屋面结构和基层的连接处及基层的转角处,做成半径为100~150 mm 的圆弧或钝角。

2. 断底缝及各处节点柔性密封

(1)分格缝必须断底,并清理干净,确保无砂浆、油污等附着物。

(2)每间隔一道断底,缝内放置聚苯乙烯蜂窝撑条,然后用嵌缝膏嵌缝。

(3)女儿墙滴水檐口处留20 mm×20 mm 凹槽,用嵌缝膏填充密封。

3. 防水附加层施工

(1)在女儿墙及突出屋面设备基础的阴阳角处均匀涂刷 1.5 mm 厚、500 mm 宽附加层(附加层可采用自粘性密封胶带或聚氨酯涂膜),24 h 固化后即可进行卷材铺设。

(2)分格缝处均须做 300 mm 宽卷材附加层。

4. 涂布底涂剂

当基层修补清理干净,无灰尘,基层的含水率小于 9% 后,用滚刷和刷子在基层涂刷底油,待底油干燥 1 h 或至少无黏性后即可铺贴卷材。如果涂刷底油 12 h 后仍未铺卷材,则需重新涂刷底油,也就是说,当天涂刷底油后的工作面应当天铺贴卷材,第二天铺贴时应重新涂刷底油。

5. 铺贴防水卷材

(1)在铺贴防水卷材时,要采取边撕保护纸,边推铺,边挤出气泡、压实。在相邻卷材的搭接处,低温下施工可采用电吹风加热,再用压磙压实,以便粘贴牢固。每幅卷材的长边重叠搭接为 65 mm,短边为 150 mm,重叠搭接处用压磙压实。

(2)卷材应平行屋脊从檐口处往上铺贴,双向流水坡度卷材搭接应顺流水方向。平立面交接处应由下向上铺贴,使卷材紧贴阴角,铺展时对卷材不可拉得过紧,不得有空鼓、粘贴不牢等现象。铺贴立面或大坡面卷材时,应尽量减少卷材短边搭接。

(3)卷材铺贴方向与 SBS 高聚物改性沥青防水卷材铺贴要求相同。

(4)特殊部位的防水构造处理要求如下:

①变形缝:在缝上端设两层卷材搭盖,中间加放衬垫材料,卷材做成"Ω"形,以适应沉降变形的需要。

②分格缝:找平层上的分格缝位置应留设在板端缝处,当采用水泥砂浆、细石混凝土时,其纵横缝的最大间距不宜大于 6 m,缝内应嵌填密封材料。

③檐口:所有出檐均应抹出鹰嘴,以防扒水;在平面和立墙交接处,由于伸缩变形不一,应加设空铺附加层,以适应变形的需要。

④出入口:垂直出入口周围应增铺增强附加层,并压入混凝土压顶下;水平出入口的防水层上要增设护墙,踏步下要预留一定空隙,以满足沉降要求。

⑤水落口:在水落口直径 500 mm 范围内,坡度要加大为 5%,并算好水落口杯上口标高,使其在沟底最低处;水落口杯周围与水泥砂浆或混凝土的交接处,应预留 20 mm × 20 mm的缝槽并嵌填密封材料;防水层应深入水落口杯内 50 mm,以防翘边呛水。

⑥女儿墙:墙根处做成圆弧状,并增设增强附加层,采取隔热防晒措施。卷材端头应裁齐后,压入预留的凹槽内,用压条或垫片钉压固定(最大钉距不应大于 900 mm),并用密封材料将凹槽封闭严密。在凹槽上部的女儿墙顶部必须加扣金属盖板或铺贴卷材,做好防水处理。

⑦管道根:在管道根部应做锥台,以利排水;管道壁四周与找平层连接处,应预留凹槽,用密封材料嵌填;管道壁上的防水层上口,应用金属箍紧固,上口用密封材料封严。

⑧设备根:当设施基座与结构层相连时,防水层宜包裹设施基座的上部,并在地脚螺丝周围做密封处理;在设施下部的防水层应做附加增强层,必要时应浇筑 50 mm 以上的细石混凝土;在设施周围至屋面出入口之间的人行道应铺设刚性保护层。

⑨天沟、檐沟铺贴卷材应从沟底开始。当沟底过宽，卷材需纵向搭接时，搭接缝应用密封材料封口。

6. 收头密封

防水卷材铺完之后的当天，所有卷材的四周外边及施工缝（第二天继续搭接部位）都要用封口胶封口（可用聚氨酯嵌缝膏或单组分氯磺化聚乙烯嵌缝膏封闭严密，并可用掺有水泥用量20%107胶的水泥砂浆进行压缝处理），以防水汽、雨水顺边口进入防水层下，造成与基层脱离，从而影响防水效果。

卷材收头应用水泥钉钉压，并用密封材料封严；砖墙立面部分及压顶上面应做防水处理，以防开裂渗漏；对于较低的女儿墙，卷材应全部覆盖立墙面，并伸入压顶下墙厚1/3处。

在铺完卷材之后应仔细检查是否有任何洞孔、撕裂、排列不齐或皱缝及其他断接等，若有则要用卷材或封口胶补好。

7. 蓄水试验

防水层铺设完成后，封堵屋面所有出水口，放入至少25 mm深的水持续36 h，经检查无渗漏后，办理隐检手续，方可进行下道工序的施工。

8. 保护层施工

当分块部位卷材铺完后，立即请监理和甲方检验合格后，随即浇筑50 mm厚的豆石混凝土。在浇筑豆石混凝土保护层时，施工人员应注意保护防水层不得损坏。若有损坏应立即通知有关人员及防水施工人员。

三、合成高分子卷材防水层施工工艺

（一）材料性能要求

（1）合成高分子防水卷材。包括三元乙丙卷材、氯化聚乙烯－橡胶共混卷材、氯化聚乙烯及聚氯乙烯卷材等。外观质量应符合表9-1的要求，物理性能应符合表9-2的要求，并有出厂合格证。

表9-1　合成高分子防水卷材外观质量

项目	质量要求
折痕	每卷不超过2处，总长度不超过20 mm
杂质	大于0.5 mm颗粒不允许，每1 m^2 不超过9 mm^2
胶块	每卷不超过6处，每处面积不大于4 mm^2
凹痕	每卷不超过6处，深度不超过本身厚度的30%；树脂类深度不超过5%
每卷卷材的接头	橡胶类每20 m不超过1处，较短的一段不应小于3 000 mm，接头处应加长150 mm；树脂类20 m长度内不允许有接头

表 9-2　合成高分子防水卷材物理性能

项目		性能要求			
		硫化橡胶类	非硫化橡胶类	树脂类	纤维增强类
断裂拉伸强度(MPa)		≥6	≥3	≥10	≥9
扯断伸长率(%)		≥400	≥200	≥200	≥10
低温弯折(℃)		-30	-20	-20	-20
不透水性	压力(MPa)	≥0.3	≥0.2	≥0.3	≥0.3
	保持时间(min)	≥30			
加热收缩率(%)		<1.2	<2.0	<2.0	<1.0
热老化保持率(80 ℃,168 h)	断裂拉伸强度	≥80%			
	扯断伸长率	≥70%			

(2)胶粘剂。包括卷材胶粘剂、基层处理剂,应与相关卷材配套,并与卷材的材性相容。

(3)稀释剂。主要有甲苯、二甲苯、汽油等。

(二)施工工艺

合成高分子卷材防水层施工工艺流程如下:基层清理→细部节点处理→涂刷基层处理剂→卷材铺设→保护层施工。

1. 基层清理

先用打磨机将凸出基层的多余混凝土或砂浆结块清除,再用钢丝刷和清水清除基层表面的浮浆、返碱、尘土、油污及表面涂层等杂物,并使光滑的混凝土表面变成粗糙面,然后用清水冲洗至中性。

2. 细部节点处理

(1)突出屋面结构(女儿墙、山墙、天窗壁、变形缝、烟囱等)的交接处和基层的转角处均应做成圆弧形,圆弧半径应大于等于 20 mm。内部排水的水落口周围、找平层应做成略低的洼坑。

(2)天沟、檐沟、檐口、泛水、变形缝、水落口、伸出屋面管道和屋面出入口处的节点处理与高聚物改性沥青防水卷材防水层施工要求相同。

3. 涂刷基层处理剂

将氯丁胶粘剂稀释液涂刷在干燥的基层上。要求涂刷得均匀一致,无露底,亦可用喷涂方式施工。

4. 卷材铺设

卷材铺设可采用冷粘法、自粘法、焊接法和机械固定法等施工方法。

(1)冷粘法。基层胶粘剂可涂刷在基层或涂刷在基层和卷材底面,涂刷应均匀,不露底,不堆积。卷材空铺、点粘、条粘时,应按规定的位置及面积涂刷胶粘剂。

根据胶粘剂的性能,应控制胶粘剂涂刷与卷材铺贴的间隔时间。

铺贴卷材不得皱折,也不得用力拉伸卷材,并应排除卷材下面的空气,辊压粘贴牢固。铺贴的卷材应平整顺直,搭接尺寸准确,不得扭曲。

卷材铺好压粘后,应将搭接部位的粘合面清理干净,并采用与卷材配套的接缝专用胶粘剂,在搭接缝粘合面上涂刷均匀,不露底,不堆积。根据专用胶粘剂性能,应控制胶粘剂涂刷与粘合间隔时间,并排除缝间的空气,辊压粘贴牢固。

搭接缝口应采用材性相容的密封材料封严。卷材搭接部位采用胶粘带黏结时,粘合面应清理干净,必要时可涂刷与卷材及胶粘带材性相容的基层胶粘剂,撕去胶粘带隔离纸后应及时粘合上层卷材,并辊压粘牢。低温施工时,宜采用热风机加热,使其粘贴牢固、封闭严密。

(2)自粘法。铺粘卷材前,基层表面应均匀涂刷基层处理剂,干燥后及时铺贴卷材。

铺贴卷材时应将自粘胶底面的隔离纸完全撕净,且应排除卷材下面的空气,并辊压粘贴牢固。铺贴的卷材应平整顺直,搭接尺寸准确,不得扭曲、皱折。低温施工时,立面、大坡面及搭接部位宜采用热风机加热,加热后随即粘贴牢固。

搭接缝口应采用材性相容的密封材料封严,宽度不应小于 10 mm。

施工中应注意揭掉隔离纸的自贴卷材,且应防止灰尘污染。

(3)焊接法和机械固定法。对热塑性卷材的搭接缝宜采用单缝焊或双缝焊,焊接应严密。焊接前,卷材应铺放平整、顺直,搭接尺寸准确,焊接缝的结合面应清扫干净。焊接时应先焊长边搭接缝,后焊短边搭接缝。

卷材采用机械固定时,固定件应与结构层固定牢固,固定件间距应根据当地的使用环境与条件确定,并不宜大于 600 mm。距周边 800 mm 范围内的卷材应满粘。

5. 保护层施工

卷材铺贴完成后应进行闭水试验,检验合格后,按设计要求进行施工保护层。厕浴间平面防水层上可以抹 20 mm 厚水泥砂浆做保护层;屋面可以撒蛭石、云母或粗砂做保护层,也可以抹 20 mm 厚水泥砂浆或铺面砖(但应注意留温度变形缝小于等于 4 m)做保护层。

第二节　防水涂料应用新技术

防水涂料在应用前是可流动或黏稠的液体,经现场涂刷后固化形成无接缝的防水层。与防水卷材相比,具有防水性能好、黏结强度高、温度适应性良好、施工速度快、易于维修等特点。目前,防水涂料主要有以下几种:

(1)聚合物 - 水泥防水涂料。聚合物 - 水泥防水涂料是一种挥发固化型涂料,主要分为Ⅰ型和Ⅱ型两种,Ⅰ型以聚合物乳液为主要成分,添加少量无机活性粉料,经固化形成柔性涂膜;Ⅱ型以水泥等无机活性粉料为主,添加一定量的聚合物乳液涂料,经固化形成弹性水泥涂膜。

(2)丙烯酸酯类防水涂料。丙烯酸酯类防水涂料适用于结构主体的迎水面防水,具有较好的耐候性,适用于外露及非外露部位。

(3)聚氨酯防水涂料。该涂料是一种反应固化型涂料。固化形成的涂膜综合性能好，强度高，延伸率大，弹性、黏结密封性能好，但应尽量选择低毒或无毒溶剂并严格限制用量。

此外，还有无机型防水涂料等。防水涂料可广泛地应用到地下防水工程、墙面防水、屋面防水层的保护层、卷材防水的辅助材料，以及防水工程的维修材料。

第三节　密封材料应用新技术

密封材料包括建筑密封膏、密封带、遇水膨胀止水带等。用于建筑物各种缝隙的密封处理，并依靠自身具有的变形能力，保持缝隙在反复受力条件下的密封性。主要有以下几个品种：

(1)硅酮密封膏。硅酮密封膏的耐候性好、黏结性好，包括高、中、低拉伸模量系列产品，分别适用于建筑工程不同部位的密封，是建筑工程中应用最广泛的一类密封膏。常用的玻璃胶是一种单组分、室温固化、高模量的硅酮密封膏，多用于门窗等部位与玻璃的黏结、密封。

(2)聚氨酯密封膏。聚氨酯密封膏包括单组分聚氨酯密封膏和双组分聚氨酯密封膏。聚氨酯密封膏的强度高、延伸率高、弹性及适应变形能力强等优秀的密封性能适用于非外露部位。

(3)丙烯酸酯密封膏。丙烯酸酯密封膏是一种单组分型室温固化密封材料，可在潮湿基面施工，5 ℃以上可施工。丙烯酸酯密封膏的黏结、密封效果好，耐候性好，价格便宜，多用于外墙板缝等部位的密封。应用于长期泡水的部位的丙烯酸酯密封膏的耐水性不得低于80%。

(4)聚硫密封膏。聚硫密封膏的黏结性能可靠，耐油性、耐老化性、气密性、水密性也都很强，但价格偏高。建筑工程可根据密封部位的特点及要求选用合适的品种。

除以上四种封膏外，还有无溶剂型丁基橡胶密封带和缓膨型遇水膨胀止水带等。

第四节　刚性防水砂浆应用新技术

防水混凝土和防水砂浆应通过调整配合比、掺加外加剂等达到提高抗渗性能的目的。防水砂浆抹面可用于背水面、迎水面防水施工，用于地下、屋面、外墙等防水工程。刚性防水层的施工应加强对水泥、砂、防水剂的品质及用量的控制，加强对基层处理、施工环节操作质量的管理。刚性防水层的背水面防水抹面工程应做好基层处理，并应首选聚合物防水砂浆。

一、防水砂浆材料

目前，我国市场上已经出现很多通过聚合物改性水泥的防水材料，但绝大多数是通过乳液的形式进行改进，产品的外观为双组分(液料 + 粉料)，该类产品施工很不方便，有一些乳液施工后存在特殊的味道，施工后剩余的产品不便储存，聚合物乳液为主的防水产品背水面施工效果差，一些用于背水面施工的产品(如渗透结晶防水砂浆)的成本偏高。

为了解决上述问题,单组分聚合物防水砂浆应运而生。该砂浆主要是通过高性能的聚合物对水泥进行改性,不仅防水性好,而且可以减小施工厚度,可用于地下室、厕浴间、停车平台、游泳池、蓄水池、人防工程、渠道、水坝、内外墙抗渗、异型结构、复杂部位的防水。该产品对基面要求简单,对混凝土墙面不需要做找平层,潮湿基层也可以施工,可缩短工期。做完防水后,也不需要做保护层,只要砂浆层完全固化后,不怕磕、砸、撞、剥落及磨损。

单组分聚合物防水砂浆的研制需要采用的原料和配比范围见表 9-3。

表 9-3　单组分聚合物防水砂浆的研制需要采用的原料和配比范围

原料名称	配比范围	原料名称	配比范围
普通水泥	350 ~ 450	纤维素醚	0.5 ~ 1.5
硅灰	20 ~ 40	可再分散乳胶粉	20 ~ 50
建筑砂(40 ~ 70)	200 ~ 300	憎水剂	0 ~ 3
建筑砂(70 ~ 140)	200 ~ 300	超塑化剂	0 ~ 3

二、施工工艺

聚合物刚性防水砂浆在国外应用比较普及,特别是地下及隧道防水工程,其施工工艺主要是采用机械喷涂,工艺与喷射混凝土相似,其施工效率高,并且采用喷涂砂浆与基层有很好的黏结强度,整体效果好。

防水施工顺序是基层处理→细部加强处理→顶面防水层→墙面防水层→养护→闭水试验→验收。

(一)基层处理

多余的砂浆应清除,平整度偏差过大的地方应用水泥砂浆进行找平。墙面应坚实、无浮土,应清理至抹灰层或混凝土基层。

(二)细部加强处理

在阴角等部位预先用聚合物刚性防水砂浆做 45°斜坡;用无纺布进行增强处理;管道、地漏等穿越楼板时,其孔洞周边的防水层必须认真施工。管道根部做凹槽,槽内抹灰圆滑,然后凹槽内填实聚合物刚性防水砂浆。

(三)防水层施工

防水层中的粉料与水使用比例(质量比)是 1:(0.2 ~ 0.22),使用时将粉料倒入水中,搅拌均匀放置 10 min 后使用效果最佳,建议采用机械搅拌。防水层的施工程序是先用鬃刷涂刷 1 mm,待半干后（间隔 0.5 ~ 1 h)用刮板刮涂 1 ~ 2 mm,最后（间隔 1 ~ 2 h)用刮板刮涂 1 ~ 2 mm。

(四)养护

养护对刚性聚合物防水砂浆性能影响比较大,若防水层发现发白,应及时洒水养护,待两道施工完后至少养护 24 h。

（五）闭水试验

施工完成至少 5 d 以上做闭水试验，封好门口及下水口，在卫生间地面蓄满水达到一定液面高度，24 h 后观察，若无渗漏，防水合格；若发现渗漏，则防水工程必须整体重做，并重新进行验收。

（六）验收

防水层厚度均匀一致达到设计要求，不允许有脱落、开裂、孔洞、气泡等缺陷，不应该有积水和渗漏水现象。

聚合物刚性防水砂浆在国内外的建筑工程中得到广泛的应用，具有缩短工期、保证工程质量、经济效益显著、性价比高等优点，具有广阔的应用市场。

第五节　防渗堵漏技术

各种不同材质的灌浆注浆材料、柔性嵌缝材料、刚性止水材料、刚性抹面材料、渗漏密封材料和粘贴防水材料等防水堵漏材料，主要用于房屋建筑、构筑物、水工建筑等工程，包括带水、带湿、带水压的防水堵漏。新技术有电渗透防渗堵漏技术和高压灌浆堵漏技术等。本节只介绍高压灌浆堵漏技术。

一、高压灌浆堵漏简述

高压灌浆堵漏就是利用机械的高压动力（高压灌注机），将水溶性聚氨酯化学灌浆材料注入混凝土裂缝中，当浆液遇到混凝土裂缝中的水分时会迅速分散、乳化、膨胀、固结，这样固结的弹性体填充混凝土所有裂缝，将水流完全地堵塞在混凝土结构体外，以达到止水堵漏的目的。高压灌浆堵漏技术是具有国际先进水平的高压无气灌注防水新技术，是发达国家水溶性灌浆材料使用的新型工艺。

二、高压灌浆堵漏原理

水溶性聚氨酯化学灌浆材料是由过量的多元异氰酸酯和多羟基化合物预先制成含有游离异氰酸基团的低聚的氨基甲酸预聚体。常用的多异氰酸酯有 TDI、MDI、PAPI 等三种。多羟基化合物采用聚醚，它的官能团和分子量可以有好几种。浆液灌入混凝土裂缝后，与渗漏水相遇发生化学反应，放出二氧化碳，并形成脲的衍生物，从而达到防渗堵漏的目的。

水溶性聚氨酯化学灌浆材料是一种低黏度、单组分合成高分子聚氨酯材料，形态为浆体，它遇水发生交联反应，发泡生成多元网状封闭弹性体的特征。当它被高压注入混凝土裂缝结构时延展直至将所有缝隙（包括肉眼难以觉察的）填满，遇水后（注水）伴随交联反应，释放大量二氧化碳气体，产生二次渗压，高压推力与二次渗压将弹性体压入并充满所有缝隙，达到止漏目的。可见，水溶性聚氨酯化学灌浆材料是堵漏材料中性能最好的一种，用一般材料不能根治渗漏的，使用高压灌浆堵漏技术后可一次堵漏成功。

三、高压灌浆堵漏作用机理

(1)对裂缝形成化学链结。

(2)对表面的孔隙形成高强度锚栓。

(3)在高压力的推挤下填充所有裂缝。

四、高压灌浆堵漏技术运用特点

(1)高度成品化。

(2)操作简捷。

(3)可四季施工。

(4)无毒无污染。

(5)费用合理。

五、高压灌浆堵漏技术运用范围

(1)各种建筑物与地下混凝土工程的裂缝、伸缩缝、施工缝、结构缝的堵漏密封。

(2)地质钻探工程的钻井护壁堵漏加固。

(3)水利水电工程的水库坝体灌浆,输水隧道裂缝堵漏、防渗,坝体混凝土裂缝的防渗补强。

(4)高层建筑物及铁路、高等级公路路基加固稳定。

(5)煤炭开采或其他采矿工程中坑道内堵水,顶板等破碎层的加固。

(6)桥梁基础的加固和桥体裂缝的补强。

(7)已变形建筑物的加固,混凝土构筑物(如水塔、水池)缝隙的补强及防止沉陷。

(8)土壤改良、土质表面的防护及稳定加固等。

六、高压灌浆堵漏施工工艺

(一)施工工艺

(1)检查。仔细检查漏水部位,清理渗漏部位附近的污物,以备灌浆。

(2)布孔。在漏水部位打灌浆孔,对深层裂缝可钻斜孔穿过缝面,一般孔距为 200 ~ 500 mm。

(3)埋嘴封缝。埋设注浆嘴,用聚合物水泥封闭。

(4)灌浆。根据渗漏部位的具体情况确定灌浆压力、灌浆量。用堵漏注浆泵将产品灌入裂缝,当全邻孔出现纯浆液时,移至邻孔,在规定的压力(一般灌浆压力 0.3 MPa)下灌浆,直至压不进为止(注入率≤0.01 L/min),随即关闭阀门。

(5)72 h 后检查渗漏部位有无渗水,无渗水将灌浆嘴折断,用聚合物水泥将基面封闭、抹平。

(二)常见高压灌浆堵漏处理

1. 施工缝漏水处理

(1)于施工缝最低处左或右 5 ~ 10 cm 处倾斜钻孔至结构体厚度的一半深,循序由低处往高处钻,孔距以 20 ~ 30 cm 为宜,钻至最高处后再一次埋设止水针头。

(2)灌浆止水针头设置完成后,以高压灌注机注入水溶性聚氨酯化学灌浆材料,至发现灌浆液于结构体表面渗出。

(3)灌注完成后,即可去除灌浆止水针头。

2. 结构体裂缝漏水处理

(1)同施工缝漏水处理第(1)步。但由于一般结构体裂缝属不规则状,故应特别注意钻孔时须与破裂面交叉,灌浆才会有效果。

(2)第(2)步和第(3)步同施工缝漏水处理第(2)、(3)步。

3. 蜂巢漏水

(1)在蜂巢范围处,每隔 250 ~ 300 mm 钻一孔,深度以结构体厚度的一半为宜,再埋设灌浆止水针头并加以旋紧固定。

(2)第(2)步和第(3)步同施工缝漏水处理第(2)、(3)步。

七、高压灌浆堵漏剂的基本技术参数

(1)密度(23 ℃):1.1 g/cm^3。

(2)黏度(23 ℃): 250 ~ 350 MPa · s 。

(3)与水反应倍数:10 ~ 20 倍。

(4)适用温度:5 ~ 55 ℃。

(5)工作压力(即止漏机加压范围):0 ~ 70 MPa。

(6)反应时间(与 5% 的水混合):开始反应为 10 ~ 15 s,发展期为 50 ~ 60 s,形成期为 2 ~ 3 min。

第十章　建筑装饰工程施工新技术

第一节　概　述

幕墙是建筑物外围护墙的一种新形式。幕墙一般不承重,形似挂幕,又称为悬挂墙。由于其具有装饰效果好、质量轻、安装速度快的特点,因此成为外墙轻型化、装配化较理想的形式,在现代大型和高层建筑上得到广泛的采用。

幕墙早在100多年前就已在建筑工程上使用。只是由于受当时材质和加工工艺的局限,达不到水密性,气密性,抵抗菌素、各种外界物理因素(风力、撞击、温度收缩等)侵袭、热物理因素影响(热辐射等)及隔音,吸声,防火等的要求,因而一直得不到很好的发展、推广和运用。自20世纪50年代以来,由于先进材料及加工工艺的迅速发展,各种类型材料的研制成功,以及各种密封胶的发明、其他隔音防火填充料的出现等,很好地解决了幕墙要求的各项指标,从而得以飞速发展,成为当代建筑的新潮流。它不仅广泛用于各种建筑物的外幕墙,还逐渐推广应用于各种功能房间、通信机房、电视演播室、航空港、体育馆、博物馆、大饭店、大型商场等的内幕墙。

近年来幕墙的发展更加迅速,从笨重型走向更轻型的板材和结构(天然石材厚度25 mm,新型材料最薄达到1 mm),从品种少逐步走向多类型的板材及更丰富的色彩(目前有石材、陶瓷板、微晶玻璃、高压层板、水泥纤丝维板、玻璃、无机玻璃钢、陶土板、金属板等近60种板材应用在外墙),并且具有更高的安全性能,更灵活方便快捷的施工技术,更高的防水性能,更长的寿命及环保节能性能(目前欧美建筑市场比较常用的为金属装饰保温板,由经过彩色烤漆的铝锌合金雕花饰面、聚氨酯保温层、玻璃纤维布复合而成,兼顾装饰和保温节能功能,面漆10~15年无褪色,整体使用寿命可达45年)。

一、幕墙的特点

幕墙之所以能在很短的时间内在建筑的各个领域内得到广泛的应用和推广,是因为它具有其他材料无法比拟的独特功能和特点:

(1)技术效果好。幕墙所产生的艺术效果是其他材料不可比拟的。它打破了传统的窗与墙的界限,巧妙地将它们融为一体。它使建筑物从不同角度呈现出不同的色调,随阳光、月光、灯照和周围景物的变化给人以动态的美。这种独特光亮的艺术效果与周围环境有机融合,避免了高大建筑的压抑感,并能改变室内外环境,使内外景色融为一体。

(2)安装速度快。由于幕墙主要由型材和各种板材组成,用材规格标准可工业化生产,施工简单,无湿作业,操作工序少,因而安装施工速度快。

(3)更新维修方便。它改造性强,易于更换。由于它的材料单一,质轻,安装简单,因此幕墙常年使用损坏后改换新立面非常方便快捷,维修也简单。

(4)造价低廉。由于幕墙质轻,结构梁、柱、板、基础费用大大减少;材料单一,可标准工业化生产,加工制作快,工序简单,节省劳动力。此外,常年维护费用小,运输费用少。

(5)温度应力小。玻璃、金属、石材等以柔性材料与框体连接,减少了由温度变化对结构产生的温度应力,并且能减轻地震力造成的损害。

二、幕墙的类型

在我国,常见的幕墙有玻璃幕墙、金属板幕墙、石材板幕墙、组合幕墙和彩色混凝土挂板幕墙等几种类型。

(一)玻璃幕墙

玻璃幕墙装饰于建筑物的外表,如同罩在建筑物外的一层薄薄的帐幕,可以说是传统的玻璃窗被无限扩大,以至形成整个外壳的结果。以原来采光、保温、防风雨等较为单纯的功能,发展为多功能的装饰品。其主要部分的构造可分为两方面,一是饰面的玻璃,二是固定玻璃的骨架。玻璃与骨架联结,将玻璃的自身荷载及墙体所受到的风荷载及其他荷载传递给主体结构,使之与主体结构成为一体。

玻璃幕墙分有框玻璃幕墙和无框全玻璃幕墙。有框玻璃幕墙又分型钢框玻璃幕墙和铝合金框玻璃幕墙,而后者又分半隐框(露竖隐横和隐竖露横)和全隐框玻璃幕墙。无框全玻璃幕墙又分为座底式全玻璃幕墙和吊挂式全玻璃幕墙。为表现不同的建筑风格,采用的玻璃种类有单片玻璃、中空玻璃、夹层玻璃、单片热弯及球形夹层热弯玻璃,以满足不同的功能要求和美观要求,适用于有较高采光要求的建筑,如宾馆,写字楼及商业、体育博览建筑等。

(二)金属板幕墙

金属板幕墙与玻璃幕墙在设计原理、安装方式等方面很相似。大体可分为明框幕墙、隐框幕墙及半隐框幕墙(竖隐横明或横隐竖明)。从结构体系划分为型钢骨架体系、铝合金型材骨架体系及无骨架金属板幕墙体系等。

(三)石材板幕墙

石材板幕墙是一种独立的围护结构体系,它是利用金属挂件将石材饰面板直接悬挂在主体结构上。当主体结构为框架结构时,应先将专门设计独立的金属骨架体系悬挂在主体结构上,然后通过金属挂件将石材饰面板吊挂在金属骨架上。

石材板幕墙是一个完整的围护结构体系,它应该具有承受重力荷载、风荷载、地震荷载和温度应力的作用,还应能适应主体结构位移的影响,所以必须按照有关设计规范进行计算和刚度验算。另外,还应满足建筑热工、隔声、防水、防火和防腐蚀等要求。

石材板幕墙的分格要满足建筑立面设计的要求,同时也应注意石板的尺寸和厚度应保证在各种荷载作用下的强度要求,同时分格尺寸应尽量符合建筑模数化,应尽量减少规格尺寸的数量,方便施工。

(四)组合幕墙

组合幕墙的面材由玻璃、金属、石材等不同材料组合而成。

(五)彩色混凝土挂板幕墙

彩色混凝土挂板幕墙是一种装配式混凝土墙轻板体系。这种体系利用混凝土的可塑性，用加工制作成的较复杂的钢模盒，浇筑出有凹凸的甚至带有窗框的混凝土墙板。为了加强墙面的质感，也可以在钢模底部衬上刻有各种花纹的橡胶模，用正打或反打工艺制作出花纹墙板。

另外，随着建筑物外形向风格化和多样化的发展，越来越多的建筑物将铝板、石材、玻璃采用特种结构造型，如：半单元、小单元、单元式结构幕墙，钢支架、钢拉杆、钢拉索点式幕墙，球形、椭圆形、锥形异形幕墙，智能型、节能型幕墙及各种异形天篷等异形幕墙。

第二节　幕墙施工新技术

一、点支式玻璃幕墙施工

点支式玻璃幕墙是新兴的一种新型玻璃幕墙，点支式玻璃幕墙由于其通透性、灵活性、安全性、工艺感及环保节能性好的特点在建筑装饰中得到越来越多的应用。它由玻璃面板、点支承装置和支承结构构成，是采用金属连接件和紧固件将建筑玻璃与金属（或玻璃等）支承结构连接成整体的新型组合式建筑结构型式。根据支承结构点支式玻璃幕墙可分为工形截面钢架、格构式钢架、柱式钢桁架、鱼腹式钢架、空腹弓形钢架、单拉杆弓形钢架、双拉杆梭形钢架、拉杆（索）等。

在点支式玻璃幕墙中，支承装置主要是指由不锈钢和铝合金材料制成的驳接系统，该系统由驳接接头（紧固件）和驳接爪（固定件）构成，驳接接头用来连接玻璃面板和驳接爪，驳接爪用来使玻璃和驳接接头固定于支承结构上，常采用的典型形式主要有 I 形驳接爪、H 形驳接爪、X 形驳接爪、V 形驳接爪和圆盘滑动固定件等。考虑到金属的相容性，驳接爪一般采用与支承体系相同的材料，通过螺栓连接、套筒连接等机械连接形式固定于支承结构之上。驳接体系可以很好地提供玻璃钻孔和结构安装的偏差补偿，对于各种荷载的施加又有良好的适应性和抵抗性能，因此驳接连接件是点支式玻璃结构技术的精华所在。

钢桁架支承点支式玻璃幕墙的支撑视图如图 10-1 所示，其现场施工包括施工准备、测量放线、预埋件的预埋和检查、连接构件安装、竖向构件（钢桁架或柱）安装、横梁安装、驳接系统固定和安装、玻璃安装、玻璃打胶等过程。

（一）施工准备

钢桁架支撑点支式玻璃幕墙施工前的准备包括现场准备、技术准备、材料机具准备等。幕墙本身具有装饰工程的性质，因此在幕墙施工前，现场清洁非常重要，所有可能造成幕墙施工环境严重污染的分项工程，应安排在幕墙施工前进行。在正式施工前，还必须做好一些技术性的准备工作，包括施工组织设计、施工技术交底等各项工作。施工前应整齐堆放各种材料，对易损坏和丢失的构件、配件、玻璃、密封材料、胶垫等，应有一定的更换储备量，对不合格的构件应及时予以更换。此外，点连接式玻璃幕墙施工用到的一些特殊的工具，如手动真空吸盘、牛皮带、电动吊篮、嵌缝枪、玻璃箱靠放架等，在施工前要准备妥当。

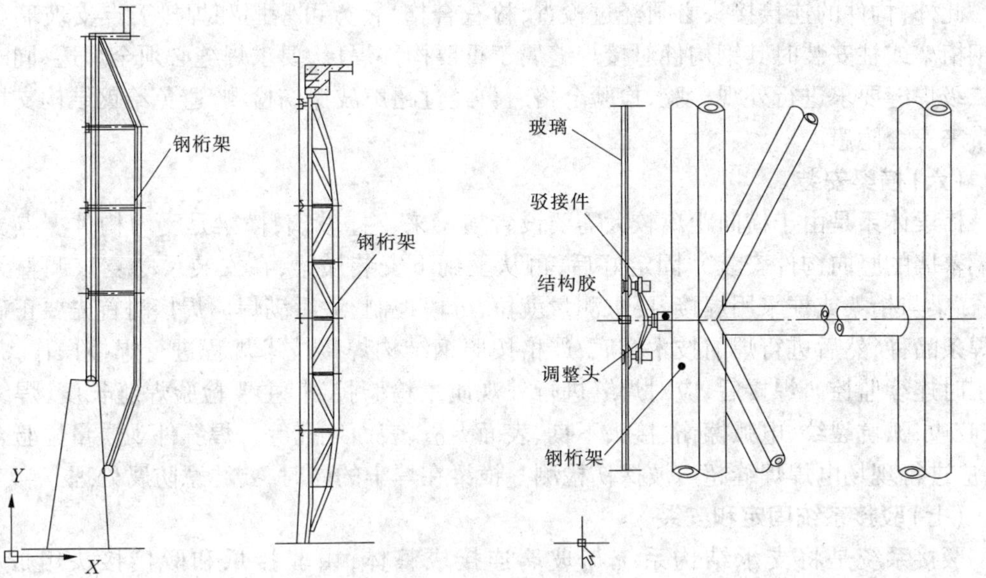

图 10-1 钢桁架支撑点支式玻璃幕墙的支撑视图

(二)测量放线

根据建筑轴线控制、标高控制点和幕墙基准面进行预埋件的三维定位测量并弹上墨线,做好每个预埋件的三维坐标记录。测量采用分段控制,以免误差积累。由于建筑物受气温的影响有侧移,所以测量应在每天定时进行,测量时风力不应大于 4 级。

(三)预埋件的预埋和检查

预埋件在主体施工时随主体施工及时预埋,其预埋位置是否准确,直接影响后期连接件、龙骨的安装质量,准确的位置避免了后期调整、打备板、补板等作业。为了保证幕墙与主体结构连接的可靠性,幕墙与主体结构连接的预埋件应在主体结构施工时,按设计要求的数量、位置和方法进行埋设。

施工安装前,应检查各连接位置预埋件是否齐全,位置是否符合设计要求。当发现预埋件遗漏、位置偏差过大、倾斜时,要及时会同设计单位采取补救措施。

在施工过程中应加强旁站检查力度,按基线校核预埋件位置;在浇筑混凝土时进行看护,防止浇筑混凝土时位置变动。

(四)连接构件安装

依据测量数据和定位墨线进行连接件安装,对偏差太大的预埋件进行补强后再安装连接构件,以确保其准确就位和牢固连接。安装完毕要进行定位复测。

(五)竖向构件(钢桁架或柱)安装

在连接构件安装后复测定位偏差的基础上,进一步根据幕墙基准面调整安装桁架或柱及柱梁体系柱,在安装前应定位复测,复核定位时应使用轴线控制点和测量标高的基准点,保证幕墙主要竖向构件的尺寸允许偏差符合有关规范及行业标准,使其精确就位,分段控制,以免误差积累。钢桁架或柱为竖向构件,是幕墙安装施工的关键之一,其安装精度和质量直接影响到幕墙的安装质量,允许偏差控制在 2 mm 以内。

此外，构件的连接接头必须经过检查，检查合格后，方可紧固和焊接。点支玻璃幕墙的钢桁架或柱安装时其钢构件对接焊缝属于重要构件焊接，要求焊缝必须全焊透，同时应按二级焊缝要求进行外观检验，检验合格后再经过超声波探伤检测，避免给钢结构支撑体系带来安全隐患。

（六）横梁安装

横梁体系是由于横向距离较大需要设置横梁来支撑玻璃，横梁是受力构件。点支式玻璃幕墙的竖向构件安装并固定好后，再从上到下安装横梁，在安装尺寸复核调整无误后，横梁与桁架或柱采用焊接，要求测量就位，分段控制，最后满焊。焊接时首先要正确选择焊条品种，然后进行焊前技术交底，严格按照钢结构焊接技术规程进行焊接操作，并在施工时连续监控。焊接后，应对焊缝进行外观质量检验控制，主要检验焊缝长度、焊缝高度、咬边、弧坑裂纹、电弧擦伤、接头不良、表面夹渣、表面气孔等。焊缝外观质量检验合格后，应进行现场电焊焊缝超声波探伤检测。横梁在焊牢的同时，要注意防腐处理。

（七）驳接系统固定和安装

驳接系统是将支承结构系统与玻璃连接成整体，由驳接爪和驳接接头组成（见图10-2），幕墙的气密性、水密性等性能指标都是由驳接系统的安装精度来保证的。驳接接头在玻璃安装前，应与玻璃在安装平台上装配好，装配时将驳接接头固定在玻璃安装孔内，注意连接件不得与玻璃面板直接接触，应加装衬垫材料，衬垫材料面积不应小于驳接接头与玻璃的结合面面积。为确保玻璃受力部分为面接触，必须将驳接接头内的衬垫垫齐并打胶，使之与玻璃隔离，并将缩紧环缩紧密封，然后再与驳接爪进行安装。为确保驳接接头的气密性和水密性，必须使用扭矩扳手，根据驳接系统的具体规格尺寸来确定扭矩大小。

图 10-2　驳接系统

桁架或柱及柱梁构件一般在工厂内加工制作，然后运到工地进行安装，质量较容易保证。幕墙驳接爪的位置在构件上均已确定,虽然在桁架或柱的安装及横梁安装时要求测量定位、分段控制,以避免误差积累,但由于种种原因误差难免。所以,在驳接爪初步就位后,应进行控制点测量校核,全方位拉线(细钢丝)检查每个驳接点的偏差。

(八)玻璃安装

玻璃安装是整个幕墙施工的重点,有画龙点睛的作用。同时玻璃是易碎品,在安装过程中任何的划伤、崩角都会导致整块玻璃面板报废,所以玻璃安装必须有严格、规范的操作程序和质量控制体系。

在现场安装玻璃时,应先将驳接接头与玻璃在安装平台上装配好。安装玻璃时,从上向下逐层进行,应始终保持将其悬挂在上部的两个驳接接头上。现场初装后,应调整玻璃的上、下、左、右位置,用吊具和吸盘调整玻璃前、后、左、右位置,保证玻璃的水平偏差在允许范围内。全部玻璃调整好后,可采用钢绞线和检查靠尺双重控制幕墙玻璃安装整体平整度和整体倾斜度,经检查确认无误后,用扳手上紧连接件的螺栓,然后进行打胶。

(九)玻璃打胶

目前,点支式玻璃面板广泛采用的是各种形式的钢化玻璃。在玻璃结构中经常使用的密封材料主要是各种密封胶,包括结构密封胶、建筑密封胶(耐候胶)、防火密封胶、中空玻璃两道密封胶等,其主要成分为抗紫外线性能良好且物理性能稳定的硅酮密封胶。在实际工程中,玻璃与金属之间采用硅酮结构密封胶;玻璃与玻璃之间,首先在玻璃边缘用胶片覆盖,然后在外面用铝制垫片加以保护,最后用建筑密封胶(耐候胶)进行填缝密封处理,以保证密封。

打胶前,应先喷二甲苯或工业乙醇,清洗好玻璃边部与缝隙内的污染,用干净毛巾擦净玻璃及钢槽打胶的部位。驳接玻璃底部与钢槽的缝隙用泡沫胶条塞紧,保证平直并预留净高 8 ~ 12 mm 的打胶厚度。打胶前,在需打胶的部位粘贴保护胶纸,注意胶纸与胶缝要平直。

打胶要持续均匀,可采取里外同步对打的方法,保证胶缝填实。一般先打横向缝,再打竖向缝,竖向胶缝宜自上而下进行,此外必须保证横向胶缝与纵向胶缝的接口处平滑,不得有毛刺等现象。胶注满后应检查内部是否有气泡、空心、断缝、夹杂,若有应及时处理。

隔日打胶时,胶缝连接处应打好胶头,切除前次打胶的胶尾,以保证两次打胶的连接紧密。玻璃修饰后,应迅速将粘贴在玻璃上的胶带撤掉,玻璃胶固化后应清洁内外玻璃,做好防护标志。

点支式玻璃幕墙施工完成后,要请法定检测单位进行幕墙气密性、水密性、抗风压性能及平面内变形性能检验,所施工的幕墙应符合设计和规范要求。

二、背栓式石材幕墙施工

背栓式干挂法是目前较好的一种石材幕墙工艺。这种工艺不仅适用于天然石材、人造石材(如微晶玻璃、瓷板、陶板)、各类烧制板材、人造纤维板,还可用于单层、夹胶和中空玻璃等的挂装,它具有传力直接、承载力大、板材可独立安装、拆换方便等优点。它是利用机械锚固原理,在后切底钻孔技术基础上开发研究而成的,是首先采用和推广的先进的幕墙连接体系。

背栓式石材幕墙(见图 10-3)施工工艺原理:石材幕墙的立柱与主体结构通过预埋件与螺栓相连接,然后将横龙骨焊接于主龙骨上,石材与横龙骨通过背栓与连接件连接在一起,主龙骨不直接受力,而是通过横龙骨将石材自重与外界荷载传递到主龙骨上,从而传递于主体结构上。

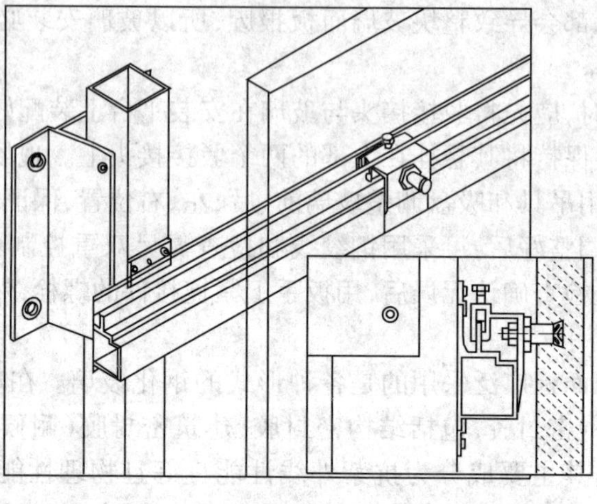

图 10-3 背栓式石材幕墙体系组装图

背栓式石材幕墙施工工艺流程:测量放线→预埋件安装与处理→龙骨安装→背栓安装→石材加工与安装→清洁检查→竣工验收。

(一)测量放线

一般幕墙工程设计都是以建筑物的轴线及其相应土建结构的内部隔断墙分隔为依据,因此按照设计分隔进行测量放线是干挂石材施工的依据和基础,也是施工准确、避免返工的重要保证。干挂石材施工测量包括三部分:水平线的控制,垂直线的控制,铅垂面的控制。只有三个方面的工作全部完成后,才能确定幕墙各节点的空间位置。

首先复核高程控制网点,确认无误后将高程控制点引测到建筑物的四周,并做好牢固的标志点,作为工作基准点。利用水准仪把高程点引测到各楼层上并做标志;再按要求确定各实测部位的水平线并做标志,为提高测量速度,外墙水平控制点可每隔 5 ~ 10 m 布设一个。把经纬仪架设在墙体外的测量控制点上,瞄准另一控制点,然后将仪器水平转 90°,固定竖轴,转动望远镜,便可在墙体上放出垂直线。在测量过程中,仪器旋转 90°时必须要正倒镜取中数。由于干挂石材工程投测点较多,若每次投测都正倒镜取中数,劳动强度大且不利于提高测量速度。为此,施测时先在视距最远的投测处用正倒镜观测取中数,然后将仪器瞄准中数点,放样出其他垂直线。

确立铅垂面是为了测量墙体各部位的平整度,为石材支架的设计、制作和安装提供数字依据,它对石材安装后的平整度有至关重要的作用。确定铅垂面时,在墙体外控制点上架设激光铅垂仪,确定铅垂线,借助激光铅直光束在墙体上布设铅垂面控制点,并把控制点固定在墙体上,控制点布设密度视情况而定。通过墙体上的控制点把整个墙体铅垂面分解成若干个小的铅垂面,然后利用小的铅垂面来测定各需测部位的墙体偏离值。

（二）预埋件安装与处理

预埋作业开始前必须有完整、合理的预埋设计图，预埋设计图是依据被认可的石材幕墙立面分格图及架构布置图进行设计的；预埋设计图完成后需经主体结构设计单位签认后方可作为加工及预埋施工的依据；预埋件加工完成后，施工人员应到现场了解情况，核对建筑图，并要求总包单位技术主管人员出示各项放样的基准点及基准线；楼层底板模板铺设完成后，侧模尚未施工前，即开始预埋放样工作。放样时，若发现模板施工尺寸有误差，应及时向土建施工队提出，并要求修正。

依据测量放线的结果，确定预埋件的水平高度和中心位置，并将安装的位置标示于模板上。预埋件初步设置以后，应进行校核，确认无误后方可点焊，点焊以后再次校准，最后固定，避免浇筑混凝土时发生位移。混凝土浇筑完成、模板拆除后，应找出预埋件并复测其位置是否正确。预埋件在施工时应与建筑物的防雷网接通，与主体建筑物的防雷引下线用圆钢焊接。

当没有条件采用预埋件连接或因施工遗漏未预埋预埋件时，应采用高强度化学锚固螺栓作为后置连接件来替代预埋件，化学锚栓应做抗拔试验。

（三）龙骨安装

根据设计图纸将厂家已加工好的龙骨运往施工现场，并按其编号码放好，然后组织劳动力准备安装。龙骨及石材安装是在建筑物的外立面进行的，因此要求脚手架必须搭设牢固、安全，并且要求脚手架内侧距离外墙结构面不小于400 mm，以保证安装龙骨及石材时有足够的操作空间。

为了使龙骨能承受石材自重及风载，龙骨应有足够的强度；主龙骨安装前，应先寻找出预埋件，预埋件有偏差的需先按设计要求进行处理；主龙骨与墙面的距离需经整体测量后以实际垂直度为依据确定，从而保证整个石材面的平整度；主龙骨的安装应从下往上依次进行，主龙骨的水平安装间距一般以800～1 000 mm为宜，应先把芯套（上、下主龙骨接长用）与连接角码安装到主龙骨上，具体构件规格尺寸由设计确定，连接角码与主龙骨的不锈钢螺栓一定要拧紧，安装时先把角码点焊在预埋件上，然后调整主龙骨，在确定第一条主龙骨安装准确无误后，把上一层主龙骨套入下一层主龙骨，就位准确后点焊，并用不锈钢螺栓将上下主龙骨与主龙骨连接芯套连接牢固，如此循环，完成一组主龙骨安装。整面主龙骨安装完毕且检查无误后进行角码与预埋件的加焊及角码螺栓孔的防滑移焊接。

主龙骨安装完成后，再安装角钢横梁，角钢横梁与主龙骨之间的连接采用焊接，根据已标出的横梁标高线将横梁点焊在立柱上（先点焊横梁的两头使其固定，然后调整），等检查无误后对其进行加焊。焊接连接的焊缝长度及厚度应确保符合图纸要求。

（四）背栓安装

背栓干挂式幕墙体系所用背栓在实践中不断发展完善，最终定型为扩压环式背栓。扩压环式背栓有齐平式、间距式、锁扣式和内螺纹式四种类型，它们由锥形螺杆、扩压环和间隔套管组成。背栓无膨胀力地被植入底部为锥形的螺栓孔内，通过机械结合保障达到最佳的受力状态，从而获得更好的安全性能。石材幕墙最常用的是齐平式和间距式两种背栓，如图10-4、图10-5所示。背栓的安装大致分为如下两个步骤：

（1）钻孔。选用先进金刚石钻孔技术，采用柱锥式钻头，用压力冲水作为冷却系统，

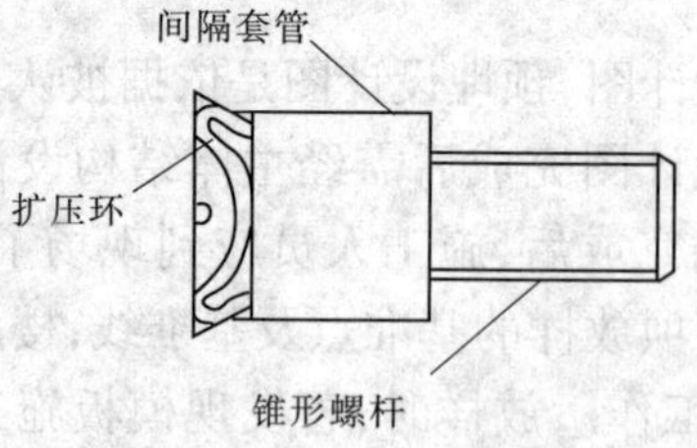

图 10-4　齐平式背栓

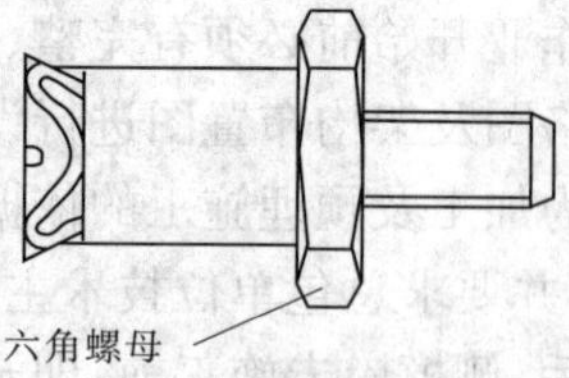

图 10-5　间距式背栓

在背栓安装位置钻取与背栓型号相对应的锥形孔。锥形孔深度及底部拓孔由孔深挡块和底部拓孔程序实现。

(2)植栓。齐平式背栓植栓将背栓插入孔内,用专用敲击设备推进间隔套管,其安装如图 10-6 所示。间距式背栓植栓采用专门的植栓设备(植栓机),在控制扭矩作用下,六角螺母将间隔套管推进，其安装如图 10-7 所示。整个安装过程如图 10-8 所示。

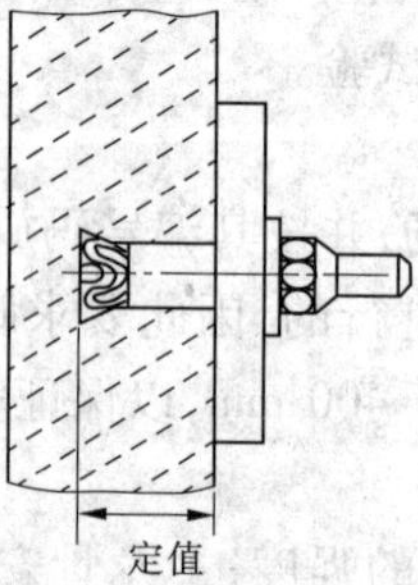

图 10-6　齐平式背栓安装

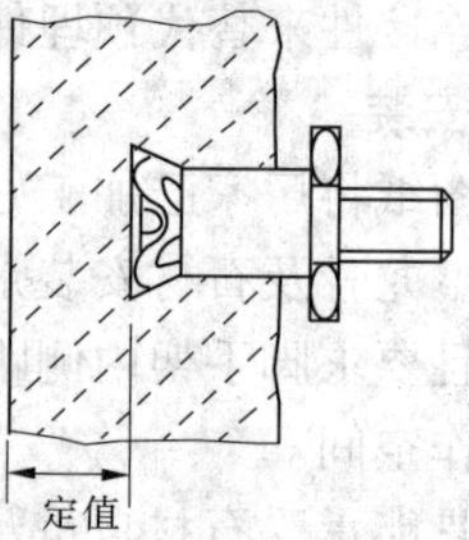

图 10-7　间距式背栓安装

(五)石材加工与安装

背栓式石材幕墙对石材的材质有一定的要求,要求石材吸水率应小于 0.8%；石材的弯曲强度不应小于 0.8 MPa;石材表面应采用机械进行加工,加工后的表面应用高压水冲洗或用水和刷子清理,严禁用溶剂型的化学清洁剂清洗石材。

因石材为天然材料,其力学性能离散性大,即使同一产地的石材性质也有差异;在石材中有很多裂缝,随时间推移会有所发展;石板重量大,固定困难;石材又是脆性材料,所以必须精心设计,精心施工,留有余地,以保证质量和安全。

石材加工好后,根据设计意图及实际结构尺寸完善分格设计,并做出翻样图;安装前根据翻样图进行石材排版,并且要用钢丝拉出理论完成面,便于控制石材安装的进出位,保证安装后石材在同一面上;安装时,宜按照自下而上的顺序进行,采用不锈钢挂件将石材与角钢横梁相连接,再通过调整螺栓调节高低,充分体现出挂接式安装方式的快捷、方便的特点;石材安装由下向上进行,对挂好的每一块石板,均进行水平、垂直度检测并及时调整;石材安装完成后,用硅酮耐候密封胶对石材进行嵌缝处理,嵌缝胶不应长期处于受力状态。

(六)清洁检查

每一块石材安装完毕后,即对表面进行清理,以确保每一块石材的安装已完全符合标

(a) 钻圆柱形直孔　(c) 放入锚栓

(b) 底部拓孔　(d) 安装锚栓

图 10-8　石材背栓安装过程

准。清理内容包括:石材表面污垢,石材板缝隙的误差,固定螺栓的坚固及每块板的垂直度、平行度等。

三、智能型玻璃幕墙施工

智能型玻璃幕墙是指幕墙以一种动态的形式,根据外界气候及环境的变化,自动调节幕墙的保温、遮阳通风设备系统,以达到最大限度地降低建筑物所需的一次性能源,同时又能最大限度地创造出健康、舒适的室内环境。智能型玻璃幕墙(见图 10-9、图 10-10)又称气循玻璃幕墙或呼吸式玻璃幕墙,广义上包括玻璃幕墙、通风系统、空调系统、环境监测系统和自动控制系统。它主要由一个单层玻璃幕墙和一个双层玻璃幕墙组成,在两个玻璃幕墙中间形成一个通道,在夏天太阳直射外层玻璃幕墙,通道起到烟囱效应,可使热空气自下而上流动,带走单层玻璃幕墙内的热空气,由幕墙上方排除,降低内侧幕墙表面温度。冬季把通道上下关闭,阳光照射形成温室,这样等于提高了内侧幕墙外表面温度,减少取暖费用。

智能型玻璃幕墙施工时,幕墙龙骨应自上而下、从内向外安装,面材自上而下进行安装,特殊原因可变更施工顺序。整体上幕墙施工采取平行施工、流水作业的形式,自上而下、从内向外安装。智能型玻璃幕墙幕墙部分具体工艺流程如下:测量放线→结构及预埋件的检查→支座安装→幕墙钢龙骨安装→内层玻璃幕墙及铝龙骨安装→中空玻璃安装→外层幕墙安装。

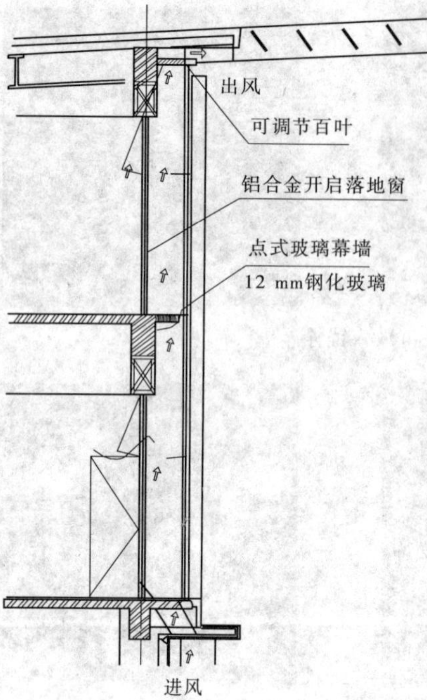

图 10-9　内层幕墙

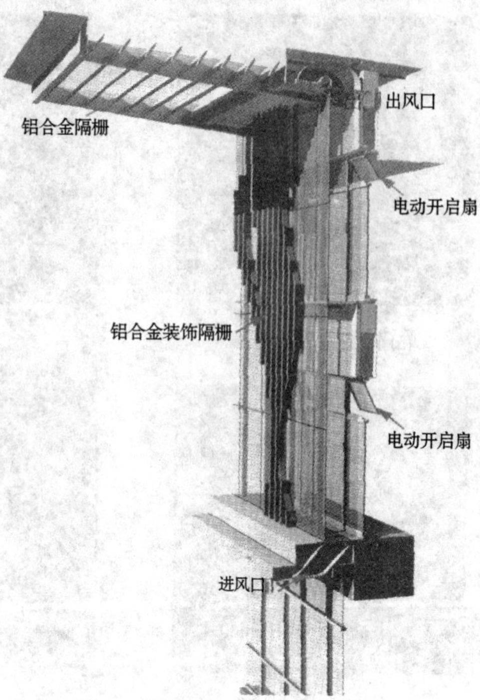

图 10-10　外层幕墙

（一）测量放线

测量放线的仪器工具经过检查合格后方可使用，所有测量数据必须经过复核，若超过允许误差，查找原因及时纠正。若误差在允许的范围内，应及时调整，防止有积累误差的出现。专业厂家施工人员、技术人员熟悉图纸，了解原来基准线、控制线的设置情况，由项目部向专业厂家提供控制线图，复核基线、轴线，检查水平标高，然后放内、外控制线，弹分格线，布置垂直钢线，检查结构预埋件。控制建筑物的垂直偏差，保证各楼层的几何尺寸满足放样要求。用铅垂仪定出钢丝固定点位置（钢丝采用$\phi 1.5$ mm），钢丝固定支架采用∟50×5 角钢制成，角钢一端钻有$\phi 1.6 \sim \phi 1.8$ mm 孔眼，所有角钢上孔眼自下而上用铅垂仪十字线中心定位，确保所有孔眼处于垂直状态，而另一端采用 M8 膨胀螺栓固定在相应楼板立面边缘。钢丝穿过孔眼，用花篮螺栓绷紧。首先将玻璃的位置弹到地面上，然后再根据外缘尺寸确定锚固点，最后对实际放线与设计图之间的误差进行调整、分配和消化，不能使其积累，通常以利用适当调节缝隙的宽度和边框的定位来解决。再使用水准仪、经纬仪，配合用标准钢卷尺、重锤、水平尺等复核，上、下中心线偏差小于 1～2 mm。

（二）结构及预埋件的检查

对呼吸式幕墙预埋件、主体结构进行最终检查，主要是考虑幕墙排版图与主体安装面施工过程的误差，力求做到在不影响装饰效果的前提下，最大限度地处理好施工误差，确保加工图的正确性。在弹线放样过程中，预埋件与结构检查的工作相继展开，依据①轴线处检查为起始点，进行预埋件与结构的检查，并进行记录。按预埋件的编号图，依次逐个进行检查，将每一编号处的结构偏差与预埋件的偏差值记录下来，反馈给设计进行分析后共同出方案，再依据施工图进行施工。

由测量放样人员将支座的定位线弹在结构上，便于施工人员进行检查、记录，检查预埋件中心线与支座的定位线是否一致，通过十字定位线，检查出预埋件左右、前后的偏差，偏差大的报设计出预埋件修正方案。支座的定位线弹好以后，在结构处拉垂直钢线及横向线作为安装控制线。检查结构标高及预埋件尺寸，将检查尺寸记录下来，反馈给监理、业主。预埋件节点板与主体结构连接必须紧密平整，主体结构不平整处进行剔凿，剔凿处用角磨磨；预埋件节点板位置必须准确，后埋处的螺件锚入时必须保持垂直于混凝土面，不允许上倾或下斜，并确保有充分的锚固深度，拧紧时不允许连接件转动。螺件锁紧时扭矩力必须达到规范和设计要求。

（三）支座安装

立柱在安装之前首先将上端及下端的角钢支座与预埋件点焊，拉通线检查支座的定位尺寸，然后再进行满焊，焊接过程符合工艺要求，焊缝表面饱满，无夹渣、气孔、裂纹等缺陷。

（四）幕墙钢龙骨安装

钢龙骨的施工安装是呼吸式幕墙的重要环节，若放线和施工不到位，则会给下几道工序带来很多问题。钢龙骨在未安装前，依据施工图、加工图对加工的钢材进行清点、核查，均应准确无误。所有钢龙骨包括顶部的钢结构和下部及两侧的U形槽的安装，都必须依据放线、分格图、框架的图纸及有关标准进行。

钢龙骨焊接变形控制：首先对玻璃幕墙工程使用的钢材进行质量检验，钢材的表面不得有裂纹、气泡、结疤、泛锈、夹渣，钢材必须顺直。其次，确定施工程序、焊接程序，每根龙骨两端同时施焊并及时纠偏，以确保变形和位移在控制范围内，本工程钢龙骨先进行点焊，再由两端向中间满焊，以防止钢龙骨焊接产生的位移和变形。

（五）内层玻璃幕墙及铝龙骨安装

立柱安装前先将铝插芯与钢角码连接。立柱的安装依据竖向钢直线及横向线进行左右、前后的调节安装，直至各尺寸符合要求。竖向龙骨安装后进行轴向偏差的检查，轴向偏差控制在 ±1 mm 范围内，竖料之间分格尺寸控制在 ±1 mm，否则会影响横料的安装。竖向龙骨安装后进行横向龙骨的安装，横向龙骨未安装之前，首先进行角铝的安装，角铝的安装位置应依设计要求进行，横向龙骨承受玻璃的重压会产生翘曲，因而竖料上的孔位、角铝的孔位应采用过度配合，孔的尺寸不应大于 10 mm。横向龙骨的安装：横梁安装应牢固，设计中横梁与立柱间留有空隙时，空隙宽度应符合设计要求。横梁安装的进出位、标高、分格尺寸、相邻高差、对角线误差均在允许范围内，次龙骨与立柱连接应加橡胶垫片。横向龙骨在安装过程中，同一根横梁两端或相邻横梁的水平偏差不大于 1 mm。同一层标高偏差不大于 7 mm；当安装完成一层高度时，及时进行检查、校正和固定。防噪声隔离片的安装：由于铝合金幕墙热胀冷缩会产生噪音，在横料与竖料之间进行热处理，整根横料比分格尺寸短 4 ~4.5 mm，横料两端安装 2 mm 防噪音隔离片（2 mm 缝柔性垫片）。

（六）中空玻璃安装

玻璃安装前将尘土与污物擦拭干净，按设计要求的型号选用玻璃四周的橡胶，其长度比边框内槽口长 1.5% ~2%；橡胶条斜面断开后拼成预定的设计角度，并采用胶粘剂黏结牢固，镶嵌平整。玻璃与构件应避免直接接触，玻璃四周与构件凹槽底保持一定空隙，玻璃压块不小于30 mm，且从板边1处布置，间距不大于300 mm，且由螺栓倒扣连接紧固。玻璃单元板在工厂里制作完成，每块板片上标有生产合格证、板片的型号，以方便施工人员按板片编号图进行安装。安装外层玻璃之前先进行内层幕墙横梁安装，内外幕墙间形成空气循环，保证室内空气清新。玻璃板片在安装调整过程中，相邻幕墙玻璃高低差控制在1 mm内，缝宽控制在±1 mm。中空玻璃安装到位、玻璃压板压紧后，扣上装饰扣盖，在扣盖四周打密封胶。压条的安装应符合设计要求，在未装玻璃板片之前，先将压条通过不锈钢螺栓组固定在竖料上，拧到5分紧，内压条以不落下为准。安装之前将内压盖调整为横平竖直，然后再进行外扣盖的安装，扣盖安装应用橡胶锤进行击打安装。竖向压盖应通装，横向压盖跟分格留1 mm空隙。

（七）外层幕墙安装

首先由测量放样人员将架支座的分格线及标高线全部弹在结构柱预埋件上。分格线、水平线弹好以后，在结构柱处根据各个控制网拉垂直钢线，并对横向线进行结构检查，将检查尺寸记录下来，反馈给设计、业主进行调整分配和消化。若无偏差，根据分格中心线进行安装。通过十字定位线检查出预埋件左右、上下的偏差，偏差大的报设计出修正方案。

悬挑件与支座的连接。悬挑件在安装之前，考虑到结构的偏差，根据实际距离加工悬挑件。控制悬挑件的加工和焊接的偏差，进行调整安装。

龙骨安装调节。待悬挑件安装完成以后，再进行钢横向龙骨的安装。控制钢横向龙骨的进出位、水平度在规定的范围内。再进行竖向的分格控制和轴向偏差的检查，轴向偏差应控制在±1 mm范围内。面料之间分格尺寸控制在±1 mm，否则会影响玻璃的安装。测量分格尺寸应靠近支座附近。

玻璃的安装。玻璃安装前，在横龙骨上垫上氯丁橡胶块，防止玻璃直接接触，一般橡胶块垫在玻璃板两端的1/4处。橡胶垫块安装后进行玻璃安装，玻璃安装前先进行竖龙骨与横龙骨内压板的安装。玻璃安装时，注意内外片的关系，要依据板片编号图进行安装，不得将不同编号的板片进行互换，防止玻璃安装后产生颜色变异，安装时注意左右两边空隙相等。待玻璃安装完毕后，检查玻璃左右、上下间隙。在内压盖调整成直线后进行装饰条的安装，装饰条安装完后进行外扣盖的安装。在安装扣盖的过程中，轻轻拍打，安装完后进行打胶。每安装完一层后，进行整体调整，调整完毕后，进行整体立面平整度的检查，其平面度偏差不超过4 mm，确认完全无误、符合图纸设计要求后再进行打胶。

第三节　高压无气喷涂施工

目前，城市中多种高档涂料成为装饰外墙的主角，内外墙涂料代替马赛克和瓷砖来装修墙面已成为时尚。有的高档涂料黏度很高，过度稀释会导致成膜不良，其质感、耐擦洗和耐久性等均会遭到不同程度的破坏。若严格按照要求喷涂施工，不但施工难度很大，且效果很难令人满意。国内的墙体涂装技术一般为滚涂、刷涂或空气喷涂等传统工艺，使内外墙涂料施工时效率及品质很难达到国际水平，因此最佳的施工方式为高压无气喷涂。高压无气喷涂具有提高涂装品质、加快施工速度、增加涂料利用率、延长涂料寿命等众多优点,被广泛地用于各类建筑涂料特别是内外墙涂料装饰。

高压无气喷涂是利用高压柱塞泵将涂料增压,获得高压的涂料通过高压软管输送到喷枪,并从特殊喷嘴释放压力形成雾化涂料,高速地涂在墙壁等被涂物上,从而在其表面形成光滑致密的涂层。由于涂料雾化不需要压缩空气,故称为无气喷涂。其具体施工工艺如下。

一、底材的检查与处理

如果是新施工的水泥砂浆抹灰及混凝土墙面,应保证墙面有足够的保养期,墙面湿度应低于10%,碱性要符合要求,并且要检查墙面有无空鼓、裂缝、浮砂、油脂、接搓痕迹、钉头等。

如果要喷涂的墙面是旧墙面,按新墙面方法检查并处理,并用机械或砂纸打磨清理;对于涂刷过内墙乳胶漆的旧墙面,脱落的旧涂层应用铲刀、钢丝刷、砂纸将松动漆膜清理干净后局部修平整,最后按正常工序重涂。

无气喷涂施工前要对内外墙底材进行处理,处理后的墙底要干燥、清洁、牢固及平整。

二、腻子批刮

腻子施工尽可能采用高压无气喷涂。另外,腻子本身的结构和油工施工的水平将直接影响到涂膜的质量,因此腻子必须要质密、自身不开裂,且具有较强的黏结力。同时,腻子在打磨时应注意平整度,应避免使用油性腻子。

三、涂装准备

涂装前应对涂料进行检查与调配。检查时,应检查底漆、面漆的型号、规格及数量是否与要求相符。施工前需将涂料充分搅匀,若同一色号的涂料有不同批号,应在大的容器内将所有同色号的涂料按施工说明稀释,搅拌均匀后备用。

施工前,应将喷涂机的各部件及辅助配件正确安装、连接。喷涂机安装连接完毕,喷涂前要检查动力源是否运转正常,然后吸入涂料,检查高压涂料缸是否增压正常,输料软管有无泄漏,配件间连接是否紧密,喷枪及滤网有无堵塞情况等,若发现故障,应及时排除。

无气喷涂施工喷涂前需将无需喷涂的部位进行完全遮蔽和防护,以免涂装后清洁困难。遮蔽材料一般为厚质塑料布、报纸、单面美纹胶带、封箱带、木板或喷涂保护膜等。若是旧房重涂,地面应尽量保持清洁,无灰尘堆积,防止喷涂时高压将灰尘吹起附在刚喷好的墙面,影响外观质量,建议将影响涂装的物件全部搬出,以免影响涂装效果。

此外,涂装作业需在适宜的环境下方可正常作业,因此在作业前应测量喷涂环境的温度及湿度,室外涂装还应考虑天气因素,从喷涂到涂层表面干燥的一段时间内,应避开雨天及风速高、风沙大的天气。

四、喷涂

涂装准备完成以后,开始进入高压无气喷涂,喷涂时要进行压力调节,正确操作使用喷枪,校准喷型,控制好涂层的厚度。

高压无气喷涂要求使涂料在完全雾化的最低压力下喷涂。开始时应将压力控制器调到低压位置,然后慢慢升高压力,直到涂料完全雾化。如果喷型呈指状(比较明显的粗线)或尾状(边缘处模糊),就应该升高压力。如果喷涂机的最大压力仍无法达到理想的喷型,应该换一个较小尺寸的喷嘴。

喷涂时应充分注意喷枪的操作使用,喷枪的操作使用不当,会造成涂层涂装缺陷、涂层不均匀、涂层过厚或太薄。喷枪口与被涂物面的距离称为枪距,枪距以 250 ~ 350 mm 为宜。喷枪运行的方向要始终与被涂物面平行,与喷涂扇面垂直,以保证涂层的均匀性,喷枪倾斜向任何一个方向都会导致涂层厚薄不均。喷涂扇面与被涂物面要相互垂直,手工操作喷枪时,要注意每次的喷涂宽度不宜过大,否则因操作不便会引起喷涂扇面角度明显变化,造成涂层不均匀。喷枪运行速度要稳,运行速度不稳会使涂层厚度不均匀,运行速度过快则涂层太薄,运行速度过慢则涂层太厚,适宜的运行速度为 300 ~ 400 mm/s。

为保证涂料均匀地喷涂到喷涂表面,应进行复喷,喷枪的瞄准角度应该保证喷嘴能直对前一道涂层的边缘,覆盖前一道涂层的一半。为使效率最大,应该先喷涂外边缘。此外,在喷涂内部角落时,喷枪要对准角落,沿角落线上下喷涂,而不是来回移动喷枪横向喷涂。

高压无气喷涂时,要注意控制涂层厚度,如果出现涂料太多而沿喷涂表面流下的情况,说明涂料太厚,应尝试以更快的速度移动喷枪、选择较小型号的喷嘴、选择喷幅大一些的喷嘴、喷枪距离喷涂表面要足够远;如果涂料不能覆盖喷涂表面,说明涂料太薄,可以尝试减慢喷枪的移动速度、选择型号大一点的喷嘴、选择喷幅小一些的喷嘴、喷枪距离喷涂表面要足够近。

喷涂完成后,若涂膜有明显缺陷,应在涂膜完全干燥后,打磨重涂。若涂膜弊病面积较小或在不明显部位,可适当采用辊涂进行修补,减小施工难度。

五、清洗整理

为保证喷涂设备的进一步使用,对使用完的喷涂设备应进行清洗和保养,将机内的涂料喷净,然后用溶剂代替涂料喷出,以清洗机内输料管线及喷枪内的涂料,当喷出的料比较澄清时即可。然后将喷枪卸下,并将易拆卸的部件拆开,用溶剂细致清洗。若喷涂的是水性涂料,则用水清洗机器和喷枪。喷涂设备清洗后,将需要拆卸保养的部件拆卸下来,并采取适当的保养措施处理各部件,主要是喷枪及喷嘴的保养。

使用后的剩余涂料要密封保存,并将辅助用具(搅拌器、检测工具、称量用具等)清洗干净,整理存放。

六、涂层质量的检查

涂层质量的检查与有气喷涂相同。检查涂膜无流挂、缩孔、过喷等弊病,涂膜应平整光滑、色彩均匀等。

第四节 ZW 墙板外墙装饰施工

ZW 墙板质轻、保温、隔音、成本低廉,但其自身结构的复杂性在一定程度上影响了建筑物外墙的装饰设计和施工。建筑外立面装饰设计需要根据建筑材料的特性来定身打造,如果需要做承重装饰,则尽量不破坏 ZW 墙板的混凝土面层,可以在墙板之间的接缝上做文章。一方面要保证接缝接合严密、不开裂;另一方面,可以在接缝上增加加强筋,增加 ZW 墙板的外墙承载性,扩展 ZW 墙板的外墙装饰手法。下面针对 ZW 墙板,介绍其外墙抹灰涂饰、砖材铺贴、石材干挂的施工工法。

一、抹灰涂饰

抹灰涂饰在外墙施工中属传统工艺。根据当前国内建筑装饰装修的实际情况,国家标准对常用的水刷石、斩假石、干粘石做出了严格规定,这一类施工工艺在普通实心砖墙和混凝土墙面上比较容易实施。而 ZW 墙板属于预制型成品板材,一般规格为 1 200 mm×2 450 mm。在多块拼接时会产生缝隙,这种缝隙直接影响到最终的抹灰装饰效果,处理不当会产生墙体开裂。因此,ZW 墙板拼接缝隙要采用 1∶3水泥砂浆填补,必要时掺入一定比例的强化黏结剂,使用玻璃纤维防裂带封平,封装宽度不小于 8 mm,最后采用 1∶2水泥砂浆找平,厚度为 10 mm 左右。

在此施工基础上,再按国家标准来进行各种类型的抹灰涂饰施工。但是 ZW 墙板外的抹灰厚度不应大于 25 mm,否则会受气候影响产生龟裂现象。如果设计上要求有所变化,可以在抹灰饰面的基础上增加勾缝,其厚度和深度均参照国家标准施工规范。勾缝可以留在两块 ZW 墙板间的接缝上,但也不要将所有的 ZW 墙板间的接缝处做勾缝,因为过多分解抹灰层会降低外墙的牢固度。在 ZW 墙板上做外墙涂料,可以借鉴混凝土外墙外保温施工工艺,即在外墙板上用黏结材料黏结一层聚苯板(厚约 30 mm),聚苯板质轻,接缝容易封平,不会产生开裂现象。

二、砖材铺贴

建筑外墙砖材贴面装饰工程的质量,不仅影响环境美观,工程的维修和返工也会造成较大的经济损失,甚至会涉及人身安全。我国建筑外墙饰面砖的使用非常普及,砖层的起鼓、脱落等质量事故也经常发生。

外墙饰面砖一般为多孔材料,其抗冻性与材料内部孔结构有关,不同的孔结构对应不同的吸水率。在 ZW 墙板外铺贴外墙饰面砖,关键要保证砖体能够与 ZW 墙板表部的混凝土完全黏结,此外还要避免出现裂纹。

ZW 墙板不同于混凝土外墙,墙板间存在接缝,也不同于轻质砖、煤灰砖砌筑的外墙,砖块之间的缝隙被水泥填补。ZW 墙板面积大,安装时一般采用 U 形金属固定夹连接。金属和混凝土之间的物理性能不同,会造成外墙饰面砖开裂。施工时,可以以 U 形金属固定夹为基层点,焊接直径为 3 mm 的钢丝网架,使网片满铺在 ZW 墙板表面。网片网目间距不宜低于 30 mm,保证每 4 个十字交错的网架结构能贴附 1 块 100 mm×100 mm 外墙饰面砖。钢丝网架的衔接部位一定要错开 ZW 板的接缝，待钢丝网架满铺后再做 1∶2 水泥砂浆抹面找平，完全干燥后采用 1∶3 水泥砂浆（按比例加入瓷砖黏结剂）抹面作为黏结层，并贴上外墙饰面砖。以上找平层、黏结层、瓷砖层的总厚度不宜超过 30 mm。近年来也有采用环氧树脂瓷砖黏结剂作黏结层的施工工艺，这样可以减小整体贴面厚度，但在实际施工中一定要根据不同地域的气候选择不同特性的黏结剂。为了保证建筑外墙瓷砖贴面的最终效果，ZW 墙板在安装时应横平竖直、规范布局，板材之间的接缝要等距划分。

三、石材干挂

石材干挂是建筑外墙装饰装修的高级施工工艺，它取代了传统的直接粘贴法和灌浆湿作业法，采用金属挂件或利用金属龙骨将天然石材装饰板干挂固定在建筑基层上。这种施工工艺应用广泛，工程成本较高。但施工相对简便，尤其是用于现代框架结构建筑，可有效减轻建筑物的自重，提高抗震性能，适应复杂多变的墙体造型。

ZW 墙板两侧的混凝土一般厚度为 60 ~ 80 mm，从理论上是可以用固定膨胀螺栓的，但是天然石材密度大、自重高，又位于高层建筑外墙，安全性难以保证。因此，在 ZW 墙板上直接干挂天然石材需要做特殊的设计处理。在现阶段，经过初步尝试可以参考以下施工方法。

首先，在建筑外墙安装 ZW 墙板时需要对齐板材，每间隔一块墙板镶嵌一条型钢（120 mm 槽型钢或工字型钢），型钢两端与框架结构建筑的立柱或横梁连接，使用膨胀螺栓固定。让钢材均匀分布在 ZW 墙板之间，形成井格状钢架。然后，以此为基层龙骨，纵向焊接干挂石材的主龙骨（80 mm 槽型钢）。间距以石材板面规格为基准，一般不超过 800 mm。使用铆钉固定或焊接固定，将主龙骨与基层龙骨连接。最后，在主龙骨上垂直焊接横向次龙骨（50 mm 角型钢），并分别在主、次龙骨上钻孔，连接不锈钢扣件。将经过加工处理的天然石材挂接在不锈钢扣件上。在 ZW 墙板上挂接石材，需要在墙板间镶嵌主龙骨，让挂接点的附着力传递到主龙骨上，再由主龙骨均匀转承到 ZW 墙板和框架结构的梁、柱上。这种施工做法在目前行业标准内属于一项空白，其安全性和经济性都比较高，在使用初期，适用于楼层较低的工业和民用建筑的外墙。

第十一章　建筑节能与环保新技术

随着世界范围内能源供应紧张状况的日益加剧,能源将成为制约各国经济发展的主要因素。为此,我国提出了社会经济和能源可持续发展的战略,建设节约型社会,在实现国民经济快速发展的同时努力降低单位 GDP 的能源消耗。而建筑行业作为耗能大户,节能潜力巨大,而在建筑节能与环保推进中高新技术起着决定性的作用。所以,建筑节能与环保新技术的推广应用具有重要意义。

第一节　建筑节能概述

建筑节能的概念是针对目前建筑运行中消耗能源(即建筑能耗)的效率偏低这一现象阐述的。所谓建筑能耗,一般包括两个层次的定义:广义的建筑能耗和狭义的建筑能耗。广义的建筑能耗包括建筑全生命周期内发生的所有能耗,从建筑材料(建筑设备)的开采、生产、运输,到建筑寿命期终止销毁建筑、建筑材料(建筑设备)所发生的所有能耗。狭义的建筑能耗是在建筑正常使用期限内,为了维持建筑正常功能所消耗的能耗。我们一般使用的建筑能耗是指狭义的建筑能耗。

同样,与建筑能耗相对应,建筑节能也衍生出两个层次的概念:广义的建筑节能和狭义的建筑节能。此处所说的建筑节能,是指在建筑物的规划、设计、新建(改建、扩建)、改造和使用过程中,执行建筑节能标准,采用节能型的建筑技术、工艺、设备、材料和产品,提高保温隔热性能和采暖供热、空调制冷制热系统效率,加强建筑物用能系统的运行管理,利用可再生能源,在保证建筑物室内热环境质量的前提下,减少采暖供热、空调制冷制热、照明、热水供应的能耗。因此,建筑节能技术是一门综合性的技术,包含了多个领域。

一、建筑节能的主要技术层次和技术保障体系

(一)建筑节能的主要技术层次

建筑节能的核心是提高建筑能源使用效率,效率的提高最终将落实在技术的支撑上。根据技术在实施过程中的源动力,将技术划分为两类:被动类和主动类。

(1)被动类技术。通过合理的技术处理,完全依赖自然界的某种过程为建筑运行服务。该类技术(如风能、太阳能、空气能等应用技术)的成功使用在很大程度上取决于当地、当时的自然条件,因此同一技术对于不同的自然和气候环境、不同的建筑设计对象不具有普遍的适用性。

(2)主动类技术。通过合理的建筑和系统的规划与设计,依靠相关技术的改进、产品的更新等措施,提高建筑能源利用效率。这些技术(如减少建筑(设备、管道系统)的热损失、提高设备的运行效率等)往往受自然和气候环境的约束比较少,具有普遍适用的特征。

(二) 建筑节能的技术保障体系

从目前专业技术工种的划分来说，建筑节能的技术保障体系大致可以分为五个方面：建筑规划与设计节能、建筑围护结构节能、能耗设备与系统的节能、控制系统带来的节能及综合节能。

二、国内外建筑节能及环保技术发展概况

(一) 国外发展概况

各国政府都非常重视发展建筑节能及环保相关技术。发达国家的建筑节能技术发展经历了三个阶段：

第一阶段：20 世纪 60 年代末到 70 年代初的两次中东战争，发达国家经历了严重的石油危机。美国 ASHRAE 标准把办公楼空调新风量标准从 25.5 m^3/(h · 人)降低到 8.5 m^3/(h · 人)。同时建筑师加强了建筑物的气密性，门窗的渗透风量降低到换气次数 0.5 h^{-1}以下。

第二阶段：20 世纪 80 年代中期，出现了智能化大楼，为了保证智能化大楼生产和脑力劳动的高生产率，智能化大楼中舒适、健康、安全的室内环境占有与 OA(Office Automation)、BA(Building Automation)、CA(Communication Automation)同等重要的位置。

第三阶段：进入 20 世纪 90 年代，保护地球资源和环境的可持续性发展理论成为许多国策。建筑节能上升到前所未有的地位。根据可持续性发展理论而提出的综合资源规划方法(IRP，即 Incorporate Resource Plan)和需要侧管理技术(DSM)，得到了国际上能源和环境机构与组织的高度重视。IRP 方法和 DSM 技术的核心，是改变过去单纯以增加资源供给来满足日益增长的需求的做法，将提高需求侧的能源利用率从而节约的资源统一作为一种替代资源。IRP 方法和 DSM 技术可以说是人们观念上的一个飞跃，使建筑节能技术发展进入到理性的阶段。

(二) 国内现状

我国建筑能耗要比发达国家高很多。实现建筑节能的技术途径，一是尽量减少建筑内能源总需求量，二是大力开发利用可再生的新能源。减少建筑内能源总需求量主要从建筑规划与设计、围护结构、提高终端用户用能效率、提高总的能源利用效率方面着手，在节约能源、保护环境方面，新能源的利用起至关重要的作用，建筑材料在建筑节能中也扮演着一个非常重要的角色。我国建筑能耗高于发达国家，主要表现在建筑物保温与供热系统状况差，如我国供热系统的综合效率仅为 35% ~ 55%，远低于先进国家 80% 左右的水平。建筑节能由于直接关系到国家资源战略和可持续发展战略的实施，根据发达国家经验，建筑能耗在未来商品总能耗中所占比例将上升到 35% 左右，也就是说，建筑消耗了 1/3 左右的能源，对我们国家来说，这个比例恐怕还要高。因此，建筑节能不论是对现在还是对将来，都具有十分重大的意义。

三、发展的重点领域及关键技术

建筑节能发展的重点领域为：研究新型低能耗的围护结构(包括墙体、门窗、屋面)体系成套节能技术及产品；新型能源的开发和能源的综合利用；利用计算机模拟仿真技术分

析制冷空调系统,对制冷空调系统进行智能控制;建筑物室内温度和湿度控制技术和冷热量计量收费技术及产品。

建筑节能的关键技术:围护结构的热传递机理;节能指标体系优化方法及建筑低能耗围护结构组合优化设计方法,冷热源的优化运行方式;建筑室内温度控制和冷热量计量控制成套技术;新能源供热制冷成套技术的研究开发;建筑设计、环境控制和节能设计的优化匹配,节能建筑和节能设备优选和集成,以及相应优化节能设计软件的开发等。

第二节　建筑外围护结构保温隔热技术

建筑围护结构组成部件(屋顶、墙、地基、隔热材料、密封材料、门窗、遮阳设施)的设计对建筑能耗、环境性能、室内空气质量与用户所处的视觉和热舒适环境有根本的影响。通过改善建筑物围护结构的热工性能,可使建筑热环境得以改善,从而减少建筑冷、热消耗。

一、外保温墙体节能技术

20 世纪 90 年代初,外墙保温技术开始在我国推广使用,并表现出良好的保温和节能效果。其主要方法是在建筑物基层墙体的外侧设置保温层(一般为厚度 60 mm 的聚苯泡沫板),在保温层外面做装饰层。基层墙体和聚苯板之间用专用黏结剂连接,聚苯板用尼龙锚栓固定,然后在保温层外抹聚合物水泥砂浆保护层,并压入耐碱涂塑玻纤网格布,最外层用抗裂腻子与涂料找平和装饰。

(一)保温材料

(1)现有施工的建筑中,保温材料的使用以挤密苯板、聚苯板、聚苯颗粒为主。挤密苯板具有密度大、导热系数小等优点,它的导热系数为 0.029 W/(m·K),而抗裂砂浆的导热系数为 0.93 W/(m·K),两种材料的导热系数相差 32 倍,而聚苯板的导热系数为 0.042 W/(m·K),同抗裂砂浆相差 22 倍。因此,挤密苯板的导热能力弱于聚苯板。以聚苯颗粒为主要原料的保温隔热材料由胶粉料和胶粉聚苯颗粒做成。胶粉材料作为聚苯颗粒的黏结材料一般采用以熟石灰粉 - 粉煤灰 - 硅粉 - 水泥为主要成分的无机胶凝体系。

(2)增强网的选择。玻纤网格布作为抗裂保护层的关键增强材料在外墙外保温技术中的应用得以快速发展,一方面它能有效地增加保护层的拉伸强度,另一方面由于能有效分散应力,将原本可以产生的裂缝分散成许多较细裂缝,从而形成抗裂作用。由于保温层的外保护开裂砂浆为碱性,玻纤网格布的长期耐碱性对抗裂缝就具有了决定性的意义。

(3)保护层材料的选择。由于水泥砂浆的强度高、收缩大、柔韧性变形不够,直接作用在保温层外面,耐候性差,从而引起开裂。为解决这一问题,必须采用专用的抗裂砂浆并辅以合理的增强网,并在砂浆中加入适量的纤维。

(4)无空腔构造提高体系的稳定性。在采用聚苯板作外保温的设计中,保温层主要承受的是重力和风压,为了提高保温板的强度,应尽可能提高黏结面积,采用无空腔构造,以满足抗风要求。

(二)现浇混凝土模板内置(聚苯板)外墙外保温体系

1. 主要技术内容

该体系分为无网体系和有网体系两种。聚苯板可以是模塑型的,也可以是挤塑型的。无网体系是将双表面喷砂后的带燕尾槽聚苯板放于模板内侧,与混凝土墙整体浇筑时一起完成,然后在面层抹水泥抗裂砂浆,压铺耐碱玻纤网格布,然后进行外墙饰面施工。有网体系是将单面钢丝网架聚苯乙烯芯板替代燕尾槽聚苯板放于模板内侧。

2. 技术指标

技术指标应符合北京市标准《外墙外保温技术规程》(现浇混凝土模板内置保温板做法)(DBJ/T 01—66—2002)的要求。

施工时应注意以下几点:

(1)模塑聚苯板的密度应大于 20 kg/m^3,否则混凝土的侧压力过大,模塑聚苯板变形,影响保温效果和表面平整度。

(2)若使用挤塑型聚苯板,则应使用毛面的,且有燕尾槽的。

3. 适用范围

适用于现浇混凝土结构的工业和民用建筑,适宜北方地区。该种体系已在华北地区广泛使用,已应用的典型工程有宝隆小区住宅楼(模塑型聚苯板)和京师园住宅楼(挤塑型聚苯板)。外墙保温结构示意图如图 11-1 所示。

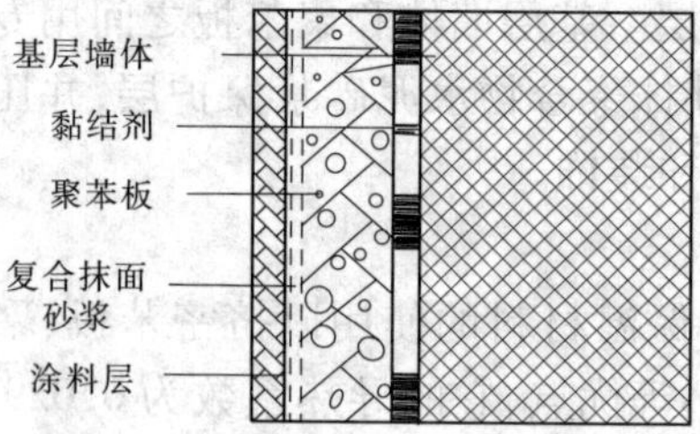

图 11-1　外墙保温结构示意图

(三)外墙粘贴外保温施工

1. 保温层施工工艺

当基层墙体施工并验收合格后,就可进行保温层施工,其具体施工工艺为:清理、找平基层→弹、挂控制线→安装、找平底端托板槽→材料工具准备→配黏结胶浆→粘贴翻包网格布→粘贴苯板→检查校平→填塞板缝→打磨找平→安装装饰线条(用苯板制成)或分格缝→钉锚固钉→保温层验收。

施工工艺看起来简单,但实际操作起来却很复杂。在要求材料的质量合格的前提下,对实际操作施工人员也要求具有一定技术水平和责任心。否则,将直接影响整个体系的质量。

2. 保护层施工要求

保护层的做法一般为“一布二浆”。在有加强要求的部位为“两布三浆”。保护层施工时应先铺设翻包网格布和加强网格布,然后进行墙面标准网的施工。

(四)外保温墙体节能技术优缺点

(1)节能效果明显。由于保温层的敷设具有连续性及聚苯板的导热系数较小,能够有效地减少室内的热损失和冷损失。在冬季比较寒冷的东北地区,居住建筑的节能效果可以达到50%,在北京地区则能达到65%。

(2)可以减薄墙体厚度和减轻墙体的重量,从而增大房屋的使用面积。在满足节能要求的前提下,该技术可使普通砖墙的厚度从490 mm减薄为320 mm,从而增加使用面积2%～4%,同时节约了土地等资源的消耗。

(3)增加室内环境的舒适度,并能延长建筑物的使用寿命。由于墙体的蓄热功能增大,当室外温度发生变化时,复合墙体的蓄热可以缓冲室内温度的变化,使人感到相对舒适,而且由于基层墙体的温度变化变得比较平缓,产生的热应力也大大减小,使得基层墙体产生裂缝和变形的可能性降低,因此能够延长建筑物的使用寿命。

(4)施工工艺较简单,使用范围广泛。该技术既适用于多层建筑,又适用于高层建筑;既能满足新建筑物的节能要求,也能满足旧建筑的墙体改造;通过采取一定的技术措施和工艺,还能满足建筑立面设计的装饰要求。

但目前在使用中也存在着一定的问题,主要有以下两个方面:

(1)与普通墙体结构相比造价较高。由于该技术还没有在大范围推广使用,受批量和原材料的影响,主材聚苯板和辅材黏结剂、抹面胶浆等材料的价格还比较高,因此综合造价比较高。根据地区不同,采用外墙保温技术和普通墙体结构相比,每平方米外墙的造价要偏高30%～40%。

(2)对主辅材料之间的匹配要求比较高,工序较多,工期较长。为保证工程质量,采用的聚苯板和黏结材料、锚固材料和外层涂料之间必须有较好的相容性,而且施工工序也比较多,施工周期也相对较长。

二、屋面节能技术

屋顶的保温、隔热是围护结构节能的重点之一。保温常用的技术措施是在屋顶防水层下设置导热系数小的轻质材料用做保温,如膨胀珍珠岩、玻璃棉等(此为正铺法),也可在屋面防水层以上设置聚苯乙烯泡沫(此为倒铺法)。在英国有另外一种保温层做法,即采用回收废纸制成纸纤维,这种纸纤维生产能耗极小,保温性能优良,纸纤维经过硼砂阻燃处理,也能防火。屋顶隔热降温的方法是架空通风、屋顶蓄水或定时喷水、屋顶绿化等。以上做法都能不同程度地满足屋顶节能的要求,但目前最受推崇的是利用智能技术、生态技术来实现建筑节能的愿望,如太阳能集热屋顶和可控制的通风屋顶等。

倒置式屋面是与传统屋面相对而言的。所谓倒置式屋面,就是将传统屋面构造中的保温层与防水层颠倒,把保温层放在防水层的上面。在倒置式屋面的定义中,特别强调了“憎水性”保温材料,工程中常用的保温材料(如水泥膨胀珍珠岩、水泥蛭石、矿棉岩棉等)都是非憎水性的,这类保温材料如果吸湿后,其导热系数将陡增,所以才出现了普通保温屋面中需在保温层上做防水层,在保温层下做隔汽层,从而增加了造价,使构造复杂化。其次,防水材料暴露于最上层,加速了防水层的老化,缩短了防水层的使用寿命,故应在防水层上加做保护层,这将增加额外的投资。再次,对于封闭式保温层而言,施工中因受天气、工期等影响,很难做到其含水率相当于自然风干状态下的含水率。如因保温层和找平层干燥困难而采用排汽屋面的话,则由于屋面上伸出大量排汽孔,不仅影响屋面使用和观瞻,而且人为地破坏了防水层的整体性,排汽孔上防雨盖又常常容易碰踢脱落,反而使雨水灌入孔内。

种植屋面应能承受系统荷载,并具有蓄水、保温隔热、隔声及节能效果。种植屋面应设二道防水,上道防水层应为耐根穿刺防水层,并应与防水材料相容。耐根穿刺防水材料应符合国家相关标准的规定。种植屋面保温层应选用密度小、压缩强度大、导热系数小、吸水率低的材料,不应使用散状保温隔热材料。种植屋面排水层应选用抗压强度大、耐久性好的轻质材料。种植屋面技术适用于各类气候区建筑屋面及地下建筑顶板的绿化,干旱缺水地区除外。

三、建筑门窗节能

门窗是最容易造成能量损失的部位,为了增大采光通风面积或表现现代建筑的性格特征,建筑物的门窗面积越来越大,更有全玻璃的幕墙建筑。这就对外围护结构的节能提出了更高的要求。

目前,对门窗的节能处理主要是改善材料的保温隔热性能和提高门窗的密闭性能。从门窗材料来看,近些年出现了铝合金断热型材、铝木复合型材、钢塑整体挤出型材、塑木复合型材及 UPVC 塑料型材等一些技术含量较高的节能产品,其中,使用较广的是 UPVC 塑料型材,它不仅生产过程中能耗少、无污染,而且材料导热系数小,多腔体结构密封性好,因而保温隔热性能好。UPVC 塑料门窗在欧洲各国已经采用多年,在德国塑料门窗已经占了 50%。我国 20 世纪 90 年代以后塑料门窗用量不断增大。为了解决大面积玻璃造成能量损失过大的问题,人们运用了高新技术,将普通玻璃加工成中空玻璃、镀膜玻璃(包括反射玻璃、吸热玻璃)、高强度 LOW2E 防火玻璃(高强度低辐射镀膜防火玻璃),采用磁控真空溅射方法镀制含金属银层的玻璃及最特别的智能玻璃。智能玻璃能感知外界光的变化并做出反应,它有两类:一类是光致变色玻璃,玻璃能根据太阳光的强弱而改变光线的透过能力;另一类是电致变色玻璃,在两片玻璃上镀有导电膜及变色物质,通过调节电压,促使变色物质变色,调整射入的太阳光(但因其生产成本高,现在还不能实际使用)。这些玻璃都有很好的节能效果。

第十二章　施工过程监测和控制

在建筑工程施工过程中,如何保证施工精度,维护施工过程的安全,保证建筑物的质量,一直以来都是困扰工程项目参与者的一大难题。随着科学技术的进步,建筑工程的规模日益宏大,对施工过程的控制提出了更高要求,工程师们针对出现的新问题,结合工程实际,提出了很多施工过程监测和控制的新理论、新方法,很多新技术及新设备被应用到了施工过程监测和控制中来。

第一节　大体积混凝土温度监测和控制

一、概述

大体积混凝土结构在现代工程建设中有着广泛的应用,比如各种型式的混凝土大坝、港口建筑物、高层建筑的地下室混凝土底板及很多大型设备的基础承台等,都是用大体积混凝土浇筑而成的。

什么是大体积混凝土目前尚无统一定义。日本建筑学会标准(JASS5)的定义是:结构断面最小尺寸在800 mm以上,同时水化热引起的混凝土内最高温与外界气温之差预计超过25 ℃的混凝土称之为大体积混凝土。同样,北京第六建筑工程公司制定的“大体积混凝土工法”中认为:凡结构断面最小尺寸在750 mm以上,双面散热在1 000 mm以上、水化热引起的高温与外界气温之差预计超过25 ℃的混凝土,均可称为大体积混凝土。这些定义比较具体,也便于应用,但作为定义是不够严谨的。

其实大体积混凝土的特点除体积较大外,更主要是出于混凝土的水泥水化热不易散发,在外界环境或混凝土内力的约束下,极易产生温度收缩裂缝。因此,仅用混凝土的几何尺寸大小来定义大体积混凝土,就容易忽视温度收缩裂缝及为防止裂缝而应采取的施工要求。至于用混凝土结构可能出现的最高温度与外界气温之差达到某规定值来定义大体积混凝土,也是不够严密的,因为各种温差只有在“约束”条件下才能产生温度应力及随之而来的温度裂缝,要避免出现裂缝还需由约束力的大小来决定。当内外约束较小时,混凝土的允许温差就大,反之则小。

因此,下列定义大体积混凝土应该更能反映大体积混凝土的工程性质:现场浇筑混凝土结构的几何尺寸较大,且必须采取技术措施解决水泥水化热及随之引起的体积变形问题,以最大的限度减少开裂,这类混凝土称为大体积混凝土。

大体积混凝土在连续浇筑和硬化过程中,水泥水化反应产生大量水化热,由于混凝土热阻很大,热量聚集在内部不易散发,而表面散热较快,这样在混凝土内部和表层形成较大温差。混凝土内表温差、升降温变化加上环境因素(如气候变化、拆模等)的影响,导致不均匀温度变形和温度应力,一旦拉应力超过混凝土即时抗拉强度,就会在混凝土内部或表面产生裂缝。这种温度裂缝是混凝土早期开裂的主要因素之一,对结构的抗渗性、整体性、耐久性甚至承载能力十分不利。为确保温度应力小于抗拉强度,避免温度裂缝产生,大体积混凝土结构施工过程中的温度控制和温度监测十分必要。《混凝土结构工程施工质量验收规范》(GB 50204—2002)、《混凝土结构耐久性设计与施工指南》(CCES01—2004【2005 修订版】)及《大体积混凝土施工规范》(GB 50496—2009)都对大体积混凝土的温度控制和温度监测做出了规定。需要指出的是,温度监测不是目的而只是一种手段,根据监测了解混凝土温度场分布变化情况,采取或者调整合理而有效的温度控制措施,才是防止温度裂缝的关键。

大体积混凝土温度监测是对水泥水化热、混凝土浇筑过程中的浇筑温度、养护过程中混凝土浇筑块体升降温、里外温差、降温速度及环境温度等进行测试和监测。监测工作将给施工组织者及时提供信息,反映大体积混凝土浇筑块体内温度变化的实际情况及所采取的施工技术措施效果,为施工组织者在施工过程中及时准确采取温控对策提供科学依据。大体积混凝土温度控制是防止混凝土由于内外温差产生温度应力和裂缝,核心措施是减小混凝土结构内的温度梯度,技术措施就是“内降外保”。

二、大体积混凝土的温度控制

(一)温度控制指标

大体积混凝土的温度控制是项复杂的系统工程,主要包括控制混凝土的最大温差、内部最高温度、最大升温降温速率、截面温度梯度和入模温度等内容。

《大体积混凝土施工规范》(GB 50496—2009)建议:混凝土浇筑体在入模温度基础上的温升值不宜大于 50 ℃,混凝土浇筑块体的里表温差(不含混凝土收缩的当量温度)不宜大于 25 ℃,混凝土浇筑体的降温速率不宜大于 2.0 ℃/d,混凝土浇筑体表面与大气温差不宜大于 20 ℃。

关于最大温差不超过 20 ℃的规定,传统理论认为该限定过于绝对和严格,一些工程监测温差超过了该限值却未出现温度裂缝问题。ACI207 委员会建议温差限值应该是和混凝土龄期、抗拉强度、弹性模量、热膨胀系数、构件约束程度等因素相关的函数,并给出了具体公式。笔者的意见是,相对于绝对温差,温度梯度更为重要。同样的温差,对于薄板和厚板,板内的温度应力及温度开裂的趋势和可能性是完全不一样的,即便是温差和板厚都相同,但温度分布不同,温度应力也相差很大,决定温度应力的不是绝对温差而是温度梯度 $\mathrm{Grad}T=\frac{\mathrm{d}T(y)}{\mathrm{d}y}$,见图 12-1。《混凝土结构耐久性设计与施工指南》(CCES01—2004【2005 修订版】)未对温度梯度加以明确限制,由于混凝土一般在 70 με 拉伸应变下就会开裂,按热膨胀系数为 1×10^{-5}/℃考虑,换算成温度梯度相当于 7 ℃/m,这是对于完全约束条件下的结论,由于实际并非完全约束,可适当放宽温度梯度,根据工程经验及国内外研究成果,建议 $\mathrm{Grad}T\leqslant16$ ℃/m。

(二)温度控制措施

混凝土不会开裂的条件是 $R_f>\sigma_{max}$,即控制大体积混凝土开裂的决定因素是混凝土的抗拉强度要大于各种因素引起的开裂应力。此外,降低总温度应力、内部与外部温差应力、混凝土收缩应力，加强混凝土变形能力，改善徐变与松弛能力，也可以控制大体积混凝土开裂。

混凝土温度应力取决于混凝土浇筑温度、水泥水化热和混凝土表面温度，即通过优化配合比，选择水泥品种，改善混凝土养护条件，亦可达到控制大体积混凝土裂缝的目的。

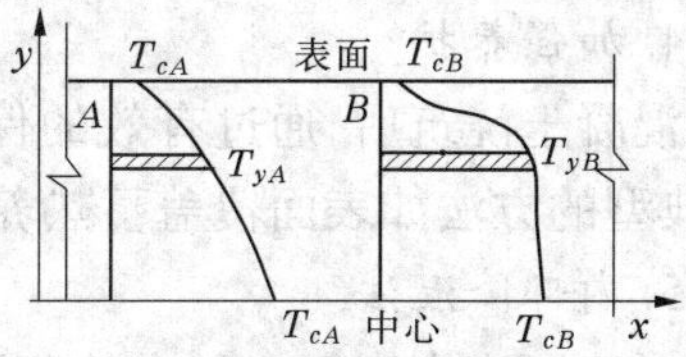

图 12-1　界面的温差和温度梯度

因此，防止大体积混凝土出现裂缝应从两方面出发：一方面应从控制温度、改善约束，即从减小温度应力着手；另一方面应尽可能设法提高混凝土抗裂能力，改善混凝土自身性能，但这些措施不是孤立的，而是相互联系、相互制约的，必须结合实际，全面考虑，合理采用。

大体积混凝土的温度控制措施要贯穿于混凝土浇捣前、浇捣中及浇捣后三个不同的阶段，每个阶段都有其不同的侧重点，可以从原材料的选择、配合比设计、施工方案设计、养护措施及工程状况等多方面综合考虑。

1. 水泥的品种及用量的合理选择

理论研究表明，大体积混凝土产生裂缝的主要原因是水泥水化过程中释放了大量的热量。于是，对于大体积混凝土应该选择低热或者中热的水泥品种。而水泥释放温度的大小及速度取决于水泥内矿物成分的不同。水泥矿物中发热速度最快和发热量最大的是铝酸三钙（C_3A），其他成分依次为硅酸三钙（C_3S）、硅酸二钙（C_2S）和铁铝酸四钙（C_4AF）。另外，水泥越细发热速度越快，但是不影响最终发热量。因此，在大体积混凝土施工中应尽量使用矿渣硅酸盐水泥、火山灰水泥，应该充分利用混凝土的后期强度，以减少水泥的用量。因为大体积混凝土施工期限长，在保证混凝土有足够强度满足使用要求的前提下，大体积混凝土可以采用 60 d 或 90 d 的后期强度，这样可以减少大体积混凝土中的水泥用量，提高掺合料的用量，以降低大体积混凝土的水化温升。充分利用后期强度则可以每 1 m^3 混凝土减少水泥 40 ~ 70 kg，混凝土内部的温度相应降低 4 ~ 7 ℃。

2. 掺加外加料和外加剂

在大体积混凝土中掺入一定量的粉煤灰后，可以增加混凝土的密实度，提高抗渗能力，改善混凝土的工作度，降低最终收缩值，减少水泥用量。要降低大体积混凝土的水泥水化热引起的内部温升，防止结构出现温度裂缝，利用粉煤灰作混凝土的掺合料是最有效的方法之一。

外加剂可以从以下几个方面来选择。UFA 膨胀剂，它可以等量替换水泥，并且使混凝土产生适度的膨胀。一方面保证混凝土的密实度，另一方面使混凝土内部产生压力，以抵消混凝土中产生的部分拉应力。减水缓凝剂并应保证一定的坍落度，这样可以延缓水化热的峰值期并改善混凝土的和易性，降低水灰比，以达到减少水化热的目的。

3. 骨料的选择与控制

在骨料的选择上应该选取粒径大、强度高、级配好的骨料，这样可以获得较小的空隙率及表面积，从而减少水泥的用量，降低水化热，减少干缩，减小混凝土裂缝的开展。通过骨料预冷、冰代替部分拌和水、运输防晒等措施降低混凝土入模温度。

4. 加强养护

混凝土浇筑后，通过有效的保温养护来提高表层温度，减小内表温差并控制降温速率，典型的方法如表面覆盖蓄热养护法。

5. 内部降温法

对于厚度大于3 m的大体积混凝土，通过预埋冷却水管，采用循环冷却水养护法。冷却水管散热降温施工，是通过冷媒不断循环排出混凝土中心区域积聚的水化热量，施工时具有主动性，可操作性强，改善了被动保温的常规做法，降低了施工难度，减小了工程风险。

冷却水管施工注意的问题有以下五个方面：

(1)结合混凝土结构几何尺寸和技术环境要求，在上下层布管力求均匀，防止由于布管不匀而产生温度应力集中。

(2)减少横向盘管，防止由于管道过长而造成散热效果不好。

(3)进出水温差宜控制在25～30 ℃。

(4)出水口水温与混凝土中心温差宜控制在25 ℃。

(5)前后两次混凝土浇筑间隔时间不少于7 d，上下层混凝土温差不宜超过25 ℃。

三、大体积混凝土的温度监测

现场温度监测是大体积混凝土施工中的重要环节，也是防止温度裂缝的关键。而在引起裂缝产生的诸多因素中，混凝土水化热和外界气温造成的构件内部温度应力是一个很主要的因素，为了控制裂缝的产生，不仅要在混凝土成型之后对混凝土的内部温度进行监测，而且应在开始就对原材料、混凝土拌和物、入模和浇筑温度进行系统的实测。

(一)常用监测仪器

1. 温度传感器

目前常用的混凝土温度传感器包括应变片式和光纤式两种。

在绑扎钢筋时或浇筑前，将传感器固定到待浇混凝土内设定位置和深度。传感器已用金属外壳保护，并已包含足够长、足够强力的引线。引线具有耐高温、温度补偿功能。传感器内部已整流，插接到采集器时不用区分正负极性。传感器头的长度大约为30 mm，特殊应用中，传感器壳内也可以做成双头，即在同一个传感器壳内可以安装有2个传感器。图12-2是传感器、传感器引线、数据采集器的连接示意。

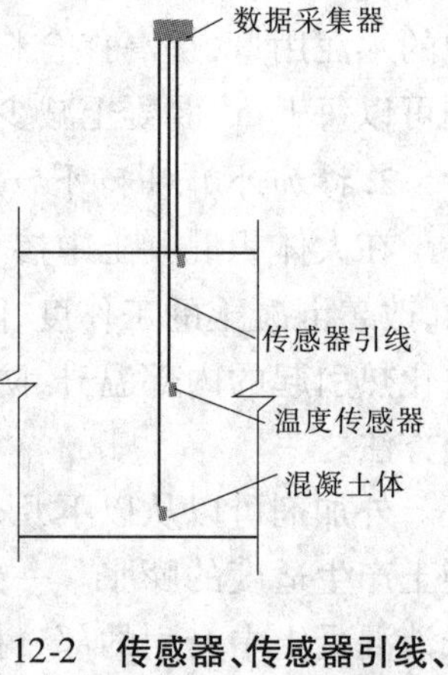

图12-2　传感器、传感器引线、数据采集器的连接示意图

2. JDC－2型测温仪

1)概述

JDC－2型便携式建筑电子测温仪是根据我国建筑行业施工特点和有关技术规范研制的专业化测温仪器，可直观、准确、快捷地数字显示被测温度，可靠性好，使用范围广，宽温操作环境，体积小，质量轻，操作简单，携带方便，适合工地及野外作业。

2)适用范围

本仪器适用于各类建筑工程的现场施工测温,与测温探头配合可测材料和熟料温度,如气体、液体、流体、拌和物和颗粒状材料;与预埋式测温线配合可测冬期施工混凝土和大体积混凝土内部温度。

3)仪器的构成和功能

主机可分别与测温探头或测温线连接构成测温系统,可根据现场需要和测温点数量灵活配置。

(1)主机。主机为便携式仪表,设有电源开关、照明开关、插座和液晶显示屏,可数字显示被测温度值,并有夜间测温读数照明功能。为防尘防潮防磕碰,采用密封性能良好的薄膜轻触开关和背带式仪器套,也可打开主机后面的支架,置于桌面上使用。

(2)测温探头。测温探头由插头、导线、手柄和外径为 5 mm、长为 220 mm 的金属管制成,管内前端封装温度传感器,适宜测量材料和熟料温度。

(3)测温线。预埋式测温线由插头、导线和温度传感器制成,适宜测量混凝土内部温度,每支测温线可测一点温度,在施工中可任意布置测温点。为便于分层测温,每支测温线的插头都贴有相应长度规格的标签。

4)使用方法

(1)用主机与测温探头测量材料温度。将测温探头的插头插入主机插座,按下电源开关,将测温探头金属杆插入被测物中,插入深度不少于其长度的 1/2,2 min 左右在主机上读取温度数据。当测量拌和物温度时,为避免测温探头与拌和物中的硬物过度撞击而影响使用寿命,可先用金属棍在拌和物中预留孔,再将测温探头插入孔中测温。每次用后应将测温探头擦拭干净。

(2)用主机与测温线测量大体积混凝土温度。施工测温方案确定后,根据测温点数量和深度选用长度规格合适的测温线,例如:实际测温点深 0.2 ~ 0.3 m ,可选用规格为 0.5 m 的测温线;实际测温点深 2.5 ~ 2.8 m ,可选用规格为 3 m 的测温线,依次类推。预埋时可用钢筋等杆件作支承物,将测温线按照纵向测温点距离绑在支承物上,温度传感器与支承物之间应做隔热处理。在浇筑混凝土时,将绑好测温线的支承物植入混凝土中,温度传感器处于测温点位置,插头留在混凝土外面并用塑料袋罩好,避免潮湿,保持清洁。为便于操作,留在外面的导线长度应大于 200 mm。测温时,按下主机电源开关,将测温线插头插入主机插座中,主机显示屏上即可显示相应测温点的温度。

(3)用主机与测温线测量冬期施工混凝土温度。在浇筑混凝土时,按冬期施工测温方案预留测温孔,在每个孔内放置一支测温线,测温线的插头留在孔外并用塑料袋罩好,避免潮湿,保持清洁。测温时,按下主机电源开关,将测温线插头插入主机插座中,主机显示屏上即可显示相应测温点的温度。每阶段测温结束后将测温线收存好,以备下次再用。也可将测温线埋入混凝土中一次性使用,具体做法见使用方法(2)。

3. 大体积混凝土电脑测温(一线通)系统

1)大体积混凝土电脑测温(一线通)系统的组成

如图 12-3 所示,本系统由用户计算机、计算机监测软件、数据适配器、电源系统、数据及电源传输线、现场数据采集器、传感器等组成。选配器件有 USB 转 232 模块。

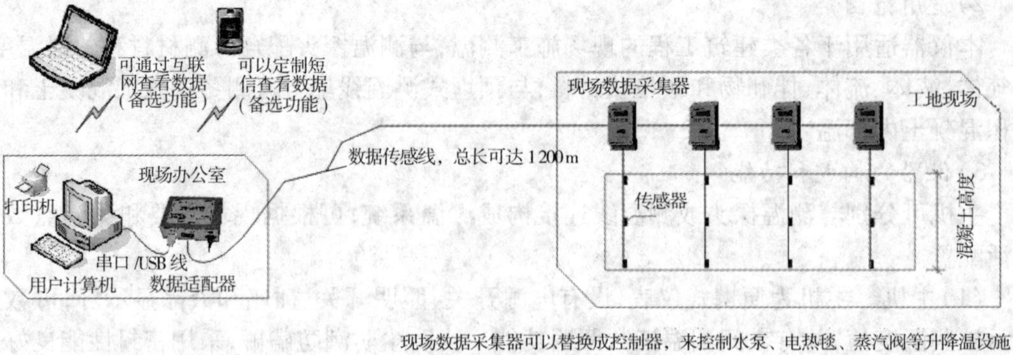

图 12-3　电脑测温（一线通）系统

2）各部分作用简述

供电模块负责为数据适配器和各个现场数据采集器供电，数据适配器负责计算机和各个现场数据采集器之间进行数据通信，数据传感线将各个现场数据采集器和数据适配器串联起来，起到数据传输和提供电源功能，计算机软件通过对数据适配器的控制和收发数据，能控制各个现场数据采集器的运行，并采集各个现场数据采集器的测量数据，然后进行汇总、处理，储存到数据库中，并动态地实时显示到屏幕图形曲线中，软件可以打印出图形及报表等，软件甚至提供了显示"同层温度曲面图"等多种高级功能。现场数据采集器同时提供了现场显示测温数据的功能，为施工人员提供了方便。如果想在现场显示测温数据，只需要按下现场数据采集器上的显示按钮。一个现场数据采集器可同时连接0～8个热敏传感器。

（二）大体积混凝土温度监测和控制实例

1. 工程概况

北京华洋大厦主体塔楼位于北京市朝阳区樱花东街，主楼地上24层、地下2层，总建筑高度100.23 m。该楼占地面积1 015 m^2，总建筑面积26 387 m^2，其中地上24 357 m^2，地下2 335 m^2。

该楼采用筏式基础，混凝土C40，厚2.5 m（局部3.5 m），平面尺寸为34.0 m×27.9 m，如图12-4所示，外围面积961 m^2，混凝土用量约2 780 m^3，属于大体积混凝土基础。

为防止温度裂缝的产生，保证混凝土的质量，共实施了15 d的温度监控，并提出了预警和施工处理措施，保证了施工的顺利进行和基础混凝土的质量。

2. 温度监测方案

1）温度监测内容

（1）筏板基础混凝土浇筑及初凝过程中的温度监测。

（2）当筏板基础混凝土内外温差大于25 ℃或温度陡降大于10 ℃时，提出预警和施工处理措施，以防止温度裂缝的产生。

2）测点的布置

根据本工程筏式基础的形状、尺寸和标高，共布置40个测温点，其平面布置如图12-5所示。其中，2、9、10、12号测点（深度3.5 m）沿竖向布置4个，如图12-5（a）所示；其余测

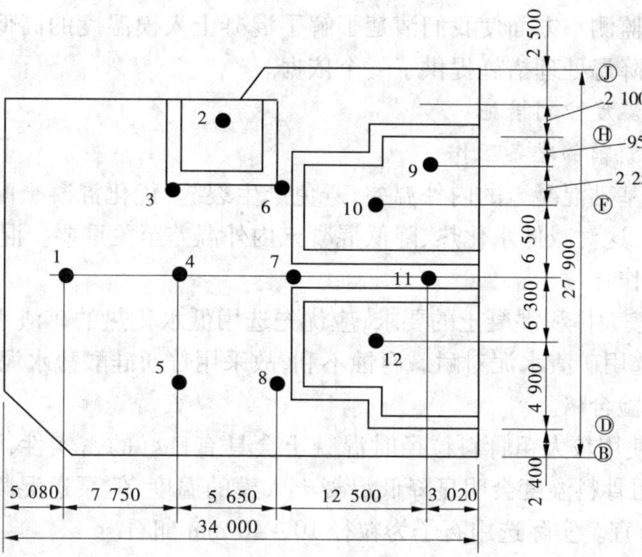

图 12-4　（单位:mm）

点（深度 2.5 m）沿竖向布置 3 个，如图 12-5(b) 所示。

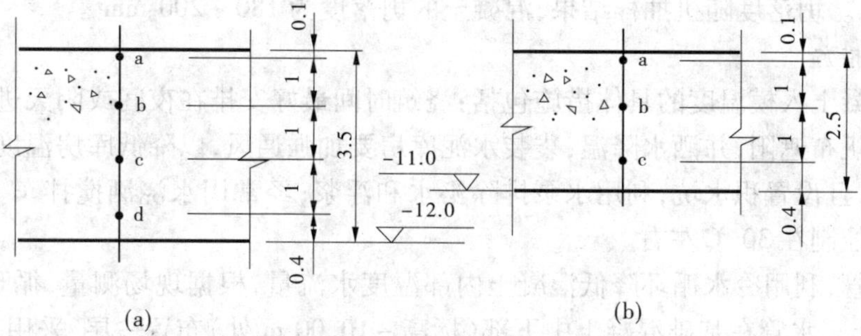

图 12-5　测点的平面布置　（单位:m）

另外，还在 1、2、7、11、8 等处布置了 10 个温度计，以测试基础表面大气温度、保温层内部温度。

3）测试方法

混凝土内部温度采用温度传感器（共计 40 个）测量，大气温度及保温层温度采用水银温度计（共 10 个）测取。

测温从混凝土浇筑 3 h 后开始，24 h 不间断。监测频率为：第 1～6 天，每 2 h 测温一次；第 7 天，每 4 h 测温一次；第 8～9 天，每 6 h 测温一次；第 9 天以后，每 12 h 测温一次。

4）混凝土入模温度的监测

监测混凝土的入模温度也是温度控制的一项重要内容，而入模温度又与混凝土原材料的温度相关。为此，在测试混凝土内部温度的同时，不间断地测试了混凝土的入模温度和搅拌前水泥、石子、砂、外加剂等原材料的温度。

这些温度的监测一方面使我们清楚了解了混凝土入模温度的高低及产生的原因,另一方面也为提出降温处理措施提供了一个依据。

3. 混凝土的温度控制措施

1)混凝土浇筑前的准备工作

为有效控制基础混凝土的内外温差,避免产生裂缝,优化混凝土配合比,确定合适的原材料和配合比,这对减低水化热、降低混凝土内外温差至关重要。混凝土浇筑之前应做如下一些准备工作:

(1)水泥。按大体积混凝土的要求,应优先选用低水化热的矿渣水泥,但由于该工程抗渗要求较高,选用矿渣水泥对耐碱腐蚀不利,故采用普通硅酸盐水泥52.5R。经过送检质量检验部门检验合格。

(2)石子。使用较大粗骨料粒径时混凝土会具有良好的密实性,可以节约水泥的用量,并且较低的粗骨料温度会明显降低混凝土入模的温度,但泵送混凝土的流动性、和易性要求30 mm为宜。实际选用石子为粒径10~40 mm卵石。

(3)砂。取用中砂。

(4)外加剂。添加复合型膨胀剂,北京贝思达工贸有限公司UEA-B缓凝型,缓凝时间可达7 h。

现场每盘混凝土所用原材料:水泥(200 kg),水(76 kg),砂(330 kg),石(608 kg),外加剂(22 kg)。坍落度随机抽样结果,混凝土的坍落度为180~200 mm。

2)降温措施

降低混凝土入模温度的具体措施包括:浇筑时间最好安排在夜间或阴天进行;在粗骨料堆场利用帆布遮阳,并洒水降温;袋装水泥库房要加强通风,以降低库房温度;四周侧模底部应开孔,且设置积水坑,利用水泵排除泌水和浮浆;经常用水浇洒搅拌车。混凝土入模温度尽量控制在30 ℃左右。

埋设水管,利用冷水循环降低混凝土内部温度水流量,根据现场测量,循环冷水的流量为18 m^3/h。水管在基础混凝土中下部(标高-10.00 m处)布置一层,采用直径42 mm(内径)钢管。其平面布置示意如图12-6所示。

布置冷却水管时,应注意下列事项:冷却管安装完毕后应进行压水检查,发现漏水时应及时处理;选择地下水作为冷却水源;保证冷却水一定的流量;安装两台水泵抽水降温;监测进水、出水温度。冷却水在混凝土浇筑12 h后开始通入。

4. 混凝土浇筑方法

(1)浇筑方法采用斜面分层法。

(2)浇筑方向从远至近,依次后退,采取“一个坡度、薄层浇筑、循序渐进、一次到位”的原则。

(3)每个浇筑带布置两道振动带,第一道布置在混凝土卸料点,第二道布置在混凝土坡角处。

(4)保证在第一层混凝土凝固之前第二层混凝土必须浇筑。

5. 混凝土内外温差控制方法

现场根据具体情况采用了下述方法提高混凝土面层温度:

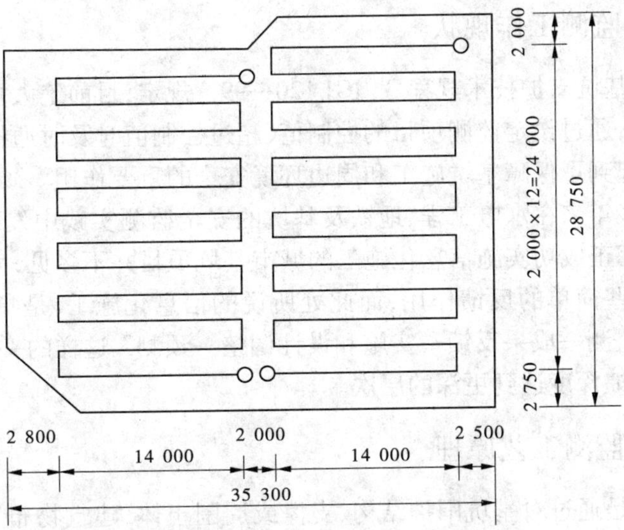

图 12-6　平面布置示意图　（单位:mm）

(1)在基础表面覆盖两层塑料薄膜、两层麻袋作为保温层,保温效果良好。

(2)现场间歇浇洒热水,这样既可提高基础表面温度,又可保湿。其水温不能太高,不能高于表面温度 25 ℃,也不能低于混凝土内部温度 25 ℃。

(3)搭设挡风、保温、防雨棚。

(4)在铺设保温层之前,采用钨灯照射等方法临时提高面层混凝土温度。

在混凝土内部布置循环冷却水管,利用循环冷却水流量、流速等降低混凝土内部温度,以达到降低混凝土内外温差的目的。实测结果表明,这种方法的效果非常好,明显降低了混凝土的内部温度。

经现场仔细观察,除因现场施工等原因造成局部有些龟裂缝外,基础混凝土表面没有出现温度裂缝。

第二节　深基坑工程监测和控制

深基坑工程的监测与控制是一种比较复杂的信息反馈与控制。深基坑工程监测是指在深基坑开挖施工过程中,借助仪器设备和其他一些手段对围护结构和基坑周围环境(包括土体、建筑物、构筑物、道路、地下管线等)的应力、位移、倾斜、沉降、开裂,地下水位的动态变化,土层孔隙水压力变化等进行综合监测。深基坑工程控制则是根据前段开挖期间的监测信息,一方面与勘察、设计阶段预测的性状进行比较,对设计方案进行评价,判断施工方案的合理性;另一方面通过反分析方法或经验方法计算与修正岩土的力学参数,预测下阶段施工过程中可能出现的问题,为优化和合理组织施工提供依据,并对进一步开挖与施工方案提出建议,对施工过程中可能出现的险情进行及时的预报,以便采取必要的工程措施。

一、深基坑监测工作现状

按照《建筑基坑支护技术规程》(JGJ 120—99)规定,目前绝大多数深基坑工程都进行了施工期监测,通过设定监测项目的控制值,超过控制值时及时通报相关单位采取应对措施,监测工作起到了保障基坑施工和周边环境安全的重要作用。

但是,通过多年来在水电工程、地铁及基坑的安全监测实践中发现,相对于水电工程监测,目前能够真正成功实施信息化施工的城市基坑项目并不多见,大多数的基坑监测工作只是起到了一些简单的反馈作用,而此处所说的信息化施工,是指在整个工程中贯穿"设计—预测—监测—成果反馈—实施和设计调整—预测"这样的一个完整理念,并最终使监测成果的反馈深度达到更深的层次。

二、深基坑监测工艺原理

深基坑监测是通过对基坑围护结构、支撑或周围土体、建筑物布置测点、埋设监测仪器,每一测试项目都根据客观环境和计算说明书,事先确定相应的警戒值,在基坑开挖过程中,对各监测项目进行数据测读,以判断位移值或受力状况是否会超过允许的范围,判断工程是否安全可靠,是否需要调整施工步骤或优化原设计方案。深基坑监测项目与监测方法如表 12-1 所示。

表 12-1　深基坑监测项目与监测方法

监测对象		监测项目	监测方法
围护结构	地下连续墙、板、柱	侧压力(土压力和水压力)、弯曲应力	土压计、孔隙水压力计、经纬仪、水准仪、测斜仪、应变仪、钢筋计
支撑	钢支撑	轴向力	应变仪、钢筋计
	锚杆	轴向力	应力传感器
		弯曲应力	应变仪、钢筋计
	立柱	下沉、浮起	水准仪
周围地基及其他	基坑周围地表土墙	沉降、隆起、裂缝	水准仪、经纬仪、沉降计、测斜仪
	邻近建筑物、构筑物	沉降、抬起、位移	水准仪、经纬仪
	基坑底部或沉降土层,地下管线等	沉降、隆起、深层位移	水准仪、经纬仪、深孔测斜仪
	地下水	水位、孔隙水压力	水位观测仪、孔隙水压力计

深基坑开挖监测原理如图 12-7 所示。

三、深基坑监测施工工艺流程

深基坑监测施工工艺流程如图 12-8 所示。

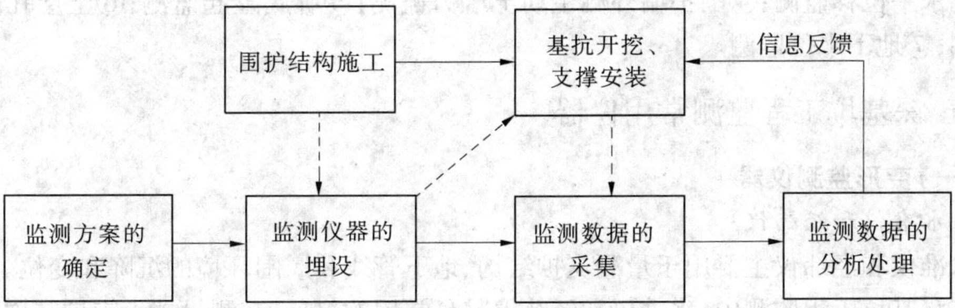

图 12-7　深基坑开挖监测原理示意图

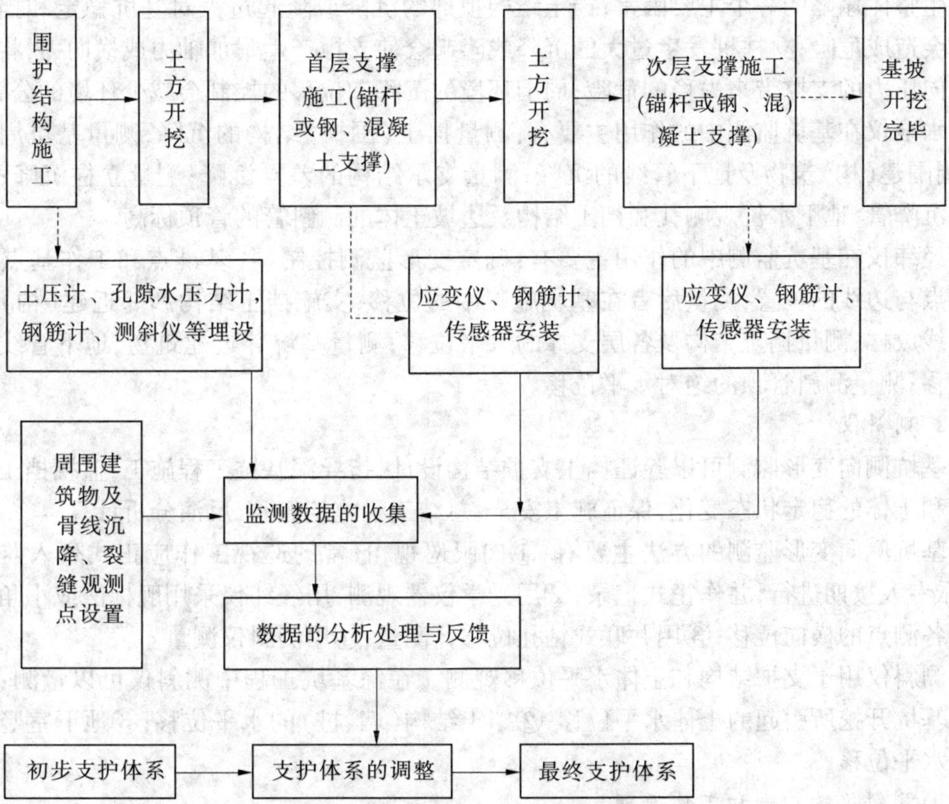

图 12-8　深基坑监测施工工艺流程

四、监测内容

(一)支护体系监测

支护体系监测包括:①支护结构沉降监测;②支护结构顶部水平位移监测;③支护结构倾斜监测;④支护体系完整性及强度监测;⑤支护体系应力监测;⑥支护体系受力监测。

(二)周围环境监测

周围环境监测包括:①邻近建筑物沉降、倾斜和裂缝发生时间及发展过程监测;②邻近构筑物、道路、地下管网等设施的变形监测;③表层土体沉降、水平位移及深层土体分层沉降和水平位移监测;④围护墙外侧主动土压力监测;⑤坑底隆起监测;⑥土层孔隙水压力监测;⑦地下水位监测。

五、深基坑工程监测常用仪器

(一)变形监测仪器

1. 水准仪和经纬仪

水准仪和经纬仪主要用于量测支护结构、地下管线和周围环境的沉降和变位。

在深基坑工程监测中,水准仪和经纬仪是最常用的仪器,在测量挡土支护结构及周围环境的沉降和位移时起到关键性的作用。这是因为,挡土结构顶部的水平位移是控制基坑发生整体塌陷的一个主要因素;挡土结构顶部的沉降或隆起过大对基坑稳定和挡土结构均会造成危险;立柱桩发生过大的沉降或隆起会使支撑产生附加轴力或横向力,将给承受纵向压力的支撑带来失稳的危险;周围环境的沉降和位移的控制会减少环境的公害。

水准仪在基坑监测中的作用主要有:测量挡土(围护)结构的沉降;测量基坑周围地表、周围建(构)筑物及地下管线的沉降;测量支承结构的差异沉降;测量立柱沉降;确定分层沉降管、地下水位观测孔和挡土结构及边坡土体的测斜管的管顶标高。

经纬仪在基坑监测中的作用主要有:确定变形监测控制网(基准点和工作基点)、基坑角点与边线的位置,测量后者在基坑施工中的位移;实施挡土结构和邻近建(构)筑物的轴线放样;测量挡土结构及各层支撑的水平位移;测量基坑邻近建筑物、地下管线的水平位移;测量测斜管顶的绝对水平位移。

2. 测斜仪

基坑侧向变形监测可以验证挡土支护结构设计,指导深基坑工程施工;监视挡土支护结构和土体的稳定状态变化,保证施工安全;总结工程施工经验,反演分析计算。

基坑侧向变形监测的方法主要有:①肉眼巡视,日常的巡视工作应正式列入监测计划,派专人按期进行,并作正式记录;②用光学仪器观测,用经纬仪采用舰标法或小角度法测量各测点的横向位移;③用并联式钻孔位移计测量;④用测斜仪测量。

测斜仪用于支护结构和土体水平位移观测。在深基坑工程中测斜仪可以量测:①打桩或基坑开挖所引起的土体水平位移;②挡土结构(墙、桩)的水平位移;③地下室竖向墙面的水平位移。

1)测斜仪的构造和工作原理

测斜仪一般由测头、导向滚轮、连接电缆及测读设备等部分组成(见图 12-9)。其工作原理是利用重力摆锤始终保持铅直方向的特性。弹簧铜片上端固定,下端靠着摆线,当测斜仪倾斜时摆线在摆锤的重力作用下保持铅直,压迫簧片下端,使簧片发生弯曲,由粘贴在簧片上的电阻应变片测出簧片的弯曲变形,即可知道测斜仪的倾角,从而按测斜仪构造推算出测斜管的位移。

2)测斜仪安装使用方法要点

测斜管的安装见图 12-10。测斜管有圆形和方形两种,国内多采用圆形,直径有 50 mm、70 mm 等,每节一般为 2 m 长,采用钢材、铝合金、塑料等制作,最常用的还是 PVC 塑料管。测斜管在吊放钢筋笼之前,接长到设计长度,绑扎在钢筋上,随钢筋笼一起放入槽

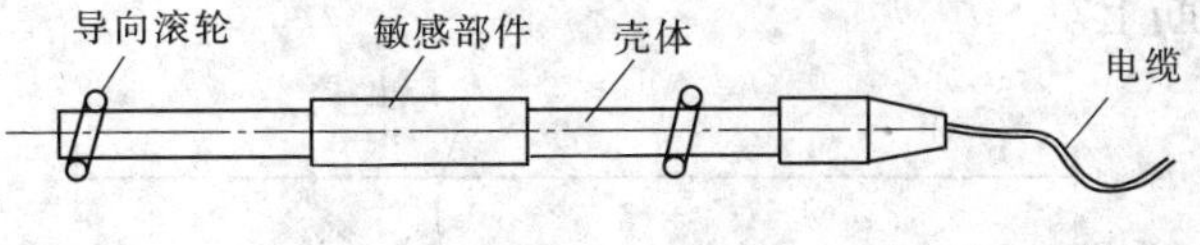

图 12-9　测斜仪部分组成

内(桩孔内)。测斜管的底部与顶部要用盖子封住,防止砂浆、泥浆及杂物入孔内。

(1)测斜仪在使用前需按规定进行严格标定。

(2)测斜管接头有固定式或伸缩式两种,管内壁设有两对互相垂直的纵向导槽。

(3)测斜管宜埋设在孔径等于或大于 89 mm 的钻孔中,也可直接浇筑在挡土结构内(此前测斜管应与钢筋笼扎牢),通常管底应埋置在预计发生倾斜部位的深度之下。

(4)测斜管应竖向埋设,管内导槽位置应与量测位移的方向一致。

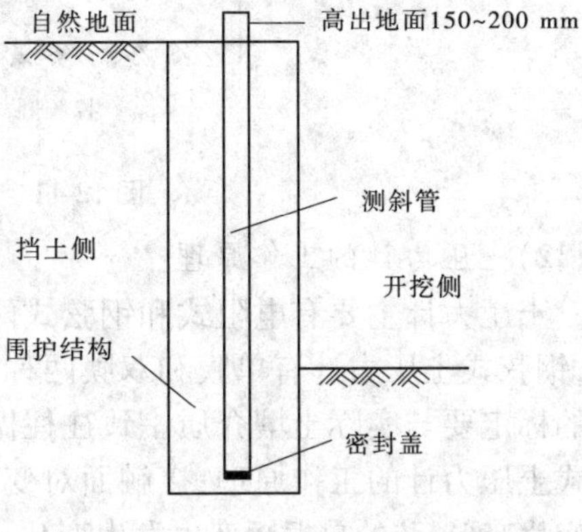

图 12-10　测斜管安装示意图

(5)测斜管顶部高出基准面 150 ~ 200 mm,顶部和底部用盖子封牢,并在埋入前灌满清水,以防污水、泥浆或砂浆从管接头处漏入。

(6)测斜管应在正式测读前 5 d 安装完毕,并在 3 ~ 5 d 内重复测量 3 次以上,判明测斜管已处于稳定状态后方可开始正式测量工作。

(7)测量时,将测斜仪与标有刻度(通常每 500 mm 一个标记)的电缆线(信号传输线)连接,电缆线的另一端与测读设备连接;然后将测斜仪沿测斜管的导槽放入管中,直滑到管底,每隔一定距离(500 mm 或 1 000 mm)向上拉线读数,测出测斜仪与竖直线之间的倾角变化,即可按公式得出不同深度部位的水平位移。

测斜仪既可测单向位移,也可测双向位移,当测双向位移时,由两个方向的测量值求出其矢量和,从而求得位移方向和最大值。活动式测斜仪按测头传感元件不同,可分为滑动电阻式、电阻片式、钢弦式及伺服加速度计式四种。目前以生产伺服加速度计式测斜仪的厂家较多。

3. 分层沉降标

分层沉降标用于测量支护结构后土体位移的变化,以判定支护结构的稳定状态。

4. 水位计

水位计用来量测地下水位变化情况,以检验降水效果。

(二)应力监测仪器

1. 土压力计

土压力计量测作用于围护墙上的土压力(主动、被动和静止)大小及变化情况,以便了解其与设计取值的差异。

1)土压力计的安装

当测量竖向压力时,土压力计的安装如图 12-11 所示;当测量侧压力时,安装方式为土压力盒绑扎于钢筋上。

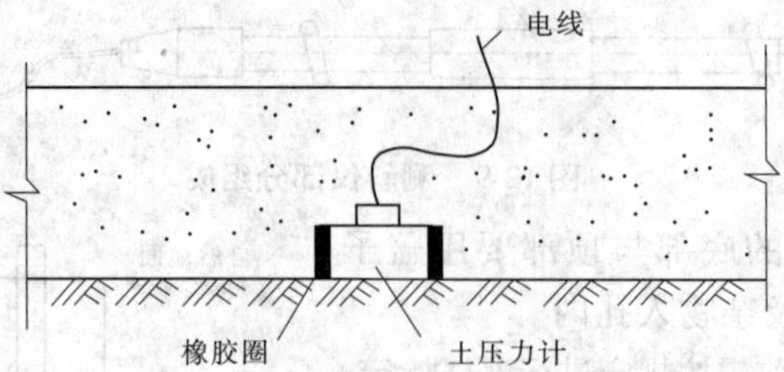

图 12-11　土压力计的安装示意图

2)土压力计的工作原理

土压力计主要有电阻式和钢弦式两种,其中钢弦式最常用,工作原理与钢筋计基本相同,钢弦式土压力计有单膜和双膜两种,单膜式土压力计受接触介质的影响较大,而使用前的标定要与实际土壤介质一致往往做不到,故测试误差较大。使用较广的是双膜式,双膜式土压力计的工作原理:接触面对变化不大的土压力较为敏感,受力时引起钢弦振动或应变片变形,弦的自振频率也发生变化,利用脉冲激励,使钢弦起振,并接收其频率,按事先标定(一般由厂家标定)的压力—频率关系曲线,即可得出作用在土压力计上的压力值。

3)土压力计的安装要点

根据以往施工经验,土压力计绑扎在围护结构的钢筋上,成功的机会不是很大,因为在浇筑混凝土时,难以保证混凝土不包裹土压力计。最好的安装方法是在围护结构的外面钻孔埋设土压力计,并在孔中注入与土体性质基本一致的物质,填实空隙。

2. 孔隙水压力计

孔隙水压力计用于通过钻孔埋设,观测支护结构后孔隙水压力的变化情况,以判断基坑外土体的松密和移动。

3. 钢筋应力计

钢筋应力计用于量测支承结构的轴力、弯矩等,以判断支承结构是否可靠。

1)钢筋计的类型和工作原理

钢筋计有振弦式和电阻应变式两种,接收仪分别为频率仪和电阻应变仪。振弦式钢筋计工作原理:当振弦式钢筋计受轴向力时,引起弹性钢弦的张力变化,改变钢弦的振动频率,从而通过频率变化值得出钢筋所受作用力的大小。电阻应变式钢筋计工作原理:当钢筋受力后产生变形,粘贴在钢筋上的电阻应变片产生应变,从而通过应变值得出钢筋所受作用力的大小。

2)钢筋计的安装

钢筋计的安装如图 12-12 所示。钢筋计焊接在钢筋笼主筋上时如图 12-13 所示,当做主筋的一段,焊接面积不应少于钢筋的有效面积,在焊接钢筋计时,为避免热传导使钢筋计零漂增加,需要采取冷却措施,用湿毛巾或流水冷却是常采用的有效方法。

在开挖侧与挡土侧的主筋对应位置都安装钢筋计,钢筋计布置的间距一般为 2 ~ 4 m,视结构的重要性和监测需求而定。

3)钢筋计的用途

(1)可用于测量基坑围护结构沿深度方向的应力,并换算为弯矩。

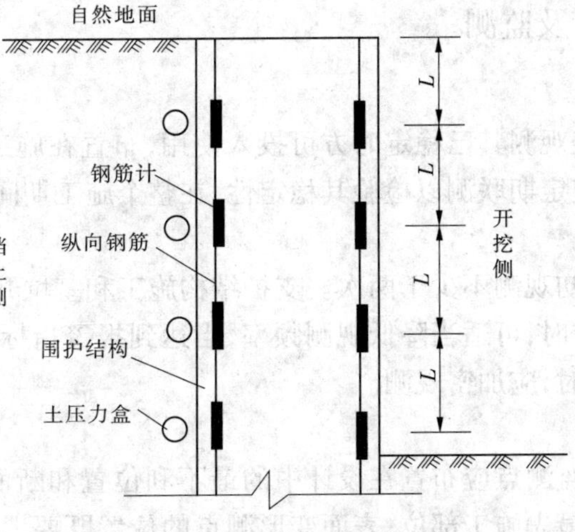

图 12-12　钢筋计的安装

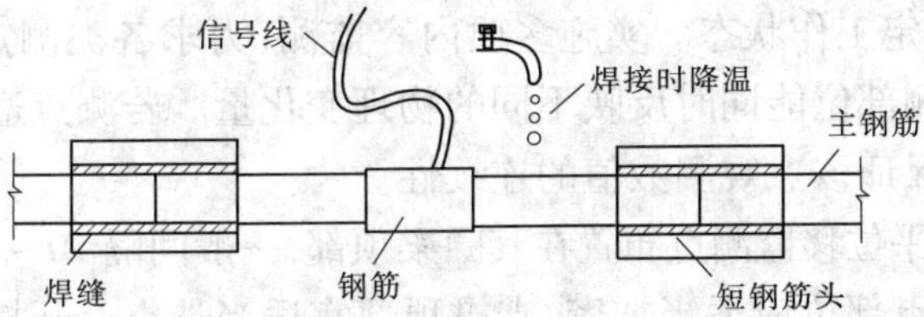

图 12-13　钢筋计焊接与冷却示意图

(2)可用于测量基坑支承结构的轴力、平面弯矩。

(3)可用于测量结构底板所受弯矩。

4)基坑监测使用钢筋计操作要点

(1)做好钢筋计传感部分和信号线的防水处理。

(2)仪器安装前必须做好信号线与钢筋计的编号工作,做到一一对应。

(3)钢筋计焊接必须保证质量。

(4)钢筋计安装好后,浇混凝土前测一次初值,基坑开挖前测一次初值。

(5)测数时,同时用温度计测量气温,考虑温度补偿。

4. 应力、应变传感器

应力、应变传感器用于量测混凝土支撑系统中的内力。

5. 低应变动测仪和超声波无损检测仪

低应变动测仪和超声波无损检测仪用来检测支护结构的完整性和强度。

在目前的监测手段中,以水准仪和经纬仪测量位移最直接也最为可靠,其次是测斜仪测量位移。这三种仪器在监测工作中显得最为重要,其他测量仪器(如钢筋计、土压力计、孔隙水压力计、分层沉降仪、分层沉降标、水位计及流量表等)在相当程度上是配合手段,用以综合分析与评价。

六、监测点布置及监测

（一）基准点

在施工前埋设，经观测其已稳定时方可投入使用，布置在施工影响范围以外，一般不少于两个，监测期间应定期联测以检验其稳定性，在整个施工期间，应采取有效保护措施，确保其能够正常使用。

在施工之前进行初观测不少于两次。支护结构施工和基坑开挖期间一般每天观测一次，当观测值相对稳定时，可适当降低观测频率，当达到报警指标或观测值变化速率加快或出现危险事故征兆时，应加密观测。

（二）监测点

验证设计数据的监测点应布置在设计中的最不利位置和断面；指导施工的监测点应布置在相同工况下的最先施工部位；表面变形测点的位置既要考虑反映监测对象的变形特征，又要便于架设仪器进行观测及有利于测点的保护；深埋测点不能影响和妨碍结构正常受力，不能削弱结构的变形刚度和强度，且应提前埋设，一般在 30 d 以上，以便监测时测量元件能够进入稳定工作状态。实施多项内容监测，力求各类测点布置能在时空上有机结合；力求同一监测部位能同时反映不同的物理变化量。若测点遭到破坏，应尽快在原位或靠近处补设，以保证该点观测数值的连续性。

支护结构顶部水平位移监测点布置在其圈梁顶部，一般间隔 10～15 m，在基坑转折处、距建筑物较近处等重点部位应适当加密，支撑顶部宜适当选点。开挖初期 2～3 d 监测一次，随开挖进行增加观测次数，以 1 d 观测一次为宜；当位移较大时，每天观测现场1～2 次。

倾斜监测要考虑支护结构的受力特点及周围环境等因素，在关键部位钻孔布设斜管，间距 20～30 m，每边不少于两个，埋设深度一般为 2 倍基坑开挖深度。当埋设于支护墙内时应与支护墙深度相同；当埋设于土体内时宜大于支护墙深度 5～10 m，测斜管应保持竖直。

支护体系应力监测主要是对较大应力断面进行监测，以防止其结构破坏。支撑轴力应在主撑跨中部位，围护墙弯矩测点应在基坑每边中心处，并在支护体迎土、迎坑面呈对称布置。

分层沉降管的埋设也与测斜管的埋设方法相同。埋设时须注意波纹管外的铜环不要被破坏，一般情况下，铜环每 1 m 放一个比较适宜。基坑内也可用分层沉降管来监测基坑底部的回弹，当然基坑的回弹也可用精密水准测量法解决。

土压力计和孔隙水压力计是监测地下土体应力和水压力变化的手段，对环境要求比较高的工程都须安装。孔隙水压力计的安装须用钻机钻孔，在孔中可根据需要按不同深度放入多个压力计，再用干燥黏土球填实，待黏土球吸足水后，便将钻孔封堵好了。土压力计要随基坑围护结构施工时一起安装，注意它的压力面须向外，并根据力学原理，压力计应安装在基坑隐患处的围护桩的侧向受力点。这两种压力计的安装都须注意引出线的编号和保护。

七、深基坑工程监测与控制工程实例

(一)工程概况

奥体中心站—元通站区间隧道位于南京市城西新区,线路长1 473.236 m。地势基本平坦,场地地貌属长江漫滩,设计采用明挖法施工,基底加固前期为抽条加隔3 m布一条宽3 m的加固条,后期变更为直径500 mm、1 m×1 m的点状布置。区间基坑围护结构方式为钢筋混凝土钻孔灌注桩与水泥土搅拌桩咬合联合支护,桩长16~19.6 m,钻孔桩桩径800 mm,深搅桩桩径650 mm,相互咬合200 mm。基坑开挖深度9~12 m不等,设计采用2~3道直径609 mm钢管支撑。区间范围内自上向下土层分别为杂填土、淤泥质粉质黏土、粉细砂,具体分布见图12-14。明挖隧道穿越流塑状淤泥质粉质黏土层,该层具有高压缩性、高灵敏度、高含水量、承载能力低、震动易产生触变等特性。

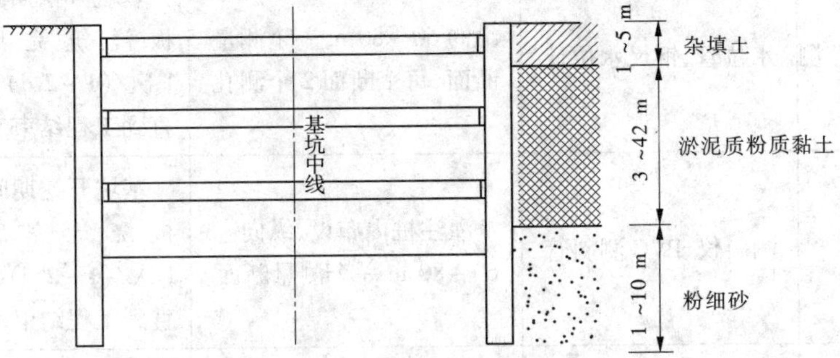

图12-14　地质剖面

淤泥质土层渗透系数极小,疏干土体含水量相当困难。区间沿线鱼塘、河流等占整个区间面积的40%以上,此处淤泥埋置深。由于上述诸多不利因素,要求基坑施工必须步步为营,小心谨慎,从而使基坑的监测施工成为最为关键的一环。

(二)监测目的及监测项目的确定

该基坑监测目的:及时反馈基坑及主体结构变形,当基坑围护变形值接近所设保护等级要求的变形值时及时预警,并采取有效措施来控制变形;同时随时调整施工参数,对软土深基坑施工积累施工和设计参数,以供同类工程参考。

遵循相关规范,认真分析岩土勘察报告和设计要求,借鉴类似工程的经验,并根据实际施工经验,确定了表12-2中的预警值和表12-3中的监测项目,测点布设断面见图12-15。

表12-2　监测项目预警值

测量项目	全线	预警值
灌注桩桩顶水平位移,沉降	全线	总位移、沉降不大于30 mm
基地沉降(隆起)	全线	3 mm/d
钢筋混凝土灌注桩测斜	全线	2.5 mm/d
灌注桩、土体水平收敛	全线	总位移不大于40 mm,3 mm/d
钢筋混凝土箱形结构沉降	全线	总沉降不大于30 mm
支撑轴力	全线	支撑轴力不大于设计最大轴力的80% (N_{1max}=1 200 kN;N_{2max}=950 kN;$N_{3\,max}$=950 kN)

注:表中预警值仅供施工参考,应根据现场实测数据进行科学的调节。

表 12-3 监测项目和方法、测点布设及监测频率

<table>
<tr><th>监测项目</th><th>方法及工具</th><th>测点布设</th><th>监测频率</th></tr>
<tr><td>土层性状、有无开裂现象</td><td colspan="2" rowspan="2">肉眼观察,用罗盘、卷尺等工具量测与记录</td><td rowspan="2">开挖段工作面必须 1 ~ 2 d</td></tr>
<tr><td>有无坑壁渗水</td></tr>
<tr><td>灌注桩桩顶水平位移、沉降监测</td><td>电子经纬仪、精密水准仪</td><td>灌注桩桩顶在测设点纵向间距 15 ~ 20 m</td><td>基坑开挖期间 1 ~ 2 次/d,底板浇筑完后一个月内 1 次/(1 ~ 2 d),后期 3 次/周,直到土方回填</td></tr>
<tr><td>周边地下水位监测</td><td>水位管、钢尺水位计</td><td>纵向 60 ~ 80 m 一个测量断面,每个断面 2 个测孔</td><td>基坑开挖期间 1 ~ 2 次/d,底板浇筑完后一个月内 1 次/(1 ~ 2 d),后期 3 次/周,直到工程结束</td></tr>
<tr><td>钢筋混凝土灌注桩测斜</td><td>测斜仪、PVC 测斜管</td><td>灌注桩内布设,纵向 60 ~ 80 m 一个测量断面</td><td>基坑开挖期间 1 ~ 2 次/d,底板浇筑完后一个月内 1 次/(1 ~ 2 d),后期 3 次/周,直到工程结束</td></tr>
<tr><td>灌注桩、土体水平收敛</td><td rowspan="2">SLJ – 80 型洞径收敛计、精密水准仪、铟钢尺</td><td>基坑内布点,测点间距 15 m</td><td>1 次/(1 ~ 2 d)</td></tr>
<tr><td>基地沉降(隆起)监测</td><td>基坑内布点,测点纵向间距 15 m</td><td>1 次/(1 ~ 2 d)</td></tr>
<tr><td>建筑物沉降</td><td>精密水准仪、铟钢尺</td><td>结合实际情况布设</td><td>1 次/(1 ~ 2 d)</td></tr>
<tr><td>水平支撑轴力</td><td>电阻应变计、应变仪</td><td>布设于钢支撑两端,纵向间隔 80 ~ 100 m 一个断面,每个断面 4 只应变计</td><td>基坑开挖期间 1 ~ 2 次/d,底板浇筑完后一个月内 1 次/(1 ~ 2 d),后期 3 次/周,直到工程结束</td></tr>
<tr><td>围护桩墙内力</td><td>钢筋应力计、频率仪</td><td>灌注桩内布设,纵向 300 m 一个测量断面,每个断面 4 只钢筋应力计</td><td>基坑开挖期间 1 ~ 2 次/d,底板浇筑完后一个月内 1 次/(1 ~ 2 d),后期 3 次/周,直到工程结束</td></tr>
<tr><td>钢筋混凝土箱形结构沉降</td><td>精密水准仪、铟钢尺</td><td>钢筋混凝土底板布设,底板两边各一个,纵向间隔 20 m</td><td>1 次/(1 ~ 2 d)</td></tr>
</table>

注:表中各监测项目监测频率仅限于正常情况,出现异常情况,监测频率应加大,直至跟踪监测。

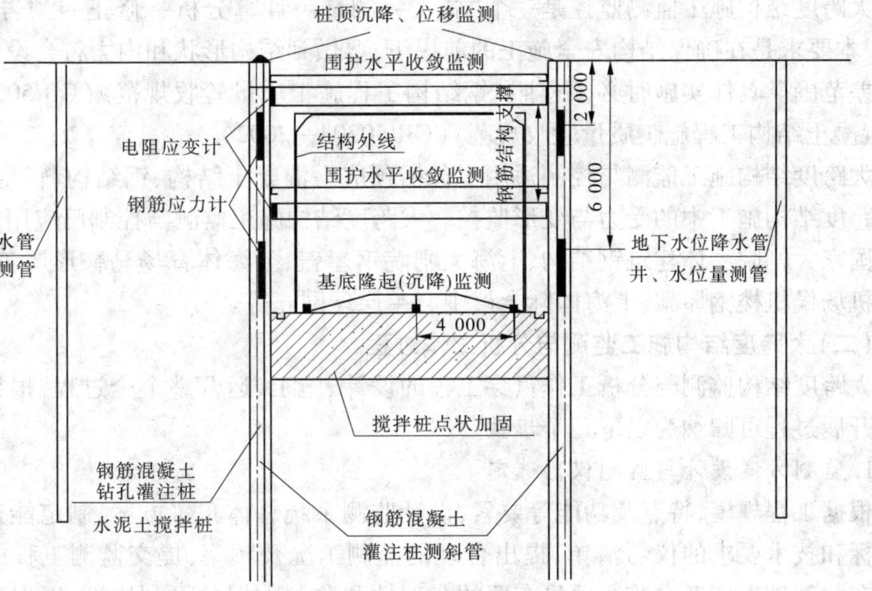

图 12-15　测点布设断面图　（单位:mm）

第三节　大跨度结构监测和控制

一、概述

我国大跨度空间结构的基础原来比较薄弱,但近年来,随着社会发展的需要,像体育馆、展览馆、航空港、机库、桥梁等大空间或超大空间结构基础设施的需求十分旺盛,直接导致空间结构的迅猛发展,结构的类型和形式逐渐趋向多样化,相应的理论研究和设计技术也逐步完善。目前,我国这种需求量在一定程度上可能超过许多发达国家,这是我国大跨度空间结构领域面临的巨大机遇,同时与机遇并存的还有风险,主要表现在大跨度空间结构无论是在施工还是在使用过程中都出现过重大的安全事故,如 2004 年法国戴高乐机场候机楼屋盖坍塌、2004 年阿联酋迪拜机场候机楼屋盖坍塌、1994 年韩国汉城的圣水大桥断塌、1999 年我国重庆綦江彩虹大桥事件、2008 年宁波大桥事件、2000 年台湾高屏大桥事故、2005 年福建三明市一座正在施工的混凝土大拱桥坍塌。这样与之密切相关的监测与分析工作就面临巨大的发展机遇和紧迫需求。

(一)大跨度结构施工监测与控制

大跨度结构施工监测是对施工全过程中实际发生的各项影响结构内力与变形的参数进行测量与分析。测量是施工监控中的重要环节,它包括几何指标参量的测量和力学指标参量的测量两部分。施工控制包括结构变形控制、结构应力控制、结构稳定性控制等。

大跨度结构施工控制则是结合实测的内力与变形数据,随时分析各施工阶段结构内力、变形与设计预测值的差异并找出原因,提出修正对策,以确保在建成后结构的内力、外形曲线与设计尽量相符。

大跨度结构施工监测监控是一个“施工→测量→计算分析→修正→预告”的循环过程，根本要求是在确保结构安全施工的前提下，要做到结构形状和内力符合设计规定的允许误差范围。具体实施时必须遵照《钢结构工程施工质量验收规范》（GB 50205—2001）和《混凝土结构工程施工质量验收规范》（GB 50204—2002）。

大跨度结构施工监测与控制适用于包括预应力混凝土结构、钢结构、轻型结构、桥梁等大跨度结构施工中的受力与变形监控。大跨度结构施工监测与控制已应用的典型工程包括国家大剧院主体建筑钢结构、上海大剧院钢屋盖、上海体育场马鞍形屋盖、上海浦东国际机场候机楼钢屋架、上海国际会议中心单层球网壳等。

（二）大跨度结构施工监测与分析工作过程

大跨度结构监测与分析工作贯穿工程的设计、施工、运营整个全过程，根据目前监测工作开展过程可归纳为以下几个步骤。

1. 监测方案设计与监测仪器选定

根据工程规模、特点及功能等要素，设计监测系统总体布置方案，制定能达到监测精度指标和技术要求的仪器清单，提出合理的监测工况及频率，提交监测工程的仿真计算等。在此基础上应考虑监测项目布置的合理性和监测数据的可利用性，以保证能监测到被监测体的状态，提供可供分析之用的数据。

2. 传感器与观测标志的埋设安装

首先是传感器的标定和选择合理的量程，然后是现场埋设、安装、调试与维护等工作，在埋设时一定要保证位置准确，并采取一些合理的避让措施，从而确保传感器和观测标志的埋设安装有较高的成活率。由于传感器和观测标志的埋设是与工程施工同步进行的，施工现场工作条件复杂，传感器和观测标志埋设有时会与工程施工相冲突，所以应充分做好准备与协调工作。

3. 观测

观测阶段通常按工程进展分为施工期监测与运营期监测。此阶段的主要任务是利用相关的采集仪和观测仪器来获取已埋设好的传感器和观测标志的实测数据。

4. 分析与反分析

监测的目的是掌握被监测体的状态，及时发现可能现存在或可能下一步存在的问题，并将有用的信息加以反分析。评价分析工作应在监测工作获得数据之始就开始，一定要保证实时性、延续性。此阶段主要是对被监测体状态的识别、评价，未来状态预测，一些力学参数的反演及对施工、设计合理性和相关理论的验证等。

二、几何指标参量的测量

变形监测与分析一直是工程测量领域的一个重要研究方向，相关研究已经有上百年的历史。自20世纪60年代以后，变形监测与分析研究工作得到了快速发展。目前，研究主要集中在变形监测方法、变形观测方案优化设计、观测值评价和筛选、变形几何分析和变形物理解释、变形预测等方面。

在监测监控工作中，几何变形测量占有相当重要的地位。变形区域的预划分，观测项目的选定，观测精度的指标确定，观测仪器和方法的选择，参考点、观测点及监测控制网建设,观测频率及观测时段选择等都是监测工作所必须全面考虑的。

综观国内外数十年变形监测技术的发展历程,在工程和局部性变形监测方面,随着计算机技术、网络通信技术、电子技术等现代高科技的高速发展和其在测绘学科的应用,变形监测技术由原有的传统大地常规测量技术(手动的测角、测边)发展为数字化近景摄影测量技术,高精度变形测量机器人自动监测系统,GPS 变形测量自动监测系统及相关的无线、有线智能传感器技术。变形监测的技术与方法也正在由传统的单一监测模式向点、线、面立体交叉的空间模式发展。在变形体上布置变形观测点,在稳定的地点设置固定观测站,用高精度测量仪器定期或根据工况的发展需要监测变形体上一些重要监控节点、断面及主要受力点上的三维(x,y,z 方向)位移变化量及方向,是获取变形体外部变形的一种非常有效的外部监测技术和方法。下面将分别探讨现代与常规几何测量技术和方法在大跨度空间结构监测中的应用。

(一)数字化近景摄影测量技术

1. 数字化近景摄影测量技术的特点

数字化近景摄影测量技术作为近景摄影测量的最新科研成果,它使摄影测量的内、外业工作大大简化,对操作人员的要求也大大降低,完全避免了昂贵的传统摄影测量设备,而且其应用领域广。与常规的边、角测量方法相比,它不但外业速度快,信息记录全,而且在许多常规测量无法作业的地点(如塌陷区、悬空监测体等)都能进行测量。系统能将像片(数字影像)量测、三维坐标计算、计算结果的绘图输出一体化,整个内业过程都在计算机上完成,操作十分方便。通过系统位移分析软件,能很方便地从多期观测结果得出位移值,适用于变形观测。

2. 系统的主要功能

以中南大学曾乔卓教授主持、成功开发的数字化近景摄影测量系统(Photo 系统)为例。数字化近景摄影测量系统一般由图像处理、立体重建计算、位移分析和绘图 4 个软件系统构成。

(1)图像处理系统。图像处理系统的功能是在计算机屏幕上,用鼠标量测每张照片的像点,系统自动计算出每张照片上像点的像平面坐标 x、y 值。

(2)立体重建计算系统。立体重建计算系统采用 P－H 算法。为了求出目标点的物空间坐标,需要测定一些控制点的坐标或测定外方位元素(摄影坐标和两轴系旋角),外业复杂。Hinskcn 使这一理论达到了实用化(简称 P－H 算法)。

(3)位移分析系统。位移分析系统利用附有已知条件的自由网平差和拟稳平差方法来求解。当各像点的两期物空坐标计算出来后,利用系统解算出各测点的三维位移量或二维位移量。

(4)绘图子系统。绘图子系统通过调用 AutoCAD 程序,根据计算机系统算出的各点和各摄站的三维物空坐标,绘出在 $X \sim Y$、$X \sim Z$、$Y \sim Z$ 平面的测点、摄站布置图。

3. 数字化近景摄影测量技术在大跨度空间结构监测中的应用

随着我国大跨度空间结构的建设越来越多,相应的大跨度空间结构监测工作也越来越引起科技界和业主们的广泛关注,相关文献也在大量增加。

数字化近景摄影测量系统可进行任意交向角的多测站数字化近景摄影测量,其难点在于为了使其外业最简便，系统必须是不要求事先记录和输入任何外方位元素的近似值，并且要保证计算收敛。为解决计算收敛问题，通常采用空间后方交会闭合解、绝对定向闭合解、相对定向六点直接解法等闭合解算法，可使得在没有任何外方位元素的情况下，只要所拍的照片间达到重叠要求，就能保证计算收敛。若配有电子经纬仪或光学经纬仪和电子手簿，用虚拟像片法进行大物体的变形观测可达到很高的精度。

从数字化近景摄影测量系统采集监测数据的方式可以知道，它能够全面反映出整个空间结构各个位置点的位移情况，再通过与有限元计算分析的云图结果进行比对，参照相关健康监测规范，就能够更科学、更准确地评判结构的健康状况。数字化近景摄影测量系统观测值误差的有关分析和推导所指出的误差主要由系统误差、偶然误差和失误误差组成，从所列出的数字化近景摄影测量系统监测点位中误差来看，监测精度能够达到变形监测二级。

由上述讨论数字化近景摄影测量所具有的优点和特点，可预见数字化近景摄影测量技术将在大跨度空间结构的自动化监测上大有作为。

（二）高精度变形测量机器人技术

尽管常规的监测方法在监测精度上是可靠的、可满足的，且操作简便，费用较低，但随着科学技术的发展，代表未来一种监测技术发展方向的高精度变形测量机器人随着成本的不断降低，将会在外部变形监测方面占有重要的位置。

1. 概述

测量机器人的发展从20世纪80年代末90年代初开始，90年代中期达到实用化水平。测量机器人(GEOROBOT)是能连续或定时对多个合作目标进行自动识别、照准、跟踪、测角、测距和三维坐标测定的自动跟踪全站仪，此系统自动化程度高，能全天候工作，适用于大坝、滑坡体、各种建(构)筑物的变形观测，尤其是在动态目标的变形监控方面显示了较大的优越性，如大型构件的动态提升与吊装、大跨度构件的张拉等。测量机器人是以测边和三边交会法或者采用实时多重差分技术和极坐标法确定监测点的三维坐标来解决全自动观测的问题。

对于以测边和三边交会法来确定的三维坐标，即在具体实施时，建立三个观测站，并在三个测站上分别安装三套自动测距系统，在被监测对象上设置多个监测点，在监测点上安置普通或360°反射棱镜，并在计算机的控制下，对各个监测点进行自动监测。对监测点移动量的计算则是以第一次测得各测点的坐标作为初始值，以后每测一次都得到一组新的坐标值，然后将全部监测数据自动存入数据库，并在计算机屏幕上实时显示正在观测的监测点位移过程线、安全状态等，并在监测前根据相关参数计算设定预警值。

2. 系统的组成

以中南大学张学庄教授主持开发的高精度变形测量机器人系统为例。如图12-16所示，变形测量机器人系统由三套高精度自动测距系统、数据通信设备、反射棱镜组、系统软件、中央控制室主计算机、频率校准仪、高精度通风温度计、数字气压计、数字湿度计等组成。

3. 高精度变形测量机器人技术在大跨度空间结构监测中的应用

由于大跨度空间结构型式的特殊性和复杂性，在其施工、运营阶段的监测监控上具有精度高、时效性强、监测技术难度大等特点。一般常规测量技术不能完全满足大跨度空间结构监测监控的需求，为此高精度机器人技术在监测中所具有的测量方案先进、系统组成

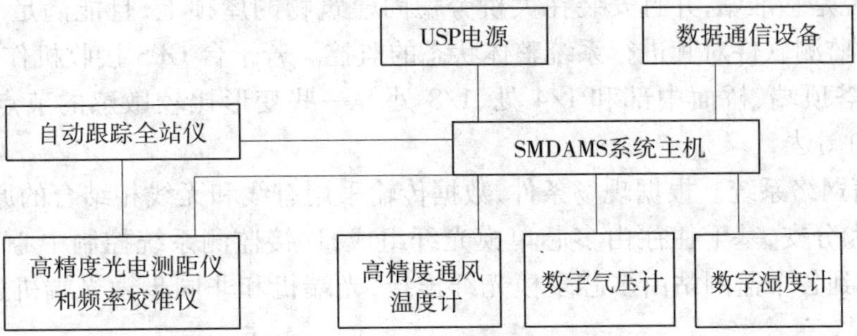

图 12-16　变形测量机器人系统

合理,无人值守、完全自动,快速监测、时效性强,综合监测、全方位预报,加点方便、成本低廉,维护方便、运行成本低等诸多优点正好满足了大跨度空间结构监测监控的特殊需求。

目前,高精度变形测量机器人已成功地应用于上海的南浦大桥、杨浦大桥,南京二桥等一批结构独特的大型桥梁监测上。大量统计分析表明,任何一起工程事故的发生都与监测不利或险情预报不准确、不及时有关,而测量机器人系统具有极高的监测精度,可全面地、连续地自动监测,不易漏掉险情,能及时发现微小的异常移动和变形等,因而可预见测量机器人系统将在大跨度空间结构的自动化监测上大有作为。

(三)GPS 变形测量技术

1. 概述

随着 GPS 接收机硬件性能的提高和解算软件的进步,GPS 相对定位精度已从以前的 10^7 提高到 10^9 量级。尤其是它具有测站间无需通视,直接获取三维绝对位置,实时计算并显示三维位移,全天候、24 h 连续进行高采样率(10 Hz)观测,对原有监测系统进行独立检核,自动化程度高等特点。目前,GPS 技术已成为变形监测中的一个重要手段,是测量技术的一项革命性变革,GPS 技术已在大跨度桥梁的长期健康运营监测上得到了好的应用和推广。

以前原有桥梁健康监测多采用各种监测传感器,比如风速计、气象传感器、动力称量系统、加速度计、位移传感器、应变标尺和水平仪等,用以监测缆、索、桥塔及桥面的结构位移、缆索受力、桥面应变和应力及桥面加速度等。尽管利用高精度加速度计所测量的加速度观测值经过二次积分后,可以得到桥梁在横向和垂向的位移向量,但由于加速度计对桥体低频振荡不敏感,所以通过这种方法得到的位移量是不完整的,同时也是不连续的。利用新型液压水平仪虽然可以获得垂向位移,但由于液压系统的惯性限制,最大采样率只能达到每秒一次,有可能导致在桥面出现最不利的状况下,会错过一些较大的瞬间垂直位移。

为了克服原有的传统监测手段在监测桥梁振动位移方面存在的一些显著的缺点和不足,国内外很多桥梁、超高层建筑在实时动态监测系统里面引入了 GPS 系统,比如香港青马大桥、广东虎门大桥、深圳地王大厦及正在兴建的广州新电视塔等。

2. 大跨度桥梁 GPS 监测系统

一个完整的桥梁 GPS 监测系统应包括三大部分:GPS 测量系统,通信网络系统,控制中心分析和管理系统。

(1)GPS 测量系统。它分为基准点与监测点两部分,一般需要 2 台 GPS 接收机作为参考站或者说是基准站，并且安装在大桥旁稳固建筑物的屋顶上，且能满足 GPS 观测条件，通过整体监测软件对其进行系统整体状态的监控。若干台 GPS 接收机作为监测点分别安装在桥塔顶端、桥面中部和 1/4 处、1/8 处等一些变形比较敏感的节点上，并满足 GPS 观测条件。

(2)通信网络系统。根据现场条件，数据传输采用有线和无线相结合的原则，有线主要分为基干和分支，基干往往由多芯单模光纤组成，连接监测系统控制中心和多个接驳站，从接驳站到各个监测站由多芯多模光纤连接，光端机和非同步微光端机连接 GPS 接收机和接驳站。

(3)控制中心分析和管理系统。一般至少需要 2 台微机工作站，其中 1 台用于实时处理和显示 GPS(RTK)实测结果，另 1 台用于数据存储、备份、分析与预警。

3. 系统目前存在的不足及应用前景

目前，GPS 技术在小尺度变形的实时监测中存在着精度不足的缺陷，并且 GPS 监测系统的造价也较高，但在诸如桥梁等大跨度空间结构和超高层建筑抗风和振动所产生的位移监测应用上仍然不失为一种行之有效的手段。最重要的是，它代表了未来变形监测监控自动化技术手段的一个发展方向。

(四)多重差分技术极坐标法在大跨度空间结构变形监测中的应用

对于以实时多重差分技术极坐标法确定监测点的三维坐标，即在具体实施时，先建立三个基准站，在测站上安装一套自动测距系统，在被监测对象上设置多个监测点，在监测点上安置普通反射棱镜，仪器在自身马达的驱动和控制下，对各个监测点进行自动跟踪监测。对监测点移动量的计算，则是以第一次测得的各测点坐标作为初始值，以后每测一次都得到一组新坐标值，然后将全部数据自动存入数据库，并在计算机屏幕上实时显示正在观测的监测点位移过程线，根据起吊前计算的允许最大位移过程线来判定动态目标在提升过程中的安全状况。

三、力学指标参量的测量

大跨度空间结构属高次超静定结构，设计与施工高度结合，所采用的施工方法、安装顺序及加载顺序与成型后的线形及结构内力状态有密切的关系。在施工阶段，随着结构体系和荷载工况的不断变化，结构内力和变形也随之不断发生变化。只有在施工过程中加以有效的监测与控制，才能保证结构在施工过程中的受力状态始终处在设计所要求的安全范围内。

(一)应力测量方法

目前应力测量有直接法和间接法两种，直接法是指利用应力传感器直接感知混凝土内部应力的一种测量方法，间接法是指首先利用各种应变传感器测量出的混凝土内部应变，再通过一定的换算方法转换为构件应力的一种测量方法。

怎样直接、客观、准确地测量出混凝土应力是一个比较复杂的技术问题。目前人们还没有研制出一种有效而实用的仪器能够直接观测混凝土应力。虽然早在 1952 年 Carl Son 就宣布研制成了一种应力计，但是该仪器只能测量混凝土的压应力，不能测量混凝土的拉应力，而且埋设工艺相当复杂，仪器的价格高，不适宜大规模埋设。因此，至今主要还是利用间接法测量,首先用应变计观测混凝土的应变,然后计算混凝土的应力。

现在只是在一些已知为压应力的部位用压应力计直接测量压应力,但对于大多数监测点来说,由于拉应力的原因,主要是通过测量应变来计算该点的实际应力,同时实际应力并不是直接测量的实测应力,也不等于客观存在的真实应力。目前通过实测应变来计算实际应力的主要方法可概括为以下 4 种。

1. 有效弹模法

有效弹模法是利用有效弹性模量代替瞬时弹性模量。用有效弹性模量方法计算实际应力比较适合龄期已很大的混凝土。

2. 叠加法

叠加法是国内外常用的计算方法,它是以叠加原理为基础,直接利用徐变试验求得的总变形资料进行计算的。

3. 松弛系数法

如果混凝土在内外力作用下,产生一定的应变以后,使其应变保持不变,由于混凝土的徐变性能,应力将随时间逐渐降低,这种现象称为应力松弛。在松弛系数求得后,混凝土内的实际应力即可算出。

4. 流动率方法

国外的研究成果表明,流动率方法的计算精度高,而且需要的试验资料较叠加法少,但目前国内还未在工程建设中使用过。

(二)应力测量

1. 混凝土应力测量

为了增加反演徐变参数的可靠性,可以分阶段进行多次识别。每次识别前,进行一次测量,并同时进行应变测量。对于悬臂结构,通过实测中性轴(无弯矩)应力,与通过实测应变计算出的中性轴应力对比,识别出徐变参数,把此参数应用于所有测点,便可以得出所有测点的实测应力。混凝土应力测量流程如图 12-17 所示。

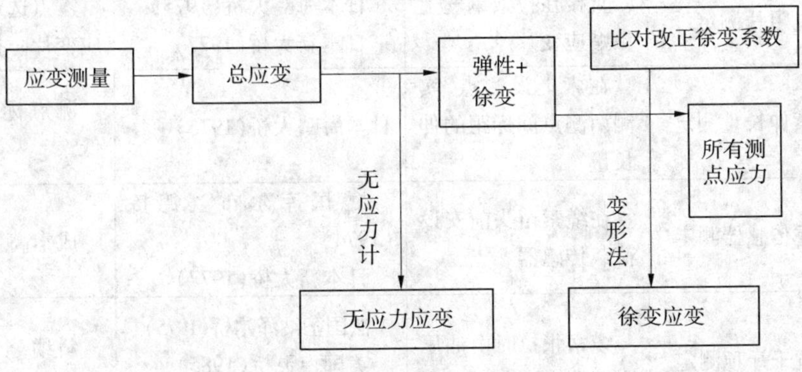

图 12-17　混凝土应力测量流程

应力测量的间接方法是先利用应变传感器测出混凝土内部总应变,然后再推算应力,这就存在由应变到应力的换算关系问题。由于混凝土总应变中包含相当一部分的非应力应变,如何准确分离这部分应变(尤其是徐变应变)就成了保证混凝土应力测量精度的关键所在。目前,应力监测很多只是给出混凝土应变而无法报出应力,原因就是怎样合理、准确地剔除和修正没有解决好。

目前,国内外常用的计算方法是叠加法。叠加法有两种:一种是直接利用徐变试验求得的总变形资料进行分析,称为变形法;另一种是首先利用徐变试验资料计算松弛系数,然后用松弛系数来计算应力,称为松弛系数法。

2. 钢桁拱肋应力测试

由于钢桁拱肋为同一材质的弹性体,通过钢弦式传感器测量出的应变为拱肋的 ε弹(荷载引起的弹性应变和外界温度变化引起的应变),不像混凝土在测量的应变里面包含有 ε徐(徐变应变)、ε收缩(混凝土收缩应变)。由于振弦材料与钢桁拱肋的钢材热膨胀系数基本相同,因此如果只需要测量应变不需要应力,就不要进行温度修正,如果需要测量钢桁拱肋因工况改变而发生的应力增量,则需要进行温度修正。

钢桁拱肋应力测量流程如图 12-18 所示。

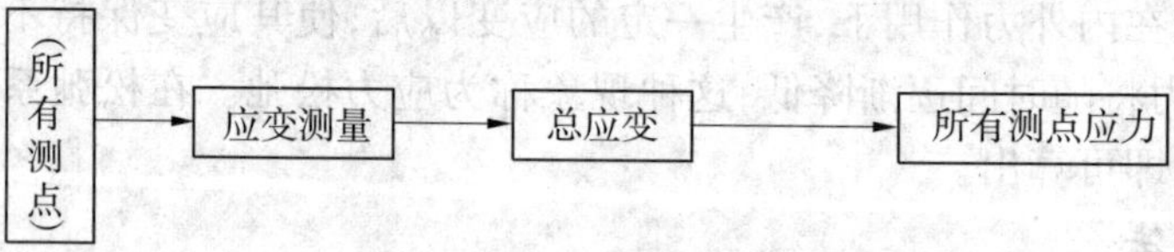

图 12-18　钢桁拱肋应力测量流程

3. 索力及吊杆拉力测量技术研究

拉索与吊杆是大跨度空间结构的主要承载部件。测量的准确与否是关系到结构施工控制是否顺利、成功的几个关键问题之一。索力及吊杆拉力测定方法一般有表 12-4 所列几种。

表 12-4　索力及吊杆拉力测定方法

测定项目		测定方法	实例	说明
直接法	电阻片测定	直接在拉索钢丝上粘贴应变片	日本海鸥大桥(1975) 日本新大桥(1977)	零点选定要慎重;应变片防护要认真
直接法	缆索伸长量测定	在索上设测点,实测两测点间标距的伸长量	日本海鸥大桥(1975)	测点标距小,精度低
直接法	荷重传感器测定	在缆索苗头前安设荷载传感器	德国库尔布兰德桥(1974) 日本新大桥(1977)	成本高
直接法	张拉千斤顶测定	缆索张拉时由油压表测读力	法国圣纳泽尔桥(1975) 美国卢灵桥(1985) 日本荒川桥(1970)	斜缆索张拉、测试同时完成
直接法	压力型油压千斤顶测定	缆索张拉时由油压表测读力	德国北易北河桥(1962)	斜缆索张拉、测试同时完成

续表 12-4

测定项目		测定方法	实例	说明
间接法	主梁线形测定	由缆索拉力与梁体上拱度间的关系求索力	应用不多	注意温度调查、修改
	缆索垂度测定	由索力与垂度间的关系求索力	日本荒川桥(1970) 俄罗斯基辅桥(1964)	斜缆多时交叉干扰大
	激振法测定	用激振器激振缆索,由索力与其自振频率关系求索力	美国锡特长港桥(1971) 日本新大桥(1977)	激振很麻烦
	频率法测定	直接用脉动法测自振频率,由索力与其自振频率关系求索力	日本新大桥(1977) 日本中英桥(1985)	需高灵敏度拾振器

由表 12-4 中可知,常用方法有电阻片测定、缆索伸长量测定(卡尺、千分表、手持应变仪等)、荷重传感器测定、张拉千斤顶测定、压力型油压千斤顶测定、主梁线形测定、缆索垂度测定、激振法测定和频率法测定等。

电阻应变片测定是采用电阻应变片粘贴在拉索钢丝上,用应变仪测量,但该方法会破坏拉索的 PVC 包层,对拉索抗腐蚀不利,现在一般不用。荷重传感器测定是永久安装压力传感器在拉索的锚固端或张拉端,测量精度是最高的,但费用亦很高。张拉千斤顶测定、压力型油压千斤顶测定是最直接的方法,但精度不够高且难以满足施工架设直至竣工后的随时、迅速、准确地测定缆索拉力的要求。

因此,目前除频率法外(包括激振法测定),其他测量方法均难以满足结构施工架设直至竣工后的随时、迅速、准确地测定索力的要求。以前,频率法应用受到一定的限制,主要是频率法所依靠的高灵敏度拾振器技术上的不成熟和费用较高且人们对垂度、斜度等因素对索力测试的影响缺乏进一步深入研究,随着高灵敏度拾振器技术上的进步和费用的大幅度下降及人们对垂度、斜度等因素对索力测试影响的深入研究,目前国内外索力测试大多数选用频率法。

四、大跨度结构施工控制

施工控制包括结构变形控制、结构应力控制、结构稳定性控制等。

大跨度结构施工控制则是结合实测的内力与变形数据,随时分析各施工阶段结构内力、变形与设计预测值的差异并找出原因,提出修正对策,以确保在建成后结构的内力、外形曲线与设计尽量相符。

以某大桥主桥施工控制为例,说明大跨度结构施工控制的主要过程。

(一)工程概况

某大桥是广东省西部沿海高速公路上的一座大型跨海大桥。主桥为(105 + 190 + 105) m 的三跨预应力混凝土双薄壁墩连续刚构桥,设计荷载为汽车 - 超 20 级,挂车 -

120 级。上部结构按上、下行分离式桥设计，桥面半幅净宽 13.5 m，为双向六车道。桥面最大纵坡为 3%，桥面横坡为 2%，横坡通过箱梁腹板高度调整。主梁采用单箱单室变高度混凝土箱梁，主墩处高 10.5 m，跨中高 3.2 m。箱梁底板上下缘均按二次抛物线变化。箱梁悬臂长度为 3.25 m，单箱宽 7 m。箱梁在 0 号块梁段各设四道横隔板，在边跨端都各设一道横隔板。箱梁按三向预应力设计，其中纵向预应力分别设置了顶板束、底板束和腹板束，两端同时对称张拉。箱梁单 T 施工从 2 号块开始采用挂篮悬臂对称施工，两个单 T 施工保持同步。悬臂施工完成后先合龙中段，再合龙边跨。

（二）施工控制的实施

施工控制是一个预告→施工→量测→识别→修正→预告的循环过程，其流程如图 12-19所示。其中技术流程是指理论计算的循环过程，实施流程是指参与施工控制的各协作单位的工作关系，下面主要讨论技术流程中的一些重要环节。

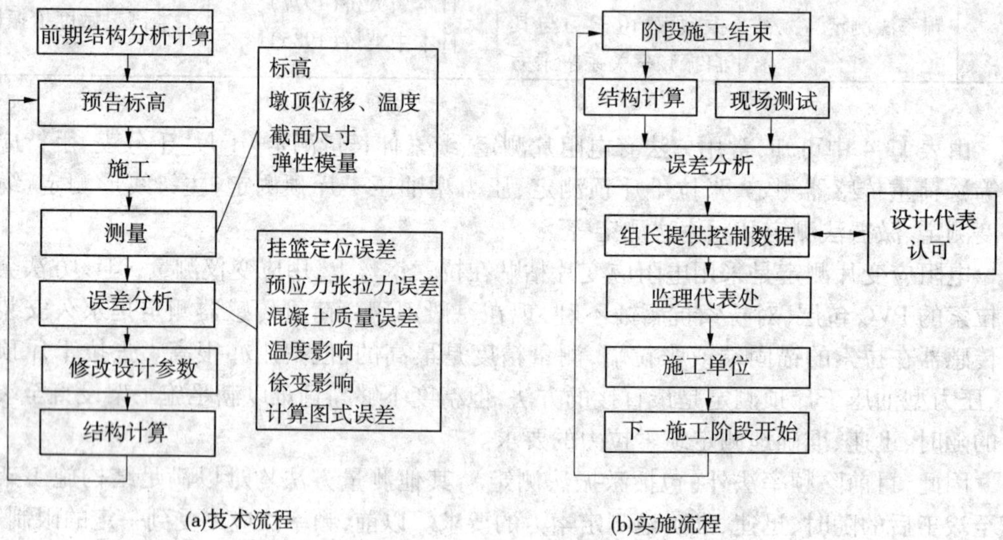

图 12-19　施工控制流程

1. 前期结构分析计算

在设计图纸的基础上，采用各参数的理论值（或规范规定取值），通过有限元分析程序，用倒退分析的方法得出块件施工时相对于设计标高的预抬高量，并得出各节段的施工应力。需要注意的是，与连续梁桥不同，由于柔性墩的轴向压缩，主墩顶面与 0 号块也应有预抬高量，在施工中通过增加主墩的高度来设置。

2. 测量

为了获得桥梁施工中的实际状态，须对主梁进行标高测量：纵桥向每施工节段设一测量截面，每测量截面布置三个测点，每一节段施工的挂篮定位、浇筑混凝土、张拉预应力等施工环节均进行标高测量。另外，须进行墩顶水平位移测量：墩顶设两个测点，每一施工节段浇筑混凝土前后均进行墩顶位移测量，以监测主墩的水平位移情况。

为消除日照温差对梁体变位的影响，可采用以下方法：

（1）以上各项测量工作须安排在清晨日出前进行，可不计日照温差的影响。

(2)当测量工作不能全部安排在清晨进行时,须对测量数据进行日照温差修正。从积累的施工控制经验看,由于日照温度场不易在有限元计算中模拟,所以实践中以采用根据实测数据进行实时修正的方法为主,选择有代表性的节段在典型天气时对箱梁进行24 h 跟踪测量,得出箱梁变位与测量时间的关系,并在测量数据中予以修正。

3. 修改设计参数

在获得测量数据后,对比其与理论计算值的差别,采用分离变量法可识别出各参数的真实值。在本桥的施工控制中,取主梁混凝土箱梁抗弯刚度、块件质量与预应力索张拉力为待识别的参数。具体识别方法为:在施工第 n 号块件时,由挂篮移位的梁体变位实测值与理论计算值的差别,可识别出第 $n-1$ 号块件的弹性模量的真实值。同样,由浇筑混凝土时的变位值可识别出第 n 号块件的质量;由预应力张拉时的变位值可识别出第 n 号块件对应的预应力索张拉力。在识别出各参数后,须及时将它们反映在有限元计算中,以获得修正的下一块件的挂篮变位预抬高量。

4. 挂篮变形值的确定

挂篮的变形由弹性变形和非弹性变形两部分组成,其中挂篮结构内部的非弹性变形可在挂篮组装完毕后通过外力加载法消除。本桥采用的挂篮由施工单位自行设计,单个挂篮总质量约 66 t,而悬臂浇筑的混凝土块件最大质量为 206 t,其比值为 0.32,属轻型挂篮,因此其弹性变形值较大,并且由于块件质量不同而引起的挂篮弹性变形值的差异应引起足够重视。

5. 控制线形的修缮

在施工过程中,结构实际情况与理论计算的差异及挂篮定位标高放样的偏差,必将导致已建部分在成桥时呈现的线形曲线出现不能消除的误差。如果不顾及这种误差继续以后节段的施工,可能造成全桥的线形反折突然,波动较大。鉴于这种情况,须对未施工节段的控制线形作出修改。

(三)主墩的垂直度修正

由于连续刚构桥在外形上与连续梁桥相似,并且连续梁桥的施工控制已得到足够的重视并积累了一定的经验,因此往往一些工程师简单地将两种桥型的施工控制等同起来。但是,在连续梁桥中,上部结构的变形由于支座的作用不会传递到下部结构中;与此不同,连续刚构桥的桥墩与箱梁块件固接,利用薄壁墩的柔性变形来抵消箱梁的纵桥向位移。分析一下施工过程就可发现,在中跨合龙后张拉中跨底板预应力束的过程中,主墩会由于梁所受轴向压缩而向中跨方向倾斜,而且随着梁徐变的发展,此倾斜还有扩大的趋势。有限元分析也反映了这一点。根据计算,在该大桥中,预应力未张拉完毕,主墩顶端会向中跨倾斜 19 mm,三年徐变后会扩大至 46 mm。本桥的主墩高为 28.826 m,而设计要求主墩的垂直度偏差不得超过 1/1 000,显然垂直度的要求不能得到满足。对于发生在连续刚构桥中的这种特殊情况,最可靠的解决办法是在施工中不但箱梁要设置预抛高,主墩也要有一定的预偏量。

但是,施工控制人员进场开始实施施工控制时,主墩施工已经结束且没有注意到这个问题。作为补救,控制人员提出以下措施:在中跨合龙前用千斤顶在两个单 T 的悬臂端之间施加推力,迫使两个主墩产生预偏量,然后安装临时固接支架,在浇筑合龙段混凝土前拆除千斤顶。据计算,使主墩产生 30 mm 的预偏量所需的推力为 2 600 kN,而且对主墩和箱梁的受力不会产生不利的影响,甚至此作用力可抵消一部分成桥后的徐变内力。

同时,作此处理会引起一些其他方面的问题:千斤顶下的混凝土局部承压须仔细验算;中跨合龙临时固接支架在设计中是基本不受力的,但现在须在千斤顶拆除后承担相应的推力,其受力性能须作仔细验算,包括应力、先稳及支架内部传力途径的安全性。

(四)控制成果

1. 整体线形

采用上述理论对该大桥实施施工控制后,全桥线形变化平顺,并且两幅桥变化规律基本一致。

2. 中跨合龙精度

两幅桥中跨合龙高差精度分别为 12 mm 与 5 mm,达到了国内同类型桥梁合龙精度先进水平。

参 考 文 献

[1] 孟文清,杜有亮. 平面格构式拱撑环梁支护结构施工[J]. 施工技术,1998(9).
[2] 孟文清,谭燕秋,董挺峰. 深基坑环梁支护结构体系研究[J]. 河北建筑科技学院学报,1997(1).
[3] 孟文清,杜有亮. 格构式椭圆环梁支护结构工程实践[J]. 工程力学增刊,1997.
[4] 孟文清. 高层建筑深基坑环形支护结构的工艺研究[D]. 天津: 天津大学,1996.
[5] 中国建筑科学研究院. JGJ 120—99 建筑基坑支护技术规程[S]. 北京:中国建设工业出版社,1999.
[6] 山东省建设厅. GB 50497—2009 建筑基坑工程监测技术规范[S]. 北京:中国计划出版社,2009.
[7] 郑俊杰. 地基处理技术[M]. 武汉:华中科技大学出版社,2004.
[8] 徐克里,吴景华,刘占忠. 岩土工程施工[M]. 北京:地质出版社,2002.
[9] 王梦恕. 岩石隧道掘进机(TBM)施工及工程实例[M]. 北京:中国铁道出版社,2004.
[10] 陈星,罗赤宇,向前,等. 地下建筑逆作法与组合结构新技术工程应用[M]. 北京:中国建筑工业出版社,2007.
[11] 贾金青. 深基坑预应力锚杆柔性支护法的理论及实践[M]. 北京:中国建筑工业出版社,2006.
[12] 韩选江. 大型地下顶管施工技术原理及应用[M]. 北京: 中国建筑工业出版社,2008.
[13] 陈晨. 岩土工程施工[M]. 吉林:吉林大学出版社,2003.
[14] 余忠. 挤扩支盘灌注桩设计理论与应用研究[D]. 长沙:中南大学,2008.
[15] 都智刚. 复合土钉墙支护技术的研究与应用[J]. 科技情报开发与经济,2009,19(25).
[16] 韩玉春. 桩基检测技术在高层建筑工程中的应用[D]. 杨凌:西北农林科技大学,2008.
[17] 周美燕. SMW 工法的性能分析及支撑优化设计[D]. 北京: 中国石油大学,2008.
[18] 李志博. 大桥桩基设计与承载力检测研究[D]. 长春:吉林大学,2008.
[19] 刘晓纲. 深基坑复合土钉支护结构试验研究与应用[D]. 重庆:重庆大学,2005.
[20] 潘泓,吴世明. 内支撑式支护结构内力、变形性状的分析[J]. 建筑结构,1999,29(8).
[21] 邓子胜. 深基坑支护结构 - 土空间非线性共同作用研究[D]. 长沙:湖南大学,2004.
[22] 郑卫锋. 深基坑预应力锚杆柔性支护力学性能的研究[D]. 大连:大连理工大学,2007.
[23] 徐希萍,杨永卿. 深基坑支护技术的现状与发展趋势[J]. 福建建筑,2008(2).
[24] 赵志缙,赵帆. 新型混凝土及其施工工艺[M]. 3 版. 北京:中国建筑工业出版社,2005.
[25] 朱宏军,程海丽,姜德民. 特种混凝土和新型混凝土[M]. 北京:化学工业出版社,2004.
[26] 吴中伟,廉慧珍. 高性能混凝土[M]. 北京:中国铁道出版社,1999.
[27] 薛伟辰. 现代预应力结构设计[M]. 北京:中国建筑工业出版社, 2003.
[28] 李国平. 预应力混凝土结构设计原理[M]. 北京:人民交通出版社,2000.
[29] 熊学玉. 预应力结构原理与设计[M]. 北京:中国建筑工业出版社,2004.
[30] 吴之乃,王有为,吴慧娟 . 建筑业 10 项新技术及应用[M]. 北京:中国建筑工业出版社,2001.
[31] 中国土木工程学会高强混凝土委员会. 高强混凝土结构设计与施工指南[M]. 北京:中国建筑工业出版社,2001.
[32] 朱龙, 董妍, 江南, 等. 预应力钢材回顾与展望[J]. 施工技术,2007,36(3).
[33] 刘岩. 预应力混凝土结构发展综述[J]. 混凝土与水泥制品,2008(3).
[34] 高秋利. 无粘结预应力混凝土施工技术研究[D]. 天津:天津大学,2004.
[35] 李建峰. 现代土木工程施工技术[M]. 北京:中国电力出版社,2008.

[36] 邓力权. 无粘结预应力筋断筋处理[J]. 中国建设信息,2005(15).
[37] 建筑施工手册编写组. 建筑施工手册[M]. 4 版. 北京:中国建筑工业出版社,2003.
[38] 卓新,姚纪庆. Pantadome 体系及其施工技术[J]. 施工技术,2003,32(6).
[39] 王云飞. 大跨度柱面网架折叠展开提升的控制技术[J]. 施工技术,2002,31(5).
[40] 沈祖炎,陈扬骥. 网架与网壳[M]. 上海:同济大学出版社,1990.
[41] 徐伟. 现代钢结构工程施工[M]. 北京:中国建筑工业出版社,2006.
[42] 轻型钢结构制作安装便携手册编委会. 轻型钢结构制作安装便携手册[M]. 北京:中国建材工业出版社,2007.
[43] 钱若军,杨联萍. 张力结构的分析、设计、施工[M]. 南京:东南大学出版社,2003.
[44] 中华人民共和国建设部. GB 50017—2003　钢结构设计规范 [S]. 北京:中国建筑工业出版社,2003.
[45] 沈世钊,徐崇宝,赵臣. 悬索结构设计[M]. 北京:中国建筑工业出版社,1997.
[46] 杜文风,张慧,董石麟. 空间结构 [M]. 北京:中国电力出版社,2008.
[47] 张文福,王秀丽,尹德钰. 空间结构[M]. 北京:科学出版社,2005.
[48] Brian Forster, Marijke Mollaert. 欧洲张力薄膜结构设计指南[M]. 杨庆山, 姜忆南,译. 北京:机械工业出版社,2007.
[49] 董石麟,罗尧治,赵阳. 新型空间结构分析、设计与施工[M]. 北京:人民交通出版社,2006.
[50] 中国建筑科学研究院,浙江省建筑科学研究院. JGJ 138—2001　型钢混凝土组合结构技术规程[S]. 北京:中国建筑工业出版社,2002.
[51] 哈尔滨建筑工程学院,中国建筑研究院. CECS 28:90　钢管混凝土结构设计与施工规程[S]. 北京:中国计划出版社,1991.
[52] 周学军,王敦强. 钢与混凝土组合结构设计与施工[M]. 济南:山东科学技术出版社,2003.
[53] 周明杰,陈顺伟,刘佳. 钢 - 混凝土组合结构设计与工程应用[M]. 北京:中国建材工业出版社,2005.
[54] 孙莉妮,刘柏林. 防水建筑材料在施工中的选用和应用[J]. 黑龙江科技信息,2009(19).
[55] 深圳市建设局. DBJ 15—19—2006　建筑防水工程技术规范[S]. 北京:中国建筑工业出版社,2006.
[56] 中国建筑工程总公司. ZJQ 00—SG—002—2003　混凝土结构工程施工工艺标准[S]. 北京:中国建筑工业出版社,2003.
[57] 中国建筑科学研究院. GB 50204—2002　混凝土结构工程施工质量验收规范[S]. 北京:中国建筑工业出版社,2002.
[58] 中国土木工程学会,中华人民共和国住房和城乡建设部工程质量安全监管司. 奥运工程建设创新技术指南[M]. 北京:中国建筑工业出版社,2009.
[59] 叶刚. 建筑装饰装修工程施工与验收技术[M]. 北京:中国电力出版社,2007.
[60] 罗忆,张芹,刘忠伟. 玻璃幕墙设计与施工[M]. 北京:中国建筑工业出版社,2007.
[61] 冀恩涛. 高压无气喷涂在内外墙装饰施工中的应用[J]. 中国建设信息,2007(09S):67-68.
[62] 汤留泉. ZW 夹芯墙板及外墙装饰施工[J]. 建筑节能,2008(8).
[63] 雍本. 建筑装饰幕墙[M]. 成都:四川科学技术出版社,2000.
[64] 罗万军,徐承立,马洪亭. 几种主要建筑节能技术的发展现状和应用前景[J]. 安徽农学通报,2007,13(11).
[65] 付祥钊,夏热冬. 冷地区建筑节能技术[J]. 建筑节能,2000(1).
[66] 涂逢祥. 建筑节能[M]. 北京:中国建筑工业出版社, 2002.

[67] 中国工程院土木水利与建筑学部. CCES 01—2004(2005) 混凝土结构耐久性设计与施工指南(修订版)[S]. 北京:中国建筑工业出版社,2005.
[68] 中国冶金建筑协会. GB 50496—2009 大体积混凝土施工规范[S]. 北京:中国计划出版社,2009.
[69] 张良杰. 清水混凝土模板(上)[J]. 中国建筑金属结构, 2006(6).
[70] 张良杰. 清水混凝土模板(下)[J]. 中国建筑金属结构,2006(7).
[71] 杨嗣信. 建筑工程模板施工手册[M]. 北京:中国建筑工业出版社,2004.
[72] 黑龙江省建设厅. 黑龙江省建筑业 10 项新技术推广应用导则[R]. 2006.
[73] 施炳华. 早拆模板体系的设计与应用[C]//中国模架学会二届四次年会论文汇编. 1998.
[74] 中华人民共和国住房和城乡建设部. JGJ 166—2008 建筑施工碗扣式钢管脚手架安全技术规范[S]. 北京:中国建筑工业出版社,2008.
[75] 北京土木建筑学会. 建筑施工脚手架构造与计算手册[M]. 北京:中国电力出版社, 2009.
[76] 岳峰,李国强. 高层建筑施工附着整体升降钢管脚手架[M]. 上海:同济大学出版社,2007.